2018年贵州省科技创新评价报告

贵州省科学技术情报研究所
贵州省科技发展战略研究院 编
贵州省科技情报学会

科学技术文献出版社
SCIENTIFIC AND TECHNICAL DOCUMENTATION PRESS
·北京·

图书在版编目（CIP）数据

2018年贵州省科技创新评价报告 / 贵州省科学技术情报研究所，贵州省科技发展战略研究院，贵州省科技情报学会编 .—北京：科学技术文献出版社，2021.12

ISBN 978-7-5189-8887-7

Ⅰ.① 2… Ⅱ.①贵… ②贵… ③贵… Ⅲ.①技术进步—研究报告—贵州—2018 Ⅳ.① G322.773

中国版本图书馆 CIP 数据核字（2021）第 280863 号

2018年贵州省科技创新评价报告

策划编辑：李 蕊　　责任编辑：王 培　　责任校对：王瑞瑞　　责任出版：张志平

出 版 者	科学技术文献出版社
地　　　址	北京市复兴路15号　邮编 100038
编 务 部	（010）58882938，58882087（传真）
发 行 部	（010）58882868，58882870（传真）
邮 购 部	（010）58882873
官方网址	www.stdp.com.cn
发 行 者	科学技术文献出版社发行　全国各地新华书店经销
印 刷 者	北京虎彩文化传播有限公司
版　　　次	2021年12月第1版　2021年12月第1次印刷
开　　　本	889×1194　1/16
字　　　数	561千
印　　　张	25.5
书　　　号	ISBN 978-7-5189-8887-7
定　　　价	98.00元

版权所有　违法必究

购买本社图书，凡字迹不清、缺页、倒页、脱页者，本社发行部负责调换

《2018年贵州省科技创新评价报告》编委会

主　　　　　　　　编　　范　勇　田晓琴
市（州）分　篇　主　编　　许大英
县（市、区、特区）分篇主编　　王　淼　石庆义
高　校　分　篇　主　编　　张卓婧
科　研　院　所　分　篇　主　编　　何昀昆
产　业　园　区　分　篇　主　编　　陈金良
重　点　企　业　分　篇　主　编　　石庆义　周　黎

编撰人（排名不分先后）
　　王　淼　石庆义　许大英　何昀昆
　　张卓婧　陈金良　周　黎　田晓琴
　　范　勇　郝　芳　朱　磊

Preface 序言

2018年是贯彻党的十九大精神的开局之年，恰逢改革开放40周年。贵州持续实施以大数据为引领的区域科技创新战略，聚焦同步小康、聚焦重大需求、聚焦国民经济主战场，科技创新供给侧结构性改革深入推进。初步实现了"深化改革率先推进，关键技术率先突破，创新平台率先建成"的阶段性目标。

创新驱动是高质量发展的基石。组织开展贵州省科技创新评价，定期编制贵州省科技创新评价报告，这对于反映和体现贵州省科技创新能力建设具有重要意义，也是面对新时代高质量发展、科技管理制度创新的重要实践。贵州省自2011年起率先在全国开展全口径年度科技创新统计评价工作，为创新政策制定、创新工作开展和创新能力评价等提供有力的支撑，有效推动了贵州省科技创新快速发展。《2018年贵州省科技创新评价报告》（以下简称《评价报告》）是以贵州省创新体系建设和评价为主题的全面性、综合性和连续性的年度研究报告，以科技部《建立国家创新调查制度工作方案》《中国区域科技创新评价报告》《中国区域创新能力评价报告》《中国企业创新能力评价报告》等系列国家创新调查制度报告为指导，结合贵州省区域创新发展重点和难点，从科技创新环境和基础、科技投入、科技产出和科技促进经济社会发展等方面，全面、客观、动态地展示了区域及各监测主体的创新水平、发展态势和薄弱环节，为各级政府及科技管理部门摸清科技创新家底，全面推进贵州特色科技强省建设提供了决策参考和政策依据。

《评价报告》选取全省9个市（州）、88个县（市、区、特区）、21所高等院校、47所科研院所、108家产业园区、698家重点企业作为评价对象，以2018年的统计调查数据为基础，尽可能选择和使用质量可靠、来源清楚、标准规范的统计数据，并与上期报告结果进行对比，整理汇编最终形成包括市（州）、县（市、区、特区）、高等院校、科研院所、产业园区、重点企业 6 个部分的科技创新评价报告。

贵州省深入推进以科技创新为核心的全面创新,不同评价主体创新的重点不尽相同,整体评价工作较为复杂。另外,本报告由集体完成,加之时间紧迫,经验有限,虽数易其稿,仍会存在一些不尽如人意之处,在此恳请读者提出宝贵意见。希望社会各界在本报告的基础上,深挖细掘,为贵州省实现创新驱动经济社会高质量发展贡献力量。

《2018 年贵州省科技创新评价报告》编委会

2021 年 12 月

目录 Contents

第一部分 市（州）综合科技创新水平指数报告   001

一、市（州）科技创新一级指标评价   002
  （一）科技创新环境和基础   002
  （二）科技投入   003
  （三）科技产出   004
  （四）科技促进经济社会发展   004

二、市（州）科技创新水平评价   005
  （一）贵阳市   005
  （二）六盘水市   007
  （三）遵义市   009
  （四）安顺市   011
  （五）毕节市   013
  （六）铜仁市   015
  （七）黔西南州   017
  （八）黔东南州   019
  （九）黔南州   021

第二部分 县（市、区、特区）科技创新评价报告   024

一、县（市、区、特区）科技创新一级指标评价   026
  （一）科技投入   026
  （二）科技创新环境和基础   026
  （三）科技产出   027

二、县（市、区、特区）科技创新水平评价　　027
（一）贵阳市　　027
（二）六盘水市　　038
（三）遵义市　　042
（四）安顺市　　057
（五）铜仁市　　063
（六）黔西南州　　073
（七）毕节市　　081
（八）黔东南州　　089
（九）黔南州　　105

三、分类评价　　117
（一）城区方阵　　117
（二）县域第一方阵　　117
（三）县域第二方阵　　118
（四）县域第三方阵（甲类）　　119
（五）县域第三方阵（乙类）　　120

第三部分　高等院校科技创新评价报告　　121

一、高等院校综合科技创新水平评价　　121
二、高等院校科技创新一级指标评价　　122
（一）科技创新环境和基础　　122
（二）科技投入　　123
（三）科技产出　　124
（四）创新绩效　　125
三、高等院校科技创新水平评价　　126
（一）贵州大学　　126
（二）贵州医科大学　　128
（三）贵州师范大学　　129
（四）遵义医科大学　　131
（五）贵州中医药大学　　133
（六）贵州民族大学　　134
（七）贵州财经大学　　136

（八）遵义师范学院　　　　　　　　　　　　　　137
（九）铜仁学院　　　　　　　　　　　　　　　　139
（十）贵州师范学院　　　　　　　　　　　　　　141
（十一）贵州理工学院　　　　　　　　　　　　　143
（十二）贵阳学院　　　　　　　　　　　　　　　144
（十三）黔南民族师范学院　　　　　　　　　　　146
（十四）贵州工程应用技术学院　　　　　　　　　147
（十五）六盘水师范学院　　　　　　　　　　　　149
（十六）凯里学院　　　　　　　　　　　　　　　151
（十七）安顺学院　　　　　　　　　　　　　　　152
（十八）兴义民族师范学院　　　　　　　　　　　154
（十九）贵州商学院　　　　　　　　　　　　　　155
（二十）茅台学院　　　　　　　　　　　　　　　157
（二十一）贵州警察学院　　　　　　　　　　　　159

第四部分　科研院所科技创新评价报告　　　　　　161

一、公益类科研院所综合科技创新水平评价　　　　　161
二、公益类科研院所科技创新一级指标评价　　　　　163
　（一）科技创新环境和基础　　　　　　　　　　163
　（二）科技投入　　　　　　　　　　　　　　　164
　（三）科技产出　　　　　　　　　　　　　　　166
　（四）创新绩效　　　　　　　　　　　　　　　168
三、公益类科研院所科技创新水平评价　　　　　　　170
　（一）贵州省中科院天然产物化学重点实验室　　170
　（二）贵州省林业科学研究院　　　　　　　　　172
　（三）贵州省草业研究所　　　　　　　　　　　174
　（四）贵州省油菜研究所　　　　　　　　　　　175
　（五）贵州省园艺研究所　　　　　　　　　　　177
　（六）贵州省生物技术研究所　　　　　　　　　178
　（七）贵州省旱粮研究所　　　　　　　　　　　180
　（八）贵州省环境科学研究设计院　　　　　　　181
　（九）贵州省生物研究所　　　　　　　　　　　183

（十）贵州省山地资源研究所	184
（十一）贵州省植物保护研究所	186
（十二）贵州省油料研究所	187
（十三）贵州省蚕业（辣椒）研究所	189
（十四）贵州省水产研究所	190
（十五）贵州省果树科学研究所	192
（十六）贵州省土壤肥料研究所	193
（十七）贵州省畜牧兽医研究所	195
（十八）贵州省水稻研究所	196
（十九）贵州省亚热带作物研究所	198
（二十）贵州省复合改性聚合物材料工程技术研究中心	199
（二十一）贵州省植物园	201
（二十二）贵州省茶叶研究所	202
（二十三）贵州省农业科技信息研究所	204
（二十四）贵州省农作物品种资源研究所	205
（二十五）贵州省科学技术情报研究所	207
（二十六）贵州省现代农业发展研究所	208
（二十七）贵州省分析测试研究院	210
（二十八）贵州省山地农业机械研究所	211
（二十九）贵州省水利科学研究院	213
（三十）贵州省劳动保护科学技术研究院	214
（三十一）贵州省冶金科学研究室	216
（三十二）贵州省粮油科研设计所	217
（三十三）贵州省科技信息中心	219
四、开发类科研院所综合科技创新水平评价	220
五、开发类科研院所科技创新一级指标评价	222
（一）科技创新环境和基础	222
（二）科技投入	223
（三）科技产出	224
（四）创新绩效	226
六、开发类科研院所科技创新水平评价	227
（一）贵州省化工研究院	227

（二）贵州省矿山安全科学研究院　229
（三）贵州省交通科学研究院　230
（四）贵州省生物技术研究开发基地　232
（五）贵州省新材料研究开发基地　233
（六）贵州省轻工业科学研究所　235
（七）贵州省冶金设计研究院　236
（八）贵州省建筑材料科学研究设计院　238
（九）贵州省冶金化工研究所　240
（十）贵州省新技术研究所　241
（十一）贵州省电子工业研究所　243
（十二）贵州省工艺美术研究所　244
（十三）贵州省机电研究设计院　245
（十四）贵州省商业科学研究所　247

第五部分　产业园区科技创新评价报告　249

一、产业园区综合科技创新水平　249
二、产业园区科技创新一级指标评价　250
（一）科技创新环境　250
（二）科技投入　250
（三）创新产出　251
（四）创新绩效　252
三、产业园区科技创新统计监测指数排位　253
（一）产业园区综合科技创新水平指数排位　253
（二）产业园区科技创新统计监测一级指数排位　256

第六部分　重点企业科技创新评价报告　274

一、重点企业综合科技创新水平评价　274
二、重点企业科技创新一级指标评价　275
（一）科技创新条件及基础　275
（二）创新产出　276
（三）创新效益　276
（四）科技投入　277

三、重点企业科技创新统计监测指数排位　　　　　　　　　　　　　　278
（一）重点企业综合科技创新水平指数排位　　　　　　　　　　　　278
（二）重点企业科技创新统计监测一级指数排位　　　　　　　　　　298

附录A　科技创新统计监测指标体系　　　　　　　　　　　　　　　386

附录B　监测方法　　　　　　　　　　　　　　　　　　　　　　　　391

附录C　主要指标解释　　　　　　　　　　　　　　　　　　　　　　392

第一部分 市（州）综合科技创新水平指数报告

根据综合科技创新水平指数，可将全省9个市（州）划分为三类[①]。

第一类：综合科技创新水平指数高于80%的地区，为贵阳市和遵义市；

第二类：综合科技创新水平指数低于80%，但高于65.44%的地区为黔西南州；

第三类：综合科技创新水平指数低于65.44%的地区为黔南州、黔东南州、安顺市、六盘水市、铜仁市和毕节市。

2018年贵阳市、遵义市仍居前2位，黔东南州、安顺市仍分别居第5位和第6位；六盘水市较上年上升2位，由上年的第9位上升至第7位；黔西南州较上年上升1位，由上年的第4位上升至第3位；黔南州较上年下降1位，由上年的第3位下降至第4位；毕节市较上年下降1位，由上年的第8位下降至第9位；铜仁市较上年下降1位，由上年的第7位下降至第8位（图1-1）。

2018年与2017年监测结果比较，9个市（州）综合科技创新水平指数平均水平也较上年提高3.62个百分点。其中，科技创新环境和基础指数较上年提高了9.77个百分点，科技投入指数较上年提高了11.72个百分点，科技产出指数较上年下降了7.54个百分点，科技促进经济社会发展指数较上年提高了1.62个百分点（图1-2）。

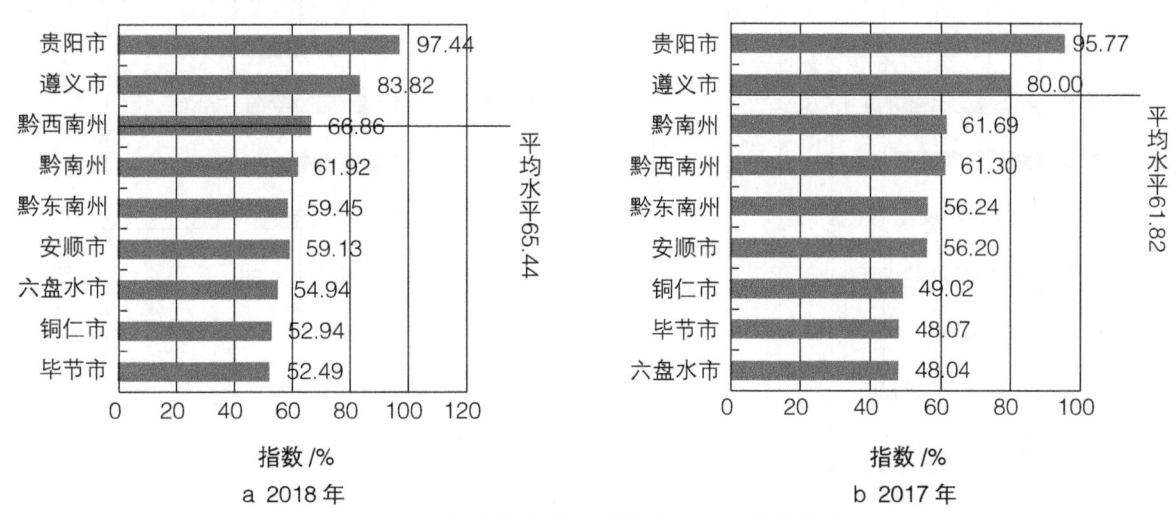

图1-1 市（州）综合科技创新水平指数排序

[①] 该综合科技创新水平指数为2018年正式监测结果，基础数据均采用2018年全年数据。故该结果与省经济测评小组公布的2018年预报结果有所区别。

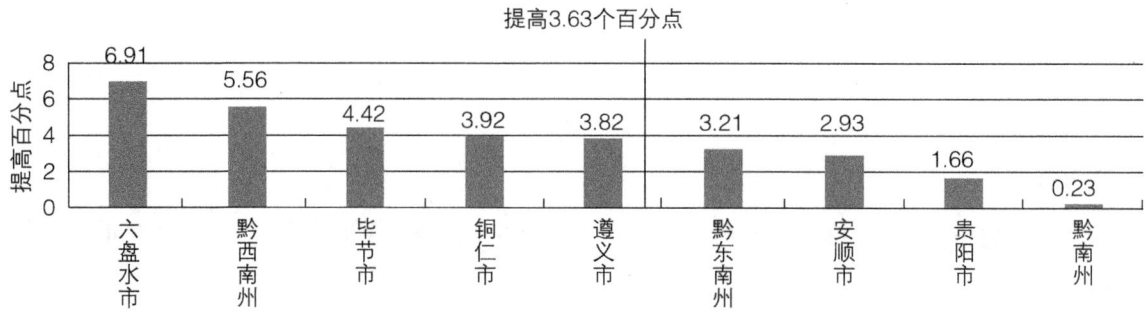

图 1-2 市（州）综合科技创新水平指数提高百分点排序

一、市（州）科技创新一级指标评价

（一）科技创新环境和基础

科技创新环境和基础指数高于70%的市（州）有2个，即贵阳市和遵义市，占全部市（州）的22.22%，低于70%但高于全省平均水平（57.29%）的市（州）有1个，即黔西南州，占全部市（州）的11.11%，其余6个市（州）均低于全省平均水平，占全部市（州）66.67%。

2018年与2017年监测结果相比，科技创新环境和基础指数平均水平较上年上升9.76个百分点，9个市（州）中黔南州、黔东南州均低于上年水平，其中黔东南州的降幅最大。

参照2017年科技创新环境和基础指数排序，黔西南州较上年上升2个位次；黔东南州和黔南州均下降1个位次；贵阳市、遵义市、铜仁市、安顺市、毕节市和六盘水市位次不变（图1-3、图1-4）。

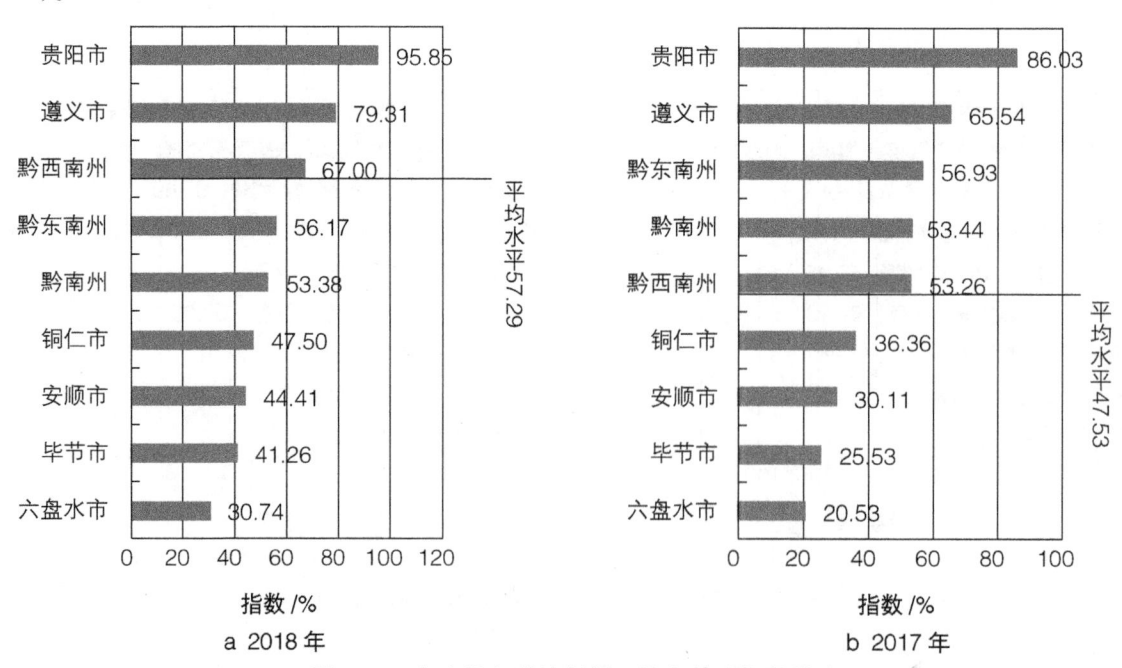

图 1-3 市（州）科技创新环境和基础指数排序

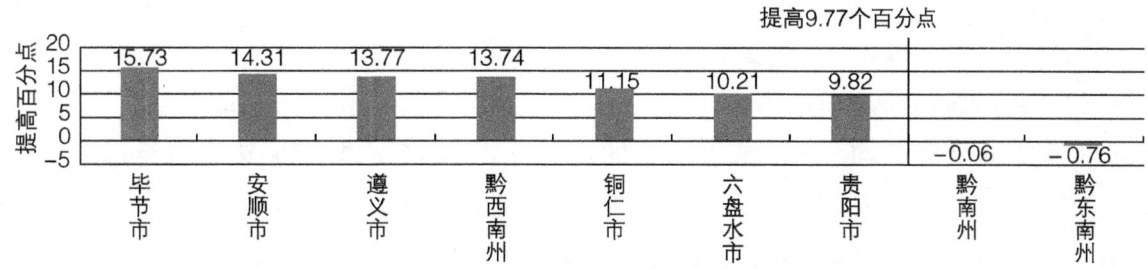

图 1-4 市（州）科技创新环境和基础指数提高百分点排序

（二）科技投入

科技投入指数高于 80% 的市（州）有 3 个，即贵阳市、黔西南州和遵义市，占全部市（州）的 33.33%，低于 80% 但高于全省平均水平（74.49%）的市（州）有 1 个，即六盘水市，占全部市（州）的 11.11%。其余 5 个市（州）均低于全省平均水平，占全部市（州）的 55.56%。

2018 年与 2017 年监测结果相比较，科技投入指数平均水平较上年上升了 11.72 个百分点，9 个市（州）均高于上年水平，其中六盘水市增幅最大，其次是毕节市。

参照 2017 年科技投入指数排序，六盘水市较上年上升 2 个位次；黔南州下降 2 个位次；贵阳市、黔西南州、遵义市、毕节市、铜仁市、黔东南州和安顺市位次不变（图 1-5、图 1-6）。

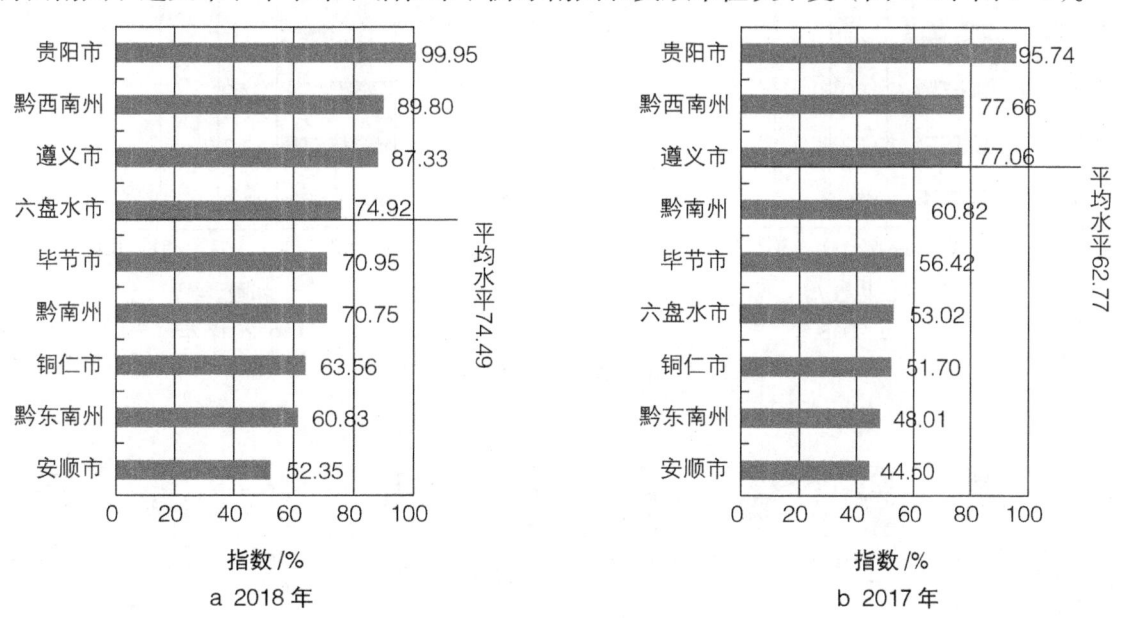

图 1-5 市（州）科技投入指数排序

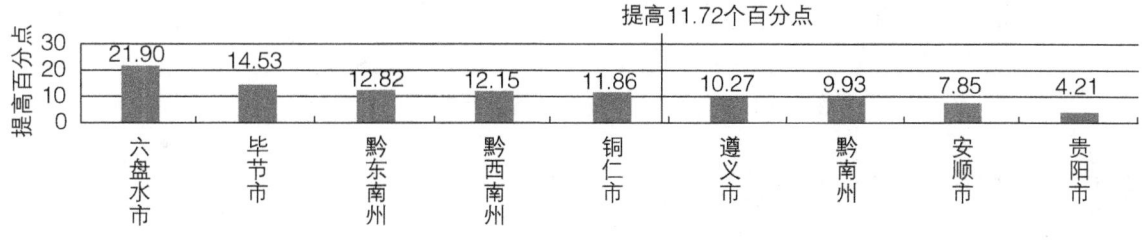

图 1-6 市（州）科技投入指数提高百分点排序

（三）科技产出

科技产出指数高于80%的市（州）有2个，即贵阳市和遵义市，占全部市（州）的22.22%，低于80%但高于全省平均水平（50.88%）的市（州）有1个，即安顺市，占全部市（州）的11.11%，其余6个市（州）均低于全省平均水平，占全部市（州）的66.67%。

2018年与2017年监测结果相比，科技产出指数平均水平较上年下降7.54个百分点，9个市（州）均低于上年水平，其中黔南州降幅最大，其次是毕节市。

参照2017年科技产出指数排序，黔东南州、黔西南州和铜仁市位次较上年有所上升，其中黔西南州上升幅度最大（上升3位）；黔南州、六盘水市和毕节市位次下降，其中毕节市降幅最大（下降3位）；贵阳市、遵义市、安顺市位次不变（图1-7、图1-8）。

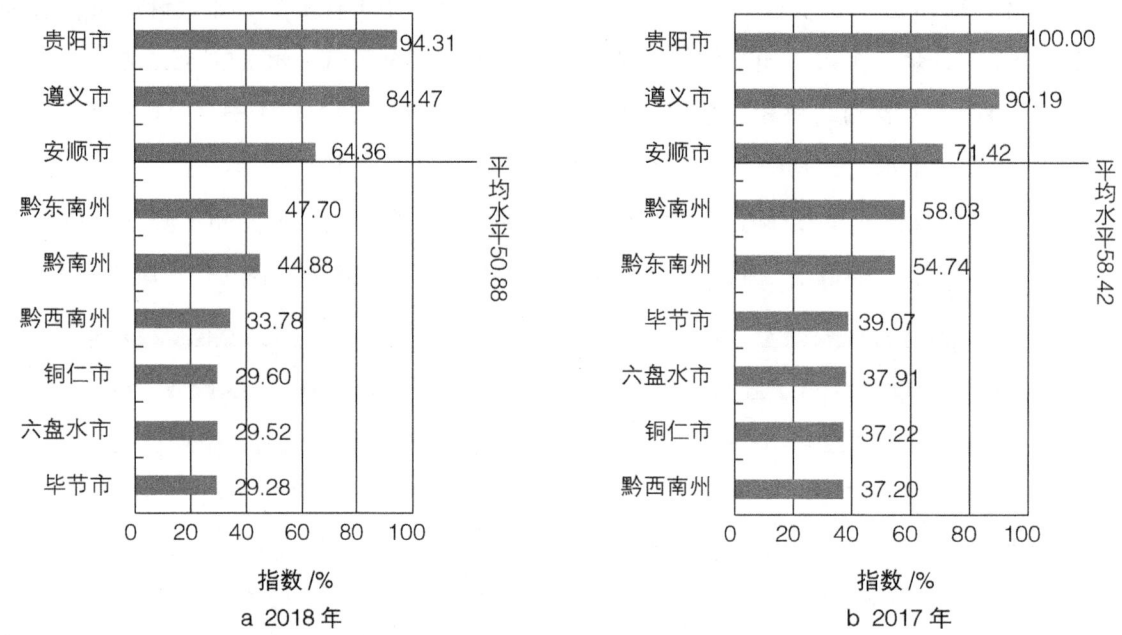

图1-7 市（州）科技产出指数排序

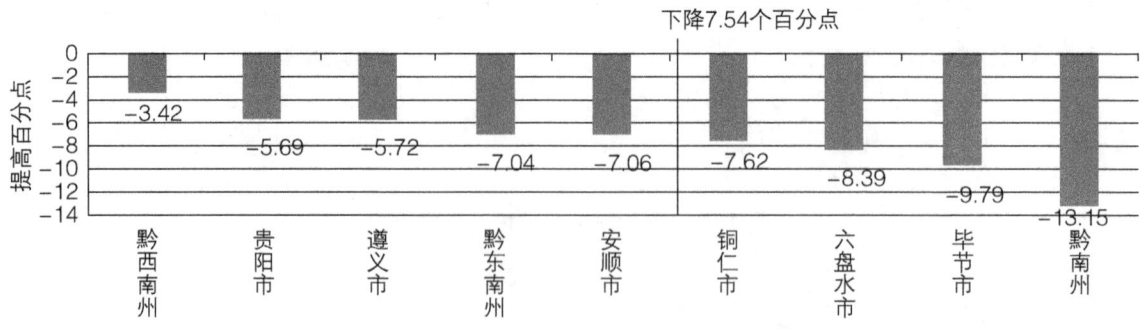

图1-8 市（州）科技产出指数提高百分点排序

（四）科技促进经济社会发展

科技促进经济社会发展指数高于80%的市（州）有2个，即贵阳市和遵义市，占全部市（州）

的22.22%，低于80%但高于全省平均水平（77.57%）的市（州）有1个，即黔南州，占全部市（州）的11.11%，其余6个市（州）均低于全省平均水平，占全部市（州）的66.67%。

2018年与2017年监测结果相比，科技促进经济社会发展指数平均水平较上年上升1.62个百分点。除毕节市和遵义市外，其余市（州）较上年上升，其中黔东南州增幅最大，其次是黔南州和贵阳市。

参照2017年科技促进经济社会发展指数排序，黔南州、黔东南州位次较上年均有所上升，分别上升1位和3位；六盘水市、黔西南州和安顺市位次下降，其中六盘水市降幅最大（下降2位）；贵阳市、遵义市、铜仁市和毕节市位次不变（图1-9、图1-10）。

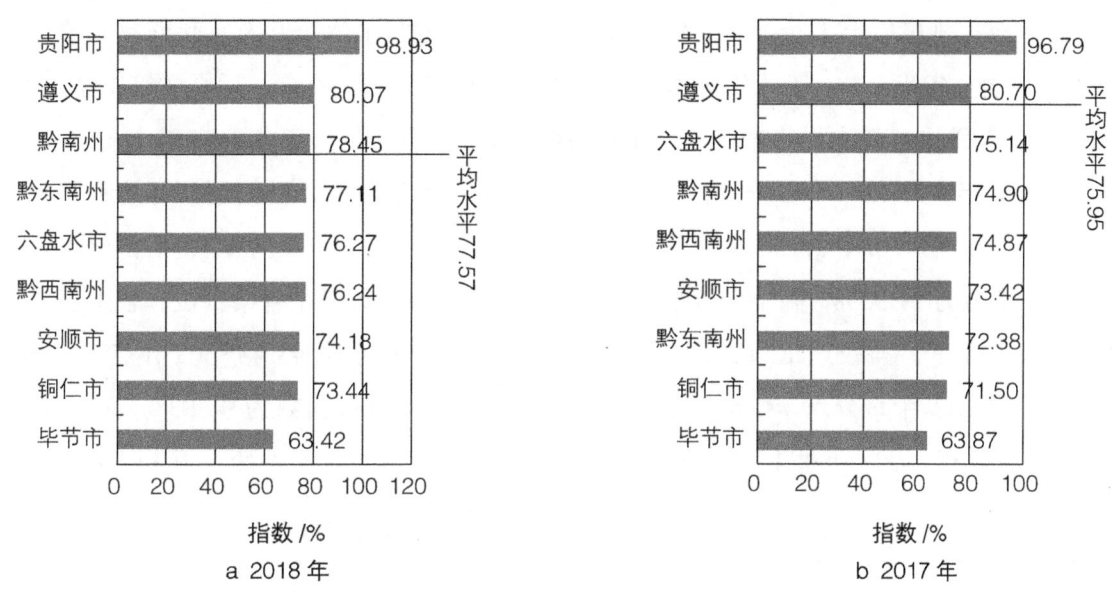

图1-9　市（州）科技促进经济社会发展指数排序

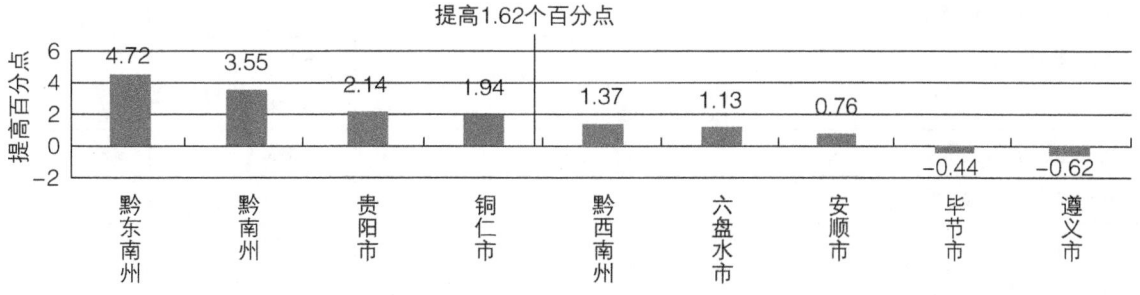

图1-10　市（州）科技促进经济社会发展指数提高百分点排序

二、市（州）科技创新水平评价

（一）贵阳市

年末常住人口488.19万人；地区生产总值3798.45亿元，居全省第1位；人均GDP 7.78万元，居全省第1位。全社会劳动生产率13.73万元/人，居全省第1位；综合能耗产出率1.67万元/吨标准煤，居全省第1位；新增科技型企业备案706个，居全省第1位。

R&D人员数28 784人，万人R&D人员数58.96人，居全省第1位；万人大专以上学历人数1841.50人，居全省第1位。

全社会R&D经费支出占地区生产总值比重1.53%，居全省第1位；财政支出中科学技术支出占公共财政预算支出比重3.97%，居全省第1位；规模以上工业企业R&D经费支出和技术改造经费支出占主营业务收入比重1.49%，居全省第4位。

万人发明专利授权量2.38件，居全省第1位；万人发明专利拥有量12.60件，居全省第1位；高新技术企业数占规模以上工业企业数比重81.21%，居全省第1位；万人互联网宽带接入用户数16 725.25户，居全省第1位；百人固定电话和移动电话用户数180.90户，居全省第1位。

贵阳市综合科技创新水平指数为97.44%，居全省第1位，位次不变；高于全省平均水平32个百分点，较上年上升1.67个百分点，增幅排第8位。一级指数中，科技创新环境和基础指数为95.85%，高于全省平均水平38.56个百分点，居全省第1位，较上年上升9.83个百分点，位次不变；科技投入指数为99.95%，高于全省平均水平25.46个百分点，居全省第1位，较上年上升4.20个百分点，位次不变；科技产出指数为94.31%，高于全省平均水平43.43个百分点，居全省第1位，较上年下降5.69个百分点，位次不变；科技促进经济社会发展指数为98.93%，高于全省平均水平21.36个百分点，居全省第1位，较上年上升2.14个百分点，位次不变（表1-1）。

表1-1 贵阳市各级监测指标和位次与上年比较

指标名称	三级指标值		位次	
	2018年	2017年	2018年	2017年
综合科技创新水平指数/%	97.44	95.77	1	1
科技创新环境和基础/%	95.85	86.03	1	1
科技意识/%	100.00	97.67	1	2
新增科技型企业备案数/个	706	565	1	1
万人发明专利申请量/件	11.78	9.89	1	1
科技创新条件及载体/%	91.70	78.27	1	1
万名就业人员拥有的创新机构数/个	0.25	0.22	1	1
规模以上工业企业办科研机构数占规模以上工业企业数的比重/%	16.91	14.46	2	3
创新园区系数	4.34	3.10	2	3
科技投入/%	99.95	95.74	1	1
人力投入/%	100.00	100.00	1	1
万人大专以上学历人数/人	1841.50	1587.57	1	1
万人R&D人员数/人	58.96	49.05	1	1
财力投入/%	99.90	91.49	1	1

续表

指标名称	三级指标值		位次	
	2018年	2017年	2018年	2017年
全社会R&D经费支出占地区生产总值比重/%	1.53	1.34	1	1
规模以上工业企业R&D经费支出和技术改造经费支出占主营业务收入比重/%	1.49	1.38	4	3
财政支出中科学技术支出占公共财政预算支出比重/%	3.97	2.86	1	1
科技产出/%	94.31	100.00	1	1
创新成果/%	100.00	100.00	1	1
获上级部门科技奖励系数	9.63	7.93	1	1
万人发明专利授权量/件	2.38	2.23	1	1
万人发明专利拥有量/件	12.60	10.95	1	1
品牌建设/%	100.00	100.00	1	1
品牌建设系数	484.40	1860.16	1	1
高新技术产业化/%	85.77	100.00	2	1
高新技术产业产值占工业总产值比重/%	36.16	44.90	2	2
规模以上工业企业新产品销售收入占主营业务收入比重/%	0.08	9.07	5	1
高新技术企业数占规模以上工业企业数比重/%	81.21	58.24	1	1
科技促进经济社会发展/%	98.93	96.79	1	1
经济发展方式转变/%	97.12	95.01	1	1
全社会劳动生产率/(万元/人)	13.73	12.97	1	1
综合能耗产出率/(万元/吨标准煤)	1.67	1.58	1	2
环境改善/%	95.05	91.45	3	4
环境质量指数/%	91.55	85.93	7	7
环境污染治理指数/%	97.38	95.12	2	5
社会生活信息化/%	100.00	100.00	1	1
人均电信业务总量/元	9365.41	4004.58	1	1
万人互联网宽带接入用户数/户	16 725.25	3032.07	1	1
百人固定电话和移动电话用户数/户	180.90	173.43	1	1

(二) 六盘水市

年末常住人口293.73万人；地区生产总值1525.69亿元，居全省第4位；人均GDP 5.19万元，居全省第2位；全社会劳动生产率9.17万元/人，居全省第2位；综合能耗产出率0.93万元/吨标准煤，居全省第9位；新增科技型企业备案77个，居全省第9位。

R&D人员数4641人，万人R&D人员数15.80人，居全省第3位；万人大专以上学历人数557.30人，居全省第7位。

全社会 R&D 经费支出占地区生产总值比重 0.70%，居全省第 3 位；财政支出中科学技术支出占公共财政预算支出比重 1.90%，居全省第 4 位；规模以上工业企业 R&D 经费支出和技术改造经费支出占主营业务收入比重 1.90%，居全省第 3 位。

万人发明专利授权量 0.18 件，居全省第 6 位；万人发明专利拥有量 0.80 件，居全省第 8 位；高新技术企业数占规模以上工业企业数比重 4.07%，居全省第 6 位；万人互联网宽带接入用户数 10 821.16 户，居全省第 6 位；百人固定电话和移动电话用户数 123.30 户，居全省第 4 位。

六盘水市综合科技创新水平指数为 54.94%，居全省第 7 位，位次上升 2 位；低于全省平均水平 10.50 个百分点，较上年上升 6.90 个百分点，增幅排第 1 位。一级指数中，科技创新环境和基础指数 30.74%，低于全省平均水平 26.55 个百分点，居全省第 9 位，较上年上升 10.21 个百分点，位次不变；科技投入指数为 74.92%，高于全省平均水平 0.43 个百分点，居全省第 4 位，较上年上升 21.90 个百分点，位次上升 2 位；科技产出指数为 29.52%，低于全省平均水平 21.36 个百分点，居全省第 8 位，较上年下降 8.39 个百分点，位次下降 1 位；科技促进经济社会发展指数为 76.27%，低于全省平均水平 1.30 个百分点，居全省第 5 位，较上年上升 1.13 个百分点，位次下降 2 位（表 1-2）。

表 1-2　六盘水市各级监测指标和位次与上年比较

指标名称	三级指标值 2018 年	三级指标值 2017 年	位次 2018 年	位次 2017 年
综合科技创新水平指数 /%	54.94	48.04	7	9
科技创新环境和基础 /%	30.74	20.53	9	9
科技意识 /%	18.47	15.37	9	9
新增科技型企业备案数 / 个	77	143	9	8
万人发明专利申请量 / 件	0.96	0.94	8	8
科技创新条件及载体 /%	43.00	23.98	6	8
万名就业人员拥有的创新机构数 / 个	0.03	0.02	6	8
规模以上工业企业办科研机构数占规模以上工业企业数的比重 /%	8.78	5.53	3	5
创新园区系数	1.36	1.40	9	9
科技投入 /%	74.92	53.02	4	6
人力投入 /%	66.46	45.51	8	7
万人大专以上学历人数 / 人	557.30	522.88	7	8
万人 R&D 人员数 / 人	15.80	9.35	3	5
财力投入 /%	83.38	60.52	3	6
全社会 R&D 经费支出占地区生产总值比重 /%	0.70	0.30	3	8
规模以上工业企业 R&D 经费支出和技术改造经费支出占主营业务收入比重 /%	1.90	1.12	3	5
财政支出中科学技术支出占公共财政预算支出比重 /%	1.90	2.10	4	3

续表

指标名称	三级指标值		位次	
	2018 年	2017 年	2018 年	2017 年
科技产出 /%	29.52	37.91	8	7
创新成果 /%	23.72	20.27	7	7
获上级部门科技奖励系数	0.08	0.00	7	8
万人发明专利授权量 / 件	0.18	0.16	6	7
万人发明专利拥有量 / 件	0.80	0.59	8	8
品牌建设 /%	17.89	59.05	8	6
品牌建设系数	71.56	236.20	8	6
高新技术产业化 /%	42.61	40.14	8	7
高新技术产业产值占工业总产值比重 /%	17.89	20.17	8	7
规模以上工业企业新产品销售收入占主营业务收入比重 /%	0.04	2.45	7	7
高新技术企业数占规模以上工业企业数比重 /%	4.07	2.88	6	6
科技促进经济社会发展 /%	76.27	75.14	5	3
经济发展方式转变 /%	75.65	72.97	3	3
全社会劳动生产率 /（万元 / 人）	9.17	8.85	2	2
综合能耗产出率 /（万元 / 吨标准煤）	0.93	0.89	9	9
环境改善 /%	87.07	85.53	9	9
环境质量指数 /%	92.23	90.43	6	4
环境污染治理指数 /%	83.63	82.27	9	9
社会生活信息化 /%	74.91	72.29	5	5
人均电信业务总量 / 元	5670.51	2024.55	5	6
万人互联网宽带接入用户数 / 户	10 821.16	1360.76	6	8
百人固定电话和移动电话用户数 / 户	123.30	118.73	4	2

（三）遵义市

年末常住人口 627.07 万人；地区生产总值 3000.23 亿元，居全省第 2 位；人均 GDP 4.78 万元，居全省第 3 位；全社会劳动生产率 8.21 万元 / 人，居全省第 3 位；综合能耗产出率 1.64 万元 / 吨标准煤，居全省第 2 位；新增科技型企业备案 291 个，居全省第 5 位。

R&D 人员数 8293 人，万人 R&D 人员数 13.22 人，居全省第 4 位；万人大专以上学历人数 692.00 人，居全省第 4 位。

全社会 R&D 经费支出占地区生产总值比重 0.46%，居全省第 6 位；财政支出中科学技术支出占公共财政预算支出比重 1.32%，居全省第 6 位；规模以上工业企业 R&D 经费支出和技术改造经费支出占主营业务收入比重 0.62%，居全省第 8 位。

万人发明专利授权量 0.73 件，居全省第 2 位；万人发明专利拥有量 2.52 件，居全省第 3 位；高新技术企业数占规模以上工业企业数比重 11.63%，居全省第 2 位；万人互联网宽带接入用户数 11 142.62 户，居全省第 4 位；百人固定电话和移动电话用户数 123.82 户，居全省第 3 位。

遵义市综合科技创新水平指数为 83.82%，居全省第 2 位，位次不变；高于全省平均水平 18.38 个百分点，较上年上升 3.82 个百分点，增幅排第 5 位。一级指数中，科技创新环境和基础指数为 79.31%，高于全省平均水平 22.02 个百分点，居全省第 2 位，较上年上升 13.77 个百分点，位次不变；科技投入指数为 87.33%，高于全省平均水平 12.84 个百分点，居全省第 3 位，较上年上升 10.27 个百分点，位次不变；科技产出指数为 84.47%，高于全省平均水平 33.59 个百分点，居全省第 2 位，较上年下降 5.72 个百分点，位次不变；科技促进经济社会发展指数为 80.07%，高于全省平均水平 2.50 个百分点，居全省第 2 位，较上年下降 0.63 个百分点，位次不变（表 1-3）。

表 1-3 遵义市各级监测指标和位次与上年比较

指标名称	三级指标值		位次	
	2018 年	2017 年	2018 年	2017 年
综合科技创新水平指数 /%	83.82	80.00	2	2
科技创新环境和基础 /%	79.31	65.54	2	2
科技意识 /%	95.02	81.21	2	2
新增科技型企业备案数 / 个	291	382	5	5
万人发明专利申请量 / 件	5.48	5.16	2	2
科技创新条件及载体 /%	63.60	55.09	3	3
万名就业人员拥有的创新机构数 / 个	0.05	0.04	3	3
规模以上工业企业办科研机构数占规模以上工业企业数的比重 /%	7.04	4.81	5	7
创新园区系数	4.70	4.58	1	1
科技投入 /%	87.33	77.06	3	3
人力投入 /%	95.94	85.04	2	2
万人大专以上学历人数 / 人	692.00	719.02	4	3
万人 R&D 人员数 / 人	13.22	11.03	4	3
财力投入 /%	78.72	69.08	4	3
全社会 R&D 经费支出占地区生产总值比重 /%	0.46	0.41	6	6
规模以上工业企业 R&D 经费支出和技术改造经费支出占主营业务收入比重 /%	0.62	0.41	8	9
财政支出中科学技术支出占公共财政预算支出比重 /%	1.32	1.30	6	7
科技产出 /%	84.47	90.19	2	2
创新成果 /%	98.25	89.86	2	2

续表

指标名称	三级指标值		位次	
	2018年	2017年	2018年	2017年
获上级部门科技奖励系数	0.83	1.05	2	2
万人发明专利授权量 /件	0.73	0.56	2	2
万人发明专利拥有量 /件	2.52	1.91	3	3
品牌建设 /%	87.98	100.00	2	1
品牌建设系数	351.92	1159.32	2	2
高新技术产业化 /%	71.51	84.35	4	3
高新技术产业产值占工业总产值比重 /%	21.51	31.15	7	3
规模以上工业企业新产品销售收入占主营业务收入比重 /%	0.10	6.19	3	3
高新技术企业数占规模以上工业企业数比重 /%	11.63	11.40	2	2
科技促进经济社会发展 /%	80.07	80.70	2	2
经济发展方式转变 /%	85.59	80.19	2	2
全社会劳动生产率 /(万元/人)	8.21	7.59	3	3
综合能耗产出率 /(万元/吨标准煤)	1.64	1.56	2	3
环境改善 /%	98.89	96.30	1	1
环境质量指数 /%	97.79	90.76	1	2
环境污染治理指数 /%	99.62	100.38	1	1
社会生活信息化 /%	75.81	74.76	4	3
人均电信业务总量 /元	5562.06	2200.60	7	3
万人互联网宽带接入用户数 /户	1142.62	1524.89	4	4
百人固定电话和移动电话用户数 /户	123.82	112.70	3	3

(四) 安顺市

年末常住人口235.31万人；地区生产总值849.40亿元，居全省第9位；人均GDP 3.61万元，居全省第6位；全社会劳动生产率6.12万元/人，居全省第7位；综合能耗产出率1.46万元/吨标准煤，居全省第7位；新增科技型企业备案193个，居全省第8位。

R&D人员数2255人，万人R&D人员数9.58人，居全省第5位；万人大专以上学历人数598.48人，居全省第6位。

全社会R&D经费支出占地区生产总值比重0.60%，居全省第4位；财政支出中科学技术支出占公共财政预算支出比重1.30%，居全省第7位；规模以上工业企业R&D经费支出和技术改造经费支出占主营业务收入比重1.04%，居全省第5位。

万人发明专利授权量0.46件，居全省第3位；万人发明专利拥有量2.73件，居全省第2位；高新技术企业数占规模以上工业企业数比重8.79%，居全省第3位；万人互联网宽带接入用户数10 605.16户，居全省第7位；百人固定电话和移动电话用户数116.40户，居全省第7位。

安顺市综合科技创新水平指数为59.13%，居全省第6位，位次不变。低于全省平均水平6.31个百分点，较上年上升2.91个百分点，增幅排第7位。一级指数中，科技创新环境和基础指数为44.41%，低于全省平均水平12.88个百分点，居全省第7位，较上年上升14.30个百分点，位次不变；科技投入指数为52.35%，低于全省平均水平22.14个百分点，居全省第9位，较上年上升7.85个百分点，位次不变；科技产出指数为64.36%，高于全省平均水平13.48个百分点，居全省第3位，较上年下降7.1个百分点，位次不变；科技促进经济社会发展指数为74.18%，低于全省平均水平3.39个百分点，居全省第7位，较上年上升0.76个百分点，位次下降1位（表1-4）。

表1-4 安顺市各级监测指标和位次与上年比较

指标名称	三级指标值		位次	
	2018年	2017年	2018年	2017年
综合科技创新水平指数/%	59.13	56.22	6	6
科技创新环境和基础/%	44.41	30.11	7	7
科技意识/%	58.20	28.87	6	7
新增科技型企业备案数/个	193	82	8	9
万人发明专利申请量/件	4.54	4.46	3	4
科技创新条件及载体/%	30.62	30.93	8	7
万名就业人员拥有的创新机构数/个	0.03	0.03	7	7
规模以上工业企业办科研机构数占规模以上工业企业数的比重/%	3.77	4.88	9	6
创新园区系数	1.55	1.83	8	7
科技投入/%	52.35	44.50	9	9
人力投入/%	55.54	44.49	9	8
万人大专以上学历人数/人	598.48	622.37	6	6
万人R&D人员数/人	9.58	10.53	5	4
财力投入/%	49.17	44.52	8	9
全社会R&D经费支出占地区生产总值比重/%	0.60	0.52	4	3
规模以上工业企业R&D经费支出和技术改造经费支出占主营业务收入比重/%	1.04	1.20	5	4
财政支出中科学技术支出占公共财政预算支出比重/%	1.30	1.03	7	9
科技产出/%	64.36	71.46	3	3
创新成果/%	62.46	53.67	3	3
获上级部门科技奖励系数	0.55	0.08	3	6

续表

指标名称	三级指标值		位次	
	2018年	2017年	2018年	2017年
万人发明专利授权量/件	0.46	0.43	3	3
万人发明专利拥有量/件	2.73	2.34	2	2
品牌建设/%	18.73	55.63	7	7
品牌建设系数	74.92	222.53	7	7
高新技术产业化/%	100.00	96.93	1	2
高新技术产业产值占工业总产值比重/%	75.50	55.99	1	1
规模以上工业企业新产品销售收入占主营业务收入比重/%	0.10	7.18	4	2
高新技术企业数占规模以上工业企业数比重/%	8.79	9.21	3	3
科技促进经济社会发展/%	74.18	73.42	7	6
经济发展方式转变/%	69.06	66.47	7	6
全社会劳动生产率/(万元/人)	6.12	5.82	7	7
综合能耗产出率/(万元/吨标准煤)	1.46	1.42	7	4
环境改善/%	91.93	90.25	8	6
环境质量指数/%	92.35	90.60	5	3
环境污染治理指数/%	91.65	90.02	8	7
社会生活信息化/%	73.10	70.85	7	7
人均电信业务总量/元	5788.96	2077.29	4	5
万人互联网宽带接入用户数/户	10 605.16	1521.07	7	5
百人固定电话和移动电话用户数/户	116.40	103.78	7	7

（五）毕节市

年末常住人口668.61万人；地区生产总值1921.43亿元，居全省第3位；人均GDP 2.87万元，居全省第9位；全社会劳动生产率5.48万元/人，居全省第8位；综合能耗产出率1.62万元/吨标准煤，居全省第3位；新增科技型企业备案572个，居全省第2位。

R&D人员数2656人，万人R&D人员数3.97人，居全省第9位；万人大专以上学历人数350.65人，居全省第9位。

全社会R&D经费支出占地区生产总值比重0.26%，居全省第9位；财政支出中科学技术支出占公共财政预算支出比重2.73%，居全省第2位；规模以上工业企业R&D经费支出和技术改造经费支出占主营业务收入比重0.57%，居全省第9位。

万人发明专利授权量0.04件，居全省第9位；万人发明专利拥有量0.27件，居全省第9位；高新技术企业数占规模以上工业企业数比重1.86%，居全省第9位；万人互联网宽带接入用户数

8276.72 户，居全省第 9 位；百人固定电话和移动电话用户数 92.09 户，居全省第 9 位。

毕节市综合科技创新水平指数为 52.49%，居全省第 9 位，位次下降 1 位；低于全省平均水平 12.95 个百分点，较上年上升 4.42 个百分点，增幅排第 3 位。一级指数中，科技创新环境和基础指数为 41.26%，低于全省平均水平 16.03 个百分点，居全省第 8 位，较上年上升 15.73 个百分点，位次不变；科技投入指数为 70.95%，低于全省平均水平 3.54 个百分点，居全省第 5 位，较上年上升 14.53 个百分点，位次不变；科技产出指数为 29.28%，低于全省平均水平 21.60 个百分点，居全省第 9 位，较上年下降 9.79 个百分点，位次下降 3 位；科技促进经济社会发展指数为 63.42%，低于全省平均水平 14.15 个百分点，居全省第 9 位，较上年下降 0.45 个百分点，位次不变（表 1-5）。

表 1-5 毕节市各级监测指标和位次与上年比较

指标名称	三级指标值		位次	
	2018 年	2017 年	2018 年	2017 年
综合科技创新水平指数 /%	52.49	48.07	9	8
科技创新环境和基础 /%	41.26	25.53	8	8
科技意识 /%	51.99	27.91	8	8
新增科技型企业备案数 / 个	572	356	2	6
万人发明专利申请量 / 件	0.68	0.34	9	9
科技创新条件及载体 /%	30.53	23.94	9	9
万名就业人员拥有的创新机构数 / 个	0.02	0.01	9	9
规模以上工业企业办科研机构数占规模以上工业企业数的比重 /%	5.42	4.76	6	9
创新园区系数	1.77	1.93	7	6
科技投入 /%	70.95	56.42	5	5
人力投入 /%	78.63	49.17	6	6
万人大专以上学历人数 / 人	350.65	333.73	9	9
万人 R&D 人员数 / 人	3.97	3.41	9	9
财力投入 /%	63.26	63.67	5	4
全社会 R&D 经费支出占地区生产总值比重 /%	0.26	0.24	9	9
规模以上工业企业 R&D 经费支出和技术改造经费支出占主营业务收入比重 /%	0.57	0.52	9	8
财政支出中科学技术支出占公共财政预算支出比重 /%	2.73	2.02	2	5
科技产出 /%	29.28	39.07	9	6
创新成果 /%	13.39	13.71	9	9
获上级部门科技奖励系数	0.08	0.13	7	4

续表

指标名称	三级指标值		位次	
	2018 年	2017 年	2018 年	2017 年
万人发明专利授权量 / 件	0.04	0.05	9	9
万人发明专利拥有量 / 件	0.27	0.26	9	9
品牌建设 /%	26.04	77.79	5	3
品牌建设系数	104.16	311.16	5	3
高新技术产业化 /%	43.63	37.06	7	8
高新技术产业产值占工业总产值比重 /%	34.80	29.52	3	5
规模以上工业企业新产品销售收入占主营业务收入比重 /%	0.01	0.18	9	9
高新技术企业数占规模以上工业企业数比重 /%	1.86	1.83	9	9
科技促进经济社会发展 /%	63.42	63.87	9	9
经济发展方式转变 /%	68.80	67.40	8	5
全社会劳动生产率 / (万元 / 人)	5.48	5.28	8	8
综合能耗产出率 / (万元 / 吨标准煤)	1.62	1.61	3	1
环境改善 /%	93.55	90.57	4	5
环境质量指数 /%	93.09	79.86	3	8
环境污染治理指数 /%	93.85	97.71	6	2
社会生活信息化 /%	57.58	51.07	9	9
人均电信业务总量 / 元	4630.95	1674.25	9	9
万人互联网宽带接入用户数 / 户	8276.72	794.63	9	9
百人固定电话和移动电话用户数 / 户	92.09	80.40	9	9

（六）铜仁市

年末常住人316.88万人；地区生产总值1066.52亿元，居全省第7位；人均GDP 3.37万元，居全省第7位；全社会劳动生产率6.37万元 / 人，居全省第6位；综合能耗产出率1.54万元 / 吨标准煤，居全省第4位；新增科技型企业备案223个，居全省第7位。

R&D人员数2198人，万人R&D人员数6.94人，居全省第7位；万人大专以上学历人数690.22人，居全省第5位。

全社会R&D经费支出占地区生产总值比重0.50%，居全省第5位；财政支出中科学技术支出占公共财政预算支出比重1.11%，居全省第8位；规模以上工业企业R&D经费支出和技术改造经费支出占主营业务收入比重0.66%，居全省第6位。

万人发明专利授权量0.32件，居全省第4位；万人发明专利拥有量1.05件，居全省第5位；高新技术企业数占规模以上工业企业数比重2.50%，居全省第7位；万人互联网宽带接入用户数

10 375.22 户，居全省第 8 位；百人固定电话和移动电话用户数 112.02 户，居全省第 8 位。

铜仁市综合科技创新水平指数为 52.94%，居全省第 8 位，位次下降 1 位；低于全省平均水平 12.5 个百分点，较上年上升 3.92 个百分点，增幅排第 4 位。一级指数中，科技创新环境和基础指数为 47.50%，低于全省平均水平 9.79 个百分点，居全省第 6 位，较上年上升 11.14 个百分点，位次不变；科技投入指数为 63.56%，低于全省平均水平 10.93 个百分点，居全省第 7 位，较上年上升 11.86 个百分点，位次不变；科技产出指数为 29.60%，低于全省平均水平 21.28 个百分点，居全省第 7 位，较上年下降 7.62 个百分点，位次上升 1 位；科技促进经济社会发展指数为 73.44%，低于全省平均水平 4.13 个百分点，居全省第 8 位，较上年下降 1.94 个百分点，位次不变（表 1-6）。

表 1-6 铜仁市各级监测指标和位次与上年比较

指标名称	三级指标值		位次	
	2018 年	2017 年	2018 年	2017 年
综合科技创新水平指数 /%	52.94	49.02	8	7
科技创新环境和基础 /%	47.50	36.36	6	6
科技意识 /%	54.99	30.20	7	6
新增科技型企业备案数 / 个	223	200	7	7
万人发明专利申请量 / 件	2.77	2.58	5	7
科技创新条件及载体 /%	40.02	40.46	7	6
万名就业人员拥有的创新机构数 / 个	0.03	0.04	5	5
规模以上工业企业办科研机构数占规模以上工业企业数的比重 /%	4.51	8.36	8	4
创新园区系数	2.86	2.43	5	5
科技投入 /%	63.56	51.70	7	7
人力投入 /%	78.94	50.84	5	5
万人大专以上学历人数 / 人	690.22	626.28	5	5
万人 R&D 人员数 / 人	6.94	7.62	7	7
财力投入 /%	48.18	52.55	9	8
全社会 R&D 经费支出占地区生产总值比重 /%	0.50	0.48	5	4
规模以上工业企业 R&D 经费支出和技术改造经费支出占主营业务收入比重 /%	0.66	0.58	6	7
财政支出中科学技术支出占公共财政预算支出比重 /%	1.11	1.46	8	6
科技产出 /%	29.60	37.22	7	8
创新成果 /%	40.78	33.11	4	5
获上级部门科技奖励系数	0.23	0.38	5	3
万人发明专利授权量 / 件	0.32	0.27	4	5

续表

指标名称	三级指标值		位次	
	2018年	2017年	2018年	2017年
万人发明专利拥有量/件	1.05	0.78	5	5
品牌建设/%	16.12	51.10	9	8
品牌建设系数	64.48	204.40	9	8
高新技术产业化/%	31.34	32.15	9	9
高新技术产业产值占工业总产值比重/%	17.47	14.80	9	9
规模以上工业企业新产品销售收入占主营业务收入比重/%	0.02	2.08	8	8
高新技术企业数占规模以上工业企业数比重/%	2.50	2.55	7	7
科技促进经济社会发展/%	73.44	71.50	8	8
经济发展方式转变/%	72.48	66.25	6	7
全社会劳动生产率/(万元/人)	6.37	5.83	6	6
综合能耗产出率/(万元/吨标准煤)	1.54	1.41	4	5
环境改善/%	93.12	88.86	7	8
环境质量指数/%	91.32	79.19	8	9
环境污染治理指数/%	94.32	95.31	5	4
社会生活信息化/%	70.90	67.71	8	8
人均电信业务总量/元	5566.14	2001.96	6	7
万人互联网宽带接入用户数/户	10 375.22	1415.63	8	7
百人固定电话和移动电话用户数/户	112.02	100.11	8	8

（七）黔西南州

年末常住人口287.17万人；地区生产总值1163.77亿元，居全省第6位；人均GDP 4.05万元，居全省第4位；全社会劳动生产率6.78万元/人，居全省第4位；综合能耗产出率1.50万元/吨标准煤，居全省第5位；新增科技型企业备案286个，居全省第6位。

R&D人员数8760人，万人R&D人员数30.50人，居全省第2位；万人大专以上学历人数743.35人，居全省第3位。

全社会R&D经费支出占地区生产总值比重0.77%，居全省第2位；财政支出中科学技术支出占公共财政预算支出比重2.52%，居全省第3位；规模以上工业企业R&D经费支出和技术改造经费支出占主营业务收入比重2.95%，居全省第1位。

万人发明专利授权量0.15件，居全省第8位；万人发明专利拥有量0.89件，居全省第6位；高新技术企业数占规模以上工业企业数比重2.24%，居全省第8位；万人互联网宽带接入用户数10 957.62户，居全省第5位；百人固定电话和移动电话用户数120.69户，居全省第6位。

黔西南州综合科技创新水平指数为 66.86%，居全省第 3 位，位次上升 1 位；高于全省平均水平 1.42 个百分点，较上年上升 5.56 个百分点，增幅排第 2 位。一级指数中，科技创新环境和基础指数 67.00%，高于全省平均水平 9.71 个百分点，居全省第 3 位，较上年上升 13.74 个百分点，位次上升 2 位；科技投入指数为 89.80%，高于全省平均水平 15.31 个百分点，居全省第 2 位，较上年上升 12.14 个百分点，位次不变；科技产出指数为 33.78%，低于全省平均水平 17.10 个百分点，居全省第 6 位，较上年下降 3.42 个百分点，位次上升 3 位；科技促进经济社会发展指数为 76.24%，低于全省平均水平 1.33 个百分点，居全省第 6 位，较上年上升 1.37 个百分点，位次下降 1 位（表 1-7）。

表 1-7 黔西南州各级监测指标和位次与上年比较

指标名称	三级指标值		位次	
	2018 年	2017 年	2018 年	2017 年
综合科技创新水平指数 /%	66.86	61.30	3	4
科技创新环境和基础 /%	67.00	53.26	3	5
科技意识 /%	65.02	56.63	3	4
新增科技型企业备案数 / 个	286	584	6	1
万人发明专利申请量 / 件	3.20	2.91	4	6
科技创新条件及载体 /%	68.98	51.02	2	4
万名就业人员拥有的创新机构数 / 个	0.08	0.05	2	2
规模以上工业企业办科研机构数占规模以上工业企业数的比重 /%	23.01	17.33	1	2
创新园区系数	1.95	1.78	6	8
科技投入 /%	89.80	77.66	2	2
人力投入 /%	88.33	75.50	4	3
万人大专以上学历人数 / 人	743.35	675.49	3	4
万人 R&D 人员数 / 人	30.50	21.69	2	2
财力投入 /%	91.27	79.81	2	2
全社会 R&D 经费支出占地区生产总值比重 /%	0.77	0.69	2	2
规模以上工业企业 R&D 经费支出和技术改造经费支出占主营业务收入比重 /%	2.95	2.35	1	1
财政支出中科学技术支出占公共财政预算支出比重 /%	2.52	2.25	3	2
科技产出 /%	33.78	37.20	6	9
创新成果 /%	22.03	17.83	8	8
获上级部门科技奖励系数	0.00	0.08	9	6
万人发明专利授权量 / 件	0.15	0.11	8	8

续表

指标名称	三级指标值		位次	
	2018年	2017年	2018年	2017年
万人发明专利拥有量/件	0.89	0.73	6	6
品牌建设/%	19.76	49.60	6	9
品牌建设系数	79.04	198.40	6	9
高新技术产业化/%	53.11	46.40	6	6
高新技术产业产值占工业总产值比重/%	24.71	15.83	5	8
规模以上工业企业新产品销售收入占主营业务收入比重/%	0.11	5.93	2	4
高新技术企业数占规模以上工业企业数比重/%	2.24	2.22	8	6
科技促进经济社会发展/%	76.24	74.87	6	5
经济发展方式转变/%	74.08	68.58	4	4
全社会劳动生产率/(万元/人)	6.78	6.26	4	4
综合能耗产出率/(万元/吨标准煤)	1.50	1.40	5	6
环境改善/%	93.12	94.11	6	2
环境质量指数/%	91.14	94.61	9	1
环境污染治理指数/%	94.44	93.77	4	6
社会生活信息化/%	74.44	70.94	6	6
人均电信业务总量/元	5511.37	1979.02	8	8
万人互联网宽带接入用户数/户	10 957.62	1533.22	5	3
百人固定电话和移动电话用户数/户	120.69	107.97	6	5

（八）黔东南州

年末常住人口353.83万人；地区生产总值1036.62亿元，居全省第8位；人均GDP 2.93万元，居全省第8位；全社会劳动生产率5.02万元/人，居全省第9位；综合能耗产出率1.20万元/吨标准煤，居全省第8位；新增科技型企业备案504个，居全省第3位。

R&D人员数1620人，万人R&D人员数4.58人，居全省第8位；万人大专以上学历人数555.06人，居全省第8位。

全社会R&D经费支出占地区生产总值比重0.44%，居全省第7位；财政支出中科学技术支出占公共财政预算支出比重1.10%，居全省第9位；规模以上工业企业R&D经费支出和技术改造经费支出占主营业务收入比重1.81%，居全省第2位。

万人发明专利授权量0.22件，居全省第5位；万人发明专利拥有量0.88件，居全省第7位；高新技术企业数占规模以上工业企业数比重8.68%，居全省第4位；万人互联网宽带接入用户数11 746.88户，居全省第2位；百人固定电话和移动电话用户数126.14户，居全省第2位。

黔东南州综合科技创新水平指数为59.45%，居全省第5位，位次不变；低于全省平均水平5.99个百分点，较上年上升3.21个百分点，增幅排第6位。一级指数中，科技创新环境和基础指数为56.17%，低于全省平均水平1.12个百分点，居全省第4位，较上年下降0.76个百分点，位次下降1位；科技投入指数为60.83%，低于全省平均水平13.66个百分点，居全省第8位，较上年上升12.82个百分点，位次不变；科技产出指数为47.70%，低于全省平均水平3.18个百分点，居全省第4位，较上年下降7.04个百分点，位次上升1位；科技促进经济社会发展指数为77.11%，低于全省平均水平0.46个百分点，居全省第4位，较上年上升4.73个百分点，位次上升3位（表1-8）。

表1-8 黔东南州各级监测指标和位次与上年比较

指标名称	三级指标值 2018年	三级指标值 2017年	位次 2018年	位次 2017年
综合科技创新水平指数 /%	59.45	56.24	5	5
科技创新环境和基础 /%	56.17	56.93	4	3
科技意识 /%	63.21	55.60	4	5
新增科技型企业备案数 / 个	504	514	3	4
万人发明专利申请量 / 件	2.32	2.99	6	5
科技创新条件及载体 /%	49.12	57.82	4	2
万名就业人员拥有的创新机构数 / 个	0.02	0.04	8	6
规模以上工业企业办科研机构数占规模以上工业企业数的比重 /%	7.29	17.67	4	1
创新园区系数	4.20	3.90	3	2
科技投入 /%	60.83	48.01	8	8
人力投入 /%	69.11	43.30	7	9
万人大专以上学历人数 / 人	555.06	540.46	8	7
万人R&D人员数 / 人	4.58	4.42	8	8
财力投入 /%	52.56	52.72	6	7
全社会R&D经费支出占地区生产总值比重 /%	0.44	0.33	7	7
规模以上工业企业R&D经费支出和技术改造经费支出占主营业务收入比重 /%	1.81	1.93	2	2
财政支出中科学技术支出占公共财政预算支出比重 /%	1.10	1.14	9	8
科技产出 /%	47.70	54.74	4	5
创新成果 /%	34.35	27.18	5	6
获上级部门科技奖励系数	0.28	0.13	4	4
万人发明专利授权量 / 件	0.22	0.19	5	6

续表

指标名称	三级指标值 2018年	三级指标值 2017年	位次 2018年	位次 2017年
万人发明专利拥有量/件	0.88	0.69	7	7
品牌建设/%	26.47	67.51	4	5
品牌建设系数	105.88	270.04	4	5
高新技术产业化/%	73.64	70.87	3	4
高新技术产业产值占工业总产值比重/%	23.64	24.37	6	6
规模以上工业企业新产品销售收入占主营业务收入比重/%	0.15	4.98	1	5
高新技术企业数占规模以上工业企业数比重/%	8.68	7.42	4	4
科技促进经济社会发展/%	77.11	72.38	4	7
经济发展方式转变/%	56.79	54.19	9	9
全社会劳动生产率/(万元/人)	5.02	4.74	9	9
综合能耗产出率/(万元/吨标准煤)	1.20	1.16	8	8
环境改善/%	95.43	92.73	2	3
环境质量指数/%	94.46	88.48	2	6
环境污染治理指数/%	96.08	95.56	3	3
社会生活信息化/%	80.29	75.16	2	2
人均电信业务总量/元	6363.79	2179.53	2	4
万人互联网宽带接入用户数/户	11 746.88	1651.67	2	2
百人固定电话和移动电话用户数/户	126.14	109.45	2	4

（九）黔南州

年末常住人口329.21万人；地区生产总值1313.46亿元，居全省第5位；人均GDP 3.99万元，居全省第5位；全社会劳动生产率6.73万元/人，居全省第5位；综合能耗产出率1.50万元/吨标准煤，居全省第6位；新增科技型企业备案350个，居全省第4位。

R&D人员数2394人，万人R&D人员数7.27人，居全省第6位；万人大专以上学历人数811.15人，居全省第2位。

全社会R&D经费支出占地区生产总值比重0.31%，居全省第8位；财政支出中科学技术支出占公共财政预算支出比重1.81%，居全省第5位；规模以上工业企业R&D经费支出和技术改造经费支出占主营业务收入比重0.63%，居全省第7位。

万人发明专利授权量0.17件，居全省第7位；万人发明专利拥有量1.25件，居全省第4位；高新技术企业数占规模以上工业企业数比重4.90%，居全省第5位；万人互联网宽带接入用户数11 507.55户，居全省第3位；百人固定电话和移动电话用户数122.74户，居全省第5位。

黔南州综合科技创新水平指数为 61.92%，居全省第 4 位，位次下降 1 位；低于全省平均水平 3.52 个百分点，较上年上升 0.23 个百分点，增幅排第 9 位。一级指数中，科技创新环境和基础指数为 53.38%，低于全省平均水平 3.91 个百分点，居全省第 5 位，较上年下降 0.06 个百分点，位次下降 1 位；科技投入指数为 70.75%，低于全省平均水平 3.74 个百分点，居全省第 6 位，较上年上升 9.93 个百分点，位次下降 2 位；科技产出指数为 44.88%，低于全省平均水平 6.00 个百分点，居全省第 5 位，较上年下降 13.15 个百分点，位次下降 1 位；科技促进经济社会发展指数为 78.45%，高于全省平均水平 0.88 个百分点，居全省第 3 位，较上年上升 3.55 个百分点，位次上升 1 位（表 1-9）。

表 1-9 黔南州各级监测指标和位次与上年比较

指标名称	三级指标值		位次	
	2018 年	2017 年	2018 年	2017 年
综合科技创新水平指数 /%	61.92	61.69	4	3
科技创新环境和基础 /%	53.38	53.44	5	4
科技意识 /%	60.96	70.37	5	3
新增科技型企业备案数 / 个	350	543	4	3
万人发明专利申请量 / 件	2.23	5.06	7	3
科技创新条件及载体 /%	45.80	42.16	5	5
万名就业人员拥有的创新机构数 / 个	0.04	0.04	4	4
规模以上工业企业办科研机构数占规模以上工业企业数的比重 /%	4.69	4.77	7	8
创新园区系数	3.25	2.95	4	4
科技投入 /%	70.75	60.82	6	4
人力投入 /%	90.00	60.19	3	4
万人大专以上学历人数 / 人	811.15	740.82	2	2
万人 R&D 人员数 / 人	7.27	8.10	6	6
财力投入 /%	51.50	61.45	7	5
全社会 R&D 经费支出占地区生产总值比重 /%	0.31	0.44	8	5
规模以上工业企业 R&D 经费支出和技术改造经费支出占主营业务收入比重 /%	0.63	1.08	7	6
财政支出中科学技术支出占公共财政预算支出比重 /%	1.81	2.06	5	4
科技产出 /%	44.88	58.03	5	4
创新成果 /%	32.53	39.51	6	4
获上级部门科技奖励系数	0.20	0.00	6	4
万人发明专利授权量 / 件	0.17	0.28	7	4
万人发明专利拥有量 / 件	1.25	1.11	4	4

续表

指标名称	三级指标值		位次	
	2018 年	2017 年	2018 年	2017 年
品牌建设 /%	34.78	72.81	3	4
品牌建设系数	139.12	291.24	3	4
高新技术产业化 /%	61.71	65.00	5	5
高新技术产业产值占工业总产值比重 /%	29.03	30.60	4	4
规模以上工业企业新产品销售收入占主营业务收入比重 /%	0.06	4.52	6	6
高新技术企业数占规模以上工业企业数比重 /%	4.90	4.66	5	5
科技促进经济社会发展 /%	78.45	74.90	3	4
经济发展方式转变 /%	73.66	65.99	5	8
全社会劳动生产率 /（万元 / 人）	6.73	5.98	5	5
综合能耗产出率 /（万元 / 吨标准煤）	1.50	1.36	6	7
环境改善 /%	93.13	89.53	5	7
环境质量指数 /%	93.01	88.84	4	5
环境污染治理指数 /%	93.21	90.00	7	8
社会生活信息化 /%	77.72	74.39	3	4
人均电信业务总量 / 元	5925.09	2295.10	3	2
万人互联网宽带接入用户数 / 户	11 507.55	1507.82	3	6
百人固定电话和移动电话用户数 / 户	122.74	107.84	5	6

第二部分 县（市、区、特区）科技创新评价报告

根据综合科技创新水平指数，可将全省88个县（市、区、特区）划分为三类（图2-1）。

第一类：综合科技创新水平指数高于全省平均水平（76.58%）的县（市、区、特区）有45个，占全部县（市、区、特区）的51.14%；

第二类：综合科技创新水平指数高于45%，但低于全省平均水平的县（市、区、特区）有43个，占全部县（市、区、特区）的48.86%；

第三类：综合科技创新水平指数低于45.00%的有0个县（市、区、特区）。

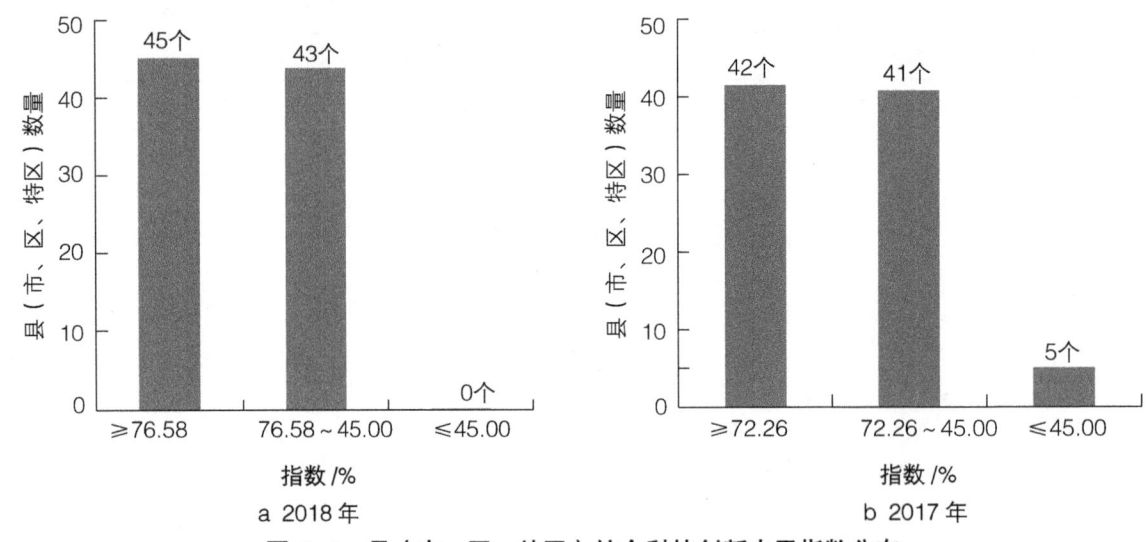

图2-1 县（市、区、特区）综合科技创新水平指数分布

2018年与2017年监测结果相比，各县（市、区、特区）综合科技创新水平指数较上年均有所提升，其平均水平比上年提高了4.32个百分点，高于这一增幅的有41个县（市、区、特区）。综合科技创新水平指数在45.00%以上的县（市、区、特区）共计88个，占总数的100%，较上年增加5个。

参照2017年综合科技创新水平指数排序，云岩区居首位；位次上升10位及以上的县（市、区、特区）有27个，其中织金县上升最快，较上年上升44位；位次下降10位及以上的县（市、区、特区）有21个，其中湄潭县下降最多，较上年下降42位（表2-1）。

表 2-1 县（市、区、特区）综合科技创新水平指数排位

地区	指数 /%	位次	增降幅 指数	增降幅 位次	地区	指数 /%	位次	增降幅 指数	增降幅 位次
云岩区	98.00	1	-1.75	0	晴隆县	77.91	45	26.30	32
南明区	97.80	2	-0.50	0	册亨县	76.17	46	29.14	34
花溪区	97.78	3	-0.37	0	望谟县	75.12	47	11.12	16
观山湖区	97.32	4	0.75	0	普定县	74.95	48	-3.72	-15
白云区	97.17	5	0.64	0	习水县	74.55	49	-8.78	-21
兴义市	96.58	6	3.65	3	长顺县	74.52	50	4.08	-4
乌当区	96.10	7	3.13	1	赤水市	73.54	51	-12.90	-32
凯里市	95.66	8	1.30	-1	普安县	72.38	52	11.52	16
西秀区	95.57	9	4.83	4	三穗县	72.13	53	15.50	18
播州区	93.90	10	2.64	0	镇远县	71.62	54	0.39	-11
清镇市	92.44	11	8.74	16	丹寨县	71.42	55	5.29	5
龙里县	91.57	12	2.63	4	天柱县	71.11	56	18.78	20
开阳县	90.32	13	5.49	11	施秉县	70.79	57	13.92	13
织金县	89.64	14	22.48	44	黄平县	70.74	58	7.84	7
红花岗区	89.55	15	1.29	2	关岭县	70.74	58	23.99	23
修文县	89.15	16	3.41	6	三都县	69.81	60	15.09	12
平坝区	88.98	17	15.41	25	镇宁县	69.53	61	-6.84	-22
钟山区	88.89	18	4.67	8	正安县	68.62	62	-9.10	-27
惠水县	88.14	19	11.08	19	江口县	68.61	63	23.88	21
福泉市	87.73	20	0.58	-2	剑河县	68.08	64	21.80	18
七星关区	87.65	21	-1.80	-6	台江县	67.97	65	9.30	4
贵定县	87.45	22	9.90	15	务川县	67.70	66	-2.99	-21
碧江区	87.27	23	-3.90	-12	罗甸县	67.55	67	-13.07	-36
玉屏县	86.91	24	1.03	-3	荔波县	67.47	68	3.72	-4
绥阳县	86.30	25	6.18	7	沿河县	67.10	69	2.57	-7
大方县	85.81	26	15.92	21	纳雍县	67.05	70	5.42	-3
桐梓县	85.09	27	6.89	7	湄潭县	66.34	71	-16.91	-42
瓮安县	85.05	28	-5.70	-16	六枝特区	65.41	72	-3.34	-20
贞丰县	84.83	29	16.53	24	麻江县	64.57	73	18.70	10
盘州市	84.37	30	-0.84	-7	凤冈县	63.89	74	1.43	-8
金沙县	84.03	31	1.78	-1	余庆县	62.56	75	8.32	-1
息烽县	83.58	32	5.93	4	锦屏县	62.09	76	18.72	11
黔西县	82.84	33	13.23	15	印江县	60.18	77	-9.07	-27
独山县	82.19	34	-4.18	-14	松桃县	60.08	78	-16.19	-38
岑巩县	81.91	35	16.85	26	平塘县	59.92	79	11.83	0

续表

地区	指数/%	位次	增降幅 指数	增降幅 位次	地区	指数/%	位次	增降幅 指数	增降幅 位次
汇川区	81.58	36	-8.53	-22	紫云县	58.51	80	13.90	5
思南县	81.13	37	10.39	7	赫章县	58.39	81	-10.89	-32
安龙县	80.68	38	12.61	16	德江县	57.17	82	2.84	-9
兴仁市	79.66	39	3.67	2	从江县	54.97	83	2.19	-8
仁怀市	79.22	40	11.93	17	黎平县	54.65	84	3.29	-6
水城县	79.22	41	10.03	11	雷山县	50.57	85	6.32	1
威宁县	78.90	42	11.08	13	石阡县	46.40	86	-20.95	-30
万山区	78.69	43	-6.09	-18	道真县	45.84	87	-20.62	-28
都匀市	78.40	44	-17.97	-38	榕江县	45.37	88	3.38	0

一、县（市、区、特区）科技创新一级指标评价

（一）科技投入

科技投入指数高于全省平均水平（83.37%）的县（市、区、特区）有55个，占全部县（市、区、特区）的62.50%；低于全省平均水平但高于45.00%的县（市、区、特区）有27个，占全部县（市、区、特区）的30.68%；低于45.00%的县（市、区、特区）有6个，占全部县（市、区、特区）的6.82%（图2-2）。

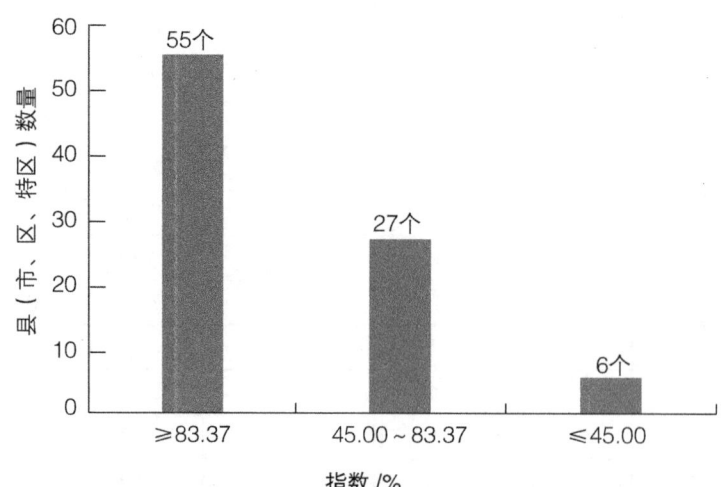

图2-2 县（市、区、特区）科技投入指数分布

（二）科技创新环境和基础

科技创新环境和基础指数高于全省平均水平（93.94%）的县（市、区、特区）有58个，占全部县（市、区、特区）的65.91%；低于全省平均水平但高于45.00%的县（市、区、特区）有30

个，占全部县（市、区、特区）的34.09%；低于45.00%的有0个县（市、区、特区）（图2-3）。

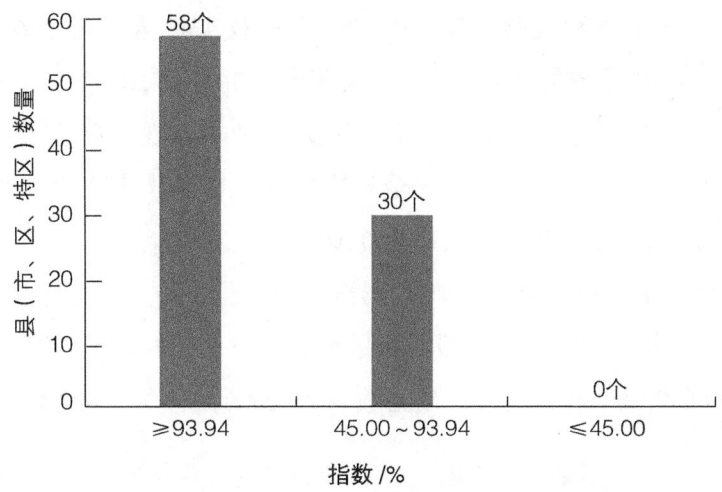

图2-3 县（市、区、特区）科技创新环境和基础指数分布

（三）科技产出

科技产出指数高于全省平均水平（54.91%）的县（市、区、特区）有47个，占全部县（市、区、特区）的53.41%；低于全省平均水平但高于45.00%的县（市、区、特区）有5个，占全部县（市、区、特区）的5.68%；低于45.00%的县（市、区、特区）有36个，占全部县（市、区、特区）的40.91%（图2-4）。

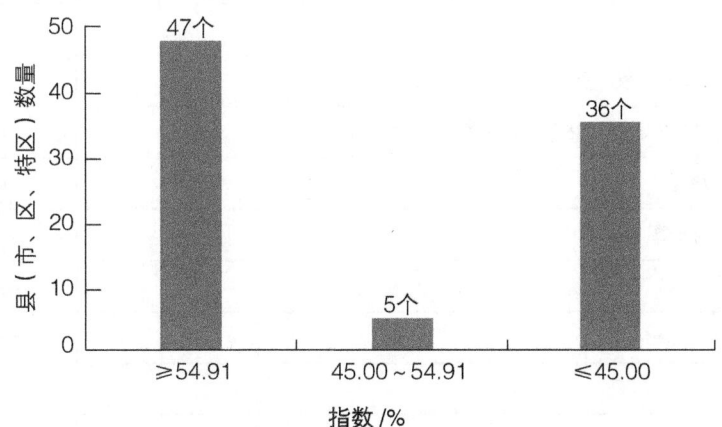

图2-4 县（市、区、特区）科技产出指数分布

二、县（市、区、特区）科技创新水平评价

（一）贵阳市

1. 南明区

规模以上工业企业R&D经费支出占主营业务收入比重为0.15%，居全省第68位。财政支出

中科学技术支出 17 554.00 万元，居全省第 11 位，其占一般公共预算支出比重为 2.85%，居全省第 20 位。万人规模以上工业企业研究与发展（R&D）人员数 4.49 人，居全省第 38 位。有 R&D 活动的企业占比为 26.67%，居全省第 34 位。有效发明专利拥有量 1009 件，居全省第 4 位，万人有效发明专利拥有量 10.92 件，居全省第 6 位。高新技术企业数占规上企业比例 300.00%，居全省第 2 位。万人技术合同交易额 1479.22 万元，居全省第 2 位。高新技术产业产值 16.97 亿元，居全省第 37 位。9 项增长率指标中，2 项指标增长率为 0 或负数。

南明区综合科技创新水平指数为 97.80%，居全省第 2 位，与上年相比监测值降低 0.50 个百分点，位次不变。在 3 个一级指标中，科技投入指数为 95.19%，居全省第 37 位；科技创新环境和基础指数为 100.00%，居全省第 1 位；科技产出指数为 98.52%，居全省第 3 位（表 2-2）。

表 2-2　南明区 2018 年科技创新水平指数

指标名称	指标值	位次
综合科技创新水平指数 /%	97.80	2
科技投入 /%	95.19	37
规模以上工业企业 R&D 经费支出占主营业务收入比重 /%	0.15	68
规模以上工业企业 R&D 经费支出占主营业务收入比重增长率 /%	228.75	23
财政支出中科学技术支出占一般公共预算支出比重 /%	2.85	20
财政支出中科学技术支出占一般公共预算支出比重增长率 /%	-2.00	49
科技创新环境和基础 /%	100.00	1
万人规模以上工业企业研究与发展（R&D）人员数 / 人	4.49	38
万人规模以上工业企业研究与发展（R&D）人员数增长率 /%	46.38	28
有 R&D 活动的企业占比 /%	26.67	34
有 R&D 活动的企业占比增长率 /%	21.90	47
万人专利申请量 / 件	42.43	3
万人专利申请量增长率 /%	53.81	24
科技产出 /%	98.52	3
万人有效发明专利拥有量 / 件	10.92	6
万人有效发明专利拥有量增长率 /%	8.62	64
高新技术企业数占规上企业比例 /%	300.00	2
高新技术企业数占规上企业比例增长率 /%	48.00	24
万人技术合同交易额 / 万元	1479.22	2
万人技术合同交易额增长率 /%	231.21	12
高新技术产业产值 / 亿元	16.97	37
高新技术产业产值增长率 /%	-12.12	46

2. 云岩区

规模以上工业企业R&D经费支出占主营业务收入比重为0.60%，居全省第40位。财政支出中科学技术支出14 687.00万元，居全省第15位，其占一般公共预算支出比重为2.88%，居全省第19位。万人规模以上工业企业研究与发展（R&D）人员数13.72人，居全省第19位。有R&D活动的企业占比为37.04%，居全省第15位。有效发明专利拥有量1093件，居全省第3位，万人有效发明专利拥有量10.97件，居全省第5位。高新技术企业数占规上企业比例296.30%，居全省第3位。万人技术合同交易额385.72万元，居全省第15位。高新技术产业产值32.58亿元，居全省第28位。9项增长率指标中，3项指标增长率为0或负数。

云岩区综合科技创新水平指数为98.00%，居全省第1位，与上年相比监测值降低1.75个百分点，位次不变。在3个一级指标中，科技投入指数为97.14%，居全省第21位；科技创新环境和基础指数为98.33%，居全省第25位；科技产出指数为98.57%，居全省第2位（表2-3）。

表2-3 云岩区2018年科技创新水平指数

指标名称	指标值	位次
综合科技创新水平指数 /%	98.00	1
科技投入 /%	97.14	21
规模以上工业企业R&D经费支出占主营业务收入比重 /%	0.60	40
规模以上工业企业R&D经费支出占主营业务收入比重增长率 /%	-26.88	67
财政支出中科学技术支出占一般公共预算支出比重 /%	2.88	19
财政支出中科学技术支出占一般公共预算支出比重增长率 /%	18.00	23
科技创新环境和基础 /%	98.33	25
万人规模以上工业企业研究与发展（R&D）人员数 / 人	13.72	19
万人规模以上工业企业研究与发展（R&D）人员数增长率 /%	-38.23	66
有R&D活动的企业占比 /%	37.04	15
有R&D活动的企业占比增长率 /%	23.46	46
万人专利申请量 / 件	33.79	5
万人专利申请量增长率 /%	48.25	25
科技产出 /%	98.57	2
万人有效发明专利拥有量 / 件	10.97	5
万人有效发明专利拥有量增长率 /%	6.68	70
高新技术企业数占规上企业比例 /%	296.30	3
高新技术企业数占规上企业比例增长率 /%	100.00	8
万人技术合同交易额 / 万元	385.72	15
万人技术合同交易额增长率 /%	97.13	19
高新技术产业产值 / 亿元	32.58	28
高新技术产业产值增长率 /%	-68.04	80

3. 花溪区

规模以上工业企业 R&D 经费支出占主营业务收入比重为 1.97%，居全省第 13 位。财政支出中科学技术支出 23 585.00 万元，居全省第 6 位，其占一般公共预算支出比重为 2.93%，居全省第 18 位。万人规模以上工业企业研究与发展（R&D）人员数 46.19 人，居全省第 5 位。有 R&D 活动的企业占比为 29.71%，居全省第 27 位。有效发明专利拥有量 1572 件，居全省第 1 位，万人有效发明专利拥有量 23.21 件，居全省第 2 位。高新技术企业数占规上企业比例 77.04%，居全省第 4 位。万人技术合同交易额 790.80 万元，居全省第 4 位。高新技术产业产值 265.07 亿元，居全省第 2 位。9 项增长率指标中，1 项指标增长率为 0 或负数。

花溪区综合科技创新水平指数为 97.78%，居全省第 3 位，与上年相比监测值降低 0.37 个百分点，位次不变。在 3 个一级指标中，科技投入指数为 97.46%，居全省第 16 位；科技创新环境和基础指数为 100.00%，居全省第 1 位；科技产出指数为 96.18%，居全省第 4 位（表 2-4）。

表 2-4　花溪区 2018 年科技创新水平指数

指标名称	指标值	位次
综合科技创新水平指数 /%	97.78	3
科技投入 /%	97.46	16
规模以上工业企业 R&D 经费支出占主营业务收入比重 /%	1.97	13
规模以上工业企业 R&D 经费支出占主营业务收入比重增长率 /%	25.60	48
财政支出中科学技术支出占一般公共预算支出比重 /%	2.93	18
财政支出中科学技术支出占一般公共预算支出比重增长率 /%	71.00	12
科技创新环境和基础 /%	100.00	1
万人规模以上工业企业研究与发展（R&D）人员数 / 人	46.19	5
万人规模以上工业企业研究与发展（R&D）人员数增长率 /%	4.99	43
有 R&D 活动的企业占比 /%	29.71	27
有 R&D 活动的企业占比增长率 /%	26.01	45
万人专利申请量 / 件	75.60	1
万人专利申请量增长率 /%	11.82	52
科技产出 /%	96.18	4
万人有效发明专利拥有量 / 件	23.21	2
万人有效发明专利拥有量增长率 /%	23.26	46
高新技术企业数占规上企业比例 /%	77.04	4
高新技术企业数占规上企业比例增长率 /%	66.00	18
万人技术合同交易额 / 万元	790.80	4
万人技术合同交易额增长率 /%	8.20	27
高新技术产业产值 / 亿元	265.07	2
高新技术产业产值增长率 /%	-33.60	58

4. 乌当区

规模以上工业企业 R&D 经费支出占主营业务收入比重为 1.92%，居全省第 14 位。财政支出中科学技术支出 9820.00 万元，居全省第 24 位，其占一般公共预算支出比重为 3.09%，居全省第 12 位。万人规模以上工业企业研究与发展（R&D）人员数 54.63 人，居全省第 3 位。有 R&D 活动的企业占比为 32.22%，居全省第 24 位。专利申请量 681 件，居全省第 16 位，万人专利申请量 26.94 件，居全省第 8 位。有效发明专利拥有量 484 件，居全省第 6 位，万人有效发明专利拥有量 19.15 件，居全省第 3 位。高新技术企业数占规上企业比例 58.02%，居全省第 5 位。万人技术合同交易额 567.69 万元，居全省第 11 位。高新技术产业产值 141.34 亿元，居全省第 6 位。9 项增长率指标中，4 项指标增长率为 0 或负数。

乌当区综合科技创新水平指数为 96.10%，居全省第 7 位，与上年相比监测值提高 3.13 个百分点，上升 1 位。在 3 个一级指标中，科技投入指数为 96.18%，居全省第 32 位；科技创新环境和基础指数为 97.27%，居全省第 43 位；科技产出指数为 95.02%，居全省第 5 位（表 2-5）。

表 2-5　乌当区 2018 年科技创新水平指数

指标名称	指标值	位次
综合科技创新水平指数 /%	96.10	7
科技投入 /%	96.18	32
规模以上工业企业 R&D 经费支出占主营业务收入比重 /%	1.92	14
规模以上工业企业 R&D 经费支出占主营业务收入比重增长率 /%	37.52	45
财政支出中科学技术支出占一般公共预算支出比重 /%	3.09	12
财政支出中科学技术支出占一般公共预算支出比重增长率 /%	-3.00	51
科技创新环境和基础 /%	97.27	43
万人规模以上工业企业研究与发展（R&D）人员数 / 人	54.63	3
万人规模以上工业企业研究与发展（R&D）人员数增长率 /%	-3.61	48
有 R&D 活动的企业占比 /%	32.22	24
有 R&D 活动的企业占比增长率 /%	11.54	52
万人专利申请量 / 件	26.94	8
万人专利申请量增长率 /%	0.79	58
科技产出 /%	95.02	5
万人有效发明专利拥有量 / 件	19.15	3
万人有效发明专利拥有量增长率 /%	7.53	68
高新技术企业数占规上企业比例 /%	58.02	5
高新技术企业数占规上企业比例增长率 /%	63.00	20
万人技术合同交易额 / 万元	567.69	11
万人技术合同交易额增长率 /%	-56.77	45
高新技术产业产值 / 亿元	141.34	6
高新技术产业产值增长率 /%	-8.81	44

5. 白云区

规模以上工业企业 R&D 经费支出占主营业务收入比重为 2.42%，居全省第 8 位。财政支出中科学技术支出 63 948.00 万元，居全省第 1 位，其占一般公共预算支出比重为 14.34%，居全省第 1 位。万人规模以上工业企业研究与发展（R&D）人员数 65.99 人，居全省第 1 位。有 R&D 活动的企业占比为 39.84%，居全省第 13 位。专利申请量 920 件，居全省第 13 位，万人专利申请量 31.10 件，居全省第 7 位。有效发明专利拥有量 414 件，居全省第 7 位，万人有效发明专利拥有量 14.00 件，居全省第 4 位。高新技术企业数占规上企业比例 38.17%，居全省第 8 位。万人技术合同交易额 667.99 万元，居全省第 7 位。高新技术产业产值 189.68 亿元，居全省第 4 位。9 项增长率指标中，1 项指标增长率为 0 或负数。

白云区综合科技创新水平指数为 97.17%，居全省第 5 位，与上年相比监测值提高 0.64 个百分点，位次不变。在 3 个一级指标中，科技投入指数为 97.81%，居全省第 15 位；科技创新环境和基础指数为 100.00%，居全省第 1 位；科技产出指数为 94.11%，居全省第 7 位（表 2-6）。

表 2-6 白云区 2018 年科技创新水平指数

指标名称	指标值	位次
综合科技创新水平指数 /%	97.17	5
科技投入 /%	97.81	15
规模以上工业企业 R&D 经费支出占主营业务收入比重 /%	2.42	8
规模以上工业企业 R&D 经费支出占主营业务收入比重增长率 /%	52.86	44
财政支出中科学技术支出占一般公共预算支出比重 /%	14.34	1
财政支出中科学技术支出占一般公共预算支出比重增长率 /%	76.00	11
科技创新环境和基础 /%	100.00	1
万人规模以上工业企业研究与发展（R&D）人员数 / 人	65.99	1
万人规模以上工业企业研究与发展（R&D）人员数增长率 /%	25.58	34
有 R&D 活动的企业占比 /%	39.84	13
有 R&D 活动的企业占比增长率 /%	81.66	22
万人专利申请量 / 件	31.10	7
万人专利申请量增长率 /%	18.92	46
科技产出 /%	94.11	7
万人有效发明专利拥有量 / 件	14.00	4
万人有效发明专利拥有量增长率 /%	42.01	29
高新技术企业数占规上企业比例 /%	38.17	8
高新技术企业数占规上企业比例增长率 /%	34.00	30
万人技术合同交易额 / 万元	667.99	7
万人技术合同交易额增长率 /%	-40.30	38
高新技术产业产值 / 亿元	189.68	4
高新技术产业产值增长率 /%	0.62	39

6. 观山湖区

规模以上工业企业 R&D 经费支出占主营业务收入比重为 0.33%，居全省第 57 位。财政支出中科学技术支出 63 075.00 万元，居全省第 2 位，其占一般公共预算支出比重为 9.67%，居全省第 2 位。万人规模以上工业企业研究与发展（R&D）人员数 22.12 人，居全省第 13 位。有 R&D 活动的企业占比为 35.00%，居全省第 19 位。专利申请量 2325 件，居全省第 4 位，万人专利申请量 70.95 件，居全省第 2 位。有效发明专利拥有量 1372 件，居全省第 2 位，万人有效发明专利拥有量 41.87 件，居全省第 1 位。高新技术企业数占规上企业比例 443.90%，居全省第 1 位。万人技术合同交易额 2632.17 万元，居全省第 1 位。高新技术产业产值 50.97 亿元，居全省第 19 位。9 项增长率指标中，3 项指标增长率为 0 或负数。

观山湖区综合科技创新水平指数为 97.32%，居全省第 4 位，与上年相比监测值提高 0.75 个百分点，位次不变。在 3 个一级指标中，科技投入指数为 95.20%，居全省第 36 位；科技创新环境和基础指数为 96.67%，居全省第 47 位；科技产出指数为 100.00%，居全省第 1 位（表 2-7）。

表 2-7　观山湖区 2018 年科技创新水平指数

指标名称	指标值	位次
综合科技创新水平指数 /%	97.32	4
科技投入 /%	95.20	36
规模以上工业企业 R&D 经费支出占主营业务收入比重 /%	0.33	57
规模以上工业企业 R&D 经费支出占主营业务收入比重增长率 /%	−35.15	70
财政支出中科学技术支出占一般公共预算支出比重 /%	9.67	2
财政支出中科学技术支出占一般公共预算支出比重增长率 /%	125.00	6
科技创新环境和基础 /%	96.67	47
万人规模以上工业企业研究与发展（R&D）人员数 / 人	22.12	13
万人规模以上工业企业研究与发展（R&D）人员数增长率 /%	−27.25	64
有 R&D 活动的企业占比 /%	35.00	19
有 R&D 活动的企业占比增长率 /%	70.62	25
万人专利申请量 / 件	70.95	2
万人专利申请量增长率 /%	−2.08	62
科技产出 /%	100.00	1
万人有效发明专利拥有量 / 件	41.87	1
万人有效发明专利拥有量增长率 /%	5.47	73
高新技术企业数占规上企业比例 /%	443.90	1
高新技术企业数占规上企业比例增长率 /%	57.00	22
万人技术合同交易额 / 万元	2632.17	1
万人技术合同交易额增长率 /%	99.06	18
高新技术产业产值 / 亿元	50.97	19
高新技术产业产值增长率 /%	35.56	25

7. 开阳县

规模以上工业企业 R&D 经费支出占主营业务收入比重为 0.38%，居全省第 51 位。财政支出中科学技术支出 2742.00 万元，居全省第 65 位，其占一般公共预算支出比重为 0.89%，居全省第 67 位。万人规模以上工业企业研究与发展（R&D）人员数 2.03 人，居全省第 61 位。有 R&D 活动的企业占比为 10.00%，居全省第 62 位。专利申请量 631 件，居全省第 18 位，万人专利申请量 16.46 件，居全省第 15 位。有效发明专利拥有量 45 件，居全省第 31 位，万人有效发明专利拥有量 1.17 件，居全省第 36 位。高新技术企业数占规上企业比例 4.69%，居全省第 40 位。万人技术合同交易额 619.22 万元，居全省第 10 位。高新技术产业产值 139.05 亿元，居全省第 7 位。9 项增长率指标中，2 项指标增长率为 0 或负数。

开阳县综合科技创新水平指数为 90.32%，居全省第 13 位，与上年相比监测值提高 5.49 个百分点，上升 11 位。在 3 个一级指标中，科技投入指数为 96.99%，居全省第 25 位；科技创新环境和基础指数为 98.38%，居全省第 24 位；科技产出指数为 76.74%，居全省第 17 位（表 2-8）。

表 2-8 开阳县 2018 年科技创新水平指数

指标名称	指标值	位次
综合科技创新水平指数 /%	90.32	13
科技投入 /%	96.99	25
规模以上工业企业 R&D 经费支出占主营业务收入比重 /%	0.38	51
规模以上工业企业 R&D 经费支出占主营业务收入比重增长率 /%	603.48	17
财政支出中科学技术支出占一般公共预算支出比重 /%	0.89	67
财政支出中科学技术支出占一般公共预算支出比重增长率 /%	-55.00	76
科技创新环境和基础 /%	98.38	24
万人规模以上工业企业研究与发展（R&D）人员数 / 人	2.03	61
万人规模以上工业企业研究与发展（R&D）人员数增长率 /%	211.10	13
有 R&D 活动的企业占比 /%	10.00	62
有 R&D 活动的企业占比增长率 /%	86.67	21
万人专利申请量 / 件	16.46	15
万人专利申请量增长率 /%	0.03	59
科技产出 /%	76.74	17
万人有效发明专利拥有量 / 件	1.17	36
万人有效发明专利拥有量增长率 /%	6.84	69
高新技术企业数占规上企业比例 /%	4.69	40
高新技术企业数占规上企业比例增长率 /%	-6.00	48
万人技术合同交易额 / 万元	619.22	10
万人技术合同交易额增长率 /%	0.19	28
高新技术产业产值 / 亿元	139.05	7
高新技术产业产值增长率 /%	136.12	8

8. 息烽县

规模以上工业企业 R&D 经费支出 2435.90 万元，居全省第 47 位，其占主营业务收入比重为 0.21%，居全省第 66 位。财政支出中科学技术支出 2424.00 万元，居全省第 70 位，其占一般公共预算支出比重为 1.05%，居全省第 62 位。万人规模以上工业企业研究与发展（R&D）人员数 7.97 人，居全省第 27 位。有 R&D 活动的企业占比为 12.24%，居全省第 54 位。专利申请量 132 件，居全省第 61 位，万人专利申请量 5.43 件，居全省第 54 位。有效发明专利拥有量 42 件，居全省第 33 位，万人有效发明专利拥有量 1.73 件，居全省第 25 位。高新技术企业数占规上企业比例 8.16%，居全省第 28 位。万人技术合同交易额 3.70 万元，居全省第 67 位。高新技术产业产值 49.09 亿元，居全省第 23 位。9 项增长率指标中，5 项指标增长率为 0 或负数。

息烽县综合科技创新水平指数为 83.58%，居全省第 32 位，与上年相比监测值提高 5.93 个百分点，上升 4 位。在 3 个一级指标中，科技投入指数为 89.74%，居全省第 48 位；科技创新环境和基础指数为 96.67%，居全省第 47 位；科技产出指数为 66.20%，居全省第 28 位（表 2-9）。

表 2-9 息烽县 2018 年科技创新水平指数

指标名称	指标值	位次
综合科技创新水平指数 /%	83.58	32
科技投入 /%	89.74	48
规模以上工业企业 R&D 经费支出占主营业务收入比重 /%	0.21	66
规模以上工业企业 R&D 经费支出占主营业务收入比重增长率 /%	30.73	47
财政支出中科学技术支出占一般公共预算支出比重 /%	1.05	62
财政支出中科学技术支出占一般公共预算支出比重增长率 /%	-45.00	74
科技创新环境和基础 /%	96.67	47
万人规模以上工业企业研究与发展（R&D）人员数 / 人	7.97	27
万人规模以上工业企业研究与发展（R&D）人员数增长率 /%	-15.05	57
有 R&D 活动的企业占比 /%	12.24	54
有 R&D 活动的企业占比增长率 /%	34.69	39
万人专利申请量 / 件	5.43	54
万人专利申请量增长率 /%	-22.59	69
科技产出 /%	66.20	28
万人有效发明专利拥有量 / 件	1.73	25
万人有效发明专利拥有量增长率 /%	42.68	28
高新技术企业数占规上企业比例 /%	8.16	28
高新技术企业数占规上企业比例增长率 /%	100.00	8
万人技术合同交易额 / 万元	3.70	67
万人技术合同交易额增长率 /%	0.00	84
高新技术产业产值 / 亿元	49.09	23
高新技术产业产值增长率 /%	-72.83	82

9. 修文县

规模以上工业企业R&D经费支出占主营业务收入比重为1.36%，居全省第20位。财政支出中科学技术支出1799.00万元，居全省第72位，其占一般公共预算支出比重为0.71%，居全省第74位。万人规模以上工业企业研究与发展（R&D）人员数51.19人，居全省第4位。有R&D活动的企业占比为21.98%，居全省第39位。专利申请量292件，居全省第29位，万人专利申请量10.40件，居全省第26位。有效发明专利拥有量76件，居全省第22位，万人有效发明专利拥有量2.71件，居全省第17位。高新技术企业数占规上企业比例9.78%，居全省第24位。万人技术合同交易额82.34万元，居全省第33位。高新技术产业产值125.23亿元，居全省第10位。9项增长率指标中，2项指标增长率为0或负数。

修文县综合科技创新水平指数为89.15%，居全省第16位，与上年相比监测值提高3.41个百分点，上升6位。在3个一级指标中，科技投入指数为91.14%，居全省第45位；科技创新环境和基础指数为98.33%，居全省第25位；科技产出指数为79.29%，居全省第14位（表2-10）。

表2-10 修文县2018年科技创新水平指数

指标名称	指标值	位次
综合科技创新水平指数 /%	89.15	16
科技投入 /%	91.14	45
规模以上工业企业R&D经费支出占主营业务收入比重 /%	1.36	20
规模以上工业企业R&D经费支出占主营业务收入比重增长率 /%	1015.44	11
财政支出中科学技术支出占一般公共预算支出比重 /%	0.71	74
财政支出中科学技术支出占一般公共预算支出比重增长率 /%	-59.00	79
科技创新环境和基础 /%	98.33	25
万人规模以上工业企业研究与发展（R&D）人员数 /人	51.19	4
万人规模以上工业企业研究与发展（R&D）人员数增长率 /%	470.76	10
有R&D活动的企业占比 /%	21.98	39
有R&D活动的企业占比增长率 /%	38.63	35
万人专利申请量 /件	10.40	26
万人专利申请量增长率 /%	-3.87	64
科技产出 /%	79.29	14
万人有效发明专利拥有量 /件	2.71	17
万人有效发明专利拥有量增长率 /%	18.75	52
高新技术企业数占规上企业比例 /%	9.78	24
高新技术企业数占规上企业比例增长率 /%	78.00	14
万人技术合同交易额 /万元	82.34	33
万人技术合同交易额增长率 /%	145.77	14
高新技术产业产值 /亿元	125.23	10
高新技术产业产值增长率 /%	71.38	14

10. 清镇市

规模以上工业企业 R&D 经费支出占主营业务收入比重为 0.38%，居全省第 51 位。财政支出中科学技术支出 4802.00 万元，居全省第 49 位，其占一般公共预算支出比重为 1.35%，居全省第 52 位。规上企业 R&D 人员数 158 人，居全省第 38 位。万人规模以上工业企业研究与发展（R&D）人员数 3.16 人，居全省第 49 位。有 R&D 活动的企业占比为 10.75%，居全省第 58 位。专利申请量 461 件，居全省第 22 位。万人专利申请量 9.21 件，居全省第 32 位。有效发明专利拥有量 44 件，居全省第 32 位。万人有效发明专利拥有量 0.88 件，居全省第 42 位。高新技术企业数占规上企业比例 11.70%，居全省第 19 位。万人技术合同交易额 62.87 万元，居全省第 34 位。高新技术产业产值 49.79 亿元，居全省第 21 位。9 项增长率指标中，0 项指标增长率为 0 或负数。

清镇市综合科技创新水平指数为 92.44%，居全省第 11 位，与上年相比监测值提高 8.74 个百分点，上升 16 位。在 3 个一级指标中，科技投入指数为 96.58%，居全省第 27 位；科技创新环境和基础指数为 100.00%，居全省第 1 位；科技产出指数为 81.83%，居全省第 12 位（表 2-11）。

表 2-11 清镇市 2018 年科技创新水平指数

指标名称	指标值	位次
综合科技创新水平指数 /%	92.44	11
科技投入 /%	96.58	27
规模以上工业企业 R&D 经费支出占主营业务收入比重 /%	0.38	51
规模以上工业企业 R&D 经费支出占主营业务收入比重增长率 /%	81.09	40
财政支出中科学技术支出占一般公共预算支出比重 /%	1.35	52
财政支出中科学技术支出占一般公共预算支出比重增长率 /%	16.00	25
科技创新环境和基础 /%	100.00	1
万人规模以上工业企业研究与发展（R&D）人员数 / 人	3.16	49
万人规模以上工业企业研究与发展（R&D）人员数增长率 /%	7.33	40
有 R&D 活动的企业占比 /%	10.75	58
有 R&D 活动的企业占比增长率 /%	50.54	29
万人专利申请量 / 件	9.21	32
万人专利申请量增长率 /%	146.79	7
科技产出 /%	81.83	12
万人有效发明专利拥有量 / 件	0.88	42
万人有效发明专利拥有量增长率 /%	11.13	59
高新技术企业数占规上企业比例 /%	11.70	19
高新技术企业数占规上企业比例增长率 /%	55.00	23
万人技术合同交易额 / 万元	62.87	34
万人技术合同交易额增长率 /%	28.60	25
高新技术产业产值 / 亿元	49.79	21
高新技术产业产值增长率 /%	21.47	28

（二）六盘水市

1. 钟山区

规模以上工业企业 R&D 经费支出占主营业务收入比重为 0.39%，居全省第 50 位。财政支出中科学技术支出 17 453.00 万元，居全省第 12 位，其占一般公共预算支出比重为 4.27%，居全省第 5 位。万人规模以上工业企业研究与发展（R&D）人员数 27.57 人，居全省第 10 位。有 R&D 活动的企业占比为 14.61%，居全省第 47 位。专利申请量 1047 件，居全省第 11 位，万人专利申请量 17.17 件，居全省第 14 位。有效发明专利拥有量 122 件，居全省第 14 位，万人有效发明专利拥有量 2.00 件，居全省第 21 位。高新技术企业数占规上企业比例 16.48%，居全省第 16 位。万人技术合同交易额 5.17 万元，居全省第 65 位。高新技术产业产值 72.82 亿元，居全省第 14 位。9 项增长率指标中，5 项指标增长率为 0 或负数。

钟山区综合科技创新水平指数为 88.89%，居全省第 18 位，与上年相比监测值提高 4.67 个百分点，上升 8 位。在 3 个一级指标中，科技投入指数为 94.21%，居全省第 39 位；科技创新环境和基础指数为 98.33%，居全省第 25 位；科技产出指数为 75.46%，居全省第 18 位（表 2-12）。

表 2-12 钟山区 2018 年科技创新水平指数

指标名称	指标值	位次
综合科技创新水平指数 /%	88.89	18
科技投入 /%	94.21	39
规模以上工业企业 R&D 经费支出占主营业务收入比重 /%	0.39	50
规模以上工业企业 R&D 经费支出占主营业务收入比重增长率 /%	-12.91	62
财政支出中科学技术支出占一般公共预算支出比重 /%	4.27	5
财政支出中科学技术支出占一般公共预算支出比重增长率 /%	-5.00	54
科技创新环境和基础 /%	98.33	25
万人规模以上工业企业研究与发展（R&D）人员数 / 人	27.57	10
万人规模以上工业企业研究与发展（R&D）人员数增长率 /%	-20.22	61
有 R&D 活动的企业占比 /%	14.61	47
有 R&D 活动的企业占比增长率 /%	30.00	42
万人专利申请量 / 件	17.17	14
万人专利申请量增长率 /%	5.50	55
科技产出 /%	75.46	18
万人有效发明专利拥有量 / 件	2.00	21
万人有效发明专利拥有量增长率 /%	28.68	39
高新技术企业数占规上企业比例 /%	16.48	16
高新技术企业数占规上企业比例增长率 /%	193.00	2

续表

指标名称	指标值	位次
万人技术合同交易额 / 万元	5.17	65
万人技术合同交易额增长率 /%	-86.75	64
高新技术产业产值 / 亿元	72.82	14
高新技术产业产值增长率 /%	-12.43	47

2. 六枝特区

规模以上工业企业 R&D 经费支出占主营业务收入比重为 0.11%，居全省第 71 位。财政支出中科学技术支出 6126.00 万元，居全省第 43 位，其占一般公共预算支出比重为 1.46%，居全省第 49 位。万人规模以上工业企业研究与发展（R&D）人员数 1.19 人，居全省第 71 位。有 R&D 活动的企业占比为 5.00%，居全省第 73 位。专利申请量 155 件，居全省第 51 位，万人专利申请量 3.07 件，居全省第 73 位。有效发明专利拥有量 21 件，居全省第 49 位，万人有效发明专利拥有量 0.42 件，居全省第 61 位。高新技术企业数占规上企业比例 3.23%，居全省第 54 位。万人技术合同交易额 0.40 万元，居全省第 81 位。高新技术产业产值 1.41 亿元，居全省第 71 位。9 项增长率指标中，5 项指标增长率为 0 或负数。

六枝特区综合科技创新水平指数为 65.41%，居全省第 72 位，与上年相比监测值降低 3.34 个百分点，位次下降 20 位。在 3 个一级指标中，科技投入指数为 77.94%，居全省第 61 位；科技创新环境和基础指数为 89.67%，居全省第 66 位；科技产出指数为 32.10%，居全省第 72 位（表 2-13）。

表 2-13 六枝特区 2018 年科技创新水平指数

指标名称	指标值	位次
综合科技创新水平指数 /%	65.41	72
科技投入 /%	77.94	61
规模以上工业企业 R&D 经费支出占主营业务收入比重 /%	0.11	71
规模以上工业企业 R&D 经费支出占主营业务收入比重增长率 /%	-92.88	82
财政支出中科学技术支出占一般公共预算支出比重 /%	1.46	49
财政支出中科学技术支出占一般公共预算支出比重增长率 /%	-20.00	67
科技创新环境和基础 /%	89.67	66
万人规模以上工业企业研究与发展（R&D）人员数 / 人	1.19	71
万人规模以上工业企业研究与发展（R&D）人员数增长率 /%	-75.58	78
有 R&D 活动的企业占比 /%	5.00	73
有 R&D 活动的企业占比增长率 /%	35.00	37
万人专利申请量 / 件	3.07	73

续表

指标名称	指标值	位次
万人专利申请量增长率 /%	137.75	8
科技产出 /%	32.10	72
万人有效发明专利拥有量 / 件	0.42	61
万人有效发明专利拥有量增长率 /%	10.20	62
高新技术企业数占规上企业比例 /%	3.23	54
高新技术企业数占规上企业比例增长率 /%	−3.00	46
万人技术合同交易额 / 万元	0.40	81
万人技术合同交易额增长率 /%	298.81	11
高新技术产业产值 / 亿元	1.41	71
高新技术产业产值增长率 /%	−59.83	77

3. 水城县

规模以上工业企业 R&D 经费支出占主营业务收入比重为 0.08%，居全省第 74 位。财政支出中科学技术支出 11 863.00 万元，居全省第 17 位，其占一般公共预算支出比重为 1.71%，居全省第 44 位。万人规模以上工业企业研究与发展（R&D）人员数 1.20 人，居全省第 70 位。有 R&D 活动的企业占比为 4.17%，居全省第 76 位。专利申请量 91 件，居全省第 76 位，万人专利申请量 1.20 件，居全省第 86 位。有效发明专利拥有量 33 件，居全省第 38 位，万人有效发明专利拥有量 0.44 件，居全省第 60 位。高新技术企业数占规上企业比例 4.00%，居全省第 47 位。万人技术合同交易额 1.85 万元，居全省第 78 位。高新技术产业产值 48.74 亿元，居全省第 24 位。9 项增长率指标中，6 项指标增长率为 0 或负数。

水城县综合科技创新水平指数为 79.22%，居全省第 40 位，与上年相比监测值提高 10.03 个百分点，上升 11 位。在 3 个一级指标中，科技投入指数为 83.43%，居全省第 55 位；科技创新环境和基础指数为 91.33%，居全省第 63 位；科技产出指数为 64.62%，居全省第 30 位（表 2-14）。

表 2-14 水城县 2018 年科技创新水平指数

指标名称	指标值	位次
综合科技创新水平指数 /%	79.22	40
科技投入 /%	83.43	55
规模以上工业企业 R&D 经费支出占主营业务收入比重 /%	0.08	74
规模以上工业企业 R&D 经费支出占主营业务收入比重增长率 /%	−81.45	76
财政支出中科学技术支出占一般公共预算支出比重 /%	1.71	44
财政支出中科学技术支出占一般公共预算支出比重增长率 /%	−7.00	60

续表

指标名称	指标值	位次
科技创新环境和基础 /%	91.33	63
万人规模以上工业企业研究与发展（R&D）人员数 / 人	1.20	70
万人规模以上工业企业研究与发展（R&D）人员数增长率 /%	-81.63	81
有 R&D 活动的企业占比 /%	4.17	76
有 R&D 活动的企业占比增长率 /%	-41.67	72
万人专利申请量 / 件	1.20	86
万人专利申请量增长率 /%	-29.09	73
科技产出 /%	64.62	30
万人有效发明专利拥有量 / 件	0.44	60
万人有效发明专利拥有量增长率 /%	56.73	22
高新技术企业数占规上企业比例 /%	4.00	47
高新技术企业数占规上企业比例增长率 /%	140.00	6
万人技术合同交易额 / 万元	1.85	78
万人技术合同交易额增长率 /%	1296.30	6
高新技术产业产值 / 亿元	48.74	24
高新技术产业产值增长率 /%	-29.91	54

4. 盘州市

规模以上工业企业 R&D 经费支出占主营业务收入比重为 0.38%，居全省第 51 位。财政支出中科学技术支出 23 210.00 万元，居全省第 7 位，其占一般公共预算支出比重为 1.93%，居全省第 39 位。万人规模以上工业企业研究与发展（R&D）人员数 5.93 人，居全省第 31 位。有 R&D 活动的企业占比为 6.56%，居全省第 71 位。专利申请量 541 件，居全省第 19 位，万人专利申请量 5.08 件，居全省第 57 位。有效发明专利拥有量 58 件，居全省第 27 位，万人有效发明专利拥有量 0.54 件，居全省第 53 位。高新技术企业数占规上企业比例 2.65%，居全省第 59 位。万人技术合同交易额 4.98 万元，居全省第 66 位。高新技术产业产值 75.44 亿元，居全省第 13 位。9 项增长率指标中，6 项指标增长率为 0 或负数。

盘州市综合科技创新水平指数为 84.37%，居全省第 30 位，与上年相比监测值降低 0.84 个百分点，位次下降 7 位。在 3 个一级指标中，科技投入指数为 94.13%，居全省第 40 位；科技创新环境和基础指数为 98.33%，居全省第 25 位；科技产出指数为 62.64%，居全省第 36 位（表 2-15）。

表 2-15 盘州市 2018 年科技创新水平指数

指标名称	指标值	位次
综合科技创新水平指数 /%	84.37	30
科技投入 /%	94.13	40
规模以上工业企业 R&D 经费支出占主营业务收入比重 /%	0.38	51
规模以上工业企业 R&D 经费支出占主营业务收入比重增长率 /%	-5.78	60
财政支出中科学技术支出占一般公共预算支出比重 /%	1.93	39
财政支出中科学技术支出占一般公共预算支出比重增长率 /%	-5.00	54
科技创新环境和基础 /%	98.33	25
万人规模以上工业企业研究与发展（R&D）人员数 / 人	5.93	31
万人规模以上工业企业研究与发展（R&D）人员数增长率 /%	-64.38	73
有 R&D 活动的企业占比 /%	6.56	71
有 R&D 活动的企业占比增长率 /%	0.00	84
万人专利申请量 / 件	5.08	57
万人专利申请量增长率 /%	151.74	6
科技产出 /%	62.64	36
万人有效发明专利拥有量 / 件	0.54	53
万人有效发明专利拥有量增长率 /%	51.99	25
高新技术企业数占规上企业比例 /%	2.65	59
高新技术企业数占规上企业比例增长率 /%	142.00	5
万人技术合同交易额 / 万元	4.98	66
万人技术合同交易额增长率 /%	-63.17	51
高新技术产业产值 / 亿元	75.44	13
高新技术产业产值增长率 /%	-16.36	49

（三）遵义市

1. 红花岗区

规模以上工业企业 R&D 经费支出占主营业务收入比重为 0.25%，居全省第 63 位。财政支出中科学技术支出 4937.00 万元，居全省第 47 位，其占一般公共预算支出比重为 0.68%，居全省第 76 位。万人规模以上工业企业研究与发展（R&D）人员数 8.02 人，居全省第 25 位。有 R&D 活动的企业占比为 8.89%，居全省第 64 位。专利申请量 1401 件，居全省第 6 位，万人专利申请量 16.26 件，居全省第 16 位。有效发明专利拥有量 297 件，居全省第 9 位，万人有效发明专利拥有量 3.45 件，居全省第 14 位。高新技术企业数占规上企业比例 56.34%，居全省第 6 位。万人技术合同交易额 51.16 万元，居全省第 37 位。高新技术产业产值 137.74 亿元，居全省第 8 位。9 项增长率指标中，3 项指标增长率为 0 或负数。

红花岗区综合科技创新水平指数为 89.55%，居全省第 15 位，与上年相比监测值提高 1.29 个百分点，上升 2 位。在 3 个一级指标中，科技投入指数为 91.00%，居全省第 46 位；科技创新环境和基础指数为 97.24%，居全省第 44 位；科技产出指数为 81.51%，居全省第 13 位（表 2-16）。

表 2-16 红花岗区 2018 年科技创新水平指数

指标名称	指标值	位次
综合科技创新水平指数 /%	89.55	15
科技投入 /%	91.00	46
规模以上工业企业 R&D 经费支出占主营业务收入比重 /%	0.25	63
规模以上工业企业 R&D 经费支出占主营业务收入比重增长率 /%	2.11	56
财政支出中科学技术支出占一般公共预算支出比重 /%	0.68	76
财政支出中科学技术支出占一般公共预算支出比重增长率 /%	-59.00	79
科技创新环境和基础 /%	97.24	44
万人规模以上工业企业研究与发展（R&D）人员数 / 人	8.02	25
万人规模以上工业企业研究与发展（R&D）人员数增长率 /%	0.62	46
有 R&D 活动的企业占比 /%	8.89	64
有 R&D 活动的企业占比增长率 /%	0.74	55
万人专利申请量 / 件	16.26	16
万人专利申请量增长率 /%	57.98	20
科技产出 /%	81.51	13
万人有效发明专利拥有量 / 件	3.45	14
万人有效发明专利拥有量增长率 /%	13.61	57
高新技术企业数占规上企业比例 /%	56.34	6
高新技术企业数占规上企业比例增长率 /%	69.00	16
万人技术合同交易额 / 万元	51.16	37
万人技术合同交易额增长率 /%	-66.56	52
高新技术产业产值 / 亿元	137.74	8
高新技术产业产值增长率 /%	-52.89	71

2. 汇川区

规模以上工业企业 R&D 经费支出占主营业务收入比重为 2.16%，居全省第 9 位。财政支出中科学技术支出 1366.00 万元，居全省第 78 位，财政支出中科学技术支出占一般公共预算支出比重为 0.36%，居全省第 82 位。万人规模以上工业企业研究与发展（R&D）人员数 19.04 人，居全省第 16 位。有 R&D 活动的企业占比为 23.71%，居全省第 37 位。专利申请量 2123 件，居全省第 5 位，万人专利申请量 36.88 件，居全省第 4 位。有效发明专利拥有量 588 件，居全省第 5 位，万人有效发明专利拥有量 10.22 件，居全省第 7 位。高新技术企业数占规上企业比例 51.72%，居全省第 7 位。万人技术合同交易额 60.29 万元，居全省第 36 位。高新技术产业产值 72.23 亿元，居全省第 15 位。9 项增长率指标中，4 项指标增长率为 0 或负数。

汇川区综合科技创新水平指数为 81.58%，居全省第 36 位，与上年相比监测值降低 8.53 个百分点，位次下降 22 位。在 3 个一级指标中，科技投入指数为 69.98%，居全省第 76 位；科技创新环境和基础指数为 98.33%，居全省第 25 位；科技产出指数为 78.81%，居全省第 15 位（表 2-17）。

表 2-17　汇川区 2018 年科技创新水平指数

指标名称	指标值	位次
综合科技创新水平指数 /%	81.58	36
科技投入 /%	69.98	76
规模以上工业企业 R&D 经费支出占主营业务收入比重 /%	2.16	9
规模以上工业企业 R&D 经费支出占主营业务收入比重增长率 /%	66.27	42
财政支出中科学技术支出占一般公共预算支出比重 /%	0.36	82
财政支出中科学技术支出占一般公共预算支出比重增长率 /%	-74.00	84
科技创新环境和基础 /%	98.33	25
万人规模以上工业企业研究与发展（R&D）人员数 / 人	19.04	16
万人规模以上工业企业研究与发展（R&D）人员数增长率 /%	5.63	42
有 R&D 活动的企业占比 /%	23.71	37
有 R&D 活动的企业占比增长率 /%	-14.85	66
万人专利申请量 / 件	36.88	4
万人专利申请量增长率 /%	8.56	53
科技产出 /%	78.81	15
万人有效发明专利拥有量 / 件	10.22	7
万人有效发明专利拥有量增长率 /%	19.35	51
高新技术企业数占规上企业比例 /%	51.72	7
高新技术企业数占规上企业比例增长率 /%	32.00	31
万人技术合同交易额 / 万元	60.29	36
万人技术合同交易额增长率 /%	-81.35	61
高新技术产业产值 / 亿元	72.23	15
高新技术产业产值增长率 /%	-39.61	62

3. 播州区

规模以上工业企业 R&D 经费支出占主营业务收入比重为 0.30%，居全省第 61 位。财政支出中科学技术支出 8631.00 万元，居全省第 28 位，财政支出中科学技术支出占一般公共预算支出比重为 1.54%，居全省第 48 位。万人规模以上工业企业研究与发展（R&D）人员数 20.52 人，居全省第 15 位。有 R&D 活动的企业占比为 47.98%，居全省第 9 位。专利申请量 689 件，居全省第 15 位，万人专利申请量 10.01 件，居全省第 28 位。有效发明专利拥有量 144 件，居全省第 13 位，万人有效发明专利拥有量 2.09 件，居全省第 19 位。高新技术企业数占规上企业比例 11.50%，居全省第 20 位。万人技术合同交易额 127.42 万元，居全省第 27 位。高新技术产业产值 175.81 亿元，居全省第 5 位。9 项增长率指标中，1 项指标增长率为 0 或负数。

播州区综合科技创新水平指数为 93.90%，居全省第 10 位，与上年相比监测值提高 2.64 个百分点，位次不变。在 3 个一级指标中，科技投入指数为 96.38%，居全省第 30 位；科技创新环境和基础指数为 100.00%，居全省第 1 位；科技产出指数为 86.21%，居全省第 11 位（表 2-18）。

表 2-18 播州区 2018 年科技创新水平指数

指标名称	指标值	位次
综合科技创新水平指数 /%	93.90	10
科技投入 /%	96.38	30
规模以上工业企业 R&D 经费支出占主营业务收入比重 /%	0.30	61
规模以上工业企业 R&D 经费支出占主营业务收入比重增长率 /%	1310.95	9
财政支出中科学技术支出占一般公共预算支出比重 /%	1.54	48
财政支出中科学技术支出占一般公共预算支出比重增长率 /%	-1.00	48
科技创新环境和基础 /%	100.00	1
万人规模以上工业企业研究与发展（R&D）人员数 / 人	20.52	15
万人规模以上工业企业研究与发展（R&D）人员数增长率 /%	1178.02	4
有 R&D 活动的企业占比 /%	47.98	9
有 R&D 活动的企业占比增长率 /%	913.51	4
万人专利申请量 / 件	10.01	28
万人专利申请量增长率 /%	19.42	45
科技产出 /%	86.21	11
万人有效发明专利拥有量 / 件	2.09	19
万人有效发明专利拥有量增长率 /%	30.24	38
高新技术企业数占规上企业比例 /%	11.50	20
高新技术企业数占规上企业比例增长率 /%	17.00	36
万人技术合同交易额 / 万元	127.42	27
万人技术合同交易额增长率 /%	41.16	21
高新技术产业产值 / 亿元	175.81	5
高新技术产业产值增长率 /%	101.27	10

4. 桐梓县

规模以上工业企业 R&D 经费支出占主营业务收入比重为 0.59%，居全省第 41 位。财政支出中科学技术支出8189.00万元，居全省第33位，财政支出中科学技术支出占一般公共预算支出比重为1.79%，居全省第43位。万人规模以上工业企业研究与发展（R&D）人员数4.10人，居全省第42位。有R&D活动的企业占比为8.33%，居全省第67位。专利申请量296件，居全省第28位，万人专利申请量5.59件，居全省第52位。有效发明专利拥有量49件，居全省第29位，万人有效发明专利拥有量0.93件，居全省第41位。高新技术企业数占规上企业比例8.51%，居全省第27位。万人技术合同交易额139.46万元，居全省第25位。高新技术产业产值10.41亿元，居全省第48位。9项增长率指标中，4项指标增长率为0或负数。

桐梓县综合科技创新水平指数为85.09%，居全省第27位，与上年相比监测值提高6.89个百分点，上升7位。在3个一级指标中，科技投入指数为99.96%，居全省第4位；科技创新环境和基础指数为92.56%，居全省第61位；科技产出指数为63.82%，居全省第32位（表2-19）。

表2-19 桐梓县2018年科技创新水平指数

指标名称	指标值	位次
综合科技创新水平指数 /%	85.09	27
科技投入 /%	99.96	4
规模以上工业企业R&D经费支出占主营业务收入比重 /%	0.59	41
规模以上工业企业R&D经费支出占主营业务收入比重增长率 /%	224.49	24
财政支出中科学技术支出占一般公共预算支出比重 /%	1.79	43
财政支出中科学技术支出占一般公共预算支出比重增长率 /%	52.00	17
科技创新环境和基础 /%	92.56	61
万人规模以上工业企业研究与发展（R&D）人员数 / 人	4.10	42
万人规模以上工业企业研究与发展（R&D）人员数增长率 /%	140.75	14
有R&D活动的企业占比 /%	8.33	67
有R&D活动的企业占比增长率 /%	27.78	44
万人专利申请量 / 件	5.59	52
万人专利申请量增长率 /%	-28.09	72
科技产出 /%	63.82	32
万人有效发明专利拥有量 / 件	0.93	41
万人有效发明专利拥有量增长率 /%	112.72	10
高新技术企业数占规上企业比例 /%	8.51	27
高新技术企业数占规上企业比例增长率 /%	-18.00	56
万人技术合同交易额 / 万元	139.46	25
万人技术合同交易额增长率 /%	0.00	84
高新技术产业产值 / 亿元	10.41	48
高新技术产业产值增长率 /%	-37.63	61

5. 绥阳县

规模以上工业企业 R&D 经费支出占主营业务收入比重为 1.18%，居全省第 24 位。财政支出中科学技术支出 2674.00 万元，居全省第 67 位，财政支出中科学技术支出占一般公共预算支出比重为 0.81%，居全省第 71 位。万人规模以上工业企业研究与发展（R&D）人员数 2.26 人，居全省第 57 位。有 R&D 活动的企业占比为 7.23%，居全省第 69 位。专利申请量 312 件，居全省第 24 位，万人专利申请量 8.11 件，居全省第 37 位。有效发明专利拥有量 147 件，居全省第 12 位，万人有效发明专利拥有量 3.82 件，居全省第 13 位。高新技术企业数占规上企业比例 18.07%，居全省第 13 位。万人技术合同交易额 0.52 万元，居全省第 80 位。高新技术产业产值 15.10 亿元，居全省第 40 位。9 项增长率指标中，6 项指标增长率为 0 或负数。

绥阳县综合科技创新水平指数为 86.30%，居全省第 25 位，与上年相比监测值提高 6.18 个百分点，上升 7 位。在 3 个一级指标中，科技投入指数为 89.79%，居全省第 47 位；科技创新环境和基础指数为 95.00%，居全省第 56 位；科技产出指数为 75.36%，居全省第 19 位（表 2-20）。

表 2-20　绥阳县 2018 年科技创新水平指数

指标名称	指标值	位次
综合科技创新水平指数 /%	86.30	25
科技投入 /%	89.79	47
规模以上工业企业 R&D 经费支出占主营业务收入比重 /%	1.18	24
规模以上工业企业 R&D 经费支出占主营业务收入比重增长率 /%	622.07	16
财政支出中科学技术支出占一般公共预算支出比重 /%	0.81	71
财政支出中科学技术支出占一般公共预算支出比重增长率 /%	0.00	45
科技创新环境和基础 /%	95.00	56
万人规模以上工业企业研究与发展（R&D）人员数 / 人	2.26	57
万人规模以上工业企业研究与发展（R&D）人员数增长率 /%	-8.61	52
有 R&D 活动的企业占比 /%	7.23	69
有 R&D 活动的企业占比增长率 /%	-18.67	68
万人专利申请量 / 件	8.11	37
万人专利申请量增长率 /%	-8.96	66
科技产出 /%	75.36	19
万人有效发明专利拥有量 / 件	3.82	13
万人有效发明专利拥有量增长率 /%	68.61	18
高新技术企业数占规上企业比例 /%	18.07	13
高新技术企业数占规上企业比例增长率 /%	67.00	17
万人技术合同交易额 / 万元	0.52	80
万人技术合同交易额增长率 /%	-99.76	78
高新技术产业产值 / 亿元	15.10	40
高新技术产业产值增长率 /%	-46.45	67

6. 正安县

规模以上工业企业 R&D 经费支出占主营业务收入比重为 0.24%，居全省第 65 位。财政支出中科学技术支出 6166.00 万元，居全省第 42 位，财政支出中科学技术支出占一般公共预算支出比重为 1.57%，居全省第 47 位。万人规模以上工业企业研究与发展（R&D）人员数 4.16 人，居全省第 39 位。有 R&D 活动的企业占比为 15.58%，居全省第 46 位。专利申请量 486 件，居全省第 21 位，万人专利申请量 12.49 件，居全省第 21 位。有效发明专利拥有量 26 件，居全省第 44 位，万人有效发明专利拥有量 0.67 件，居全省第 48 位。高新技术企业数占规上企业比例 0.00%，居全省第 68 位。万人技术合同交易额 16.58 万元，居全省第 51 位。高新技术产业产值 0.23 亿元，居全省第 86 位。9 项增长率指标中，3 项指标增长率为 0 或负数。

正安县综合科技创新水平指数为 68.62%，居全省第 62 位，与上年相比监测值降低 9.10 个百分点，位次下降 27 位。在 3 个一级指标中，科技投入指数为 84.00%，居全省第 53 位；科技创新环境和基础指数为 100.00%，居全省第 1 位；科技产出指数为 26.33%，居全省第 79 位（表 2-21）。

表 2-21　正安县 2018 年科技创新水平指数

指标名称	指标值	位次
综合科技创新水平指数 /%	68.62	62
科技投入 /%	84.00	53
规模以上工业企业 R&D 经费支出占主营业务收入比重 /%	0.24	65
规模以上工业企业 R&D 经费支出占主营业务收入比重增长率 /%	32.43	46
财政支出中科学技术支出占一般公共预算支出比重 /%	1.57	47
财政支出中科学技术支出占一般公共预算支出比重增长率 /%	2.00	39
科技创新环境和基础 /%	100.00	1
万人规模以上工业企业研究与发展（R&D）人员数 / 人	4.16	39
万人规模以上工业企业研究与发展（R&D）人员数增长率 /%	99.54	21
有 R&D 活动的企业占比 /%	15.58	46
有 R&D 活动的企业占比增长率 /%	168.83	10
万人专利申请量 / 件	12.49	21
万人专利申请量增长率 /%	32.12	38
科技产出 /%	26.33	79
万人有效发明专利拥有量 / 件	0.67	48
万人有效发明专利拥有量增长率 /%	116.17	9
高新技术企业数占规上企业比例 /%	0.00	68
高新技术企业数占规上企业比例增长率 /%	0.00	58
万人技术合同交易额 / 万元	16.58	51
万人技术合同交易额增长率 /%	-88.14	66
高新技术产业产值 / 亿元	0.23	86
高新技术产业产值增长率 /%	-73.56	83

7. 道真县

规模以上工业企业 R&D 经费支出占主营业务收入比重为 0.03%，居全省第 81 位。财政支出中科学技术支出 329.00 万元，居全省第 85 位，财政支出中科学技术支出占一般公共预算支出比重为 0.12%，居全省第 85 位。万人规模以上工业企业研究与发展（R&D）人员数 0.60 人，居全省第 78 位。有 R&D 活动的企业占比为 1.82%，居全省第 86 位。专利申请量 312 件，居全省第 24 位，万人专利申请量 12.58 件，居全省第 20 位。有效发明专利拥有量 20 件，居全省第 52 位，万人有效发明专利拥有量 0.81 件，居全省第 44 位。高新技术企业数占规上企业比例 5.36%，居全省第 37 位。万人技术合同交易额 0.00 万元，居全省第 84 位。高新技术产业产值 6.89 亿元，居全省第 52 位。9 项增长率指标中，5 项指标增长率为 0 或负数。

道真县综合科技创新水平指数为 45.84%，居全省第 87 位，与上年相比监测值降低 20.62 个百分点，位次下降 28 位。在 3 个一级指标中，科技投入指数为 12.86%，居全省第 88 位；科技创新环境和基础指数为 81.78%，居全省第 81 位；科技产出指数为 48.02%，居全省第 51 位（表 2-22）。

表 2-22　道真县 2018 年科技创新水平指数

指标名称	指标值	位次
综合科技创新水平指数 /%	45.84	87
科技投入 /%	12.86	88
规模以上工业企业 R&D 经费支出占主营业务收入比重 /%	0.03	81
规模以上工业企业 R&D 经费支出占主营业务收入比重增长率 /%	−19.17	64
财政支出中科学技术支出占一般公共预算支出比重 /%	0.12	85
财政支出中科学技术支出占一般公共预算支出比重增长率 /%	−93.00	86
科技创新环境和基础 /%	81.78	81
万人规模以上工业企业研究与发展（R&D）人员数 / 人	0.60	78
万人规模以上工业企业研究与发展（R&D）人员数增长率 /%	49.58	26
有 R&D 活动的企业占比 /%	1.82	86
有 R&D 活动的企业占比增长率 /%	−3.64	60
万人专利申请量 / 件	12.58	20
万人专利申请量增长率 /%	75.77	17
科技产出 /%	48.02	51
万人有效发明专利拥有量 / 件	0.81	44
万人有效发明专利拥有量增长率 /%	398.59	1
高新技术企业数占规上企业比例 /%	5.36	37
高新技术企业数占规上企业比例增长率 /%	195.00	1
万人技术合同交易额 / 万元	0.00	84
万人技术合同交易额增长率 /%	−100.00	79
高新技术产业产值 / 亿元	6.89	52
高新技术产业产值增长率 /%	−17.68	50

8. 务川县

规模以上工业企业 R&D 经费支出占主营业务收入比重为 0.15%，居全省第 68 位。财政支出中科学技术支出 7287.00 万元，居全省第 37 位，财政支出中科学技术支出占一般公共预算支出比重为 2.09%，居全省第 34 位。万人规模以上工业企业研究与发展（R&D）人员数 0.28 人，居全省第 84 位。有 R&D 活动的企业占比为 6.90%，居全省第 70 位。专利申请量 309 件，居全省第 26 位，万人专利申请量 9.54 件，居全省第 30 位。有效发明专利拥有量 22 件，居全省第 46 位，万人有效发明专利拥有量 0.68 件，居全省第 46 位。高新技术企业数占规上企业比例 3.45%，居全省第 51 位。万人技术合同交易额 11.73 万元，居全省第 55 位。高新技术产业产值 2.14 亿元，居全省第 66 位。9 项增长率指标中，4 项指标增长率为 0 或负数。

务川县综合科技创新水平指数为 67.70%，居全省第 66 位，与上年相比监测值降低 2.99 个百分点，位次下降 21 位。在 3 个一级指标中，科技投入指数为 79.86%，居全省第 57 位；科技创新环境和基础指数为 85.31%，居全省第 73 位；科技产出指数为 40.43%，居全省第 60 位（表 2-23）。

表 2-23　务川县 2018 年科技创新水平指数

指标名称	指标值	位次
综合科技创新水平指数 /%	67.70	66
科技投入 /%	79.86	57
规模以上工业企业 R&D 经费支出占主营业务收入比重 /%	0.15	68
规模以上工业企业 R&D 经费支出占主营业务收入比重增长率 /%	0.00	85
财政支出中科学技术支出占一般公共预算支出比重 /%	2.09	34
财政支出中科学技术支出占一般公共预算支出比重增长率 /%	1.00	43
科技创新环境和基础 /%	85.31	73
万人规模以上工业企业研究与发展（R&D）人员数 /人	0.28	84
万人规模以上工业企业研究与发展（R&D）人员数增长率 /%	0.00	85
有 R&D 活动的企业占比 /%	6.90	70
有 R&D 活动的企业占比增长率 /%	0.00	84
万人专利申请量 /件	9.54	30
万人专利申请量增长率 /%	18.06	49
科技产出 /%	40.43	60
万人有效发明专利拥有量 /件	0.68	46
万人有效发明专利拥有量增长率 /%	99.44	12
高新技术企业数占规上企业比例 /%	3.45	51
高新技术企业数占规上企业比例增长率 /%	0.00	58
万人技术合同交易额 /万元	11.73	55
万人技术合同交易额增长率 /%	373.68	10
高新技术产业产值 /亿元	2.14	66
高新技术产业产值增长率 /%	8.63	38

9. 凤冈县

规模以上工业企业R&D经费支出占主营业务收入比重为0.02%，居全省第83位。财政支出中科学技术支出2282.00万元，居全省第71位，财政支出中科学技术支出占一般公共预算支出比重为0.75%，居全省第73位。规上企业R&D人员数28人，居全省第70位。万人规模以上工业企业研究与发展（R&D）人员数0.89人，居全省第73位。有R&D活动的企业占比为3.70%，居全省第79位。专利申请量299件，居全省第27位，万人专利申请量9.51件，居全省第31位。有效发明专利拥有量37件，居全省第34位。万人有效发明专利拥有量1.18件，居全省第34位。高新技术企业数占规上企业比例3.57%，居全省第50位。万人技术合同交易额6.36万元，居全省第62位。高新技术产业产值0.29亿元，居全省第83位。9项增长率指标中，5项指标增长率为0或负数。

凤冈县综合科技创新水平指数为63.89%，居全省第74位，与上年相比监测值提高1.43个百分点，位次下降8位。在3个一级指标中，科技投入指数为74.14%，居全省第72位；科技创新环境和基础指数为84.64%，居全省第78位；科技产出指数为35.87%，居全省第65位（表2-24）。

表2-24　凤冈县2018年科技创新水平指数

指标名称	指标值	位次
综合科技创新水平指数 /%	63.89	74
科技投入 /%	74.14	72
规模以上工业企业R&D经费支出占主营业务收入比重 /%	0.02	83
规模以上工业企业R&D经费支出占主营业务收入比重增长率 /%	-91.15	81
财政支出中科学技术支出占一般公共预算支出比重 /%	0.75	73
财政支出中科学技术支出占一般公共预算支出比重增长率 /%	58.00	15
科技创新环境和基础 /%	84.64	78
万人规模以上工业企业研究与发展（R&D）人员数 / 人	0.89	73
万人规模以上工业企业研究与发展（R&D）人员数增长率 /%	-41.82	68
有R&D活动的企业占比 /%	3.70	79
有R&D活动的企业占比增长率 /%	-51.85	76
万人专利申请量 / 件	9.51	31
万人专利申请量增长率 /%	42.02	32
科技产出 /%	35.87	65
万人有效发明专利拥有量 / 件	1.18	34
万人有效发明专利拥有量增长率 /%	8.55	65
高新技术企业数占规上企业比例 /%	3.57	50
高新技术企业数占规上企业比例增长率 /%	93.00	11
万人技术合同交易额 / 万元	6.36	62
万人技术合同交易额增长率 /%	-87.27	65
高新技术产业产值 / 亿元	0.29	83
高新技术产业产值增长率 /%	-48.21	68

10. 湄潭县

规模以上工业企业 R&D 经费支出占主营业务收入比重为 0.06%，居全省第 77 位。财政支出中科学技术支出 4289.00 万元，居全省第 51 位，财政支出中科学技术支出占一般公共预算支出比重为 1.35%，居全省第 52 位。万人规模以上工业企业研究与发展（R&D）人员数 0.71 人，居全省第 75 位。有 R&D 活动的企业占比为 3.37%，居全省第 82 位。专利申请量 150 件，居全省第 54 位，万人专利申请量 3.92 件，居全省第 67 位。有效发明专利拥有量 66 件，居全省第 23 位，万人有效发明专利拥有量 1.72 件，居全省第 26 位。高新技术企业数占规上企业比例 4.35%，居全省第 43 位。万人技术合同交易额 3.40 万元，居全省第 69 位。高新技术产业产值 1.57 亿元，居全省第 69 位。9 项增长率指标中，6 项指标增长率为 0 或负数。

湄潭县综合科技创新水平指数为 66.34%，居全省第 71 位，与上年相比监测值降低 16.91 个百分点，位次下降 42 位。在 3 个一级指标中，科技投入指数为 78.02%，居全省第 60 位；科技创新环境和基础指数为 85.06%，居全省第 77 位；科技产出指数为 38.61%，居全省第 62 位（表 2-25）。

表 2-25　湄潭县 2018 年科技创新水平指数

指标名称	指标值	位次
综合科技创新水平指数 /%	66.34	71
科技投入 /%	78.02	60
规模以上工业企业 R&D 经费支出占主营业务收入比重 /%	0.06	77
规模以上工业企业 R&D 经费支出占主营业务收入比重增长率 /%	-31.62	68
财政支出中科学技术支出占一般公共预算支出比重 /%	1.35	52
财政支出中科学技术支出占一般公共预算支出比重增长率 /%	17.00	24
科技创新环境和基础 /%	85.06	77
万人规模以上工业企业研究与发展（R&D）人员数 / 人	0.71	75
万人规模以上工业企业研究与发展（R&D）人员数增长率 /%	-66.32	74
有 R&D 活动的企业占比 /%	3.37	82
有 R&D 活动的企业占比增长率 /%	-58.11	80
万人专利申请量 / 件	3.92	67
万人专利申请量增长率 /%	-55.18	83
科技产出 /%	38.61	62
万人有效发明专利拥有量 / 件	1.72	26
万人有效发明专利拥有量增长率 /%	40.13	31
高新技术企业数占规上企业比例 /%	4.35	43
高新技术企业数占规上企业比例增长率 /%	29.00	32
万人技术合同交易额 / 万元	3.40	69
万人技术合同交易额增长率 /%	-88.38	67
高新技术产业产值 / 亿元	1.57	69
高新技术产业产值增长率 /%	-63.82	79

11. 余庆县

规模以上工业企业 R&D 经费支出占主营业务收入比重为 0.07%，居全省第 75 位。财政支出中科学技术支出 3422.00 万元，居全省第 60 位，财政支出中科学技术支出占一般公共预算支出比重为 1.59%，居全省第 46 位。万人规模以上工业企业研究与发展（R&D）人员数 0.67 人，居全省第 76 位。有 R&D 活动的企业占比为 12.50%，居全省第 52 位。专利申请量 254 件，居全省第 36 位，万人专利申请量 10.58 件，居全省第 25 位。有效发明专利拥有量 33 件，居全省第 38 位，万人有效发明专利拥有量 1.38 件，居全省第 32 位。高新技术企业数占规上企业比例 0.00%，居全省第 68 位。高新技术产业产值 0.58 亿元，居全省第 77 位。9 项增长率指标中，6 项指标增长率为 0 或负数。

余庆县综合科技创新水平指数为 62.56%，居全省第 75 位，与上年相比监测值提高 8.32 个百分点，位次下降 1 位。在 3 个一级指标中，科技投入指数为 75.42%，居全省第 67 位；科技创新环境和基础指数为 89.44%，居全省第 67 位；科技产出指数为 26.65%，居全省第 78 位（表 2-26）。

表 2-26 余庆县 2018 年科技创新水平指数

指标名称	指标值	位次
综合科技创新水平指数 /%	62.56	75
科技投入 /%	75.42	67
规模以上工业企业 R&D 经费支出占主营业务收入比重 /%	0.07	75
规模以上工业企业 R&D 经费支出占主营业务收入比重增长率 /%	-83.80	78
财政支出中科学技术支出占一般公共预算支出比重 /%	1.59	46
财政支出中科学技术支出占一般公共预算支出比重增长率 /%	86.00	8
科技创新环境和基础 /%	89.44	67
万人规模以上工业企业研究与发展（R&D）人员数 /人	0.67	76
万人规模以上工业企业研究与发展（R&D）人员数增长率 /%	-40.91	67
有 R&D 活动的企业占比 /%	12.50	52
有 R&D 活动的企业占比增长率 /%	-6.25	62
万人专利申请量 /件	10.58	25
万人专利申请量增长率 /%	18.90	47
科技产出 /%	26.65	78
万人有效发明专利拥有量 /件	1.38	32
万人有效发明专利拥有量增长率 /%	199.13	5
高新技术企业数占规上企业比例 /%	0.00	68
高新技术企业数占规上企业比例增长率 /%	-100.00	57
万人技术合同交易额 /万元	0.00	84
万人技术合同交易额增长率 /%	-100.00	79
高新技术产业产值 /亿元	0.58	77
高新技术产业产值增长率 /%	-34.83	59

12. 习水县

规模以上工业企业 R&D 经费支出占主营业务收入比重为 0.04%，居全省第 79 位。财政支出中科学技术支出 10 862.00 万元，居全省第 20 位，财政支出中科学技术支出占一般公共预算支出比重为 2.19%，居全省第 31 位。万人规模以上工业企业研究与发展（R&D）人员数 0.40 人，居全省第 82 位。有 R&D 活动的企业占比为 2.94%，居全省第 83 位。专利申请量 267 件，居全省第 34 位，万人专利申请量 5.09 件，居全省第 56 位。有效发明专利拥有量 36 件，居全省第 36 位，万人有效发明专利拥有量 0.69 件，居全省第 45 位。高新技术企业数占规上企业比例 1.47%，居全省第 67 位。万人技术合同交易额 104.86 万元，居全省第 30 位。高新技术产业产值 19.92 亿元，居全省第 34 位。9 项增长率指标中，3 项指标增长率为 0 或负数。

习水县综合科技创新水平指数为 74.55%，居全省第 49 位，与上年相比监测值降低 8.78 个百分点，位次下降 21 位。在 3 个一级指标中，科技投入指数为 76.37%，居全省第 65 位；科技创新环境和基础指数为 85.85%，居全省第 71 位；科技产出指数为 63.04%，居全省第 34 位（表 2-27）。

表 2-27 习水县 2018 年科技创新水平指数

指标名称	指标值	位次
综合科技创新水平指数 /%	74.55	49
科技投入 /%	76.37	65
规模以上工业企业 R&D 经费支出占主营业务收入比重 /%	0.04	79
规模以上工业企业 R&D 经费支出占主营业务收入比重增长率 /%	-54.95	74
财政支出中科学技术支出占一般公共预算支出比重 /%	2.19	31
财政支出中科学技术支出占一般公共预算支出比重增长率 /%	8.00	30
科技创新环境和基础 /%	85.85	71
万人规模以上工业企业研究与发展（R&D）人员数 / 人	0.40	82
万人规模以上工业企业研究与发展（R&D）人员数增长率 /%	39.47	30
有 R&D 活动的企业占比 /%	2.94	83
有 R&D 活动的企业占比增长率 /%	108.82	16
万人专利申请量 / 件	5.09	56
万人专利申请量增长率 /%	24.29	42
科技产出 /%	63.04	34
万人有效发明专利拥有量 / 件	0.69	45
万人有效发明专利拥有量增长率 /%	99.24	13
高新技术企业数占规上企业比例 /%	1.47	67
高新技术企业数占规上企业比例增长率 /%	0.00	40
万人技术合同交易额 / 万元	104.86	30
万人技术合同交易额增长率 /%	0.00	84
高新技术产业产值 / 亿元	19.92	34
高新技术产业产值增长率 /%	14.09	35

13. 赤水市

规模以上工业企业 R&D 经费支出占主营业务收入比重为 0.03%，居全省第 81 位。财政支出中科学技术支出 5763.00 万元，居全省第 44 位，财政支出中科学技术支出占一般公共预算支出比重为 1.88%，居全省第 41 位。万人规模以上工业企业研究与发展（R&D）人员数 1.47 人，居全省第 67 位。有 R&D 活动的企业占比为 2.56%，居全省第 84 位。专利申请量 268 件，居全省第 33 位，万人专利申请量 10.92 件，居全省第 24 位。有效发明专利拥有量 35 件，居全省第 37 位，万人有效发明专利拥有量 1.43 件，居全省第 29 位。高新技术企业数占规上企业比例 7.69%，居全省第 29 位。万人技术合同交易额 14.26 万元，居全省第 53 位。高新技术产业产值 22.34 亿元，居全省第 33 位。9 项增长率指标中，6 项指标增长率为 0 或负数。

赤水市综合科技创新水平指数为 73.54%，居全省第 51 位，与上年相比监测值降低 12.90 个百分点，位次下降 32 位。在 3 个一级指标中，科技投入指数为 74.79%，居全省第 69 位；科技创新环境和基础指数为 85.11%，居全省第 74 位；科技产出指数为 62.37%，居全省第 37 位（表 2-28）。

表 2-28　赤水市 2018 年科技创新水平指数

指标名称	指标值	位次
综合科技创新水平指数 /%	73.54	51
科技投入 /%	74.79	69
规模以上工业企业 R&D 经费支出占主营业务收入比重 /%	0.03	81
规模以上工业企业 R&D 经费支出占主营业务收入比重增长率 /%	-90.63	80
财政支出中科学技术支出占一般公共预算支出比重 /%	1.88	41
财政支出中科学技术支出占一般公共预算支出比重增长率 /%	-34.00	70
科技创新环境和基础 /%	85.11	74
万人规模以上工业企业研究与发展（R&D）人员数 / 人	1.47	67
万人规模以上工业企业研究与发展（R&D）人员数增长率 /%	-83.23	82
有 R&D 活动的企业占比 /%	2.56	84
有 R&D 活动的企业占比增长率 /%	-52.56	77
万人专利申请量 / 件	10.92	24
万人专利申请量增长率 /%	88.19	14
科技产出 /%	62.37	37
万人有效发明专利拥有量 / 件	1.43	29
万人有效发明专利拥有量增长率 /%	20.35	49
高新技术企业数占规上企业比例 /%	7.69	29
高新技术企业数占规上企业比例增长率 /%	0.00	40
万人技术合同交易额 / 万元	14.26	53
万人技术合同交易额增长率 /%	-73.17	55
高新技术产业产值 / 亿元	22.34	33
高新技术产业产值增长率 /%	145.76	6

14. 仁怀市

规模以上工业企业 R&D 经费支出占主营业务收入比重为 0.42%，居全省第 48 位。财政支出中科学技术支出 16 377.00 万元，居全省第 13 位，财政支出中科学技术支出占一般公共预算支出比重为 2.10%，居全省第 33 位。万人规模以上工业企业研究与发展（R&D）人员数 21.85 人，居全省第 14 位。有 R&D 活动的企业占比为 3.49%，居全省第 80 位。专利申请量 632 件，居全省第 17 位，万人专利申请量 11.23 件，居全省第 23 位。有效发明专利拥有量 78 件，居全省第 20 位，万人有效发明专利拥有量 1.39 件，居全省第 31 位。高新技术企业数占规上企业比例 3.45%，居全省第 51 位。万人技术合同交易额 161.49 万元，居全省第 23 位。高新技术产业产值 0.67 亿元，居全省第 75 位。9 项增长率指标中，4 项指标增长率为 0 或负数。

仁怀市综合科技创新水平指数为 79.22%，居全省第 40 位，与上年相比监测值提高 11.93 个百分点，上升 17 位。在 3 个一级指标中，科技投入指数为 95.91%，居全省第 33 位；科技创新环境和基础指数为 88.00%，居全省第 68 位；科技产出指数为 55.02%，居全省第 47 位（表 2-29）。

表 2-29 仁怀市 2018 年科技创新水平指数

指标名称	指标值	位次
综合科技创新水平指数 /%	79.22	40
科技投入 /%	95.91	33
规模以上工业企业 R&D 经费支出占主营业务收入比重 /%	0.42	48
规模以上工业企业 R&D 经费支出占主营业务收入比重增长率 /%	-48.44	72
财政支出中科学技术支出占一般公共预算支出比重 /%	2.10	33
财政支出中科学技术支出占一般公共预算支出比重增长率 /%	1243.00	1
科技创新环境和基础 /%	88.00	68
万人规模以上工业企业研究与发展（R&D）人员数 / 人	21.85	14
万人规模以上工业企业研究与发展（R&D）人员数增长率 /%	-4.99	50
有 R&D 活动的企业占比 /%	3.49	80
有 R&D 活动的企业占比增长率 /%	0.00	56
万人专利申请量 / 件	11.23	23
万人专利申请量增长率 /%	44.11	30
科技产出 /%	55.02	47
万人有效发明专利拥有量 / 件	1.39	31
万人有效发明专利拥有量增长率 /%	34.00	34
高新技术企业数占规上企业比例 /%	3.45	51
高新技术企业数占规上企业比例增长率 /%	48.00	24
万人技术合同交易额 / 万元	161.49	23
万人技术合同交易额增长率 /%	0.00	84
高新技术产业产值 / 亿元	0.67	75
高新技术产业产值增长率 /%	0.00	87

（四）安顺市

1. 西秀区

规模以上工业企业 R&D 经费支出占主营业务收入比重为 0.86%，居全省第 31 位。财政支出中科学技术支出 11 434.00 万元，居全省第 19 位，财政支出中科学技术支出占一般公共预算支出比重为 1.65%，居全省第 45 位。万人规模以上工业企业研究与发展（R&D）人员数 17.41 人，居全省第 17 位。有 R&D 活动的企业占比为 8.74%，居全省第 66 位。专利申请量 1276 件，居全省第 7 位，万人专利申请量 16.07 件，居全省第 17 位。有效发明专利拥有量 370 件，居全省第 8 位，万人有效发明专利拥有量 4.66 件，居全省第 10 位。高新技术企业数占规上企业比例 13.78%，居全省第 17 位。万人技术合同交易额 134.37 万元，居全省第 26 位。高新技术产业产值 213.57 亿元，居全省第 3 位。9 项增长率指标中，1 项指标增长率为 0 或负数。

西秀区综合科技创新水平指数为 95.57%，居全省第 9 位，与上年相比监测值提高 4.83 个百分点，上升 4 位。在 3 个一级指标中，科技投入指数为 97.16%，居全省第 20 位；科技创新环境和基础指数为 100.00%，居全省第 1 位；科技产出指数为 90.17%，居全省第 9 位（表 2-30）。

表 2-30 西秀区 2018 年科技创新水平指数

指标名称	指标值	位次
综合科技创新水平指数 /%	95.57	9
科技投入 /%	97.16	20
规模以上工业企业 R&D 经费支出占主营业务收入比重 /%	0.86	31
规模以上工业企业 R&D 经费支出占主营业务收入比重增长率 /%	1.67	57
财政支出中科学技术支出占一般公共预算支出比重 /%	1.65	45
财政支出中科学技术支出占一般公共预算支出比重增长率 /%	56.00	16
科技创新环境和基础 /%	100.00	1
万人规模以上工业企业研究与发展（R&D）人员数 / 人	17.41	17
万人规模以上工业企业研究与发展（R&D）人员数增长率 /%	7.75	38
有 R&D 活动的企业占比 /%	8.74	66
有 R&D 活动的企业占比增长率 /%	70.01	26
万人专利申请量 / 件	16.07	17
万人专利申请量增长率 /%	14.82	50
科技产出 /%	90.17	9
万人有效发明专利拥有量 / 件	4.66	10
万人有效发明专利拥有量增长率 /%	10.58	61
高新技术企业数占规上企业比例 /%	13.78	17
高新技术企业数占规上企业比例增长率 /%	48.00	24
万人技术合同交易额 / 万元	134.37	26
万人技术合同交易额增长率 /%	-46.65	40
高新技术产业产值 / 亿元	213.57	3
高新技术产业产值增长率 /%	47.58	21

2. 平坝区

规模以上工业企业 R&D 经费支出占主营业务收入比重为 0.36%，居全省第 54 位。财政支出中科学技术支出 4212.00 万元，居全省第 52 位，财政支出中科学技术支出占一般公共预算支出比重为 1.10%，居全省第 59 位。万人规模以上工业企业研究与发展（R&D）人员数 11.56 人，居全省第 21 位。有 R&D 活动的企业占比为 14.61%，居全省第 47 位。专利申请量 514 件，居全省第 20 位，万人专利申请量 15.72 件，居全省第 18 位。有效发明专利拥有量 148 件，居全省第 11 位，万人有效发明专利拥有量 4.53 件，居全省第 11 位。高新技术企业数占规上企业比例 17.35%，居全省第 14 位。万人技术合同交易额 1.99 万元，居全省第 76 位。高新技术产业产值 296.03 亿元，居全省第 1 位。9 项增长率指标中，2 项指标增长率为 0 或负数。

平坝区综合科技创新水平指数为 88.98%，居全省第 17 位，与上年相比监测值提高 15.41 个百分点，上升 25 位。在 3 个一级指标中，科技投入指数为 95.38%，居全省第 35 位；科技创新环境和基础指数为 100.00%，居全省第 1 位；科技产出指数为 73.13%，居全省第 21 位（表 2-31）。

表 2-31 平坝区 2018 年科技创新水平指数

指标名称	指标值	位次
综合科技创新水平指数 /%	88.98	17
科技投入 /%	95.38	35
规模以上工业企业 R&D 经费支出占主营业务收入比重 /%	0.36	54
规模以上工业企业 R&D 经费支出占主营业务收入比重增长率 /%	-22.46	65
财政支出中科学技术支出占一般公共预算支出比重 /%	1.10	59
财政支出中科学技术支出占一般公共预算支出比重增长率 /%	129.00	5
科技创新环境和基础 /%	100.00	1
万人规模以上工业企业研究与发展（R&D）人员数 / 人	11.56	21
万人规模以上工业企业研究与发展（R&D）人员数增长率 /%	45.67	29
有 R&D 活动的企业占比 /%	14.61	47
有 R&D 活动的企业占比增长率 /%	133.71	12
万人专利申请量 / 件	15.72	18
万人专利申请量增长率 /%	40.86	33
科技产出 /%	73.13	21
万人有效发明专利拥有量 / 件	4.53	11
万人有效发明专利拥有量增长率 /%	53.69	24
高新技术企业数占规上企业比例 /%	17.35	14
高新技术企业数占规上企业比例增长率 /%	19.00	35
万人技术合同交易额 / 万元	1.99	76
万人技术合同交易额增长率 /%	-97.50	73
高新技术产业产值 / 亿元	296.03	1
高新技术产业产值增长率 /%	18.36	31

3. 普定县

规模以上工业企业 R&D 经费支出占主营业务收入比重为 0.04%，居全省第 79 位。财政支出中科学技术支出 4195.00 万元，居全省第 53 位，财政支出中科学技术支出占一般公共预算支出比重为 1.26%，居全省第 55 位。万人规模以上工业企业研究与发展（R&D）人员数 0.66 人，居全省第 77 位。有 R&D 活动的企业占比为 10.26%，居全省第 60 位。专利申请量 276 件，居全省第 32 位，万人专利申请量 7.02 件，居全省第 41 位。有效发明专利拥有量 66 件，居全省第 23 位，万人有效发明专利拥有量 1.68 件，居全省第 27 位。高新技术企业数占规上企业比例 2.44%，居全省第 62 位。万人技术合同交易额 2.29 万元，居全省第 73 位。高新技术产业产值 13.43 亿元，居全省第 41 位。9 项增长率指标中，3 项指标增长率为 0 或负数。

普定县综合科技创新水平指数为 74.95%，居全省第 48 位，与上年相比监测值降低 3.72 个百分点，位次下降 15 位。在 3 个一级指标中，科技投入指数为 79.38%，居全省第 59 位；科技创新环境和基础指数为 92.75%，居全省第 60 位；科技产出指数为 55.26%，居全省第 46 位（表 2-32）。

表 2-32 普定县 2018 年科技创新水平指数

指标名称	指标值	位次
综合科技创新水平指数 /%	74.95	48
科技投入 /%	79.38	59
规模以上工业企业 R&D 经费支出占主营业务收入比重 /%	0.04	79
规模以上工业企业 R&D 经费支出占主营业务收入比重增长率 /%	2121.29	6
财政支出中科学技术支出占一般公共预算支出比重 /%	1.26	55
财政支出中科学技术支出占一般公共预算支出比重增长率 /%	7.00	33
科技创新环境和基础 /%	92.75	60
万人规模以上工业企业研究与发展（R&D）人员数 / 人	0.66	77
万人规模以上工业企业研究与发展（R&D）人员数增长率 /%	116.50	17
有 R&D 活动的企业占比 /%	10.26	60
有 R&D 活动的企业占比增长率 /%	110.26	15
万人专利申请量 / 件	7.02	41
万人专利申请量增长率 /%	40.71	34
科技产出 /%	55.26	46
万人有效发明专利拥有量 / 件	1.68	27
万人有效发明专利拥有量增长率 /%	6.37	72
高新技术企业数占规上企业比例 /%	2.44	62
高新技术企业数占规上企业比例增长率 /%	0.00	58
万人技术合同交易额 / 万元	2.29	73
万人技术合同交易额增长率 /%	-97.65	75
高新技术产业产值 / 亿元	13.43	41
高新技术产业产值增长率 /%	-45.98	66

4. 镇宁县

规模以上工业企业 R&D 经费支出占主营业务收入比重为 1.49%，居全省第 17 位。财政支出中科学技术支出 3779.00 万元，居全省第 56 位，财政支出中科学技术支出占一般公共预算支出比重为 1.08%，居全省第 61 位。万人规模以上工业企业研究与发展（R&D）人员数 2.47 人，居全省第 54 位。有 R&D 活动的企业占比为 4.55%，居全省第 74 位。专利申请量 144 件，居全省第 57 位，万人专利申请量 5.01 件，居全省第 59 位。有效发明专利拥有量 48 件，居全省第 30 位，万人有效发明专利拥有量 1.67 件，居全省第 28 位。高新技术企业数 1 个，居全省第 51 位。高新技术企业数占规上企业比例 4.00%，居全省第 47 位。万人技术合同交易额 27.86 万元，居全省第 45 位。高新技术产业产值 2.85 亿元，居全省第 62 位。9 项增长率指标中，5 项指标增长率为 0 或负数。

镇宁县综合科技创新水平指数为 69.53%，居全省第 61 位，与上年相比监测值降低 6.84 个百分点，位次下降 22 位。在 3 个一级指标中，科技投入指数为 92.72%，居全省第 44 位；科技创新环境和基础指数为 80.56%，居全省第 83 位；科技产出指数为 36.89%，居全省第 64 位（表 2-33）。

表 2-33　镇宁县 2018 年科技创新水平指数

指标名称	指标值	位次
综合科技创新水平指数 /%	69.53	61
科技投入 /%	92.72	44
规模以上工业企业 R&D 经费支出占主营业务收入比重 /%	1.49	17
规模以上工业企业 R&D 经费支出占主营业务收入比重增长率 /%	101.19	37
财政支出中科学技术支出占一般公共预算支出比重 /%	1.08	61
财政支出中科学技术支出占一般公共预算支出比重增长率 /%	7.00	33
科技创新环境和基础 /%	80.56	83
万人规模以上工业企业研究与发展（R&D）人员数 / 人	2.47	54
万人规模以上工业企业研究与发展（R&D）人员数增长率 /%	-42.32	69
有 R&D 活动的企业占比 /%	4.55	74
有 R&D 活动的企业占比增长率 /%	-50.00	74
万人专利申请量 / 件	5.01	59
万人专利申请量增长率 /%	-23.46	70
科技产出 /%	36.89	64
万人有效发明专利拥有量 / 件	1.67	28
万人有效发明专利拥有量增长率 /%	-4.07	80
高新技术企业数占规上企业比例 /%	4.00	47
高新技术企业数占规上企业比例增长率 /%	-12.00	54
万人技术合同交易额 / 万元	27.86	45
万人技术合同交易额增长率 /%	1380.45	5
高新技术产业产值 / 亿元	2.85	62
高新技术产业产值增长率 /%	313.04	2

5. 关岭县

规模以上工业企业 R&D 经费支出占主营业务收入比重为 1.07%，居全省第 26 位。财政支出中科学技术支出 3629.00 万元，居全省第 58 位，财政支出中科学技术支出占一般公共预算支出比重为 1.19%，居全省第 56 位。万人规模以上工业企业研究与发展（R&D）人员数 4.60 人，居全省第 37 位。有 R&D 活动的企业占比为 21.74%，居全省第 40 位。专利申请量 194 件，居全省第 42 位，万人专利申请量 6.97 件，居全省第 42 位。有效发明专利拥有量 6 件，居全省第 73 位，万人有效发明专利拥有量 0.22 件，居全省第 76 位。高新技术企业数占规上企业比例 4.17%，居全省第 45 位。万人技术合同交易额 5.23 万元，居全省第 64 位。高新技术产业产值 1.72 亿元，居全省第 68 位。9 项增长率指标中，6 项指标增长率为 0 或负数。

关岭县综合科技创新水平指数为 70.74%，居全省第 58 位，与上年相比监测值提高 23.99 个百分点，上升 23 位。在 3 个一级指标中，科技投入指数为 88.15%，居全省第 50 位；科技创新环境和基础指数为 97.11%，居全省第 45 位；科技产出指数为 30.73%，居全省第 73 位（表 2-34）。

表 2-34　关岭县 2018 年科技创新水平指数

指标名称	指标值	位次
综合科技创新水平指数 /%	70.74	58
科技投入 /%	88.15	50
规模以上工业企业 R&D 经费支出占主营业务收入比重 /%	1.07	26
规模以上工业企业 R&D 经费支出占主营业务收入比重增长率 /%	0.00	85
财政支出中科学技术支出占一般公共预算支出比重 /%	1.19	56
财政支出中科学技术支出占一般公共预算支出比重增长率 /%	−6.00	57
科技创新环境和基础 /%	97.11	45
万人规模以上工业企业研究与发展（R&D）人员数 / 人	4.60	37
万人规模以上工业企业研究与发展（R&D）人员数增长率 /%	0.00	85
有 R&D 活动的企业占比 /%	21.74	40
有 R&D 活动的企业占比增长率 /%	0.00	84
万人专利申请量 / 件	6.97	42
万人专利申请量增长率 /%	12.44	51
科技产出 /%	30.73	73
万人有效发明专利拥有量 / 件	0.22	76
万人有效发明专利拥有量增长率 /%	2.59	76
高新技术企业数占规上企业比例 /%	4.17	45
高新技术企业数占规上企业比例增长率 /%	0.00	58
万人技术合同交易额 / 万元	5.23	64
万人技术合同交易额增长率 /%	−6.12	30
高新技术产业产值 / 亿元	1.72	68
高新技术产业产值增长率 /%	11.69	37

6. 紫云县

财政支出中科学技术支出 2611.00 万元,居全省第 69 位,财政支出中科学技术支出占一般公共预算支出比重为 0.90%,居全省第 66 位。万人规模以上工业企业研究与发展(R&D)人员数 0.18 人,居全省第 85 位。有 R&D 活动的企业占比为 38.46%,居全省第 14 位。专利申请量 176 件,居全省第 45 位,万人专利申请量 6.43 件,居全省第 46 位。有效发明专利拥有量 4 件,居全省第 82 位,万人有效发明专利拥有量 0.15 件,居全省第 84 位。高新技术企业数占规上企业比例 7.14%,居全省第 30 位。万人技术合同交易额 2.67 万元,居全省第 72 位。9 项增长率指标中,6 项指标增长率为 0 或负数。

紫云县综合科技创新水平指数为 58.51%,居全省第 80 位,与上年相比监测值提高 13.90 个百分点,上升 5 位。在 3 个一级指标中,科技投入指数为 74.29%,居全省第 71 位;科技创新环境和基础指数为 84.20%,居全省第 80 位;科技产出指数为 20.72%,居全省第 84 位(表 2-35)。

表 2-35 紫云县 2018 年科技创新水平指数

指标名称	指标值	位次
综合科技创新水平指数 /%	58.51	80
科技投入 /%	74.29	71
规模以上工业企业 R&D 经费支出占主营业务收入比重 /%	0.00	86
规模以上工业企业 R&D 经费支出占主营业务收入比重增长率 /%	0.00	85
财政支出中科学技术支出占一般公共预算支出比重 /%	0.90	66
财政支出中科学技术支出占一般公共预算支出比重增长率 /%	1.00	43
科技创新环境和基础 /%	84.20	80
万人规模以上工业企业研究与发展(R&D)人员数 / 人	0.18	85
万人规模以上工业企业研究与发展(R&D)人员数增长率 /%	0.00	85
有 R&D 活动的企业占比 /%	38.46	14
有 R&D 活动的企业占比增长率 /%	0.00	84
万人专利申请量 / 件	6.43	46
万人专利申请量增长率 /%	57.09	21
科技产出 /%	20.72	84
万人有效发明专利拥有量 / 件	0.15	84
万人有效发明专利拥有量增长率 /%	-20.03	84
高新技术企业数占规上企业比例 /%	7.14	30
高新技术企业数占规上企业比例增长率 /%	0.00	58
万人技术合同交易额 / 万元	2.67	72
万人技术合同交易额增长率 /%	-84.44	63
高新技术产业产值 / 亿元	0.00	88
高新技术产业产值增长率 /%	0.00	87

（五）铜仁市

1. 碧江区

规模以上工业企业 R&D 经费支出占主营业务收入比重为 0.54%，居全省第 42 位。财政支出中科学技术支出 10 717.00 万元，居全省第 21 位，财政支出中科学技术支出占一般公共预算支出比重为 3.05%，居全省第 14 位。万人规模以上工业企业研究与发展（R&D）人员数 2.86 人，居全省第 50 位。有 R&D 活动的企业占比为 9.21%，居全省第 63 位。专利申请量 1051 件，居全省第 10 位，万人专利申请量 31.27 件，居全省第 6 位。有效发明专利拥有量 93 件，居全省第 17 位，万人有效发明专利拥有量 2.77 件，居全省第 16 位。高新技术企业数占规上企业比例 4.60%，居全省第 41 位。万人技术合同交易额 93.91 万元，居全省第 32 位。高新技术产业产值 31.41 亿元，居全省第 30 位。9 项增长率指标中，2 项指标增长率为 0 或负数。

碧江区综合科技创新水平指数为 87.27%，居全省第 23 位，与上年相比监测值降低 3.90 个百分点，位次下降 12 位。在 3 个一级指标中，科技投入指数为 99.54%，居全省第 5 位；科技创新环境和基础指数为 98.33%，居全省第 25 位；科技产出指数为 65.51%，居全省第 29 位（表 2-36）。

表 2-36 碧江区 2018 年科技创新水平指数

指标名称	指标值	位次
综合科技创新水平指数 /%	87.27	23
科技投入 /%	99.54	5
规模以上工业企业 R&D 经费支出占主营业务收入比重 /%	0.54	42
规模以上工业企业 R&D 经费支出占主营业务收入比重增长率 /%	218.76	25
财政支出中科学技术支出占一般公共预算支出比重 /%	3.05	14
财政支出中科学技术支出占一般公共预算支出比重增长率 /%	60.00	13
科技创新环境和基础 /%	98.33	25
万人规模以上工业企业研究与发展（R&D）人员数 / 人	2.86	50
万人规模以上工业企业研究与发展（R&D）人员数增长率 /%	36.51	32
有 R&D 活动的企业占比 /%	9.21	63
有 R&D 活动的企业占比增长率 /%	−24.01	71
万人专利申请量 / 件	31.27	6
万人专利申请量增长率 /%	90.72	13
科技产出 /%	65.51	29
万人有效发明专利拥有量 / 件	2.77	16
万人有效发明专利拥有量增长率 /%	42.90	27
高新技术企业数占规上企业比例 /%	4.60	41
高新技术企业数占规上企业比例增长率 /%	16.00	37
万人技术合同交易额 / 万元	93.91	32
万人技术合同交易额增长率 /%	−77.65	57
高新技术产业产值 / 亿元	31.41	30
高新技术产业产值增长率 /%	139.59	7

2. 江口县

规模以上工业企业R&D经费支出占主营业务收入比重为0.54%，居全省第42位。财政支出中科学技术支出1663.00万元，居全省第74位，财政支出中科学技术支出占一般公共预算支出比重为0.76%，居全省第72位。万人规模以上工业企业研究与发展（R&D）人员数8.01人，居全省第26位。有R&D活动的企业占比为35.71%，居全省第17位。专利申请量118件，居全省第69位，万人专利申请量6.70件，居全省第44位。万人有效发明专利拥有量0.51件，居全省第55位。高新技术企业数占规上企业比例3.45%，居全省第51位。万人技术合同交易额6.82万元，居全省第61位。高新技术产业产值1.95亿元，居全省第67位。9项增长率指标中，5项指标增长率为0或负数。

江口县综合科技创新水平指数为68.61%，居全省第63位，与上年相比监测值提高23.88个百分点，上升21位。在3个一级指标中，科技投入指数为76.49%，居全省第64位；科技创新环境和基础指数为100.00%，居全省第1位；科技产出指数为33.82%，居全省第70位（表2-37）。

表2-37 江口县2018年科技创新水平指数

指标名称	指标值	位次
综合科技创新水平指数 /%	68.61	63
科技投入 /%	76.49	64
规模以上工业企业R&D经费支出占主营业务收入比重 /%	0.54	42
规模以上工业企业R&D经费支出占主营业务收入比重增长率 /%	359.63	21
财政支出中科学技术支出占一般公共预算支出比重 /%	0.76	72
财政支出中科学技术支出占一般公共预算支出比重增长率 /%	0.00	45
科技创新环境和基础 /%	100.00	1
万人规模以上工业企业研究与发展（R&D）人员数 /人	8.01	26
万人规模以上工业企业研究与发展（R&D）人员数增长率 /%	835.73	8
有R&D活动的企业占比 /%	35.71	17
有R&D活动的企业占比增长率 /%	1078.57	3
万人专利申请量 /件	6.70	44
万人专利申请量增长率 /%	86.45	15
科技产出 /%	33.82	70
万人有效发明专利拥有量 /件	0.51	55
万人有效发明专利拥有量增长率 /%	-10.41	83
高新技术企业数占规上企业比例 /%	3.45	51
高新技术企业数占规上企业比例增长率 /%	0.00	58
万人技术合同交易额 /万元	6.82	61
万人技术合同交易额增长率 /%	-57.41	46
高新技术产业产值 /亿元	1.95	67
高新技术产业产值增长率 /%	-44.29	65

3. 玉屏县

规模以上工业企业 R&D 经费支出占主营业务收入比重为 0.33%，居全省第 57 位。财政支出中科学技术支出 6617.00 万元，居全省第 40 位，财政支出中科学技术支出占一般公共预算支出比重为 2.47%，居全省第 24 位。万人规模以上工业企业研究与发展（R&D）人员数 30.25 人，居全省第 8 位。有 R&D 活动的企业占比为 8.86%，居全省第 65 位。专利申请量 266 件，居全省第 35 位，万人专利申请量 19.39 件，居全省第 11 位。有效发明专利拥有量 77 件，居全省第 21 位，万人有效发明专利拥有量 5.61 件，居全省第 9 位。高新技术企业数占规上企业比例 8.70%，居全省第 26 位。万人技术合同交易额 32.51 万元，居全省第 43 位。高新技术产业产值 50.20 亿元，居全省第 20 位。9 项增长率指标中，4 项指标增长率为 0 或负数。

玉屏县综合科技创新水平指数为 86.91%，居全省第 24 位，与上年相比监测值提高 1.03 个百分点，位次下降 3 位。在 3 个一级指标中，科技投入指数为 93.73%，居全省第 42 位；科技创新环境和基础指数为 98.33%，居全省第 25 位；科技产出指数为 70.29%，居全省第 24 位（表 2-38）。

表 2-38　玉屏县 2018 年科技创新水平指数

指标名称	指标值	位次
综合科技创新水平指数 /%	86.91	24
科技投入 /%	93.73	42
规模以上工业企业 R&D 经费支出占主营业务收入比重 /%	0.33	57
规模以上工业企业 R&D 经费支出占主营业务收入比重增长率 /%	-35.80	71
财政支出中科学技术支出占一般公共预算支出比重 /%	2.47	24
财政支出中科学技术支出占一般公共预算支出比重增长率 /%	-10.00	63
科技创新环境和基础 /%	98.33	25
万人规模以上工业企业研究与发展（R&D）人员数 / 人	30.25	8
万人规模以上工业企业研究与发展（R&D）人员数增长率 /%	37.95	31
有 R&D 活动的企业占比 /%	8.86	65
有 R&D 活动的企业占比增长率 /%	-20.25	70
万人专利申请量 / 件	19.39	11
万人专利申请量增长率 /%	21.36	43
科技产出 /%	70.29	24
万人有效发明专利拥有量 / 件	5.61	9
万人有效发明专利拥有量增长率 /%	35.22	33
高新技术企业数占规上企业比例 /%	8.70	26
高新技术企业数占规上企业比例增长率 /%	37.00	29
万人技术合同交易额 / 万元	32.51	43
万人技术合同交易额增长率 /%	-92.50	70
高新技术产业产值 / 亿元	50.20	20
高新技术产业产值增长率 /%	18.06	32

4. 石阡县

规模以上工业企业R&D经费支出占主营业务收入比重为0.69%，居全省第37位。财政支出中科学技术支出194.00万元，居全省第86位，财政支出中科学技术支出占一般公共预算支出比重为0.06%，居全省第86位。万人规模以上工业企业研究与发展（R&D）人员数3.19人，居全省第48位。有R&D活动的企业占比为28.57%，居全省第29位。专利申请量139件，居全省第59位，万人专利申请量4.61件，居全省第62位。有效发明专利拥有量7件，居全省第70位，万人有效发明专利拥有量0.23件，居全省第74位。万人技术合同交易额10.52万元，居全省第56位。高新技术产业产值0.84亿元，居全省第73位。9项增长率指标中，4项指标增长率为0或负数。

石阡县综合科技创新水平指数为46.40%，居全省第86位，与上年相比监测值降低20.95个百分点，位次下降30位。在3个一级指标中，科技投入指数为22.68%，居全省第87位；科技创新环境和基础指数为100.00%，居全省第1位；科技产出指数为24.19%，居全省第80位（表2-39）。

表2-39 石阡县2018年科技创新水平指数

指标名称	指标值	位次
综合科技创新水平指数 /%	46.40	86
科技投入 /%	22.68	87
规模以上工业企业R&D经费支出占主营业务收入比重 /%	0.69	37
规模以上工业企业R&D经费支出占主营业务收入比重增长率 /%	17 528.66	2
财政支出中科学技术支出占一般公共预算支出比重 /%	0.06	86
财政支出中科学技术支出占一般公共预算支出比重增长率 /%	-95.00	87
科技创新环境和基础 /%	100.00	1
万人规模以上工业企业研究与发展（R&D）人员数 /人	3.19	48
万人规模以上工业企业研究与发展（R&D）人员数增长率 /%	985.08	5
有R&D活动的企业占比 /%	28.57	29
有R&D活动的企业占比增长率 /%	385.71	6
万人专利申请量 /件	4.61	62
万人专利申请量增长率 /%	1.73	56
科技产出 /%	24.19	80
万人有效发明专利拥有量 /件	0.23	74
万人有效发明专利拥有量增长率 /%	137.36	8
高新技术企业数占规上企业比例 /%	0.00	68
高新技术企业数占规上企业比例增长率 /%	0.00	58
万人技术合同交易额 /万元	10.52	56
万人技术合同交易额增长率 /%	-67.62	53
高新技术产业产值 /亿元	0.84	73
高新技术产业产值增长率 /%	-59.81	76

5. 思南县

规模以上工业企业 R&D 经费支出占主营业务收入比重为 0.63%，居全省第 39 位。财政支出中科学技术支出 4768.00 万元，居全省第 50 位，财政支出中科学技术支出占一般公共预算支出比重为 0.93%，居全省第 64 位。万人规模以上工业企业研究与发展（R&D）人员数 2.81 人，居全省第 51 位。有 R&D 活动的企业占比为 27.54%，居全省第 31 位。专利申请量 278 件，居全省第 31 位，万人专利申请量 5.57 件，居全省第 53 位。有效发明专利拥有量 16 件，居全省第 58 位，万人有效发明专利拥有量 0.32 件，居全省第 64 位。高新技术企业数占规上企业比例 2.56%，居全省第 60 位。万人技术合同交易额 3.60 万元，居全省第 68 位。高新技术产业产值 9.67 亿元，居全省第 50 位。9 项增长率指标中，1 项指标增长率为 0 或负数。

思南县综合科技创新水平指数为 81.13%，居全省第 37 位，与上年相比监测值提高 10.39 个百分点，上升 7 位。在 3 个一级指标中，科技投入指数为 97.32%，居全省第 19 位；科技创新环境和基础指数为 99.42%，居全省第 23 位；科技产出指数为 49.26%，居全省第 49 位（表 2-40）。

表 2-40　思南县 2018 年科技创新水平指数

指标名称	指标值	位次
综合科技创新水平指数 /%	81.13	37
科技投入 /%	97.32	19
规模以上工业企业 R&D 经费支出占主营业务收入比重 /%	0.63	39
规模以上工业企业 R&D 经费支出占主营业务收入比重增长率 /%	13.83	53
财政支出中科学技术支出占一般公共预算支出比重 /%	0.93	64
财政支出中科学技术支出占一般公共预算支出比重增长率 /%	3.00	37
科技创新环境和基础 /%	99.42	23
万人规模以上工业企业研究与发展（R&D）人员数 / 人	2.81	51
万人规模以上工业企业研究与发展（R&D）人员数增长率 /%	7.68	39
有 R&D 活动的企业占比 /%	27.54	31
有 R&D 活动的企业占比增长率 /%	13.04	51
万人专利申请量 / 件	5.57	53
万人专利申请量增长率 /%	112.21	10
科技产出 /%	49.26	49
万人有效发明专利拥有量 / 件	0.32	64
万人有效发明专利拥有量增长率 /%	15.16	55
高新技术企业数占规上企业比例 /%	2.56	60
高新技术企业数占规上企业比例增长率 /%	77.00	15
万人技术合同交易额 / 万元	3.60	68
万人技术合同交易额增长率 /%	-60.49	48
高新技术产业产值 / 亿元	9.67	50
高新技术产业产值增长率 /%	19.53	29

6. 印江县

规模以上工业企业 R&D 经费支出占主营业务收入比重为 0.11%，居全省第 71 位。财政支出中科学技术支出 3373.00 万元，居全省第 61 位，财政支出中科学技术支出占一般公共预算支出比重为 0.86%，居全省第 69 位。万人规模以上工业企业研究与发展（R&D）人员数 0.32 人，居全省第 83 位。有 R&D 活动的企业占比为 1.82%，居全省第 86 位。专利申请量 37 件，居全省第 88 位，万人专利申请量 1.33 件，居全省第 85 位。有效发明专利拥有量 7 件，居全省第 70 位，万人有效发明专利拥有量 0.25 件，居全省第 70 位。万人技术合同交易额 29.69 万元，居全省第 44 位。高新技术产业产值 4.53 亿元，居全省第 57 位。9 项增长率指标中，9 项指标增长率为 0 或负数。

印江县综合科技创新水平指数为 60.18%，居全省第 77 位，与上年相比监测值降低 9.07 个百分点，位次下降 27 位。在 3 个一级指标中，科技投入指数为 75.94%，居全省第 66 位；科技创新环境和基础指数为 77.23%，居全省第 86 位；科技产出指数为 29.81%，居全省第 75 位（表 2-41）。

表 2-41 印江县 2018 年科技创新水平指数

指标名称	指标值	位次
综合科技创新水平指数 /%	60.18	77
科技投入 /%	75.94	66
规模以上工业企业 R&D 经费支出占主营业务收入比重 /%	0.11	71
规模以上工业企业 R&D 经费支出占主营业务收入比重增长率 /%	-83.20	77
财政支出中科学技术支出占一般公共预算支出比重 /%	0.86	69
财政支出中科学技术支出占一般公共预算支出比重增长率 /%	-42.00	72
科技创新环境和基础 /%	77.23	86
万人规模以上工业企业研究与发展（R&D）人员数 / 人	0.32	83
万人规模以上工业企业研究与发展（R&D）人员数增长率 /%	-83.96	83
有 R&D 活动的企业占比 /%	1.82	86
有 R&D 活动的企业占比增长率 /%	-85.45	83
万人专利申请量 / 件	1.33	85
万人专利申请量增长率 /%	-73.45	87
科技产出 /%	29.81	75
万人有效发明专利拥有量 / 件	0.25	70
万人有效发明专利拥有量增长率 /%	-27.66	85
高新技术企业数占规上企业比例 /%	0.00	68
高新技术企业数占规上企业比例增长率 /%	0.00	58
万人技术合同交易额 / 万元	29.69	44
万人技术合同交易额增长率 /%	-58.16	47
高新技术产业产值 / 亿元	4.53	57
高新技术产业产值增长率 /%	-27.52	53

7. 德江县

规模以上工业企业 R&D 经费支出占主营业务收入比重为 0.35%，居全省第 55 位。财政支出中科学技术支出 990.00 万元，居全省第 81 位，财政支出中科学技术支出占一般公共预算支出比重为 0.23%，居全省第 83 位。万人规模以上工业企业研究与发展（R&D）人员数 2.01 人，居全省第 62 位。有 R&D 活动的企业占比为 16.07%，居全省第 44 位。专利申请量 126 件，居全省第 66 位，万人专利申请量 3.43 件，居全省第 71 位。有效发明专利拥有量 6 件，居全省第 73 位，万人有效发明专利拥有量 0.16 件，居全省第 80 位。高新技术企业数占规上企业比例 1.64%，居全省第 65 位。万人技术合同交易额 2.72 万元，居全省第 71 位。高新技术产业产值 5.63 亿元，居全省第 54 位。9 项增长率指标中，5 项指标增长率为 0 或负数。

德江县综合科技创新水平指数为 57.17%，居全省第 82 位，与上年相比监测值提高 2.84 个百分点，位次下降 9 位。在 3 个一级指标中，科技投入指数为 48.92%，居全省第 82 位；科技创新环境和基础指数为 98.33%，居全省第 25 位；科技产出指数为 30.14%，居全省第 74 位（表 2-42）。

表 2-42 德江县 2018 年科技创新水平指数

指标名称	指标值	位次
综合科技创新水平指数 /%	57.17	82
科技投入 /%	48.92	82
规模以上工业企业 R&D 经费支出占主营业务收入比重 /%	0.35	55
规模以上工业企业 R&D 经费支出占主营业务收入比重增长率 /%	149.03	31
财政支出中科学技术支出占一般公共预算支出比重 /%	0.23	83
财政支出中科学技术支出占一般公共预算支出比重增长率 /%	−78.00	85
科技创新环境和基础 /%	98.33	25
万人规模以上工业企业研究与发展（R&D）人员数 / 人	2.01	62
万人规模以上工业企业研究与发展（R&D）人员数增长率 /%	−23.54	63
有 R&D 活动的企业占比 /%	16.07	44
有 R&D 活动的企业占比增长率 /%	40.62	34
万人专利申请量 / 件	3.43	71
万人专利申请量增长率 /%	34.29	36
科技产出 /%	30.14	74
万人有效发明专利拥有量 / 件	0.16	80
万人有效发明专利拥有量增长率 /%	203.76	4
高新技术企业数占规上企业比例 /%	1.64	65
高新技术企业数占规上企业比例增长率 /%	−8.00	50
万人技术合同交易额 / 万元	2.72	71
万人技术合同交易额增长率 /%	−79.75	60
高新技术产业产值 / 亿元	5.63	54
高新技术产业产值增长率 /%	−58.27	74

8. 沿河县

规模以上工业企业 R&D 经费支出占主营业务收入比重为 1.18%，居全省第 24 位。财政支出中科学技术支出 4934.00 万元，居全省第 48 位，财政支出中科学技术支出占一般公共预算支出比重为 1.03%，居全省第 63 位。万人规模以上工业企业研究与发展（R&D）人员数 3.54 人，居全省第 45 位。有 R&D 活动的企业占比为 32.26%，居全省第 23 位。专利申请量 98 件，居全省第 74 位，万人专利申请量 2.18 件，居全省第 81 位。有效发明专利拥有量 3 件，居全省第 85 位，万人有效发明专利拥有量 0.07 件，居全省第 87 位。万人技术合同交易额 14.41 万元，居全省第 52 位。高新技术产业产值 0.66 亿元，居全省第 76 位。9 项增长率指标中，4 项指标增长率为 0 或负数。

沿河县综合科技创新水平指数为 67.10%，居全省第 69 位，与上年相比监测值提高 2.57 个百分点，位次下降 7 位。在 3 个一级指标中，科技投入指数为 93.76%，居全省第 41 位；科技创新环境和基础指数为 100.00%，居全省第 1 位；科技产出指数为 12.23%，居全省第 87 位（表 2-43）。

表 2-43 沿河县 2018 年科技创新水平指数

指标名称	指标值	位次
综合科技创新水平指数 /%	67.10	69
科技投入 /%	93.76	41
规模以上工业企业 R&D 经费支出占主营业务收入比重 /%	1.18	24
规模以上工业企业 R&D 经费支出占主营业务收入比重增长率 /%	320.03	22
财政支出中科学技术支出占一般公共预算支出比重 /%	1.03	63
财政支出中科学技术支出占一般公共预算支出比重增长率 /%	-14.00	64
科技创新环境和基础 /%	100.00	1
万人规模以上工业企业研究与发展（R&D）人员数 / 人	3.54	45
万人规模以上工业企业研究与发展（R&D）人员数增长率 /%	701.37	9
有 R&D 活动的企业占比 /%	32.26	23
有 R&D 活动的企业占比增长率 /%	351.61	7
万人专利申请量 / 件	2.18	81
万人专利申请量增长率 /%	56.80	23
科技产出 /%	12.23	87
万人有效发明专利拥有量 / 件	0.07	87
万人有效发明专利拥有量增长率 /%	-69.76	88
高新技术企业数占规上企业比例 /%	0.00	68
高新技术企业数占规上企业比例增长率 /%	0.00	58
万人技术合同交易额 / 万元	14.41	52
万人技术合同交易额增长率 /%	-14.28	32
高新技术产业产值 / 亿元	0.66	76
高新技术产业产值增长率 /%	29.41	26

9. 松桃县

规模以上工业企业 R&D 经费支出占主营业务收入比重为 0.54%，居全省第 42 位。财政支出中科学技术支出 137.00 万元，居全省第 87 位，财政支出中科学技术支出占一般公共预算支出比重为 0.03%，居全省第 87 位。万人规模以上工业企业研究与发展（R&D）人员数 1.95 人，居全省第 63 位。有 R&D 活动的企业占比为 10.17%，居全省第 61 位。专利申请量 179 件，居全省第 44 位，万人专利申请量 3.64 件，居全省第 69 位。有效发明专利拥有量 18 件，居全省第 55 位，万人有效发明专利拥有量 0.37 件，居全省第 62 位。高新技术企业数占规上企业比例 3.17%，居全省第 56 位。万人技术合同交易额 2.03 万元，居全省第 75 位。高新技术产业产值 13.17 亿元，居全省第 43 位。9 项增长率指标中，1 项指标增长率为 0 或负数。

松桃县综合科技创新水平指数为 60.08%，居全省第 78 位，与上年相比监测值降低 16.19 个百分点，位次下降 38 位。在 3 个一级指标中，科技投入指数为 30.02%，居全省第 85 位；科技创新环境和基础指数为 99.78%，居全省第 22 位；科技产出指数为 56.11%，居全省第 45 位（表 2-44）。

表 2-44 松桃县 2018 年科技创新水平指数

指标名称	指标值	位次
综合科技创新水平指数 /%	60.08	78
科技投入 /%	30.02	85
规模以上工业企业 R&D 经费支出占主营业务收入比重 /%	0.54	42
规模以上工业企业 R&D 经费支出占主营业务收入比重增长率 /%	430.30	19
财政支出中科学技术支出占一般公共预算支出比重 /%	0.03	87
财政支出中科学技术支出占一般公共预算支出比重增长率 /%	-98.00	88
科技创新环境和基础 /%	99.78	22
万人规模以上工业企业研究与发展（R&D）人员数 / 人	1.95	63
万人规模以上工业企业研究与发展（R&D）人员数增长率 /%	66.02	25
有 R&D 活动的企业占比 /%	10.17	61
有 R&D 活动的企业占比增长率 /%	106.78	17
万人专利申请量 / 件	3.64	69
万人专利申请量增长率 /%	0.87	57
科技产出 /%	56.11	45
万人有效发明专利拥有量 / 件	0.37	62
万人有效发明专利拥有量增长率 /%	38.88	32
高新技术企业数占规上企业比例 /%	3.17	56
高新技术企业数占规上企业比例增长率 /%	87.00	12
万人技术合同交易额 / 万元	2.03	75
万人技术合同交易额增长率 /%	15.29	26
高新技术产业产值 / 亿元	13.17	43
高新技术产业产值增长率 /%	70.38	16

10. 万山区

规模以上工业企业 R&D 经费支出占主营业务收入比重为 1.64%，居全省第 15 位。财政支出中科学技术支出 9087.00 万元，居全省第 27 位，财政支出中科学技术支出占一般公共预算支出比重为 4.31%，居全省第 4 位。万人规模以上工业企业研究与发展（R&D）人员数 16.05 人，居全省第 18 位。有 R&D 活动的企业占比为 27.27%，居全省第 32 位。专利申请量 137 件，居全省第 60 位，万人专利申请量 10.32 件，居全省第 27 位。有效发明专利拥有量 97 件，居全省第 16 位，万人有效发明专利拥有量 7.31 件，居全省第 8 位。高新技术企业数占规上企业比例 1.61%，居全省第 66 位。万人技术合同交易额 103.07 万元，居全省第 31 位。高新技术产业产值 6.33 亿元，居全省第 53 位。9 项增长率指标中，3 项指标增长率为 0 或负数。

万山区综合科技创新水平指数为 78.69%，居全省第 43 位，与上年相比监测值降低 6.09 个百分点，位次下降 18 位。在 3 个一级指标中，科技投入指数为 97.97%，居全省第 13 位；科技创新环境和基础指数为 98.33%，居全省第 25 位；科技产出指数为 42.58%，居全省第 57 位（表 2-45）。

表 2-45 万山区 2018 年科技创新水平指数

指标名称	指标值	位次
综合科技创新水平指数 /%	78.69	43
科技投入 /%	97.97	13
规模以上工业企业 R&D 经费支出占主营业务收入比重 /%	1.64	15
规模以上工业企业 R&D 经费支出占主营业务收入比重增长率 /%	65.63	43
财政支出中科学技术支出占一般公共预算支出比重 /%	4.31	4
财政支出中科学技术支出占一般公共预算支出比重增长率 /%	16.00	25
科技创新环境和基础 /%	98.33	25
万人规模以上工业企业研究与发展（R&D）人员数 / 人	16.05	18
万人规模以上工业企业研究与发展（R&D）人员数增长率 /%	112.23	18
有 R&D 活动的企业占比 /%	27.27	32
有 R&D 活动的企业占比增长率 /%	47.27	30
万人专利申请量 / 件	10.32	27
万人专利申请量增长率 /%	-42.05	80
科技产出 /%	42.58	57
万人有效发明专利拥有量 / 件	7.31	8
万人有效发明专利拥有量增长率 /%	26.07	42
高新技术企业数占规上企业比例 /%	1.61	66
高新技术企业数占规上企业比例增长率 /%	-11.00	52
万人技术合同交易额 / 万元	103.07	31
万人技术合同交易额增长率 /%	-79.06	59
高新技术产业产值 / 亿元	6.33	53
高新技术产业产值增长率 /%	16.36	34

（六）黔西南州

1. 兴义市

规模以上工业企业 R&D 经费支出占主营业务收入比重为 0.83%，居全省第 33 位。财政支出中科学技术支出 24 692.00 万元，居全省第 4 位，财政支出中科学技术支出占一般公共预算支出比重为 3.08%，居全省第 13 位。万人规模以上工业企业研究与发展（R&D）人员数 8.73 人，居全省第 24 位。有 R&D 活动的企业占比为 16.67%，居全省第 43 位。专利申请量 1114 件，居全省第 8 位，万人专利申请量 13.37 件，居全省第 19 位。有效发明专利拥有量 178 件，居全省第 10 位，万人有效发明专利拥有量 2.14 件，居全省第 18 位。高新技术企业数占规上企业比例 6.17%，居全省第 35 位。万人技术合同交易额 746.74 万元，居全省第 5 位。高新技术产业产值 60.65 亿元，居全省第 17 位。9 项增长率指标中，0 项指标增长率为 0 或负数。

兴义市综合科技创新水平指数为 96.58%，居全省第 6 位，与上年相比监测值提高 3.65 个百分点，上升 3 位。在 3 个一级指标中，科技投入指数为 98.30%，居全省第 9 位；科技创新环境和基础指数为 100.00%，居全省第 1 位；科技产出指数为 91.94%，居全省第 8 位（表 2-46）。

表 2-46 兴义市 2018 年科技创新水平指数

指标名称	指标值	位次
综合科技创新水平指数 /%	96.58	6
科技投入 /%	98.30	9
规模以上工业企业 R&D 经费支出占主营业务收入比重 /%	0.83	33
规模以上工业企业 R&D 经费支出占主营业务收入比重增长率 /%	92.29	38
财政支出中科学技术支出占一般公共预算支出比重 /%	3.08	13
财政支出中科学技术支出占一般公共预算支出比重增长率 /%	4.00	36
科技创新环境和基础 /%	100.00	1
万人规模以上工业企业研究与发展（R&D）人员数 / 人	8.73	24
万人规模以上工业企业研究与发展（R&D）人员数增长率 /%	81.21	23
有 R&D 活动的企业占比 /%	16.67	43
有 R&D 活动的企业占比增长率 /%	95.45	19
万人专利申请量 / 件	13.37	19
万人专利申请量增长率 /%	114.54	9
科技产出 /%	91.94	8
万人有效发明专利拥有量 / 件	2.14	18
万人有效发明专利拥有量增长率 /%	9.15	63
高新技术企业数占规上企业比例 /%	6.17	35
高新技术企业数占规上企业比例增长率 /%	16.00	37
万人技术合同交易额 / 万元	746.74	5
万人技术合同交易额增长率 /%	139.88	15
高新技术产业产值 / 亿元	60.65	17
高新技术产业产值增长率 /%	91.87	11

2. 兴仁市

规模以上工业企业R&D经费支出占主营业务收入比重为1.26%，居全省第23位。财政支出中科学技术支出11 445.00万元，居全省第18位，财政支出中科学技术支出占一般公共预算支出比重为2.46%，居全省第25位。万人规模以上工业企业研究与发展（R&D）人员数29.50人，居全省第9位。有R&D活动的企业占比为57.30%，居全省第6位。专利申请量315件，居全省第23位，万人专利申请量7.44件，居全省第39位。有效发明专利拥有量37件，居全省第34位，万人有效发明专利拥有量0.87件，居全省第43位。高新技术企业数占规上企业比例2.11%，居全省第63位。万人技术合同交易额6.85万元，居全省第60位。高新技术产业产值7.34亿元，居全省第51位。9项增长率指标中，5项指标增长率为0或负数。

兴仁市综合科技创新水平指数为79.66%，居全省第39位，与上年相比监测值提高3.67个百分点，上升2位。在3个一级指标中，科技投入指数为97.02%，居全省第23位；科技创新环境和基础指数为97.41%，居全省第42位，与上年相比监测值降低0.27个百分点，位次下降8位；科技产出指数为47.10%，居全省第52位（表2-47）。

表2-47　兴仁市2018年科技创新水平指数

指标名称	指标值	位次
综合科技创新水平指数 /%	79.66	39
科技投入 /%	97.02	23
规模以上工业企业R&D经费支出占主营业务收入比重 /%	1.26	23
规模以上工业企业R&D经费支出占主营业务收入比重增长率 /%	104.32	36
财政支出中科学技术支出占一般公共预算支出比重 /%	2.46	25
财政支出中科学技术支出占一般公共预算支出比重增长率 /%	−6.00	57
科技创新环境和基础 /%	97.41	42
万人规模以上工业企业研究与发展（R&D）人员数 /人	29.50	9
万人规模以上工业企业研究与发展（R&D）人员数增长率 /%	0.89	45
有R&D活动的企业占比 /%	57.30	6
有R&D活动的企业占比增长率 /%	−3.68	61
万人专利申请量 /件	7.44	39
万人专利申请量增长率 /%	29.64	39
科技产出 /%	47.10	52
万人有效发明专利拥有量 /件	0.87	43
万人有效发明专利拥有量增长率 /%	41.74	30
高新技术企业数占规上企业比例 /%	2.11	63
高新技术企业数占规上企业比例增长率 /%	0.00	58
万人技术合同交易额 /万元	6.85	60
万人技术合同交易额增长率 /%	−10.91	31
高新技术产业产值 /亿元	7.34	51
高新技术产业产值增长率 /%	−11.78	45

3. 普安县

规模以上工业企业 R&D 经费支出占主营业务收入比重为 1.03%，居全省第 27 位。财政支出中科学技术支出 8013.00 万元，居全省第 35 位。财政支出中科学技术支出占一般公共预算支出比重为 2.58%，居全省第 21 位。万人规模以上工业企业研究与发展（R&D）人员数 25.72 人，居全省第 12 位。有 R&D 活动的企业占比为 44.19%，居全省第 10 位。专利申请量 198 件，居全省第 41 位，万人专利申请量 7.60 件，居全省第 38 位。有效发明专利拥有量 4 件，居全省第 82 位，万人有效发明专利拥有量 0.15 件，居全省第 82 位。万人技术合同交易额 3.07 万元，居全省第 70 位。高新技术产业产值 3.74 亿元，居全省第 58 位。9 项增长率指标中，2 项指标增长率为 0 或负数。

普安县综合科技创新水平指数为 72.38%，居全省第 52 位，与上年相比监测值提高 11.52 个百分点，上升 16 位。在 3 个一级指标中，科技投入指数为 100.00%，居全省第 1 位；科技创新环境和基础指数为 100.00%，居全省第 1 位；科技产出指数为 21.10%，居全省第 83 位（表 2-48）。

表 2-48 普安县 2018 年科技创新水平指数

指标名称	指标值	位次
综合科技创新水平指数 /%	72.38	52
科技投入 /%	100.00	1
规模以上工业企业 R&D 经费支出占主营业务收入比重 /%	1.03	27
规模以上工业企业 R&D 经费支出占主营业务收入比重增长率 /%	34 525.32	1
财政支出中科学技术支出占一般公共预算支出比重 /%	2.58	21
财政支出中科学技术支出占一般公共预算支出比重增长率 /%	24.00	21
科技创新环境和基础 /%	100.00	1
万人规模以上工业企业研究与发展（R&D）人员数 /人	25.72	12
万人规模以上工业企业研究与发展（R&D）人员数增长率 /%	21 890.40	1
有 R&D 活动的企业占比 /%	44.19	10
有 R&D 活动的企业占比增长率 /%	1579.07	1
万人专利申请量 /件	7.60	38
万人专利申请量增长率 /%	43.35	31
科技产出 /%	21.10	83
万人有效发明专利拥有量 /件	0.15	82
万人有效发明专利拥有量增长率 /%	96.93	17
高新技术企业数占规上企业比例 /%	0.00	68
高新技术企业数占规上企业比例增长率 /%	0.00	58
万人技术合同交易额 /万元	3.07	70
万人技术合同交易额增长率 /%	-75.46	56
高新技术产业产值 /亿元	3.74	58
高新技术产业产值增长率 /%	249.53	4

4. 晴隆县

规模以上工业企业R&D经费支出占主营业务收入比重为1.58%，居全省第16位。财政支出中科学技术支出7002.00万元，居全省第38位，财政支出中科学技术支出占一般公共预算支出比重为2.06%，居全省第36位。万人规模以上工业企业研究与发展（R&D）人员数38.19人，居全省第6位。有R&D活动的企业占比为64.00%，居全省第4位。专利申请量125件，居全省第67位，万人专利申请量5.03件，居全省第58位。有效发明专利拥有量6件，居全省第73位，万人有效发明专利拥有量0.24件，居全省第73位。万人技术合同交易额463.38万元，居全省第14位。高新技术产业产值0.50亿元，居全省第78位。9项增长率指标中，2项指标增长率为0或负数。

晴隆县综合科技创新水平指数为77.91%，居全省第45位，与上年相比监测值提高26.30个百分点，上升32位。在3个一级指标中，科技投入指数为97.38%，居全省第18位；科技创新环境和基础指数为100.00%，居全省第1位；科技产出指数为39.50%，居全省第61位（表2-49）。

表2-49 晴隆县2018年科技创新水平指数

指标名称	指标值	位次
综合科技创新水平指数/%	77.91	45
科技投入/%	97.38	18
规模以上工业企业R&D经费支出占主营业务收入比重/%	1.58	16
规模以上工业企业R&D经费支出占主营业务收入比重增长率/%	18.67	51
财政支出中科学技术支出占一般公共预算支出比重/%	2.06	36
财政支出中科学技术支出占一般公共预算支出比重增长率/%	78.00	10
科技创新环境和基础/%	100.00	1
万人规模以上工业企业研究与发展（R&D）人员数/人	38.19	6
万人规模以上工业企业研究与发展（R&D）人员数增长率/%	135.71	15
有R&D活动的企业占比/%	64.00	4
有R&D活动的企业占比增长率/%	28.00	43
万人专利申请量/件	5.03	58
万人专利申请量增长率/%	35.32	35
科技产出/%	39.50	61
万人有效发明专利拥有量/件	0.24	73
万人有效发明专利拥有量增长率/%	49.40	26
高新技术企业数占规上企业比例/%	0.00	68
高新技术企业数占规上企业比例增长率/%	0.00	58
万人技术合同交易额/万元	463.38	14
万人技术合同交易额增长率/%	1046.87	7
高新技术产业产值/亿元	0.50	78
高新技术产业产值增长率/%	-35.06	60

5. 贞丰县

规模以上工业企业R&D经费支出占主营业务收入比重为1.30%，居全省第21位。财政支出中科学技术支出10 434.00万元，居全省第22位，财政支出中科学技术支出占一般公共预算支出比重为2.40%，居全省第28位。万人规模以上工业企业研究与发展（R&D）人员数26.83人，居全省第11位。有R&D活动的企业占比为30.95%，居全省第26位。专利申请量89件，居全省第77位，万人专利申请量2.84件，居全省第76位。有效发明专利拥有量16件，居全省第58位，万人有效发明专利拥有量0.51件，居全省第56位。高新技术企业数占规上企业比例6.82%，居全省第34位。万人技术合同交易额14.06万元，居全省第54位。高新技术产业产值49.48亿元，居全省第22位。9项增长率指标中，4项指标增长率为0或负数。

贞丰县综合科技创新水平指数为84.83%，居全省第29位，与上年相比监测值提高16.53个百分点，上升24位。在3个一级指标中，科技投入指数为98.21%，居全省第10位；科技创新环境和基础指数为96.67%，居全省第47位；科技产出指数为61.31%，居全省第38位（表2-50）。

表2-50 贞丰县2018年科技创新水平指数

指标名称	指标值	位次
综合科技创新水平指数 /%	84.83	29
科技投入 /%	98.21	10
规模以上工业企业R&D经费支出占主营业务收入比重 /%	1.30	21
规模以上工业企业R&D经费支出占主营业务收入比重增长率 /%	199.53	27
财政支出中科学技术支出占一般公共预算支出比重 /%	2.40	28
财政支出中科学技术支出占一般公共预算支出比重增长率 /%	-4.00	53
科技创新环境和基础 /%	96.67	47
万人规模以上工业企业研究与发展（R&D）人员数 /人	26.83	11
万人规模以上工业企业研究与发展（R&D）人员数增长率 /%	24.08	35
有R&D活动的企业占比 /%	30.95	26
有R&D活动的企业占比增长率 /%	-7.14	64
万人专利申请量 /件	2.84	76
万人专利申请量增长率 /%	-36.24	78
科技产出 /%	61.31	38
万人有效发明专利拥有量 /件	0.51	56
万人有效发明专利拥有量增长率 /%	218.67	3
高新技术企业数占规上企业比例 /%	6.82	34
高新技术企业数占规上企业比例增长率 /%	43.00	28
万人技术合同交易额 /万元	14.06	54
万人技术合同交易额增长率 /%	-62.60	50
高新技术产业产值 /亿元	49.48	22
高新技术产业产值增长率 /%	54.29	19

6. 望谟县

规模以上工业企业R&D经费支出占主营业务收入比重为2.06%，居全省第11位。财政支出中科学技术支出8186.00万元，居全省第34位，财政支出中科学技术支出占一般公共预算支出比重为2.45%，居全省第27位。万人规模以上工业企业研究与发展（R&D）人员数2.74人，居全省第53位。有R&D活动的企业占比为50.00%，居全省第8位。专利申请量105件，居全省第73位，万人专利申请量4.36件，居全省第64位。有效发明专利拥有量2件，居全省第87位，万人有效发明专利拥有量0.08件，居全省第86位。万人技术合同交易额695.57万元，居全省第6位。高新技术产业产值2.48亿元，居全省第65位。9项增长率指标中，4项指标增长率为0或负数。

望谟县综合科技创新水平指数为75.12%，居全省第47位。在3个一级指标中，科技投入指数为97.42%，居全省第17位；科技创新环境和基础指数为98.33%，居全省第25位；科技产出指数为32.93%，居全省第71位（表2-51）。

表2-51 望谟县2018年科技创新水平指数

指标名称	指标值	位次
综合科技创新水平指数 /%	75.12	47
科技投入 /%	97.42	17
规模以上工业企业R&D经费支出占主营业务收入比重 /%	2.06	11
规模以上工业企业R&D经费支出占主营业务收入比重增长率 /%	21.86	49
财政支出中科学技术支出占一般公共预算支出比重 /%	2.45	27
财政支出中科学技术支出占一般公共预算支出比重增长率 /%	16.00	25
科技创新环境和基础 /%	98.33	25
万人规模以上工业企业研究与发展（R&D）人员数 / 人	2.74	53
万人规模以上工业企业研究与发展（R&D）人员数增长率 /%	-30.96	65
有R&D活动的企业占比 /%	50.00	8
有R&D活动的企业占比增长率 /%	42.86	31
万人专利申请量 / 件	4.36	64
万人专利申请量增长率 /%	18.58	48
科技产出 /%	32.93	71
万人有效发明专利拥有量 / 件	0.08	86
万人有效发明专利拥有量增长率 /%	-0.62	79
高新技术企业数占规上企业比例 /%	0.00	68
高新技术企业数占规上企业比例增长率 /%	0.00	58
万人技术合同交易额 / 万元	695.57	6
万人技术合同交易额增长率 /%	1925.42	4
高新技术产业产值 / 亿元	2.48	65
高新技术产业产值增长率 /%	-30.14	55

7. 册亨县

规模以上工业企业 R&D 经费支出占主营业务收入比重为 3.79%，居全省第 4 位。财政支出中科学技术支出 7598.00 万元，居全省第 36 位，财政支出中科学技术支出占一般公共预算支出比重为 2.50%，居全省第 23 位。万人规模以上工业企业研究与发展（R&D）人员数 62.23 人，居全省第 2 位。有 R&D 活动的企业占比为 61.90%，居全省第 5 位。专利申请量 87 件，居全省第 79 位，万人专利申请量 4.65 件，居全省第 61 位。有效发明专利拥有量 4 件，居全省第 82 位，万人有效发明专利拥有量 0.21 件，居全省第 77 位。高新技术企业数占规上企业比例 0.00%，居全省第 68 位。万人技术合同交易额 524.38 万元，居全省第 12 位。高新技术产业产值 2.52 亿元，居全省第 64 位。9 项增长率指标中，3 项指标增长率为 0 或负数。

册亨县综合科技创新水平指数为 76.17%，居全省第 46 位，与上年相比监测值提高 29.14 个百分点，上升 34 位。在 3 个一级指标中，科技投入指数为 98.11%，居全省第 11 位；科技创新环境和基础指数为 98.33%，居全省第 25 位；科技产出指数为 35.22%，居全省第 66 位（表 2-52）。

表 2-52　册亨县 2018 年科技创新水平指数

指标名称	指标值	位次
综合科技创新水平指数 /%	76.17	46
科技投入 /%	98.11	11
规模以上工业企业 R&D 经费支出占主营业务收入比重 /%	3.79	4
规模以上工业企业 R&D 经费支出占主营业务收入比重增长率 /%	77.12	41
财政支出中科学技术支出占一般公共预算支出比重 /%	2.50	23
财政支出中科学技术支出占一般公共预算支出比重增长率 /%	143.00	4
科技创新环境和基础 /%	98.33	25
万人规模以上工业企业研究与发展（R&D）人员数 / 人	62.23	2
万人规模以上工业企业研究与发展（R&D）人员数增长率 /%	105.51	20
有 R&D 活动的企业占比 /%	61.90	5
有 R&D 活动的企业占比增长率 /%	32.65	40
万人专利申请量 / 件	4.65	61
万人专利申请量增长率 /%	-3.49	63
科技产出 /%	35.22	66
万人有效发明专利拥有量 / 件	0.21	77
万人有效发明专利拥有量增长率 /%	299.36	2
高新技术企业数占规上企业比例 /%	0.00	68
高新技术企业数占规上企业比例增长率 /%	0.00	58
万人技术合同交易额 / 万元	524.38	12
万人技术合同交易额增长率 /%	110.12	16
高新技术产业产值 / 亿元	2.52	64
高新技术产业产值增长率 /%	-52.00	70

8. 安龙县

规模以上工业企业 R&D 经费支出占主营业务收入比重为 2.02%，居全省第 12 位。财政支出中科学技术支出 9359.00 万元，居全省第 25 位，财政支出中科学技术支出占一般公共预算支出比重为 2.30%，居全省第 30 位。万人规模以上工业企业研究与发展（R&D）人员数 5.07 人，居全省第 35 位。有 R&D 活动的企业占比为 15.79%，居全省第 45 位。专利申请量 207 件，居全省第 40 位，万人专利申请量 5.67 件，居全省第 51 位。有效发明专利拥有量 9 件，居全省第 63 位，万人有效发明专利拥有量 0.25 件，居全省第 72 位。高新技术企业数占规上企业比例 0.00%，居全省第 68 位。万人技术合同交易额 1.95 万元，居全省第 77 位。高新技术产业产值 22.94 亿元，居全省第 32 位。9 项增长率指标中，4 项指标增长率为 0 或负数。

安龙县综合科技创新水平指数为 80.68%，居全省第 38 位，与上年相比监测值提高 12.61 个百分点，上升 16 位。在 3 个一级指标中，科技投入指数为 98.04%，居全省第 12 位；科技创新环境和基础指数为 98.33%，居全省第 25 位；科技产出指数为 48.19%，居全省第 50 位（表 2-53）。

表 2-53　安龙县 2018 年科技创新水平指数

指标名称	指标值	位次
综合科技创新水平指数 /%	80.68	38
科技投入 /%	98.04	12
规模以上工业企业 R&D 经费支出占主营业务收入比重 /%	2.02	12
规模以上工业企业 R&D 经费支出占主营业务收入比重增长率 /%	185.62	29
财政支出中科学技术支出占一般公共预算支出比重 /%	2.30	30
财政支出中科学技术支出占一般公共预算支出比重增长率 /%	-16.00	65
科技创新环境和基础 /%	98.33	25
万人规模以上工业企业研究与发展（R&D）人员数 / 人	5.07	35
万人规模以上工业企业研究与发展（R&D）人员数增长率 /%	127.46	16
有 R&D 活动的企业占比 /%	15.79	45
有 R&D 活动的企业占比增长率 /%	-17.54	67
万人专利申请量 / 件	5.67	51
万人专利申请量增长率 /%	28.04	41
科技产出 /%	48.19	50
万人有效发明专利拥有量 / 件	0.25	72
万人有效发明专利拥有量增长率 /%	28.04	40
高新技术企业数占规上企业比例 /%	0.00	68
高新技术企业数占规上企业比例增长率 /%	0.00	58
万人技术合同交易额 / 万元	1.95	77
万人技术合同交易额增长率 /%	-93.31	72
高新技术产业产值 / 亿元	22.94	32
高新技术产业产值增长率 /%	196.38	5

（七）毕节市

1. 七星关区

规模以上工业企业R&D经费支出占主营业务收入比重为0.48%，居全省第45位。财政支出中科学技术支出27 672.00万元，居全省第3位，财政支出中科学技术支出占一般公共预算支出比重为3.03%，居全省第16位。万人规模以上工业企业研究与发展（R&D）人员数3.37人，居全省第47位。有R&D活动的企业占比为19.54%，居全省第42位。专利申请量838件，居全省第14位。万人专利申请量7.20件，居全省第40位，有效发明专利拥有量65件，居全省第25位。万人有效发明专利拥有量0.56件，居全省第51位。高新技术企业数占规上企业比例7.07%，居全省第31位。万人技术合同交易额44.33万元，居全省第40位。高新技术产业产值137.62亿元，居全省第9位。9项增长率指标中，2项指标增长率为0或负数。

七星关区综合科技创新水平指数为87.65%，居全省第21位，与上年相比监测值降低1.80个百分点，位次下降6位。在3个一级指标中，科技投入指数为96.43%，居全省第29位；科技创新环境和基础指数为100.00%，居全省第1位；科技产出指数为68.29%，居全省第26位（表2-54）。

表2-54　七星关区2018年科技创新水平指数

指标名称	指标值	位次
综合科技创新水平指数 /%	87.65	21
科技投入 /%	96.43	29
规模以上工业企业R&D经费支出占主营业务收入比重 /%	0.48	45
规模以上工业企业R&D经费支出占主营业务收入比重增长率 /%	7.08	54
财政支出中科学技术支出占一般公共预算支出比重 /%	3.03	16
财政支出中科学技术支出占一般公共预算支出比重增长率 /%	38.00	18
科技创新环境和基础 /%	100.00	1
万人规模以上工业企业研究与发展（R&D）人员数 / 人	3.37	47
万人规模以上工业企业研究与发展（R&D）人员数增长率 /%	23.16	37
有R&D活动的企业占比 /%	19.54	42
有R&D活动的企业占比增长率 /%	106.57	18
万人专利申请量 / 件	7.20	40
万人专利申请量增长率 /%	56.88	22
科技产出 /%	68.29	26
万人有效发明专利拥有量 / 件	0.56	51
万人有效发明专利拥有量增长率 /%	1.15	77
高新技术企业数占规上企业比例 /%	7.07	31
高新技术企业数占规上企业比例增长率 /%	23.00	34
万人技术合同交易额 / 万元	44.33	40
万人技术合同交易额增长率 /%	-52.47	44
高新技术产业产值 / 亿元	137.62	9
高新技术产业产值增长率 /%	-1.74	43

2. 大方县

规模以上工业企业 R&D 经费支出占主营业务收入比重为 0.84%，居全省第 32 位。财政支出中科学技术支出 15 507.00 万元，居全省第 14 位，财政支出中科学技术支出占一般公共预算支出比重为 3.04%，居全省第 15 位。万人规模以上工业企业研究与发展（R&D）人员数 4.99 人，居全省第 36 位。有 R&D 活动的企业占比为 12.28%，居全省第 53 位。专利申请量 166 件，居全省第 48 位。万人专利申请量 2.09 件，居全省第 82 位，有效发明专利拥有量 21 件，居全省第 49 位。万人有效发明专利拥有量 0.26 件，居全省第 68 位。高新技术企业数占规上企业比例 3.13%，居全省第 57 位。万人技术合同交易额 32.57 万元，居全省第 42 位。高新技术产业产值 30.39 亿元，居全省第 31 位。9 项增长率指标中，2 项指标增长率为 0 或负数。

大方县综合科技创新水平指数为 85.81%，居全省第 26 位，与上年相比监测值提高 15.92 个百分点，上升 21 位。在 3 个一级指标中，科技投入指数为 100.00%，居全省第 1 位；科技创新环境和基础指数为 100.00%，居全省第 1 位；科技产出指数为 59.46%，居全省第 42 位（表 2-55）。

表 2-55 大方县 2018 年科技创新水平指数

指标名称	指标值	位次
综合科技创新水平指数 /%	85.81	26
科技投入 /%	100.00	1
规模以上工业企业 R&D 经费支出占主营业务收入比重 /%	0.84	32
规模以上工业企业 R&D 经费支出占主营业务收入比重增长率 /%	3486.62	4
财政支出中科学技术支出占一般公共预算支出比重 /%	3.04	15
财政支出中科学技术支出占一般公共预算支出比重增长率 /%	30.00	20
科技创新环境和基础 /%	100.00	1
万人规模以上工业企业研究与发展（R&D）人员数 / 人	4.99	36
万人规模以上工业企业研究与发展（R&D）人员数增长率 /%	965.55	6
有 R&D 活动的企业占比 /%	12.28	53
有 R&D 活动的企业占比增长率 /%	225.44	8
万人专利申请量 / 件	2.09	82
万人专利申请量增长率 /%	70.38	18
科技产出 /%	59.46	42
万人有效发明专利拥有量 / 件	0.26	68
万人有效发明专利拥有量增长率 /%	22.99	47
高新技术企业数占规上企业比例 /%	3.13	57
高新技术企业数占规上企业比例增长率 /%	0.00	58
万人技术合同交易额 / 万元	32.57	42
万人技术合同交易额增长率 /%	-44.65	39
高新技术产业产值 / 亿元	30.39	31
高新技术产业产值增长率 /%	0.10	40

3. 黔西县

规模以上工业企业 R&D 经费支出占主营业务收入比重为 0.35%，居全省第 55 位。财政支出中科学技术支出 13 882.00 万元，居全省第 16 位，财政支出中科学技术支出占一般公共预算支出比重为 3.54%，居全省第 8 位。万人规模以上工业企业研究与发展（R&D）人员数 1.63 人，居全省第 65 位。有 R&D 活动的企业占比为 10.94%，居全省第 57 位。专利申请量 145 件，居全省第 56 位，万人专利申请量 2.04 件，居全省第 84 位。有效发明专利拥有量 20 件，居全省第 52 位，万人有效发明专利拥有量 0.28 件，居全省第 67 位。高新技术企业数占规上企业比例 3.08%，居全省第 58 位。万人技术合同交易额 2.23 万元，居全省第 74 位。高新技术产业产值 70.11 亿元，居全省第 16 位。9 项增长率指标中，2 项指标增长率为 0 或负数。

黔西县综合科技创新水平指数为 82.84%，居全省第 33 位，与上年相比监测值提高 13.23 个百分点，上升 15 位。在 3 个一级指标中，科技投入指数为 93.24%，居全省第 43 位；科技创新环境和基础指数为 100.00%，居全省第 1 位；科技产出指数为 57.73%，居全省第 44 位（表 2-56）。

表 2-56　黔西县 2018 年科技创新水平指数

指标名称	指标值	位次
综合科技创新水平指数 /%	82.84	33
科技投入 /%	93.24	43
规模以上工业企业 R&D 经费支出占主营业务收入比重 /%	0.35	55
规模以上工业企业 R&D 经费支出占主营业务收入比重增长率 /%	1711.97	8
财政支出中科学技术支出占一般公共预算支出比重 /%	3.54	8
财政支出中科学技术支出占一般公共预算支出比重增长率 /%	35.00	19
科技创新环境和基础 /%	100.00	1
万人规模以上工业企业研究与发展（R&D）人员数 / 人	1.63	65
万人规模以上工业企业研究与发展（R&D）人员数增长率 /%	862.86	7
有 R&D 活动的企业占比 /%	10.94	57
有 R&D 活动的企业占比增长率 /%	189.84	9
万人专利申请量 / 件	2.04	84
万人专利申请量增长率 /%	45.89	27
科技产出 /%	57.73	44
万人有效发明专利拥有量 / 件	0.28	67
万人有效发明专利拥有量增长率 /%	149.02	7
高新技术企业数占规上企业比例 /%	3.08	58
高新技术企业数占规上企业比例增长率 /%	0.00	58
万人技术合同交易额 / 万元	2.23	74
万人技术合同交易额增长率 /%	-88.53	68
高新技术产业产值 / 亿元	70.11	16
高新技术产业产值增长率 /%	341.78	1

4. 金沙县

规模以上工业企业 R&D 经费支出占主营业务收入比重为 0.17%，居全省第 67 位。财政支出中科学技术支出 20 889.00 万元，居全省第 8 位，财政支出中科学技术支出占一般公共预算支出比重为 3.82%，居全省第 7 位。万人规模以上工业企业研究与发展（R&D）人员数 4.13 人，居全省第 41 位。有 R&D 活动的企业占比为 12.90%，居全省第 51 位。专利申请量 147 件，居全省第 55 位，万人专利申请量 2.56 件，居全省第 78 位。有效发明专利拥有量 32 件，居全省第 40 位，万人有效发明专利拥有量 0.56 件，居全省第 52 位。高新技术企业数占规上企业比例 4.17%，居全省第 45 位。万人技术合同交易额 0.17 万元，居全省第 82 位。高新技术产业产值 16.22 亿元，居全省第 39 位。9 项增长率指标中，4 项指标增长率为 0 或负数。

金沙县综合科技创新水平指数为 84.03%，居全省第 31 位，与上年相比监测值提高 1.78 个百分点，位次下降 1 位。在 3 个一级指标中，科技投入指数为 96.31%，居全省第 31 位；科技创新环境和基础指数为 98.33%，居全省第 25 位；科技产出指数为 59.48%，居全省第 41 位（表 2-57）。

表 2-57　金沙县 2018 年科技创新水平指数

指标名称	指标值	位次
综合科技创新水平指数 /%	84.03	31
科技投入 /%	96.31	31
规模以上工业企业 R&D 经费支出占主营业务收入比重 /%	0.17	67
规模以上工业企业 R&D 经费支出占主营业务收入比重增长率 /%	193.58	28
财政支出中科学技术支出占一般公共预算支出比重 /%	3.82	7
财政支出中科学技术支出占一般公共预算支出比重增长率 /%	59.00	14
科技创新环境和基础 /%	98.33	25
万人规模以上工业企业研究与发展（R&D）人员数 / 人	4.13	41
万人规模以上工业企业研究与发展（R&D）人员数增长率 /%	314.12	11
有 R&D 活动的企业占比 /%	12.90	51
有 R&D 活动的企业占比增长率 /%	114.19	14
万人专利申请量 / 件	2.56	78
万人专利申请量增长率 /%	-31.90	76
科技产出 /%	59.48	41
万人有效发明专利拥有量 / 件	0.56	52
万人有效发明专利拥有量增长率 /%	-32.19	86
高新技术企业数占规上企业比例 /%	4.17	45
高新技术企业数占规上企业比例增长率 /%	94.00	10
万人技术合同交易额 / 万元	0.17	82
万人技术合同交易额增长率 /%	-99.73	77
高新技术产业产值 / 亿元	16.22	39
高新技术产业产值增长率 /%	-53.87	73

5. 织金县

规模以上工业企业R&D经费支出占主营业务收入比重为1.03%，居全省第27位。财政支出中科学技术支出18 243.00万元，居全省第10位，财政支出中科学技术支出占一般公共预算支出比重为3.00%，居全省第17位。万人规模以上工业企业研究与发展（R&D）人员数5.25人，居全省第34位。有R&D活动的企业占比为28.26%，居全省第30位。专利申请量176件，居全省第45位，万人专利申请量2.19件，居全省第80位。有效发明专利拥有量13件，居全省第61位，万人有效发明专利拥有量0.16件，居全省第81位。高新技术企业数占规上企业比例0.00%，居全省第68位。万人技术合同交易额278.58万元，居全省第18位。高新技术产业产值45.83亿元，居全省第25位。

织金县综合科技创新水平指数为89.64%，居全省第14位，与上年相比监测值提高22.48个百分点，上升44位。在3个一级指标中，科技投入指数为100.00%，居全省第1位；科技创新环境和基础指数为100.00%，居全省第1位；科技产出指数为70.41%，居全省第23位（表2-58）。

表2-58 织金县2018年科技创新水平指数

指标名称	指标值	位次
综合科技创新水平指数 /%	89.64	14
科技投入 /%	100.00	1
规模以上工业企业R&D经费支出占主营业务收入比重 /%	1.03	27
规模以上工业企业R&D经费支出占主营业务收入比重增长率 /%	12 813.64	3
财政支出中科学技术支出占一般公共预算支出比重 /%	3.00	17
财政支出中科学技术支出占一般公共预算支出比重增长率 /%	19.00	22
科技创新环境和基础 /%	100.00	1
万人规模以上工业企业研究与发展（R&D）人员数 / 人	5.25	34
万人规模以上工业企业研究与发展（R&D）人员数增长率 /%	1996.60	2
有R&D活动的企业占比 /%	28.26	30
有R&D活动的企业占比增长率 /%	1482.61	2
万人专利申请量 / 件	2.19	80
万人专利申请量增长率 /%	361.31	1
科技产出 /%	70.41	23
万人有效发明专利拥有量 / 件	0.16	81
万人有效发明专利拥有量增长率 /%	7.90	67
高新技术企业数占规上企业比例 /%	0.00	68
高新技术企业数占规上企业比例增长率 /%	0.00	58
万人技术合同交易额 / 万元	278.58	18
万人技术合同交易额增长率 /%	9966.17	1
高新技术产业产值 / 亿元	45.83	25
高新技术产业产值增长率 /%	72.16	13

6. 纳雍县

规模以上工业企业 R&D 经费支出占主营业务收入比重为 0.02%，居全省第 83 位。财政支出中科学技术支出 20 871.00 万元，居全省第 9 位，财政支出中科学技术支出占一般公共预算支出比重为 4.09%，居全省第 6 位。万人规模以上工业企业研究与发展（R&D）人员数 0.15 人，居全省第 86 位。有 R&D 活动的企业占比为 1.28%，居全省第 88 位。专利申请量 154 件，居全省第 52 位，万人专利申请量 2.25 件，居全省第 79 位。有效发明专利拥有量 6 件，居全省第 73 位，万人有效发明专利拥有量 0.09 件，居全省第 85 位。万人技术合同交易额 0.07 万元，居全省第 83 位。高新技术产业产值 37.84 亿元，居全省第 27 位。9 项增长率指标中，3 项指标增长率为 0 或负数。

纳雍县综合科技创新水平指数为 67.05%，居全省第 70 位，与上年相比监测值提高 5.42 个百分点，位次下降 3 位。在 3 个一级指标中，科技投入指数为 79.83%，居全省第 58 位；科技创新环境和基础指数为 78.63%，居全省第 85 位；科技产出指数为 44.33%，居全省第 54 位（表 2-59）。

表 2-59　纳雍县 2018 年科技创新水平指数

指标名称	指标值	位次
综合科技创新水平指数 /%	67.05	70
科技投入 /%	79.83	58
规模以上工业企业 R&D 经费支出占主营业务收入比重 /%	0.02	83
规模以上工业企业 R&D 经费支出占主营业务收入比重增长率 /%	2728.11	5
财政支出中科学技术支出占一般公共预算支出比重 /%	4.09	6
财政支出中科学技术支出占一般公共预算支出比重增长率 /%	88.00	7
科技创新环境和基础 /%	78.63	85
万人规模以上工业企业研究与发展（R&D）人员数 / 人	0.15	86
万人规模以上工业企业研究与发展（R&D）人员数增长率 /%	99.21	22
有 R&D 活动的企业占比 /%	1.28	88
有 R&D 活动的企业占比增长率 /%	-6.41	63
万人专利申请量 / 件	2.25	79
万人专利申请量增长率 /%	206.79	2
科技产出 /%	44.33	54
万人有效发明专利拥有量 / 件	0.09	85
万人有效发明专利拥有量增长率 /%	198.82	6
高新技术企业数占规上企业比例 /%	0.00	68
高新技术企业数占规上企业比例增长率 /%	0.00	58
万人技术合同交易额 / 万元	0.07	83
万人技术合同交易额增长率 /%	-99.57	76
高新技术产业产值 / 亿元	37.84	27
高新技术产业产值增长率 /%	35.77	24

7. 威宁县

规模以上工业企业R&D经费支出占主营业务收入比重为0.45%，居全省第46位。财政支出中科学技术支出24 246.00万元，居全省第5位，财政支出中科学技术支出占一般公共预算支出比重为3.27%，居全省第9位。万人规模以上工业企业研究与发展（R&D）人员数0.49人，居全省第80位。有R&D活动的企业占比为11.11%，居全省第56位。万人专利申请量1.18件，居全省第87位。有效发明专利拥有量3件，居全省第85位，万人有效发明专利拥有量0.02件，居全省第88位。高新技术企业数占规上企业比例2.50%，居全省第61位。万人技术合同交易额18.73万元，居全省第50位。高新技术产业产值18.63亿元，居全省第35位。9项增长率指标中，2项指标增长率为0或负数。

威宁县综合科技创新水平指数为78.90%，居全省第42位，与上年相比监测值提高11.08个百分点，上升13位。在3个一级指标中，科技投入指数为98.98%，居全省第6位；科技创新环境和基础指数为96.86%，居全省第46位；科技产出指数为43.43%，居全省第55位（表2-60）。

表2-60 威宁县2018年科技创新水平指数

指标名称	指标值	位次
综合科技创新水平指数 /%	78.90	42
科技投入 /%	98.98	6
规模以上工业企业R&D经费支出占主营业务收入比重 /%	0.45	46
规模以上工业企业R&D经费支出占主营业务收入比重增长率 /%	1937.13	7
财政支出中科学技术支出占一般公共预算支出比重 /%	3.27	9
财政支出中科学技术支出占一般公共预算支出比重增长率 /%	80.00	9
科技创新环境和基础 /%	96.86	46
万人规模以上工业企业研究与发展（R&D）人员数 / 人	0.49	80
万人规模以上工业企业研究与发展（R&D）人员数增长率 /%	248.73	12
有R&D活动的企业占比 /%	11.11	56
有R&D活动的企业占比增长率 /%	77.78	24
万人专利申请量 / 件	1.18	87
万人专利申请量增长率 /%	154.07	5
科技产出 /%	43.43	55
万人有效发明专利拥有量 / 件	0.02	88
万人有效发明专利拥有量增长率 /%	-40.22	87
高新技术企业数占规上企业比例 /%	2.50	61
高新技术企业数占规上企业比例增长率 /%	-10.00	51
万人技术合同交易额 / 万元	18.73	50
万人技术合同交易额增长率 /%	148.83	13
高新技术产业产值 / 亿元	18.63	35
高新技术产业产值增长率 /%	24.53	27

8. 赫章县

规模以上工业企业 R&D 经费支出占主营业务收入比重为 0.00%，居全省第 86 位。财政支出中科学技术支出 3502.00 万元，居全省第 59 位，财政支出中科学技术支出占一般公共预算支出比重为 0.85%，居全省第 70 位。万人规模以上工业企业研究与发展（R&D）人员数 0.15 人，居全省第 86 位。专利申请量 38 件，居全省第 87 位，万人专利申请量 0.57 件，居全省第 88 位。有效发明专利拥有量 21 件，居全省第 49 位，万人有效发明专利拥有量 0.32 件，居全省第 66 位。高新技术企业数占规上企业比例 1.92%，居全省第 64 位。万人技术合同交易额 20.42 万元，居全省第 49 位。高新技术产业产值 2.92 亿元，居全省第 61 位。9 项增长率指标中，6 项指标增长率为 0 或负数。

赫章县综合科技创新水平指数为 58.39%，居全省第 81 位，与上年相比监测值降低 10.89 个百分点，位次下降 32 位。在 3 个一级指标中，科技投入指数为 72.86%，居全省第 74 位；科技创新环境和基础指数为 69.87%，居全省第 88 位；科技产出指数为 34.09%，居全省第 67 位（表 2-61）。

表 2-61 赫章县 2018 年科技创新水平指数

指标名称	指标值	位次
综合科技创新水平指数 /%	58.39	81
科技投入 /%	72.86	74
规模以上工业企业 R&D 经费支出占主营业务收入比重 /%	0.00	86
规模以上工业企业 R&D 经费支出占主营业务收入比重增长率 /%	-100.00	83
财政支出中科学技术支出占一般公共预算支出比重 /%	0.85	70
财政支出中科学技术支出占一般公共预算支出比重增长率 /%	-58.00	78
科技创新环境和基础 /%	69.87	88
万人规模以上工业企业研究与发展（R&D）人员数 / 人	0.15	86
万人规模以上工业企业研究与发展（R&D）人员数增长率 /%	-81.20	80
有 R&D 活动的企业占比 /%	4.08	77
有 R&D 活动的企业占比增长率 /%	116.33	13
万人专利申请量 / 件	0.57	88
万人专利申请量增长率 /%	-0.38	60
科技产出 /%	34.09	67
万人有效发明专利拥有量 / 件	0.32	66
万人有效发明专利拥有量增长率 /%	16.23	54
高新技术企业数占规上企业比例 /%	1.92	64
高新技术企业数占规上企业比例增长率 /%	-6.00	48
万人技术合同交易额 / 万元	20.42	49
万人技术合同交易额增长率 /%	584.03	8
高新技术产业产值 / 亿元	2.92	61
高新技术产业产值增长率 /%	-70.30	81

（八）黔东南州

1. 凯里市

规模以上工业企业 R&D 经费支出占主营业务收入比重为 0.83%，居全省第 33 位。财政支出中科学技术支出 9230.00 万元，居全省第 26 位，财政支出中科学技术支出占一般公共预算支出比重为 2.17%，居全省第 32 位。万人规模以上工业企业研究与发展（R&D）人员数 3.44 人，居全省第 46 位。有 R&D 活动的企业占比为 24.14%，居全省第 36 位。专利申请量 960 件，居全省第 12 位，万人专利申请量 17.55 件，居全省第 12 位。有效发明专利拥有量 114 件，居全省第 15 位，万人有效发明专利拥有量 2.08 件，居全省第 20 位。高新技术企业数占规上企业比例 22.03%，居全省第 11 位。万人技术合同交易额 639.19 万元，居全省第 8 位。高新技术产业产值 16.76 亿元，居全省第 38 位。9 项增长率指标中，5 项指标增长率为 0 或负数。

凯里市综合科技创新水平指数为 95.66%，居全省第 8 位，与上年相比监测值提高 1.30 个百分点，位次下降 1 位。在 3 个一级指标中，科技投入指数为 97.14%，居全省第 21 位；科技创新环境和基础指数为 95.00%，居全省第 56 位；科技产出指数为 94.74%，居全省第 6 位（表 2-62）。

表 2-62　凯里市 2018 年科技创新水平指数

指标名称	指标值	位次
综合科技创新水平指数 /%	95.66	8
科技投入 /%	97.14	21
规模以上工业企业 R&D 经费支出占主营业务收入比重 /%	0.83	33
规模以上工业企业 R&D 经费支出占主营业务收入比重增长率 /%	-14.85	63
财政支出中科学技术支出占一般公共预算支出比重 /%	2.17	32
财政支出中科学技术支出占一般公共预算支出比重增长率 /%	3.00	37
科技创新环境和基础 /%	95.00	56
万人规模以上工业企业研究与发展（R&D）人员数 / 人	3.44	46
万人规模以上工业企业研究与发展（R&D）人员数增长率 /%	-66.66	75
有 R&D 活动的企业占比 /%	24.14	36
有 R&D 活动的企业占比增长率 /%	-52.99	79
万人专利申请量 / 件	17.55	12
万人专利申请量增长率 /%	-5.84	65
科技产出 /%	94.74	6
万人有效发明专利拥有量 / 件	2.08	20
万人有效发明专利拥有量增长率 /%	23.48	45
高新技术企业数占规上企业比例 /%	22.03	11
高新技术企业数占规上企业比例增长率 /%	28.00	33
万人技术合同交易额 / 万元	639.19	8
万人技术合同交易额增长率 /%	-5.30	29
高新技术产业产值 / 亿元	16.76	38
高新技术产业产值增长率 /%	44.11	23

2. 黄平县

规模以上工业企业R&D经费支出占主营业务收入比重为3.38%，居全省第5位。财政支出中科学技术支出2951.00万元，居全省第64位，财政支出中科学技术支出占一般公共预算支出比重为1.18%，居全省第57位。万人规模以上工业企业研究与发展（R&D）人员数0.86人，居全省第74位。有R&D活动的企业占比为40.00%，居全省第11位。专利申请量158件，居全省第50位，万人专利申请量5.92件，居全省第49位。有效发明专利拥有量31件，居全省第42位，万人有效发明专利拥有量1.16件，居全省第37位。高新技术企业数占规上企业比例20.00%，居全省第12位。万人技术合同交易额217.80万元，居全省第20位。高新技术产业产值0.99亿元，居全省第72位。9项增长率指标中，6项指标增长率为0或负数。

黄平县综合科技创新水平指数为70.74%，居全省第58位，与上年相比监测值提高7.84个百分点，上升7位。在3个一级指标中，科技投入指数为88.12%，居全省第51位；科技创新环境和基础指数为84.51%，居全省第79位；科技产出指数为41.54%，居全省第58位（表2-63）。

表2-63 黄平县2018年科技创新水平指数

指标名称	指标值	位次
综合科技创新水平指数 /%	70.74	58
科技投入 /%	88.12	51
规模以上工业企业R&D经费支出占主营业务收入比重 /%	3.38	5
规模以上工业企业R&D经费支出占主营业务收入比重增长率 /%	732.32	12
财政支出中科学技术支出占一般公共预算支出比重 /%	1.18	57
财政支出中科学技术支出占一般公共预算支出比重增长率 /%	2.00	39
科技创新环境和基础 /%	84.51	79
万人规模以上工业企业研究与发展（R&D）人员数 /人	0.86	74
万人规模以上工业企业研究与发展（R&D）人员数增长率 /%	-76.86	79
有R&D活动的企业占比 /%	40.00	11
有R&D活动的企业占比增长率 /%	20.00	49
万人专利申请量 /件	5.92	49
万人专利申请量增长率 /%	-43.80	81
科技产出 /%	41.54	58
万人有效发明专利拥有量 /件	1.16	37
万人有效发明专利拥有量增长率 /%	-6.45	82
高新技术企业数占规上企业比例 /%	20.00	12
高新技术企业数占规上企业比例增长率 /%	0.00	40
万人技术合同交易额 /万元	217.80	20
万人技术合同交易额增长率 /%	-47.52	41
高新技术产业产值 /亿元	0.99	72
高新技术产业产值增长率 /%	-33.11	57

3. 施秉县

规模以上工业企业R&D经费支出占主营业务收入比重为7.17%，居全省第1位。财政支出中科学技术支出1617.00万元，居全省第75位，财政支出中科学技术支出占一般公共预算支出比重为1.16%，居全省第58位。万人规模以上工业企业研究与发展（R&D）人员数9.34人，居全省第23位。有R&D活动的企业占比为83.33%，居全省第1位。专利申请量83件，居全省第81位，万人专利申请量6.25件，居全省第48位。有效发明专利拥有量23件，居全省第45位，万人有效发明专利拥有量1.73件，居全省第24位。高新技术企业数占规上企业比例16.67%，居全省第15位。万人技术合同交易额471.74万元，居全省第13位。高新技术产业产值0.42亿元，居全省第80位。9项增长率指标中，4项指标增长率为0或负数。

施秉县综合科技创新水平指数为70.79%，居全省第57位，与上年相比监测值提高13.92个百分点，上升13位。在3个一级指标中，科技投入指数为77.40%，居全省第62位；科技创新环境和基础指数为95.44%，居全省第54位；科技产出指数为43.05%，居全省第56位（表2-64）。

表2-64 施秉县2018年科技创新水平指数

指标名称	指标值	位次
综合科技创新水平指数 /%	70.79	57
科技投入 /%	77.40	62
规模以上工业企业R&D经费支出占主营业务收入比重 /%	7.17	1
规模以上工业企业R&D经费支出占主营业务收入比重增长率 /%	146.26	32
财政支出中科学技术支出占一般公共预算支出比重 /%	1.16	58
财政支出中科学技术支出占一般公共预算支出比重增长率 /%	−18.00	66
科技创新环境和基础 /%	95.44	54
万人规模以上工业企业研究与发展（R&D）人员数 / 人	9.34	23
万人规模以上工业企业研究与发展（R&D）人员数增长率 /%	23.53	36
有R&D活动的企业占比 /%	83.33	1
有R&D活动的企业占比增长率 /%	42.86	31
万人专利申请量 / 件	6.25	48
万人专利申请量增长率 /%	−31.09	74
科技产出 /%	43.05	56
万人有效发明专利拥有量 / 件	1.73	24
万人有效发明专利拥有量增长率 /%	108.30	11
高新技术企业数占规上企业比例 /%	16.67	15
高新技术企业数占规上企业比例增长率 /%	0.00	40
万人技术合同交易额 / 万元	471.74	13
万人技术合同交易额增长率 /%	−14.95	33
高新技术产业产值 / 亿元	0.42	80
高新技术产业产值增长率 /%	16.67	33

4. 三穗县

规模以上工业企业 R&D 经费支出占主营业务收入比重为 1.41%,居全省第 19 位。财政支出中科学技术支出 2693.00 万元,居全省第 66 位,财政支出中科学技术支出占一般公共预算支出比重为 1.44%,居全省第 50 位。万人规模以上工业企业研究与发展(R&D)人员数 3.55 人,居全省第 44 位。有 R&D 活动的企业占比为 52.17%,居全省第 7 位。专利申请量 130 件,居全省第 64 位,万人专利申请量 8.24 件,居全省第 36 位。有效发明专利拥有量 9 件,居全省第 63 位,万人有效发明专利拥有量 0.57 件,居全省第 50 位。高新技术企业数占规上企业比例 4.35%,居全省第 43 位。万人技术合同交易额 48.84 万元,居全省第 39 位。高新技术产业产值 0.80 亿元,居全省第 74 位。9 项增长率指标中,4 项指标增长率为 0 或负数。

三穗县综合科技创新水平指数为 72.13%,居全省第 53 位,与上年相比监测值提高 15.50 个百分点,上升 18 位。在 3 个一级指标中,科技投入指数为 83.98%,居全省第 54 位;科技创新环境和基础指数为 98.33%,居全省第 25 位;科技产出指数为 37.81%,居全省第 63 位(表 2-65)。

表 2-65　三穗县 2018 年科技创新水平指数

指标名称	指标值	位次
综合科技创新水平指数 /%	72.13	53
科技投入 /%	83.98	54
规模以上工业企业 R&D 经费支出占主营业务收入比重 /%	1.41	19
规模以上工业企业 R&D 经费支出占主营业务收入比重增长率 /%	112.47	35
财政支出中科学技术支出占一般公共预算支出比重 /%	1.44	50
财政支出中科学技术支出占一般公共预算支出比重增长率 /%	-3.00	51
科技创新环境和基础 /%	98.33	25
万人规模以上工业企业研究与发展(R&D)人员数 /人	3.55	44
万人规模以上工业企业研究与发展(R&D)人员数增长率 /%	-3.88	49
有 R&D 活动的企业占比 /%	52.17	7
有 R&D 活动的企业占比增长率 /%	30.43	41
万人专利申请量 /件	8.24	36
万人专利申请量增长率 /%	47.07	26
科技产出 /%	37.81	63
万人有效发明专利拥有量 /件	0.57	50
万人有效发明专利拥有量增长率 /%	28.00	41
高新技术企业数占规上企业比例 /%	4.35	43
高新技术企业数占规上企业比例增长率 /%	0.00	58
万人技术合同交易额 /万元	48.84	39
万人技术合同交易额增长率 /%	39.91	22
高新技术产业产值 /亿元	0.80	74
高新技术产业产值增长率 /%	-20.00	51

5. 镇远县

规模以上工业企业 R&D 经费支出占主营业务收入比重为 0.43%，居全省第 47 位。财政支出中科学技术支出 1131.00 万元，居全省第 79 位，财政支出中科学技术支出占一般公共预算支出比重为 0.69%，居全省第 75 位。万人规模以上工业企业研究与发展（R&D）人员数 2.42 人，居全省第 55 位。有 R&D 活动的企业占比为 27.27%，居全省第 32 位。专利申请量 97 件，居全省第 75 位，万人专利申请量 4.69 件，居全省第 60 位。有效发明专利拥有量 22 件，居全省第 46 位，万人有效发明专利拥有量 1.06 件，居全省第 39 位。高新技术企业数占规上企业比例 4.55%，居全省第 42 位。万人技术合同交易额 286.85 万元，居全省第 17 位。高新技术产业产值 11.70 亿元，居全省第 46 位。9 项增长率指标中，7 项指标增长率为 0 或负数。

镇远县综合科技创新水平指数为 71.62%，居全省第 54 位，与上年相比监测值提高 0.39 个百分点，位次下降 11 位。在 3 个一级指标中，科技投入指数为 58.72%，居全省第 80 位；科技创新环境和基础指数为 95.00%，居全省第 56 位；科技产出指数为 64.49%，居全省第 31 位（表 2-66）。

表 2-66 镇远县 2018 年科技创新水平指数

指标名称	指标值	位次
综合科技创新水平指数 /%	71.62	54
科技投入 /%	58.72	80
规模以上工业企业 R&D 经费支出占主营业务收入比重 /%	0.43	47
规模以上工业企业 R&D 经费支出占主营业务收入比重增长率 /%	−26.56	66
财政支出中科学技术支出占一般公共预算支出比重 /%	0.69	75
财政支出中科学技术支出占一般公共预算支出比重增长率 /%	−73.00	83
科技创新环境和基础 /%	95.00	56
万人规模以上工业企业研究与发展（R&D）人员数 / 人	2.42	55
万人规模以上工业企业研究与发展（R&D）人员数增长率 /%	−71.70	77
有 R&D 活动的企业占比 /%	27.27	32
有 R&D 活动的企业占比增长率 /%	−20.13	69
万人专利申请量 / 件	4.69	60
万人专利申请量增长率 /%	−19.48	68
科技产出 /%	64.49	31
万人有效发明专利拥有量 / 件	1.06	39
万人有效发明专利拥有量增长率 /%	56.53	23
高新技术企业数占规上企业比例 /%	4.55	42
高新技术企业数占规上企业比例增长率 /%	0.00	58
万人技术合同交易额 / 万元	286.85	17
万人技术合同交易额增长率 /%	−31.51	36
高新技术产业产值 / 亿元	11.70	46
高新技术产业产值增长率 /%	45.89	22

6. 岑巩县

规模以上工业企业 R&D 经费支出占主营业务收入比重为 0.95%，居全省第 30 位，财政支出中科学技术支出 4033.00 万元，居全省第 54 位。财政支出中科学技术支出占一般公共预算支出比重为 2.08%，居全省第 35 位。万人规模以上工业企业研究与发展（R&D）人员数 6.13 人，居全省第 30 位。有 R&D 活动的企业占比为 32.14%，居全省第 25 位。专利申请量 84 件，居全省第 80 位，万人专利申请量 5.15 件，居全省第 55 位。有效发明专利拥有量 8 件，居全省第 66 位，万人有效发明专利拥有量 0.49 件，居全省第 57 位。高新技术企业数占规上企业比例 10.34%，居全省第 23 位。万人技术合同交易额 195.29 万元，居全省第 22 位。高新技术产业产值 4.54 亿元，居全省第 56 位。9 项增长率指标中，3 项指标增长率为 0 或负数。

岑巩县综合科技创新水平指数为 81.91%，居全省第 35 位，与上年相比监测值提高 16.85 个百分点，上升 26 位。在 3 个一级指标中，科技投入指数为 97.96%，居全省第 14 位；科技创新环境和基础指数为 96.67%，居全省第 47 位；科技产出指数为 53.21%，居全省第 48 位（表 2-67）。

表 2-67 岑巩县 2018 年科技创新水平指数

指标名称	指标值	位次
综合科技创新水平指数 /%	81.91	35
科技投入 /%	97.96	14
规模以上工业企业 R&D 经费支出占主营业务收入比重 /%	0.95	30
规模以上工业企业 R&D 经费支出占主营业务收入比重增长率 /%	177.44	30
财政支出中科学技术支出占一般公共预算支出比重 /%	2.08	35
财政支出中科学技术支出占一般公共预算支出比重增长率 /%	7.00	33
科技创新环境和基础 /%	96.67	47
万人规模以上工业企业研究与发展（R&D）人员数 / 人	6.13	30
万人规模以上工业企业研究与发展（R&D）人员数增长率 /%	-9.48	53
有 R&D 活动的企业占比 /%	32.14	25
有 R&D 活动的企业占比增长率 /%	80.80	23
万人专利申请量 / 件	5.15	55
万人专利申请量增长率 /%	-36.15	77
科技产出 /%	53.21	48
万人有效发明专利拥有量 / 件	0.49	57
万人有效发明专利拥有量增长率 /%	32.76	35
高新技术企业数占规上企业比例 /%	10.34	23
高新技术企业数占规上企业比例增长率 /%	45.00	27
万人技术合同交易额 / 万元	195.29	22
万人技术合同交易额增长率 /%	2726.18	2
高新技术产业产值 / 亿元	4.54	56
高新技术产业产值增长率 /%	-43.25	64

7. 天柱县

规模以上工业企业 R&D 经费支出占主营业务收入比重为 2.67%，居全省第 6 位。财政支出中科学技术支出 2634.00 万元，居全省第 68 位，财政支出中科学技术支出占一般公共预算支出比重为 0.87%，居全省第 68 位。万人规模以上工业企业研究与发展（R&D）人员数 2.38 人，居全省第 56 位。有 R&D 活动的企业占比为 29.63%，居全省第 28 位。专利申请量 88 件，居全省第 78 位，万人专利申请量 3.32 件，居全省第 72 位。有效发明专利拥有量 6 件，居全省第 73 位，万人有效发明专利拥有量 0.23 件，居全省第 75 位。万人技术合同交易额 8.89 万元，居全省第 57 位。高新技术产业产值 0.33 亿元，居全省第 81 位。9 项增长率指标中，4 项指标增长率为 0 或负数。

天柱县综合科技创新水平指数为 71.11%，居全省第 56 位，与上年相比监测值提高 18.78 个百分点，上升 20 位。在 3 个一级指标中，科技投入指数为 97.01%，居全省第 24 位；科技创新环境和基础指数为 100.00%，居全省第 1 位；科技产出指数为 20.43%，居全省第 85 位（表 2-68）。

表 2-68 天柱县 2018 年科技创新水平指数

指标名称	指标值	位次
综合科技创新水平指数 /%	71.11	56
科技投入 /%	97.01	24
规模以上工业企业 R&D 经费支出占主营业务收入比重 /%	2.67	6
规模以上工业企业 R&D 经费支出占主营业务收入比重增长率 /%	1226.47	10
财政支出中科学技术支出占一般公共预算支出比重 /%	0.87	68
财政支出中科学技术支出占一般公共预算支出比重增长率 /%	-7.00	60
科技创新环境和基础 /%	100.00	1
万人规模以上工业企业研究与发展（R&D）人员数 / 人	2.38	56
万人规模以上工业企业研究与发展（R&D）人员数增长率 /%	27.99	33
有 R&D 活动的企业占比 /%	29.63	28
有 R&D 活动的企业占比增长率 /%	89.63	20
万人专利申请量 / 件	3.32	72
万人专利申请量增长率 /%	94.67	12
科技产出 /%	20.43	85
万人有效发明专利拥有量 / 件	0.23	75
万人有效发明专利拥有量增长率 /%	19.46	50
高新技术企业数占规上企业比例 /%	0.00	68
高新技术企业数占规上企业比例增长率 /%	0.00	58
万人技术合同交易额 / 万元	8.89	57
万人技术合同交易额增长率 /%	-60.96	49
高新技术产业产值 / 亿元	0.33	81
高新技术产业产值增长率 /%	-93.59	86

8. 锦屏县

规模以上工业企业 R&D 经费支出占主营业务收入比重为 0.26%，居全省第 62 位。财政支出中科学技术支出 1687.00 万元，居全省第 73 位，财政支出中科学技术支出占一般公共预算支出比重为 0.93%，居全省第 64 位。万人规模以上工业企业研究与发展（R&D）人员数 2.24 人，居全省第 58 位。有 R&D 活动的企业占比为 22.22%，居全省第 38 位。专利申请量 131 件，居全省第 62 位，万人专利申请量 8.39 件，居全省第 35 位。有效发明专利拥有量 5 件，居全省第 79 位，万人有效发明专利拥有量 0.32 件，居全省第 65 位。万人技术合同交易额 274.02 万元，居全省第 19 位。高新技术产业产值 0.24 亿元，居全省第 85 位。9 项增长率指标中，5 项指标增长率为 0 或负数。

锦屏县综合科技创新水平指数为 62.09%，居全省第 76 位，与上年相比监测值提高 18.72 个百分点，上升 11 位。在 3 个一级指标中，科技投入指数为 70.43%，居全省第 75 位；科技创新环境和基础指数为 90.89%，居全省第 64 位；科技产出指数为 29.06%，居全省第 76 位（表 2-69）。

表 2-69　锦屏县 2018 年科技创新水平指数

指标名称	指标值	位次
综合科技创新水平指数 /%	62.09	76
科技投入 /%	70.43	75
规模以上工业企业 R&D 经费支出占主营业务收入比重 /%	0.26	62
规模以上工业企业 R&D 经费支出占主营业务收入比重增长率 /%	-66.30	75
财政支出中科学技术支出占一般公共预算支出比重 /%	0.93	64
财政支出中科学技术支出占一般公共预算支出比重增长率 /%	8.00	30
科技创新环境和基础 /%	90.89	64
万人规模以上工业企业研究与发展（R&D）人员数 / 人	2.24	58
万人规模以上工业企业研究与发展（R&D）人员数增长率 /%	-68.61	76
有 R&D 活动的企业占比 /%	22.22	38
有 R&D 活动的企业占比增长率 /%	-52.78	78
万人专利申请量 / 件	8.39	35
万人专利申请量增长率 /%	183.51	3
科技产出 /%	29.06	76
万人有效发明专利拥有量 / 件	0.32	65
万人有效发明专利拥有量增长率 /%	24.44	44
高新技术企业数占规上企业比例 /%	0.00	68
高新技术企业数占规上企业比例增长率 /%	0.00	58
万人技术合同交易额 / 万元	274.02	19
万人技术合同交易额增长率 /%	397.59	9
高新技术产业产值 / 亿元	0.24	85
高新技术产业产值增长率 /%	-79.83	84

9. 剑河县

规模以上工业企业 R&D 经费支出占主营业务收入比重为 4.99%，居全省第 2 位。财政支出中科学技术支出 3088.00 万元，居全省第 62 位，财政支出中科学技术支出占一般公共预算支出比重为 1.39%，居全省第 51 位。万人规模以上工业企业研究与发展（R&D）人员数 4.14 人，居全省第 40 位。有 R&D 活动的企业占比为 25.00%，居全省第 35 位。专利申请量 159 件，居全省第 49 位，万人专利申请量 8.67 件，居全省第 34 位。有效发明专利拥有量 8 件，居全省第 66 位，万人有效发明专利拥有量 0.44 件，居全省第 59 位。高新技术企业数占规上企业比例 11.11%，居全省第 22 位。万人技术合同交易额 1.47 万元，居全省第 79 位。高新技术产业产值 1.57 亿元，居全省第 69 位。9 项增长率指标中，4 项指标增长率为 0 或负数。

剑河县综合科技创新水平指数为 68.08%，居全省第 64 位，与上年相比监测值提高 21.80 个百分点，上升 18 位。在 3 个一级指标中，科技投入指数为 87.50%，居全省第 52 位；科技创新环境和基础指数为 85.11%，居全省第 74 位；科技产出指数为 34.07%，居全省第 68 位（表 2-70）。

表 2-70　剑河县 2018 年科技创新水平指数

指标名称	指标值	位次
综合科技创新水平指数 /%	68.08	64
科技投入 /%	87.50	52
规模以上工业企业 R&D 经费支出占主营业务收入比重 /%	4.99	2
规模以上工业企业 R&D 经费支出占主营业务收入比重增长率 /%	382.24	20
财政支出中科学技术支出占一般公共预算支出比重 /%	1.39	51
财政支出中科学技术支出占一般公共预算支出比重增长率 /%	183.00	3
科技创新环境和基础 /%	85.11	74
万人规模以上工业企业研究与发展（R&D）人员数 / 人	4.14	40
万人规模以上工业企业研究与发展（R&D）人员数增长率 /%	−57.96	71
有 R&D 活动的企业占比 /%	25.00	35
有 R&D 活动的企业占比增长率 /%	−50.00	74
万人专利申请量 / 件	8.67	34
万人专利申请量增长率 /%	45.24	29
科技产出 /%	34.07	68
万人有效发明专利拥有量 / 件	0.44	59
万人有效发明专利拥有量增长率 /%	32.75	36
高新技术企业数占规上企业比例 /%	11.11	22
高新技术企业数占规上企业比例增长率 /%	−11.00	52
万人技术合同交易额 / 万元	1.47	79
万人技术合同交易额增长率 /%	0.00	84
高新技术产业产值 / 亿元	1.57	69
高新技术产业产值增长率 /%	70.65	15

10. 台江县

规模以上工业企业 R&D 经费支出占主营业务收入比重为 1.30%，居全省第 21 位。财政支出中科学技术支出 998.00 万元，居全省第 80 位，财政支出中科学技术支出占一般公共预算支出比重为 0.59%，居全省第 78 位。万人规模以上工业企业研究与发展（R&D）人员数 2.22 人，居全省第 59 位。有 R&D 活动的企业占比为 35.71%，居全省第 17 位。专利申请量 130 件，居全省第 64 位，万人专利申请量 11.52 件，居全省第 22 位。有效发明专利拥有量 22 件，居全省第 46 位，万人有效发明专利拥有量 1.95 件，居全省第 22 位。高新技术企业数占规上企业比例 26.67%，居全省第 9 位。高新技术产业产值 10.51 亿元，居全省第 47 位。9 项增长率指标中，3 项指标增长率为 0 或负数。

台江县综合科技创新水平指数为 67.97%，居全省第 65 位，与上年相比监测值提高 9.30 个百分点，上升 4 位。在 3 个一级指标中，科技投入指数为 52.71%，居全省第 81 位；科技创新环境和基础指数为 95.44%，居全省第 54 位；科技产出指数为 59.69%，居全省第 40 位（表 2-71）。

表 2-71 台江县 2018 年科技创新水平指数

指标名称	指标值	位次
综合科技创新水平指数 /%	67.97	65
科技投入 /%	52.71	81
规模以上工业企业 R&D 经费支出占主营业务收入比重 /%	1.30	21
规模以上工业企业 R&D 经费支出占主营业务收入比重增长率 /%	90.21	39
财政支出中科学技术支出占一般公共预算支出比重 /%	0.59	78
财政支出中科学技术支出占一般公共预算支出比重增长率 /%	-67.00	82
科技创新环境和基础 /%	95.44	54
万人规模以上工业企业研究与发展（R&D）人员数 /人	2.22	59
万人规模以上工业企业研究与发展（R&D）人员数增长率 /%	-14.18	56
有 R&D 活动的企业占比 /%	35.71	17
有 R&D 活动的企业占比增长率 /%	21.43	48
万人专利申请量 /件	11.52	22
万人专利申请量增长率 /%	96.10	11
科技产出 /%	59.69	40
万人有效发明专利拥有量 /件	1.95	22
万人有效发明专利拥有量增长率 /%	68.48	19
高新技术企业数占规上企业比例 /%	26.67	9
高新技术企业数占规上企业比例增长率 /%	87.00	12
万人技术合同交易额 /万元	0.00	84
万人技术合同交易额增长率 /%	-100.00	79
高新技术产业产值 /亿元	10.51	47
高新技术产业产值增长率 /%	130.99	9

11. 黎平县

规模以上工业企业R&D经费支出占主营业务收入比重为2.11%，居全省第10位。财政支出中科学技术支出555.00万元，居全省第84位，财政支出中科学技术支出占一般公共预算支出比重为0.16%，居全省第84位。万人规模以上工业企业研究与发展（R&D）人员数1.24人，居全省第69位。有R&D活动的企业占比为36.84%，居全省第16位。专利申请量113件，居全省第71位，万人专利申请量2.86件，居全省第75位。有效发明专利拥有量18件，居全省第55位，万人有效发明专利拥有量0.46件，居全省第58位。高新技术企业数占规上企业比例5.00%，居全省第38位。万人技术合同交易额23.26万元，居全省第47位。高新技术产业产值3.02亿元，居全省第60位。9项增长率指标中，4项指标增长率为0或负数。

黎平县综合科技创新水平指数为54.65%，居全省第84位，与上年相比监测值提高3.29个百分点，位次下降6位。在3个一级指标中，科技投入指数为39.40%，居全省第83位；科技创新环境和基础指数为96.67%，居全省第47位；科技产出指数为33.88%，居全省第69位（表2-72）。

表2-72 黎平县2018年科技创新水平指数

指标名称	指标值	位次
综合科技创新水平指数/%	54.65	84
科技投入/%	39.40	83
规模以上工业企业R&D经费支出占主营业务收入比重/%	2.11	10
规模以上工业企业R&D经费支出占主营业务收入比重增长率/%	681.04	13
财政支出中科学技术支出占一般公共预算支出比重/%	0.16	84
财政支出中科学技术支出占一般公共预算支出比重增长率/%	8.00	30
科技创新环境和基础/%	96.67	47
万人规模以上工业企业研究与发展（R&D）人员数/人	1.24	69
万人规模以上工业企业研究与发展（R&D）人员数增长率/%	-15.88	59
有R&D活动的企业占比/%	36.84	16
有R&D活动的企业占比增长率/%	42.76	33
万人专利申请量/件	2.86	75
万人专利申请量增长率/%	-31.39	75
科技产出/%	33.88	69
万人有效发明专利拥有量/件	0.46	58
万人有效发明专利拥有量增长率/%	5.43	74
高新技术企业数占规上企业比例/%	5.00	38
高新技术企业数占规上企业比例增长率/%	-5.00	47
万人技术合同交易额/万元	23.26	47
万人技术合同交易额增长率/%	-78.29	58
高新技术产业产值/亿元	3.02	60
高新技术产业产值增长率/%	263.86	3

12. 榕江县

规模以上工业企业 R&D 经费支出占主营业务收入比重为 3.89%，居全省第 3 位。财政支出中科学技术支出 81.00 万元，居全省第 88 位，财政支出中科学技术支出占一般公共预算支出比重为 0.03%，居全省第 87 位。规上企业 R&D 人员数 81 人，居全省第 53 位，万人规模以上工业企业研究与发展（R&D）人员数 2.79 人，居全省第 52 位。有 R&D 活动的企业占比为 33.33%，居全省第 20 位。专利申请量 110 件，居全省第 72 位，万人专利申请量 3.79 件，居全省第 68 位。有效发明专利拥有量 5 件，居全省第 79 位，万人有效发明专利拥有量 0.17 件，居全省第 79 位。高新技术产业产值 0.26 亿元，居全省第 84 位。9 项增长率指标中，5 项指标增长率为 0 或负数。

榕江县综合科技创新水平指数为 45.37%，居全省第 88 位，与上年相比监测值提高 3.38 个百分点，位次不变。在 3 个一级指标中，科技投入指数为 28.57%，居全省第 86 位；科技创新环境和基础指数为 98.33%，居全省第 25 位；科技产出指数为 16.77%，居全省第 86 位（表 2-73）。

表 2-73 榕江县 2018 年科技创新水平指数

指标名称	指标值	位次
综合科技创新水平指数 /%	45.37	88
科技投入 /%	28.57	86
规模以上工业企业 R&D 经费支出占主营业务收入比重 /%	3.89	3
规模以上工业企业 R&D 经费支出占主营业务收入比重增长率 /%	563.04	18
财政支出中科学技术支出占一般公共预算支出比重 /%	0.03	87
财政支出中科学技术支出占一般公共预算支出比重增长率 /%	-35.00	71
科技创新环境和基础 /%	98.33	25
万人规模以上工业企业研究与发展（R&D）人员数 / 人	2.79	52
万人规模以上工业企业研究与发展（R&D）人员数增长率 /%	49.43	27
有 R&D 活动的企业占比 /%	33.33	20
有 R&D 活动的企业占比增长率 /%	-11.11	65
万人专利申请量 / 件	3.79	68
万人专利申请量增长率 /%	28.92	40
科技产出 /%	16.77	86
万人有效发明专利拥有量 / 件	0.17	79
万人有效发明专利拥有量增长率 /%	24.53	43
高新技术企业数占规上企业比例 /%	0.00	68
高新技术企业数占规上企业比例增长率 /%	0.00	58
万人技术合同交易额 / 万元	0.00	84
万人技术合同交易额增长率 /%	-100.00	79
高新技术产业产值 / 亿元	0.26	84
高新技术产业产值增长率 /%	-81.56	85

13. 从江县

规模以上工业企业 R&D 经费支出占主营业务收入比重为 0.79%，居全省第 35 位。财政支出中科学技术支出 1602.00 万元，居全省第 76 位，财政支出中科学技术支出占一般公共预算支出比重为 0.53%，居全省第 80 位。万人规模以上工业企业研究与发展（R&D）人员数 0.54 人，居全省第 79 位。有 R&D 活动的企业占比为 13.33%，居全省第 50 位。万人专利申请量 6.31 件，居全省第 47 位。有效发明专利拥有量 10 件，居全省第 62 位，万人有效发明专利拥有量 0.34 件，居全省第 63 位。高新技术产业产值 0.04 亿元，居全省第 87 位。9 项增长率指标中，8 项指标增长率为 0 或负数。

从江县综合科技创新水平指数为 54.97%，居全省第 83 位，与上年相比监测值提高 2.19 个百分点，位次下降 8 位。在 3 个一级指标中，科技投入指数为 64.24%，居全省第 77 位；科技创新环境和基础指数为 81.46%，居全省第 82 位；科技产出指数为 22.98%，居全省第 82 位（表 2-74）。

表 2-74 从江县 2018 年科技创新水平指数

指标名称	指标值	位次
综合科技创新水平指数 /%	54.97	83
科技投入 /%	64.24	77
规模以上工业企业 R&D 经费支出占主营业务收入比重 /%	0.79	35
规模以上工业企业 R&D 经费支出占主营业务收入比重增长率 /%	−0.36	59
财政支出中科学技术支出占一般公共预算支出比重 /%	0.53	80
财政支出中科学技术支出占一般公共预算支出比重增长率 /%	−31.00	69
科技创新环境和基础 /%	81.46	82
万人规模以上工业企业研究与发展（R&D）人员数 / 人	0.54	79
万人规模以上工业企业研究与发展（R&D）人员数增长率 /%	−59.14	72
有 R&D 活动的企业占比 /%	13.33	50
有 R&D 活动的企业占比增长率 /%	−60.00	81
万人专利申请量 / 件	6.31	47
万人专利申请量增长率 /%	−19.11	67
科技产出 /%	22.98	82
万人有效发明专利拥有量 / 件	0.34	63
万人有效发明专利拥有量增长率 /%	99.19	14
高新技术企业数占规上企业比例 /%	0.00	68
高新技术企业数占规上企业比例增长率 /%	0.00	58
万人技术合同交易额 / 万元	0.00	84
万人技术合同交易额增长率 /%	−100.00	79
高新技术产业产值 / 亿元	0.04	87
高新技术产业产值增长率 /%	−60.00	78

14. 雷山县

财政支出中科学技术支出 843.00 万元，居全省第 83 位，财政支出中科学技术支出占一般公共预算支出比重为 0.58%，居全省第 79 位。万人规模以上工业企业研究与发展（R&D）人员数 1.85 人，居全省第 64 位。有 R&D 活动的企业占比为 75.00%，居全省第 2 位。专利申请量 250 件，居全省第 37 位，万人专利申请量 21.06 件，居全省第 10 位。有效发明专利拥有量 8 件，居全省第 66 位，万人有效发明专利拥有量 0.67 件，居全省第 47 位。万人技术合同交易额 8.42 万元，居全省第 59 位。高新技术产业产值 10.00 亿元，居全省第 49 位。9 项增长率指标中，7 项指标增长率为 0 或负数。

雷山县综合科技创新水平指数为 50.57%，居全省第 85 位，与上年相比监测值提高 6.32 个百分点，上升 1 位。在 3 个一级指标中，科技投入指数为 35.07%，居全省第 84 位；科技创新环境和基础指数为 79.33%，居全省第 84 位；科技产出指数为 41.43%，居全省第 59 位（表 2-75）。

表 2-75 雷山县 2018 年科技创新水平指数

指标名称	指标值	位次
综合科技创新水平指数 /%	50.57	85
科技投入 /%	35.07	84
规模以上工业企业 R&D 经费支出占主营业务收入比重 /%	0.00	86
规模以上工业企业 R&D 经费支出占主营业务收入比重增长率 /%	−100.00	83
财政支出中科学技术支出占一般公共预算支出比重 /%	0.58	79
财政支出中科学技术支出占一般公共预算支出比重增长率 /%	−42.00	72
科技创新环境和基础 /%	79.33	84
万人规模以上工业企业研究与发展（R&D）人员数 / 人	1.85	64
万人规模以上工业企业研究与发展（R&D）人员数增长率 /%	−0.42	47
有 R&D 活动的企业占比 /%	75.00	2
有 R&D 活动的企业占比增长率 /%	0.00	56
万人专利申请量 / 件	21.06	10
万人专利申请量增长率 /%	159.32	4
科技产出 /%	41.43	59
万人有效发明专利拥有量 / 件	0.67	47
万人有效发明专利拥有量增长率 /%	99.16	15
高新技术企业数占规上企业比例 /%	0.00	68
高新技术企业数占规上企业比例增长率 /%	0.00	58
万人技术合同交易额 / 万元	8.42	59
万人技术合同交易额增长率 /%	−89.35	69
高新技术产业产值 / 亿元	10.00	49
高新技术产业产值增长率 /%	0.00	41

15. 麻江县

规模以上工业企业 R&D 经费支出占主营业务收入比重为 1.42%，居全省第 18 位。财政支出中科学技术支出 6919.00 万元，居全省第 39 位，财政支出中科学技术支出占一般公共预算支出比重为 4.65%，居全省第 3 位。万人规模以上工业企业研究与发展（R&D）人员数 1.61 人，居全省第 66 位。有 R&D 活动的企业占比为 33.33%，居全省第 20 位。专利申请量 124 件，居全省第 68 位，万人专利申请量 9.98 件，居全省第 29 位。有效发明专利拥有量 8 件，居全省第 66 位，万人有效发明专利拥有量 0.64 件，居全省第 49 位。万人技术合同交易额 50.62 万元，居全省第 38 位。高新技术产业产值 0.33 亿元，居全省第 81 位。9 项增长率指标中，4 项指标增长率为 0 或负数。

麻江县综合科技创新水平指数为 64.57%，居全省第 73 位，与上年相比监测值提高 18.70 个百分点，上升 10 位。在 3 个一级指标中，科技投入指数为 82.25%，居全省第 56 位；科技创新环境和基础指数为 87.70%，居全省第 69 位；科技产出指数为 27.06%，居全省第 77 位（表 2-76）。

表 2-76　麻江县 2018 年科技创新水平指数

指标名称	指标值	位次
综合科技创新水平指数 /%	64.57	73
科技投入 /%	82.25	56
规模以上工业企业 R&D 经费支出占主营业务收入比重 /%	1.42	18
规模以上工业企业 R&D 经费支出占主营业务收入比重增长率 /%	-5.92	61
财政支出中科学技术支出占一般公共预算支出比重 /%	4.65	3
财政支出中科学技术支出占一般公共预算支出比重增长率 /%	616.00	2
科技创新环境和基础 /%	87.70	69
万人规模以上工业企业研究与发展（R&D）人员数 / 人	1.61	66
万人规模以上工业企业研究与发展（R&D）人员数增长率 /%	4.75	44
有 R&D 活动的企业占比 /%	33.33	20
有 R&D 活动的企业占比增长率 /%	11.11	53
万人专利申请量 / 件	9.98	29
万人专利申请量增长率 /%	34.13	37
科技产出 /%	27.06	77
万人有效发明专利拥有量 / 件	0.64	49
万人有效发明专利拥有量增长率 /%	32.69	37
高新技术企业数占规上企业比例 /%	0.00	68
高新技术企业数占规上企业比例增长率 /%	0.00	58
万人技术合同交易额 / 万元	50.62	38
万人技术合同交易额增长率 /%	-47.86	42
高新技术产业产值 / 亿元	0.33	81
高新技术产业产值增长率 /%	-25.00	52

16. 丹寨县

规模以上工业企业 R&D 经费支出占主营业务收入比重为 2.44%，居全省第 7 位。财政支出中科学技术支出 983.00 万元，居全省第 82 位，财政支出中科学技术支出占一般公共预算支出比重为 0.66%，居全省第 77 位。万人规模以上工业企业研究与发展（R&D）人员数 6.59 人，居全省第 29 位。有 R&D 活动的企业占比为 75.00%，居全省第 2 位。专利申请量 52 件，居全省第 85 位，万人专利申请量 4.18 件，居全省第 66 位。有效发明专利拥有量 16 件，居全省第 58 位，万人有效发明专利拥有量 1.29 件，居全省第 33 位。高新技术企业数占规上企业比例 25.00%，居全省第 10 位。万人技术合同交易额 1405.31 万元，居全省第 3 位。高新技术产业产值 2.73 亿元，居全省第 63 位。9 项增长率指标中，5 项指标增长率为 0 或负数。

丹寨县综合科技创新水平指数为 71.42%，居全省第 55 位，与上年相比监测值提高 5.29 个百分点，上升 5 位。在 3 个一级指标中，科技投入指数为 59.85%，居全省第 79 位；科技创新环境和基础指数为 98.33%，居全省第 25 位；科技产出指数为 59.93%，居全省第 39 位（表 2-77）。

表 2-77 丹寨县 2018 年科技创新水平指数

指标名称	指标值	位次
综合科技创新水平指数 /%	71.42	55
科技投入 /%	59.85	79
规模以上工业企业 R&D 经费支出占主营业务收入比重 /%	2.44	7
规模以上工业企业 R&D 经费支出占主营业务收入比重增长率 /%	644.79	15
财政支出中科学技术支出占一般公共预算支出比重 /%	0.66	77
财政支出中科学技术支出占一般公共预算支出比重增长率 /%	-57.00	77
科技创新环境和基础 /%	98.33	25
万人规模以上工业企业研究与发展（R&D）人员数 /人	6.59	29
万人规模以上工业企业研究与发展（R&D）人员数增长率 /%	6.07	41
有 R&D 活动的企业占比 /%	75.00	2
有 R&D 活动的企业占比增长率 /%	143.75	11
万人专利申请量 /件	4.18	66
万人专利申请量增长率 /%	-82.02	88
科技产出 /%	59.93	39
万人有效发明专利拥有量 /件	1.29	33
万人有效发明专利拥有量增长率 /%	-6.26	81
高新技术企业数占规上企业比例 /%	25.00	10
高新技术企业数占规上企业比例增长率 /%	0.00	40
万人技术合同交易额 /万元	1405.31	3
万人技术合同交易额增长率 /%	103.20	17
高新技术产业产值 /亿元	2.73	63
高新技术产业产值增长率 /%	-59.13	75

（九）黔南州

1. 都匀市

规模以上工业企业 R&D 经费支出占主营业务收入比重为 0.01%，居全省第 85 位。财政支出中科学技术支出 8320.00 万元，居全省第 31 位，财政支出中科学技术支出占一般公共预算支出比重为 1.94%，居全省第 38 位。万人规模以上工业企业研究与发展（R&D）人员数 0.15 人，居全省第 86 位。有 R&D 活动的企业占比为 1.89%，居全省第 85 位。专利申请量 1075 件，居全省第 9 位，万人专利申请量 22.93 件，居全省第 9 位。有效发明专利拥有量 85 件，居全省第 19 位，万人有效发明专利拥有量 1.81 件，居全省第 23 位。高新技术企业数占规上企业比例 12.73%，居全省第 18 位。万人技术合同交易额 295.19 万元，居全省第 16 位。高新技术产业产值 13.33 亿元，居全省第 42 位。9 项增长率指标中，5 项指标增长率为 0 或负数。

都匀市综合科技创新水平指数为 78.40%，居全省第 44 位，与上年相比监测值降低 17.97 个百分点，位次下降 38 位。在 3 个一级指标中，科技投入指数为 73.15%，居全省第 73 位；科技创新环境和基础指数为 74.44%，居全省第 87 位；科技产出指数为 87.04%，居全省第 10 位（表 2-78）。

表 2-78 都匀市 2018 年科技创新水平指数

指标名称	指标值	位次
综合科技创新水平指数 /%	78.40	44
科技投入 /%	73.15	73
规模以上工业企业 R&D 经费支出占主营业务收入比重 /%	0.01	85
规模以上工业企业 R&D 经费支出占主营业务收入比重增长率 /%	-88.95	79
财政支出中科学技术支出占一般公共预算支出比重 /%	1.94	38
财政支出中科学技术支出占一般公共预算支出比重增长率 /%	-25.00	68
科技创新环境和基础 /%	74.44	87
万人规模以上工业企业研究与发展（R&D）人员数 / 人	0.15	86
万人规模以上工业企业研究与发展（R&D）人员数增长率 /%	-90.45	84
有 R&D 活动的企业占比 /%	1.89	85
有 R&D 活动的企业占比增长率 /%	-71.70	82
万人专利申请量 / 件	22.93	9
万人专利申请量增长率 /%	61.52	19
科技产出 /%	87.04	10
万人有效发明专利拥有量 / 件	1.81	23
万人有效发明专利拥有量增长率 /%	3.26	75
高新技术企业数占规上企业比例 /%	12.73	18
高新技术企业数占规上企业比例增长率 /%	125.00	7
万人技术合同交易额 / 万元	295.19	16
万人技术合同交易额增长率 /%	60.33	20
高新技术产业产值 / 亿元	13.33	42
高新技术产业产值增长率 /%	-49.47	69

2. 福泉市

规模以上工业企业 R&D 经费支出占主营业务收入比重为 0.65%，居全省第 38 位。财政支出中科学技术支出 10 306.00 万元，居全省第 23 位，财政支出中科学技术支出占一般公共预算支出比重为 3.16%，居全省第 10 位。万人规模以上工业企业研究与发展（R&D）人员数 13.24 人，居全省第 20 位。有 R&D 活动的企业占比为 3.79%，居全省第 78 位。专利申请量 170 件，居全省第 47 位，万人专利申请量 5.73 件，居全省第 50 位。有效发明专利拥有量 86 件，居全省第 18 位，万人有效发明专利拥有量 2.90 件，居全省第 15 位。高新技术企业数占规上企业比例 4.96%，居全省第 39 位。万人技术合同交易额 112.56 万元，居全省第 29 位。高新技术产业产值 91.41 亿元，居全省第 12 位。9 项增长率指标中，5 项指标增长率为 0 或负数。

福泉市综合科技创新水平指数为 87.73%，居全省第 20 位，与上年相比监测值提高 0.58 个百分点，位次下降 2 位。在 3 个一级指标中，科技投入指数为 96.70%，居全省第 26 位；科技创新环境和基础指数为 92.93%，居全省第 59 位；科技产出指数为 74.30%，居全省第 20 位（表 2-79）。

表 2-79　福泉市 2018 年科技创新水平指数

指标名称	指标值	位次
综合科技创新水平指数 /%	87.73	20
科技投入 /%	96.70	26
规模以上工业企业 R&D 经费支出占主营业务收入比重 /%	0.65	38
规模以上工业企业 R&D 经费支出占主营业务收入比重增长率 /%	-34.05	69
财政支出中科学技术支出占一般公共预算支出比重 /%	3.16	10
财政支出中科学技术支出占一般公共预算支出比重增长率 /%	0.00	45
科技创新环境和基础 /%	92.93	59
万人规模以上工业企业研究与发展（R&D）人员数 / 人	13.24	20
万人规模以上工业企业研究与发展（R&D）人员数增长率 /%	-13.12	54
有 R&D 活动的企业占比 /%	3.79	78
有 R&D 活动的企业占比增长率 /%	9.85	54
万人专利申请量 / 件	5.73	50
万人专利申请量增长率 /%	-53.05	82
科技产出 /%	74.30	20
万人有效发明专利拥有量 / 件	2.90	15
万人有效发明专利拥有量增长率 /%	8.53	66
高新技术企业数占规上企业比例 /%	4.96	39
高新技术企业数占规上企业比例增长率 /%	64.00	19
万人技术合同交易额 / 万元	112.56	29
万人技术合同交易额增长率 /%	-17.04	34
高新技术产业产值 / 亿元	91.41	12
高新技术产业产值增长率 /%	81.55	12

3. 荔波县

规模以上工业企业 R&D 经费支出占主营业务收入比重为 0.97%，居全省第 29 位。财政支出中科学技术支出 5092.00 万元，居全省第 45 位，财政支出中科学技术支出占一般公共预算支出比重为 2.46%，居全省第 25 位。万人规模以上工业企业研究与发展（R&D）人员数 5.66 人，居全省第 32 位。有 R&D 活动的企业占比为 33.33%，居全省第 20 位。专利申请量 58 件，居全省第 84 位，万人专利申请量 4.38 件，居全省第 63 位。有效发明专利拥有量 2 件，居全省第 87 位，万人有效发明专利拥有量 0.15 件，居全省第 83 位。万人技术合同交易额 23.32 万元，居全省第 46 位。高新技术产业产值 0.48 亿元，居全省第 79 位。9 项增长率指标中，4 项指标增长率为 0 或负数。

荔波县综合科技创新水平指数为 67.47%，居全省第 68 位，与上年相比监测值提高 3.72 个百分点，位次下降 4 位。在 3 个一级指标中，科技投入指数为 98.55%，居全省第 8 位；科技创新环境和基础指数为 96.67%，居全省第 47 位；科技产出指数为 11.35%，居全省第 88 位（表 2-80）。

表 2-80　荔波县 2018 年科技创新水平指数

指标名称	指标值	位次
综合科技创新水平指数 /%	67.47	68
科技投入 /%	98.55	8
规模以上工业企业 R&D 经费支出占主营业务收入比重 /%	0.97	29
规模以上工业企业 R&D 经费支出占主营业务收入比重增长率 /%	112.56	34
财政支出中科学技术支出占一般公共预算支出比重 /%	2.46	25
财政支出中科学技术支出占一般公共预算支出比重增长率 /%	2.00	39
科技创新环境和基础 /%	96.67	47
万人规模以上工业企业研究与发展（R&D）人员数 / 人	5.66	32
万人规模以上工业企业研究与发展（R&D）人员数增长率 /%	71.78	24
有 R&D 活动的企业占比 /%	33.33	20
有 R&D 活动的企业占比增长率 /%	0.00	56
万人专利申请量 / 件	4.38	63
万人专利申请量增长率 /%	-24.84	71
科技产出 /%	11.35	88
万人有效发明专利拥有量 / 件	0.15	83
万人有效发明专利拥有量增长率 /%	96.98	16
高新技术企业数占规上企业比例 /%	0.00	68
高新技术企业数占规上企业比例增长率 /%	0.00	58
万人技术合同交易额 / 万元	23.32	46
万人技术合同交易额增长率 /%	32.23	24
高新技术产业产值 / 亿元	0.48	79
高新技术产业产值增长率 /%	0.00	41

4. 贵定县

规模以上工业企业R&D经费支出占主营业务收入比重为0.33%，居全省第57位。财政支出中科学技术支出5011.00万元，居全省第46位，财政支出中科学技术支出占一般公共预算支出比重为1.92%，居全省第40位。万人规模以上工业企业研究与发展（R&D）人员数11.26人，居全省第22位。有R&D活动的企业14个，居全省第16位，有R&D活动的企业占比为21.21%，居全省第41位。专利申请量220件，居全省第39位，万人专利申请量9.04件，居全省第33位。有效发明专利拥有量6件，居全省第73位，万人有效发明专利拥有量0.25件，居全省第71位。高新技术企业数占规上企业比例3.85%，居全省第49位。万人技术合同交易额638.50万元，居全省第9位。高新技术产业产值17.46亿元，居全省第36位。9项增长率指标中，7项指标增长率为0或负数。

贵定县综合科技创新水平指数为87.45%，居全省第22位，与上年相比监测值提高9.90个百分点，上升15位。在3个一级指标中，科技投入指数为96.57%，居全省第28位；科技创新环境和基础指数为100.00%，居全省第1位；科技产出指数为67.57%，居全省第27位（表2-81）。

表2-81 贵定县2018年科技创新水平指数

指标名称	指标值	位次
综合科技创新水平指数 /%	87.45	22
科技投入 /%	96.57	28
规模以上工业企业R&D经费支出占主营业务收入比重 /%	0.33	57
规模以上工业企业R&D经费支出占主营业务收入比重增长率 /%	0.00	85
财政支出中科学技术支出占一般公共预算支出比重 /%	1.92	40
财政支出中科学技术支出占一般公共预算支出比重增长率 /%	-8.00	62
科技创新环境和基础 /%	100.00	1
万人规模以上工业企业研究与发展（R&D）人员数 /人	11.26	22
万人规模以上工业企业研究与发展（R&D）人员数增长率 /%	0.00	85
有R&D活动的企业占比 /%	21.21	41
有R&D活动的企业占比增长率 /%	0.00	84
万人专利申请量 /件	9.04	33
万人专利申请量增长率 /%	21.20	44
科技产出 /%	67.57	27
万人有效发明专利拥有量 /件	0.25	71
万人有效发明专利拥有量增长率 /%	-0.29	78
高新技术企业数占规上企业比例 /%	3.85	49
高新技术企业数占规上企业比例增长率 /%	-15.00	55
万人技术合同交易额 /万元	638.50	9
万人技术合同交易额增长率 /%	-33.51	37
高新技术产业产值 /亿元	17.46	36
高新技术产业产值增长率 /%	-42.41	63

5. 瓮安县

规模以上工业企业R&D经费支出占主营业务收入比重为0.70%，居全省第36位。财政支出中科学技术支出8257.00万元，居全省第32位，财政支出中科学技术支出占一般公共预算支出比重为2.31%，居全省第29位。万人规模以上工业企业研究与发展（R&D）人员数3.78人，居全省第43位。有R&D活动的企业占比为4.49%，居全省第75位。专利申请量140件，居全省第58位，万人专利申请量3.55件，居全省第70位。有效发明专利拥有量56件，居全省第28位，万人有效发明专利拥有量1.42件，居全省第30位。高新技术企业数占规上企业比例5.56%，居全省第36位。万人技术合同交易额60.81万元，居全省第35位。高新技术产业产值51.71亿元，居全省第18位。9项增长率指标中，5项指标增长率为0或负数。

瓮安县综合科技创新水平指数为85.05%，居全省第28位，与上年相比监测值降低5.70个百分点，位次下降16位。在3个一级指标中，科技投入指数为95.71%，居全省第34位；科技创新环境和基础指数为90.88%，居全省第65位；科技产出指数为69.39%，居全省第25位（表2-82）。

表2-82 瓮安县2018年科技创新水平指数

指标名称	指标值	位次
综合科技创新水平指数/%	85.05	28
科技投入/%	95.71	34
规模以上工业企业R&D经费支出占主营业务收入比重/%	0.70	36
规模以上工业企业R&D经费支出占主营业务收入比重增长率/%	−0.06	58
财政支出中科学技术支出占一般公共预算支出比重/%	2.31	29
财政支出中科学技术支出占一般公共预算支出比重增长率/%	−2.00	49
科技创新环境和基础/%	90.88	65
万人规模以上工业企业研究与发展（R&D）人员数/人	3.78	43
万人规模以上工业企业研究与发展（R&D）人员数增长率/%	−15.60	58
有R&D活动的企业占比/%	4.49	75
有R&D活动的企业占比增长率/%	19.85	50
万人专利申请量/件	3.55	70
万人专利申请量增长率/%	−66.04	85
科技产出/%	69.39	25
万人有效发明专利拥有量/件	1.42	30
万人有效发明专利拥有量增长率/%	21.37	48
高新技术企业数占规上企业比例/%	5.56	36
高新技术企业数占规上企业比例增长率/%	147.00	4
万人技术合同交易额/万元	60.81	35
万人技术合同交易额增长率/%	−69.67	54
高新技术产业产值/亿元	51.71	18
高新技术产业产值增长率/%	48.63	20

6. 独山县

规模以上工业企业 R&D 经费支出占主营业务收入比重为 0.12%，居全省第 70 位。财政支出中科学技术支出 8511.00 万元，居全省第 30 位，财政支出中科学技术支出占一般公共预算支出比重为 3.12%，居全省第 11 位。万人规模以上工业企业研究与发展（R&D）人员数 5.58 人，居全省第 33 位。有 R&D 活动的企业占比为 14.12%，居全省第 49 位。专利申请量 118 件，居全省第 69 位，万人专利申请量 4.34 件，居全省第 65 位。有效发明专利拥有量 32 件，居全省第 40 位，万人有效发明专利拥有量 1.18 件，居全省第 35 位。高新技术企业数占规上企业比例 7.00%，居全省第 32 位。万人技术合同交易额 21.55 万元，居全省第 48 位。高新技术产业产值 32.00 亿元，居全省第 29 位。9 项增长率指标中，4 项指标增长率为 0 或负数。

独山县综合科技创新水平指数为 82.19%，居全省第 34 位，与上年相比监测值降低 4.18 个百分点，位次下降 14 位。在 3 个一级指标中，科技投入指数为 88.44%，居全省第 49 位；科技创新环境和基础指数为 96.67%，居全省第 47 位；科技产出指数为 63.52%，居全省第 33 位（表 2-83）。

表 2-83 独山县 2018 年科技创新水平指数

指标名称	指标值	位次
综合科技创新水平指数 /%	82.19	34
科技投入 /%	88.44	49
规模以上工业企业 R&D 经费支出占主营业务收入比重 /%	0.12	70
规模以上工业企业 R&D 经费支出占主营业务收入比重增长率 /%	200.57	26
财政支出中科学技术支出占一般公共预算支出比重 /%	3.12	11
财政支出中科学技术支出占一般公共预算支出比重增长率 /%	11.00	29
科技创新环境和基础 /%	96.67	47
万人规模以上工业企业研究与发展（R&D）人员数 /人	5.58	33
万人规模以上工业企业研究与发展（R&D）人员数增长率 /%	-5.80	51
有 R&D 活动的企业占比 /%	14.12	49
有 R&D 活动的企业占比增长率 /%	35.88	36
万人专利申请量 /件	4.34	65
万人专利申请量增长率 /%	-70.64	86
科技产出 /%	63.52	33
万人有效发明专利拥有量 /件	1.18	35
万人有效发明专利拥有量增长率 /%	6.43	71
高新技术企业数占规上企业比例 /%	7.00	32
高新技术企业数占规上企业比例增长率 /%	-1.00	45
万人技术合同交易额 /万元	21.55	48
万人技术合同交易额增长率 /%	-93.13	71
高新技术产业产值 /亿元	32.00	29
高新技术产业产值增长率 /%	11.89	36

7. 平塘县

规模以上工业企业R&D经费支出占主营业务收入比重为0.07%，居全省第75位。财政支出中科学技术支出3069.00万元，居全省第63位，财政支出中科学技术支出占一般公共预算支出比重为1.10%，居全省第59位。万人规模以上工业企业研究与发展（R&D）人员数0.45人，居全省第81位。有R&D活动的企业占比为7.69%，居全省第68位。专利申请量50件，居全省第86位，万人专利申请量2.07件，居全省第83位。有效发明专利拥有量5件，居全省第79位，万人有效发明专利拥有量0.21件，居全省第78位。万人技术合同交易额8.71万元，居全省第58位。高新技术产业产值3.10亿元，居全省第59位。9项增长率指标中，6项指标增长率为0或负数。

平塘县综合科技创新水平指数为59.92%，居全省第79位，与上年相比监测值提高11.83个百分点，位次不变。在3个一级指标中，科技投入指数为74.38%，居全省第70位；科技创新环境和基础指数为85.64%，居全省第72位；科技产出指数为23.42%，居全省第81位（表2-84）。

表2-84 平塘县2018年科技创新水平指数

指标名称	指标值	位次
综合科技创新水平指数/%	59.92	79
科技投入/%	74.38	70
规模以上工业企业R&D经费支出占主营业务收入比重/%	0.07	75
规模以上工业企业R&D经费支出占主营业务收入比重增长率/%	-52.70	73
财政支出中科学技术支出占一般公共预算支出比重/%	1.10	59
财政支出中科学技术支出占一般公共预算支出比重增长率/%	-45.00	74
科技创新环境和基础/%	85.64	72
万人规模以上工业企业研究与发展（R&D）人员数/人	0.45	81
万人规模以上工业企业研究与发展（R&D）人员数增长率/%	-45.16	70
有R&D活动的企业占比/%	7.69	68
有R&D活动的企业占比增长率/%	-47.69	73
万人专利申请量/件	2.07	83
万人专利申请量增长率/%	84.65	16
科技产出/%	23.42	81
万人有效发明专利拥有量/件	0.21	78
万人有效发明专利拥有量增长率/%	66.18	20
高新技术企业数占规上企业比例/%	0.00	68
高新技术企业数占规上企业比例增长率/%	0.00	58
万人技术合同交易额/万元	8.71	58
万人技术合同交易额增长率/%	-83.57	62
高新技术产业产值/亿元	3.10	59
高新技术产业产值增长率/%	58.97	18

8. 罗甸县

规模以上工业企业 R&D 经费支出占主营业务收入比重为 0.33%，居全省第 57 位。财政支出中科学技术支出 1464.00 万元，居全省第 77 位，财政支出中科学技术支出占一般公共预算支出比重为 0.50%，居全省第 81 位。万人规模以上工业企业研究与发展（R&D）人员数 2.18 人，居全省第 60 位。有 R&D 活动的企业占比为 10.71%，居全省第 59 位。专利申请量 70 件，居全省第 83 位，万人专利申请量 2.67 件，居全省第 77 位。有效发明专利拥有量 30 件，居全省第 43 位，万人有效发明专利拥有量 1.15 件，居全省第 38 位。高新技术企业数占规上企业比例 3.23%，居全省第 54 位。万人技术合同交易额 125.77 万元，居全省第 28 位。高新技术产业产值 11.85 亿元，居全省第 45 位。9 项增长率指标中，7 项指标增长率为 0 或负数。

罗甸县综合科技创新水平指数为 67.55%，居全省第 67 位，与上年相比监测值降低 13.07 个百分点，位次下降 36 位。在 3 个一级指标中，科技投入指数为 60.08%，居全省第 78 位；科技创新环境和基础指数为 86.33%，居全省第 70 位；科技产出指数为 58.93%，居全省第 43 位（表 2-85）。

表 2-85 罗甸县 2018 年科技创新水平指数

指标名称	指标值	位次
综合科技创新水平指数 /%	67.55	67
科技投入 /%	60.08	78
规模以上工业企业 R&D 经费支出占主营业务收入比重 /%	0.33	57
规模以上工业企业 R&D 经费支出占主营业务收入比重增长率 /%	15.57	52
财政支出中科学技术支出占一般公共预算支出比重 /%	0.50	81
财政支出中科学技术支出占一般公共预算支出比重增长率 /%	-65.00	81
科技创新环境和基础 /%	86.33	70
万人规模以上工业企业研究与发展（R&D）人员数 / 人	2.18	60
万人规模以上工业企业研究与发展（R&D）人员数增长率 /%	-13.90	55
有 R&D 活动的企业占比 /%	10.71	59
有 R&D 活动的企业占比增长率 /%	-3.57	59
万人专利申请量 / 件	2.67	77
万人专利申请量增长率 /%	-61.23	84
科技产出 /%	58.93	43
万人有效发明专利拥有量 / 件	1.15	38
万人有效发明专利拥有量增长率 /%	10.77	60
高新技术企业数占规上企业比例 /%	3.23	54
高新技术企业数占规上企业比例增长率 /%	0.00	58
万人技术合同交易额 / 万元	125.77	28
万人技术合同交易额增长率 /%	-50.16	43
高新技术产业产值 / 亿元	11.85	45
高新技术产业产值增长率 /%	-53.64	72

9. 长顺县

规模以上工业企业 R&D 经费支出占主营业务收入比重为 0.06%，居全省第 77 位。财政支出中科学技术支出 3929.00 万元，居全省第 55 位，财政支出中科学技术支出占一般公共预算支出比重为 1.80%，居全省第 42 位。万人规模以上工业企业研究与发展（R&D）人员数 1.32 人，居全省第 68 位。有 R&D 活动的企业占比为 3.45%，居全省第 81 位。专利申请量 131 件，居全省第 62 位，万人专利申请量 6.94 件，居全省第 43 位。有效发明专利拥有量 18 件，居全省第 55 位，万人有效发明专利拥有量 0.95 件，居全省第 40 位。高新技术企业数占规上企业比例 8.82%，居全省第 25 位。万人技术合同交易额 5.83 万元，居全省第 63 位。高新技术产业产值 12.88 亿元，居全省第 44 位。9 项增长率指标中，4 项指标增长率为 0 或负数。

长顺县综合科技创新水平指数为 74.52%，居全省第 50 位，与上年相比监测值提高 4.08 个百分点，位次下降 4 位。在 3 个一级指标中，科技投入指数为 76.95%，居全省第 63 位；科技创新环境和基础指数为 85.11%，居全省第 74 位；科技产出指数为 63.02%，居全省第 35 位（表 2-86）。

表 2-86 长顺县 2018 年科技创新水平指数

指标名称	指标值	位次
综合科技创新水平指数 /%	74.52	50
科技投入 /%	76.95	63
规模以上工业企业 R&D 经费支出占主营业务收入比重 /%	0.06	77
规模以上工业企业 R&D 经费支出占主营业务收入比重增长率 /%	19.66	50
财政支出中科学技术支出占一般公共预算支出比重 /%	1.80	42
财政支出中科学技术支出占一般公共预算支出比重增长率 /%	2.00	39
科技创新环境和基础 /%	85.11	74
万人规模以上工业企业研究与发展（R&D）人员数 / 人	1.32	68
万人规模以上工业企业研究与发展（R&D）人员数增长率 /%	-22.08	62
有 R&D 活动的企业占比 /%	3.45	81
有 R&D 活动的企业占比增长率 /%	65.52	27
万人专利申请量 / 件	6.94	43
万人专利申请量增长率 /%	-1.76	61
科技产出 /%	63.02	35
万人有效发明专利拥有量 / 件	0.95	40
万人有效发明专利拥有量增长率 /%	63.20	21
高新技术企业数占规上企业比例 /%	8.82	25
高新技术企业数占规上企业比例增长率 /%	156.00	3
万人技术合同交易额 / 万元	5.83	63
万人技术合同交易额增长率 /%	-97.56	74
高新技术产业产值 / 亿元	12.88	44
高新技术产业产值增长率 /%	-12.50	48

10. 龙里县

规模以上工业企业 R&D 经费支出占主营业务收入比重为 0.40%，居全省第 49 位。财政支出中科学技术支出 6292.00 万元，居全省第 41 位，财政支出中科学技术支出占一般公共预算支出比重为 2.00%，居全省第 37 位。万人规模以上工业企业研究与发展（R&D）人员数 33.99 人，居全省第 7 位。有 R&D 活动的企业占比为 40.00%，居全省第 11 位。专利申请量 279 件，居全省第 30 位，万人专利申请量 17.21 件，居全省第 13 位。有效发明专利拥有量 65 件，居全省第 25 位，万人有效发明专利拥有量 4.01 件，居全省第 12 位。高新技术企业数占规上企业比例 11.26%，居全省第 21 位。万人技术合同交易额 33.70 万元，居全省第 41 位。高新技术产业产值 94.15 亿元，居全省第 11 位。9 项增长率指标中，1 项指标增长率为 0 或负数。

龙里县综合科技创新水平指数为 91.57%，居全省第 12 位，与上年相比监测值提高 2.63 个百分点，上升 4 位。在 3 个一级指标中，科技投入指数为 98.59%，居全省第 7 位；科技创新环境和基础指数为 98.33%，居全省第 25 位；科技产出指数为 78.76%，居全省第 16 位（表 2-87）。

表 2-87　龙里县 2018 年科技创新水平指数

指标名称	指标值	位次
综合科技创新水平指数 /%	91.57	12
科技投入 /%	98.59	7
规模以上工业企业 R&D 经费支出占主营业务收入比重 /%	0.40	49
规模以上工业企业 R&D 经费支出占主营业务收入比重增长率 /%	665.37	14
财政支出中科学技术支出占一般公共预算支出比重 /%	2.00	37
财政支出中科学技术支出占一般公共预算支出比重增长率 /%	16.00	25
科技创新环境和基础 /%	98.33	25
万人规模以上工业企业研究与发展（R&D）人员数 / 人	33.99	7
万人规模以上工业企业研究与发展（R&D）人员数增长率 /%	1207.86	3
有 R&D 活动的企业占比 /%	40.00	11
有 R&D 活动的企业占比增长率 /%	773.33	5
万人专利申请量 / 件	17.21	13
万人专利申请量增长率 /%	-40.70	79
科技产出 /%	78.76	16
万人有效发明专利拥有量 / 件	4.01	12
万人有效发明专利拥有量增长率 /%	13.68	56
高新技术企业数占规上企业比例 /%	11.26	21
高新技术企业数占规上企业比例增长率 /%	58.00	21
万人技术合同交易额 / 万元	33.70	41
万人技术合同交易额增长率 /%	37.78	23
高新技术产业产值 / 亿元	94.15	11
高新技术产业产值增长率 /%	18.62	30

11. 惠水县

规模以上工业企业R&D经费支出占主营业务收入比重为0.25%，居全省第63位。财政支出中科学技术支出8552.00万元，居全省第29位，财政支出中科学技术支出占一般公共预算支出比重为2.51%，居全省第22位。万人规模以上工业企业研究与发展（R&D）人员数6.89人，居全省第28位。有R&D活动的企业占比为5.56%，居全省第72位。专利申请量232件，居全省第38位，万人专利申请量6.47件，居全省第45位。有效发明专利拥有量19件，居全省第54位，万人有效发明专利拥有量0.53件，居全省第54位。高新技术企业数占规上企业比例6.84%，居全省第33位。万人技术合同交易额153.35万元，居全省第24位。高新技术产业产值42.86亿元，居全省第26位。9项增长率指标中，3项指标增长率为0或负数。

惠水县综合科技创新水平指数为88.14%，居全省第19位，与上年相比监测值提高11.08个百分点，上升19位。在3个一级指标中，科技投入指数为94.94%，居全省第38位；科技创新环境和基础指数为100.00%，居全省第1位；科技产出指数为71.18%，居全省第22位（表2-88）。

表2-88 惠水县2018年科技创新水平指数

指标名称	指标值	位次
综合科技创新水平指数 /%	88.14	19
科技投入 /%	94.94	38
规模以上工业企业R&D经费支出占主营业务收入比重 /%	0.25	63
规模以上工业企业R&D经费支出占主营业务收入比重增长率 /%	145.79	33
财政支出中科学技术支出占一般公共预算支出比重 /%	2.51	22
财政支出中科学技术支出占一般公共预算支出比重增长率 /%	−5.00	54
科技创新环境和基础 /%	100.00	1
万人规模以上工业企业研究与发展（R&D）人员数 / 人	6.89	28
万人规模以上工业企业研究与发展（R&D）人员数增长率 /%	107.10	19
有R&D活动的企业占比 /%	5.56	72
有R&D活动的企业占比增长率 /%	34.72	38
万人专利申请量 / 件	6.47	45
万人专利申请量增长率 /%	45.59	28
科技产出 /%	71.18	22
万人有效发明专利拥有量 / 件	0.53	54
万人有效发明专利拥有量增长率 /%	11.52	58
高新技术企业数占规上企业比例 /%	6.84	33
高新技术企业数占规上企业比例增长率 /%	5.00	39
万人技术合同交易额 / 万元	153.35	24
万人技术合同交易额增长率 /%	−19.59	35
高新技术产业产值 / 亿元	42.86	26
高新技术产业产值增长率 /%	−30.62	56

12. 三都县

规模以上工业企业 R&D 经费支出占主营业务收入比重为 0.10%，居全省第 73 位。财政支出中科学技术支出 3711.00 万元，居全省第 57 位，财政支出中科学技术支出占一般公共预算支出比重为 1.30%，居全省第 54 位。万人规模以上工业企业研究与发展（R&D）人员数 1.07 人，居全省第 72 位。有 R&D 活动的企业占比为 11.76%，居全省第 55 位。专利申请量 78 件，居全省第 82 位，万人专利申请量 2.88 件，居全省第 74 位。有效发明专利拥有量 7 件，居全省第 70 位，万人有效发明专利拥有量 0.26 件，居全省第 69 位。万人技术合同交易额 202.09 万元，居全省第 21 位。高新技术产业产值 5.09 亿元，居全省第 55 位。9 项增长率指标中，3 项指标增长率为 0 或负数。

三都县综合科技创新水平指数为 69.81%，居全省第 60 位，与上年相比监测值提高 15.09 个百分点，上升 12 位。在 3 个一级指标中，科技投入指数为 75.34%，居全省第 68 位；科技创新环境和基础指数为 92.56%，居全省第 61 位；科技产出指数为 44.80%，居全省第 53 位（表 2-89）。

表 2-89 三都县 2018 年科技创新水平指数

指标名称	指标值	位次
综合科技创新水平指数 /%	69.81	60
科技投入 /%	75.34	68
规模以上工业企业 R&D 经费支出占主营业务收入比重 /%	0.10	73
规模以上工业企业 R&D 经费支出占主营业务收入比重增长率 /%	5.37	55
财政支出中科学技术支出占一般公共预算支出比重 /%	1.30	54
财政支出中科学技术支出占一般公共预算支出比重增长率 /%	-6.00	57
科技创新环境和基础 /%	92.56	61
万人规模以上工业企业研究与发展（R&D）人员数 / 人	1.07	72
万人规模以上工业企业研究与发展（R&D）人员数增长率 /%	-17.36	60
有 R&D 活动的企业占比 /%	11.76	55
有 R&D 活动的企业占比增长率 /%	64.71	28
万人专利申请量 / 件	2.88	74
万人专利申请量增长率 /%	6.57	54
科技产出 /%	44.80	53
万人有效发明专利拥有量 / 件	0.26	69
万人有效发明专利拥有量增长率 /%	16.37	53
高新技术企业数占规上企业比例 /%	0.00	68
高新技术企业数占规上企业比例增长率 /%	0.00	58
万人技术合同交易额 / 万元	202.09	21
万人技术合同交易额增长率 /%	1959.00	3
高新技术产业产值 / 亿元	5.09	55
高新技术产业产值增长率 /%	61.59	17

三、分类评价

（一）城区方阵

18个城区科技创新水平指数平均值为91.49%，较上年平均水平（91.64%）降低0.15个百分点，高于全省平均水平14.91个百分点。参照2017年科技创新水平指数排序，有6个县（市、区、特区）位次较上年同期上升，平坝区位次上升较快，由上年的第18位上升至第12位；有5个县（市、区、特区）位次较上年同期下降，都匀市位次下降较快，由上年的第6位下降至第18位（表2-90）。

表2-90 城区方阵科技创新水平指数排位

县（市、区、特区）	2018年		2017年		增降幅	
	指数	位次	指数	位次	指数	位次
云岩区	98.00	1	99.75	1	-1.75	0
南明区	97.80	2	98.30	2	-0.50	0
花溪区	97.78	3	98.15	3	-0.37	0
观山湖区	97.32	4	96.57	4	0.75	0
白云区	97.17	5	96.53	5	0.64	0
兴义市	96.58	6	92.93	9	3.65	3
乌当区	96.10	7	92.97	8	3.13	1
凯里市	95.66	8	94.36	7	1.30	-1
西秀区	95.57	9	90.74	12	4.83	3
播州区	93.90	10	91.26	10	2.64	0
红花岗区	89.55	11	88.26	15	1.29	4
平坝区	88.98	12	73.57	18	15.41	6
钟山区	88.89	13	84.22	17	4.67	4
七星关区	87.65	14	89.45	14	-1.80	0
碧江区	87.27	15	91.17	11	-3.90	-4
汇川区	81.58	16	90.11	13	-8.53	-3
万山区	78.69	17	84.78	16	-6.09	-1
都匀市	78.40	18	96.37	6	-17.97	-12

（二）县域第一方阵

22个县域第一方阵科技创新水平指数平均值为82.85%，较上年平均水平（79.61%）提高3.24个百分点，高于全省平均水平6.27个百分点。参照2017年科技创新水平指数排序，有11个县（市、区、特区）位次较上年同期上升，织金县位次上升较快，由上年的第22位上升至第4位；有9个县（市、区、特区）位次较上年同期下降，赤水市位次下降较快，由上年的第4位下降至第20位（表2-91）。

表2-91 县域第一方阵科技创新水平指数排位

县（市、区、特区）	2018年		2017年		增降幅	
	指数	位次	指数	位次	指数	位次
清镇市	92.44	1	83.70	9	8.74	8
龙里县	91.57	2	88.94	2	2.63	0
开阳县	90.32	3	84.83	8	5.49	5
织金县	89.64	4	67.16	22	22.48	18
修文县	89.15	5	85.74	6	3.41	1
福泉市	87.73	6	87.15	3	0.58	-3
玉屏县	86.91	7	85.88	5	1.03	-2
绥阳县	86.30	8	80.12	13	6.18	5
大方县	85.81	9	69.89	17	15.92	8
桐梓县	85.09	10	78.20	14	6.89	4
瓮安县	85.05	11	90.75	1	-5.70	-10
盘州市	84.37	12	85.21	7	-0.84	-5
金沙县	84.03	13	82.25	12	1.78	-1
息烽县	83.58	14	77.65	15	5.93	1
黔西县	82.84	15	69.61	18	13.23	3
兴仁市	79.66	16	75.99	16	3.67	0
仁怀市	79.22	17	67.29	21	11.93	4
水城县	79.22	17	69.19	19	10.03	2
习水县	74.55	19	83.33	10	-8.78	-9
赤水市	73.54	20	86.44	4	-12.90	-16
湄潭县	66.34	21	83.25	11	-16.91	-10
六枝特区	65.41	22	68.75	20	-3.34	-2

（三）县域第二方阵

23个县域第二方阵科技创新水平指数平均值为70.96%，较上年平均水平（66.09%）提高4.87个百分点，低于全省平均水平5.62个百分点。参照2017年科技创新水平指数排序，有12个县（市、区、特区）位次较上年同期上升，岑巩县位次上升较快，由上年的第14位上升至第5位；有9个县（市、区、特区）位次较上年同期下降，松桃县位次下降较快，由上年的第6位下降至第20位（表2-92）。

表2-92 县域第二方阵科技创新水平指数排位

县（市、区、特区）	2018年		2017年		增降幅	
	指数	位次	指数	位次	指数	位次
惠水县	88.14	1	77.06	5	11.08	4
贵定县	87.45	2	77.55	4	9.90	2

续表

县（市、区、特区）	2018年		2017年		增降幅	
	指数	位次	指数	位次	指数	位次
贞丰县	84.83	3	68.30	10	16.53	7
独山县	82.19	4	86.37	1	-4.18	-3
岑巩县	81.91	5	65.06	14	16.85	9
思南县	81.13	6	70.74	8	10.39	2
安龙县	80.68	7	68.07	11	12.61	4
普定县	74.95	8	78.67	2	-3.72	-6
普安县	72.38	9	60.86	17	11.52	8
三穗县	72.13	10	56.63	18	15.50	8
镇远县	71.62	11	71.23	7	0.39	-4
丹寨县	71.42	12	66.13	13	5.29	1
天柱县	71.11	13	52.33	21	18.78	8
正安县	68.62	14	77.72	3	-9.10	-11
务川县	67.70	15	70.69	9	-2.99	-6
纳雍县	67.05	16	61.63	16	5.42	0
麻江县	64.57	17	45.87	23	18.70	6
凤冈县	63.89	18	62.46	15	1.43	-3
余庆县	62.56	19	54.24	20	8.32	1
松桃县	60.08	20	76.27	6	-16.19	-14
德江县	57.17	21	54.33	19	2.84	-2
黎平县	54.65	22	51.36	22	3.29	0
道真县	45.84	23	66.46	12	-20.62	-11

（四）县域第三方阵（甲类）

15个县域第三方阵（甲类）科技创新水平指数平均值为64.93%，较上年平均水平（60.84%）提高4.09个百分点，低于全省平均水平11.65个百分点。参照2017年科技创新水平指数排序，有7个县（市、区、特区）位次较上年同期上升，晴隆县位次上升较快，由上年的第12位上升至第2位；有6个县（市、区、特区）位次较上年同期下降，石阡县位次下降较快，由上年的第6位下降至第14位（表2-93）。

表2-93 县域第三方阵甲类科技创新水平指数排位

县（市、区、特区）	2018年		2017年		增降幅	
	指数	位次	指数	位次	指数	位次
威宁县	78.90	1	67.82	5	11.08	4
晴隆县	77.91	2	51.61	12	26.30	10

续表

县（市、区、特区）	2018年		2017年		增降幅	
	指数	位次	指数	位次	指数	位次
长顺县	74.52	3	70.44	3	4.08	0
施秉县	70.79	4	56.87	10	13.92	6
黄平县	70.74	5	62.90	8	7.84	3
镇宁县	69.53	6	76.37	2	−6.84	−4
台江县	67.97	7	58.67	9	9.30	2
罗甸县	67.55	8	80.62	1	−13.07	−7
沿河县	67.10	9	64.53	7	2.57	−2
锦屏县	62.09	10	43.37	14	18.72	4
印江县	60.18	11	69.25	4	−9.07	−7
平塘县	59.92	12	48.09	13	11.83	1
从江县	54.97	13	52.78	11	2.19	−2
石阡县	46.40	14	67.35	6	−20.95	−8
榕江县	45.37	15	41.99	15	3.38	0

（五）县域第三方阵（乙类）

10个县域第三方阵（乙类）科技创新水平指数平均值为66.35%，较上年平均水平（52.54%）提高13.81个百分点，低于全省平均水平10.23个百分点。参照2017年科技创新水平指数排序，有5个县（市、区、特区），位次较上年同期上升，册亨县位次上升较快，由上年的第5位上升至第1位；有2个县（市、区、特区）位次较上年同期下降，赫章县位次下降较快，由上年的第1位下降至第9位（表2-94）。

表2-94 县域第三方阵乙类科技创新水平指数排位

县（市、区、特区）	2018年		2017年		增降幅	
	指数	位次	指数	位次	指数	位次
册亨县	76.17	1	47.03	5	29.14	4
望谟县	75.12	2	64.00	2	11.12	0
关岭县	70.74	3	46.75	6	23.99	3
三都县	69.81	4	54.72	4	15.09	0
江口县	68.61	5	44.73	8	23.88	3
剑河县	68.08	6	46.28	7	21.80	1
荔波县	67.47	7	63.75	3	3.72	−4
紫云县	58.51	8	44.61	9	13.90	1
赫章县	58.39	9	69.28	1	−10.89	−8
雷山县	50.57	10	44.25	10	6.32	0

第三部分 高等院校科技创新评价报告

一、高等院校综合科技创新水平评价

根据全省高校综合科技创新水平指数，全省 21 所高等院校分为三类。
第一类：综合科技创新水平指数高于 45% 的高等院校有 4 所；
第二类：综合科技创新水平指数低于 45%，但高于平均水平（30.07%）的高等院校有 3 所；
第三类：综合科技创新水平指数低于平均水平的高等院校有 14 所。

2018 年与 2017 年监测结果相比，高等院校综合科技创新水平指数平均水平下降 4.12 个百分点，遵义师范学院高于这一降幅（图 3-1）。

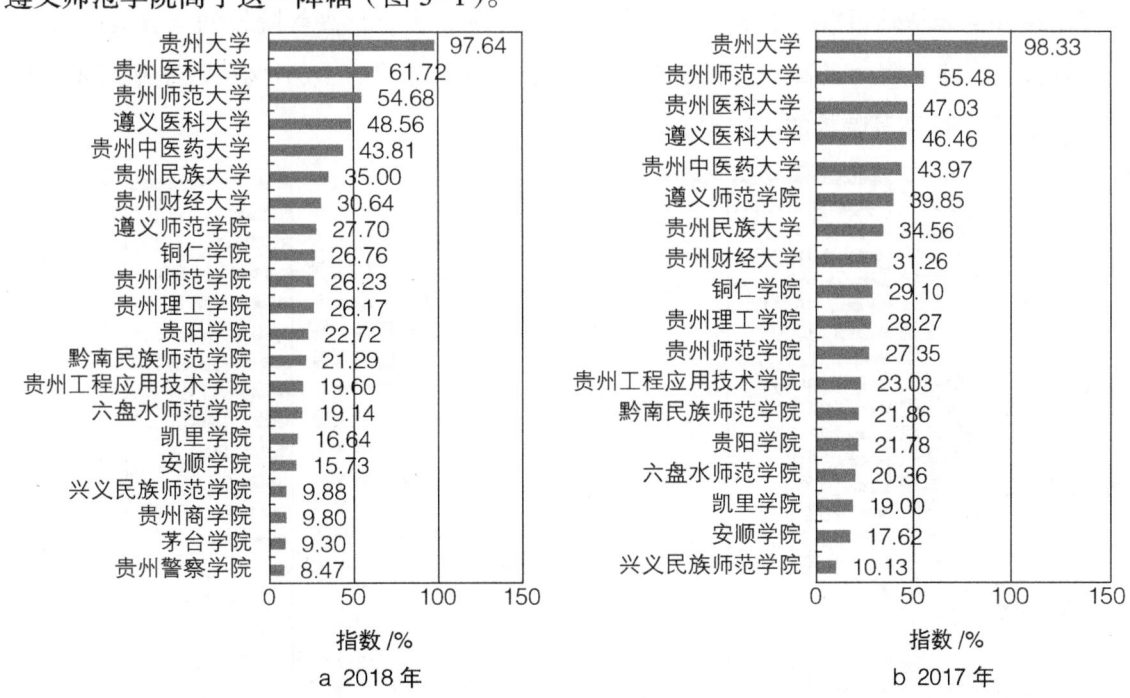

图 3-1 高等院校综合科技创新水平指数排序

参照 2017 年高等院校综合科技创新水平指数排序，贵州医科大学上升 1 位、贵州民族大学上升 1 位、贵州财经大学上升 1 位、贵州师范学院上升 1 位、贵阳学院上升 2 位；贵州师范大学下降 1 位、遵义师范学院下降 2 位、贵州理工学院下降 1 位、贵州工程应用技术学院下降 2 位；其余高等院校位次均不变（图 3-2）。

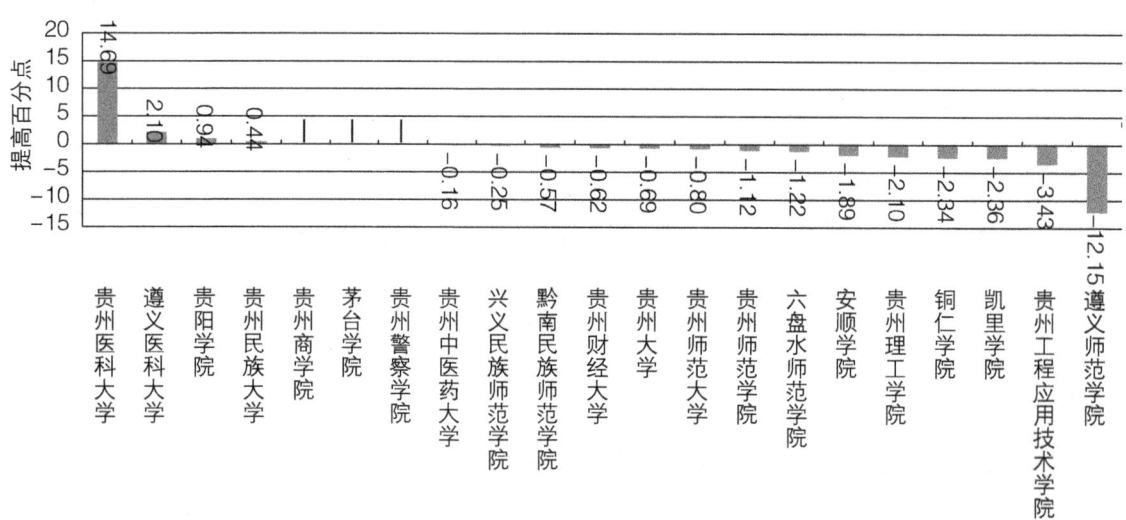

图 3-2 高等院校综合科技创新水平指数提高百分点排序

二、高等院校科技创新一级指标评价

（一）科技创新环境和基础

科技创新环境和基础指数高于 50% 的高等院校有 1 所，占全部高等院校的 4.76%；低于 50%，但高于平均水平（28.91%）的高等院校有 8 所，占全部高等院校的 38.10%；低于平均水平的高等院校有 12 所，占全部高等院校的 57.14%（图 3-3）。

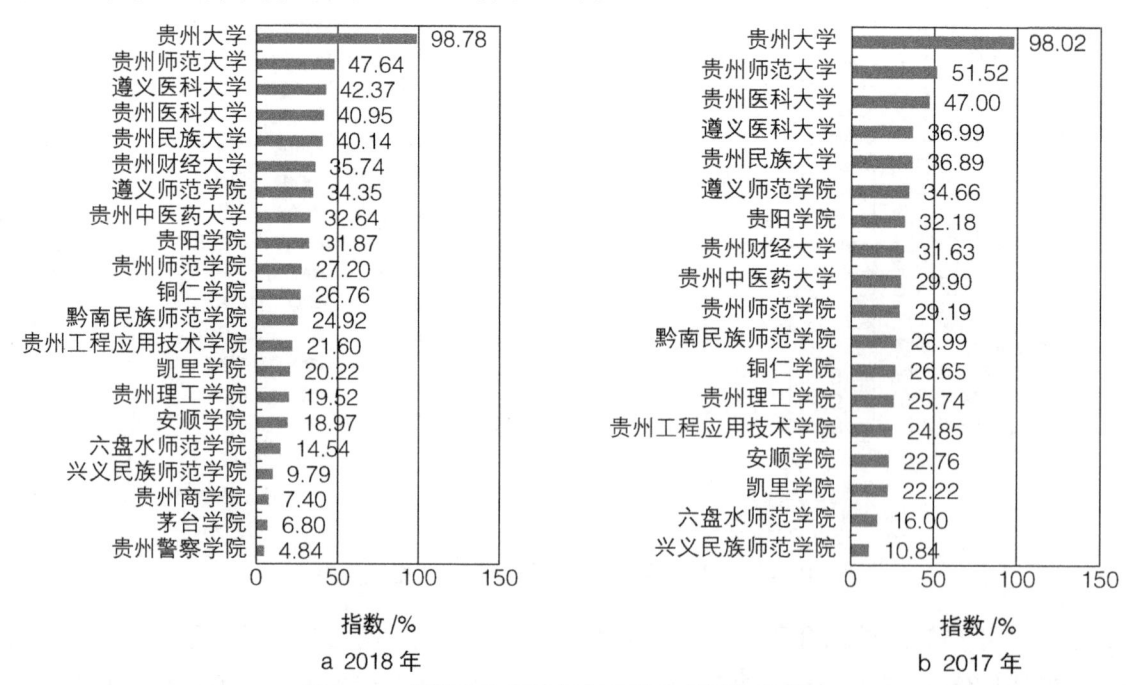

图 3-3 高等院校科技创新环境和基础指数排序

2018 年与 2017 年监测结果相比，科技创新环境和基础指数平均水平下降 4.65 个百分点，贵州理工学院、贵州医科大学等2所高等院校高于这一降幅（图3-4）。

参照2017年高等院校科技创新环境和基础指数排序，位次上升较快的是贵州财经大学，位次上升2位；位次下降较快的是贵阳学院、贵州理工学院，均下降2位。

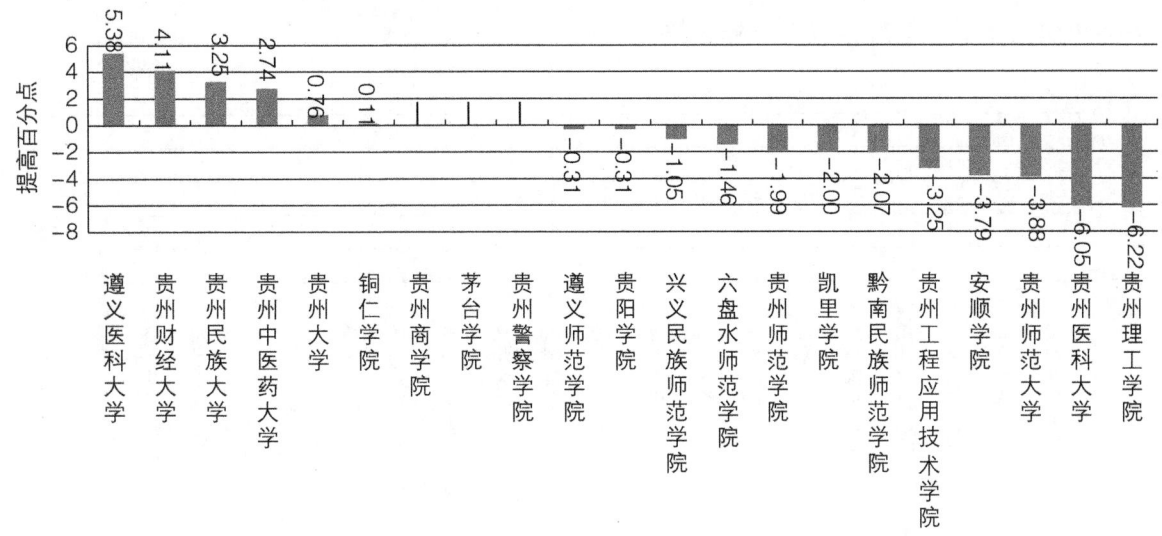

图3-4 高等院校科技创新环境和基础指数提高百分点排序

（二）科技投入

科技投入指数高于50%的高等院校有6所，占全部高等院校的28.57%；低于50%，但高于平均水平（41.20%）的高等院校有2所，占全部高等院校的9.52%；低于平均水平的高等院校有13所，占全部高等院校的61.90%（图3-5）。

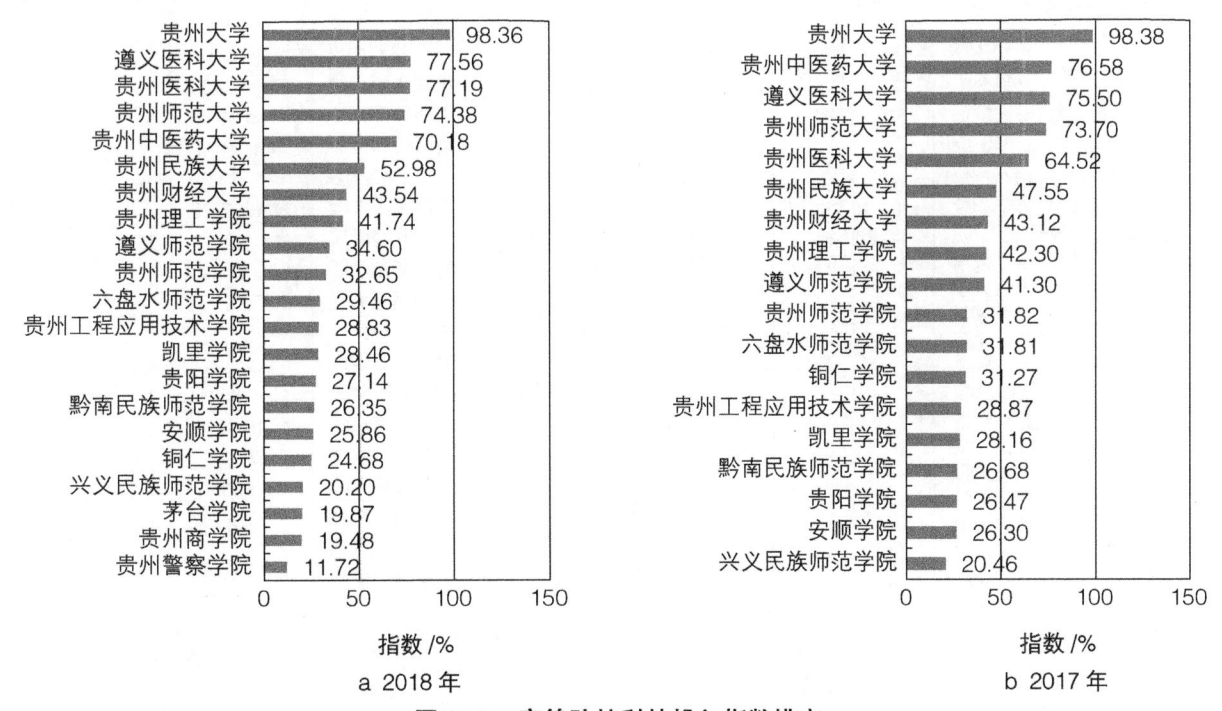

图3-5 高等院校科技投入指数排序

2018年与2017年监测结果相比,科技投入指数平均水平下降4.07个百分点,遵义师范学院、铜仁学院、贵州中医药大学等3所高等院校高于这一降幅(图3-6)。

参照2017年高等院校科技投入指数排序,位次上升较快的是贵州医科大学,位次上升2位;位次下降较快的是铜仁学院,位次下降2位。

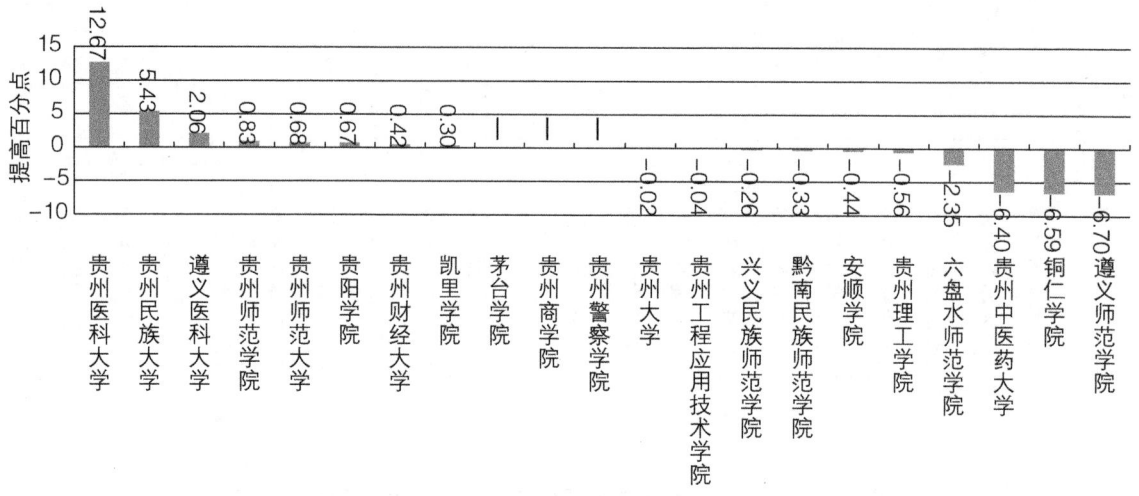

图3-6 高等院校科技投入指数提高百分点排序

(三)科技产出

科技产出指数高于50%的高等院校有2所,占全部高等院校的9.52%;低于50%,但高于平均水平(24.74%)的高等院校有7所,占全部高等院校的33.33%;低于平均水平的高等院校有12所,占全部高等院校的57.14%(图3-7)。

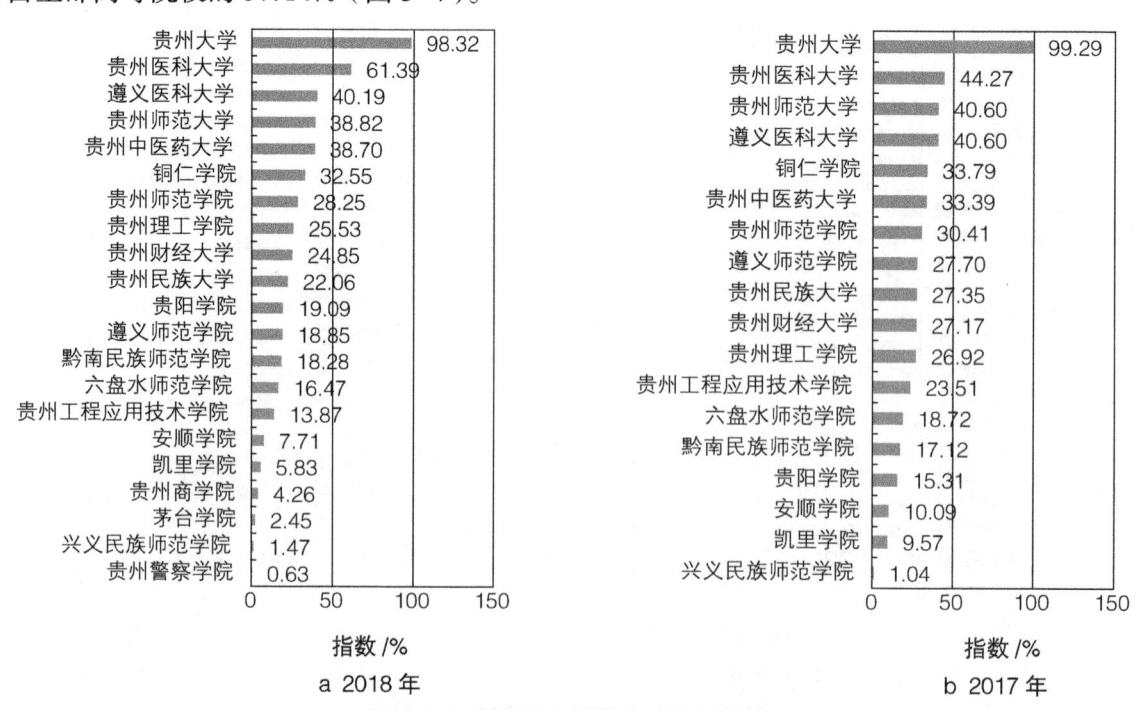

图3-7 高等院校科技产出指数排序

2018年与2017年监测结果相比，科技产出指数平均水平下降4.53个百分点，贵州工程应用技术学院、遵义师范学院、贵州民族大学等3所高等院校高于这一降幅（图3-8）。

参照2017年高等院校科技产出指数排序，位次上升较快的是贵阳学院，位次上升4位；位次下降较快的是遵义师范学院，位次下降4位。

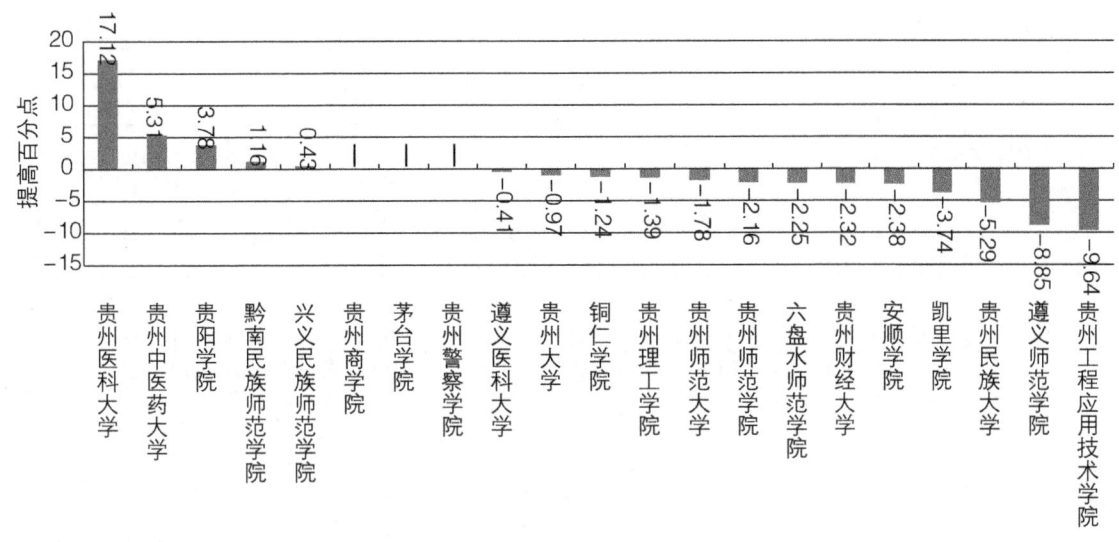

图3-8 高等院校科技产出指数提高百分点排序

（四）创新绩效

创新绩效指数高于50%的高等院校有2所，占全部高等院校的9.52%；低于50%，但高于平均水平（14.92%）的高等院校有4所，占全部高等院校的19.05%；低于平均水平的高等院校有15所，占全部高等院校的71.43%（图3-9）。

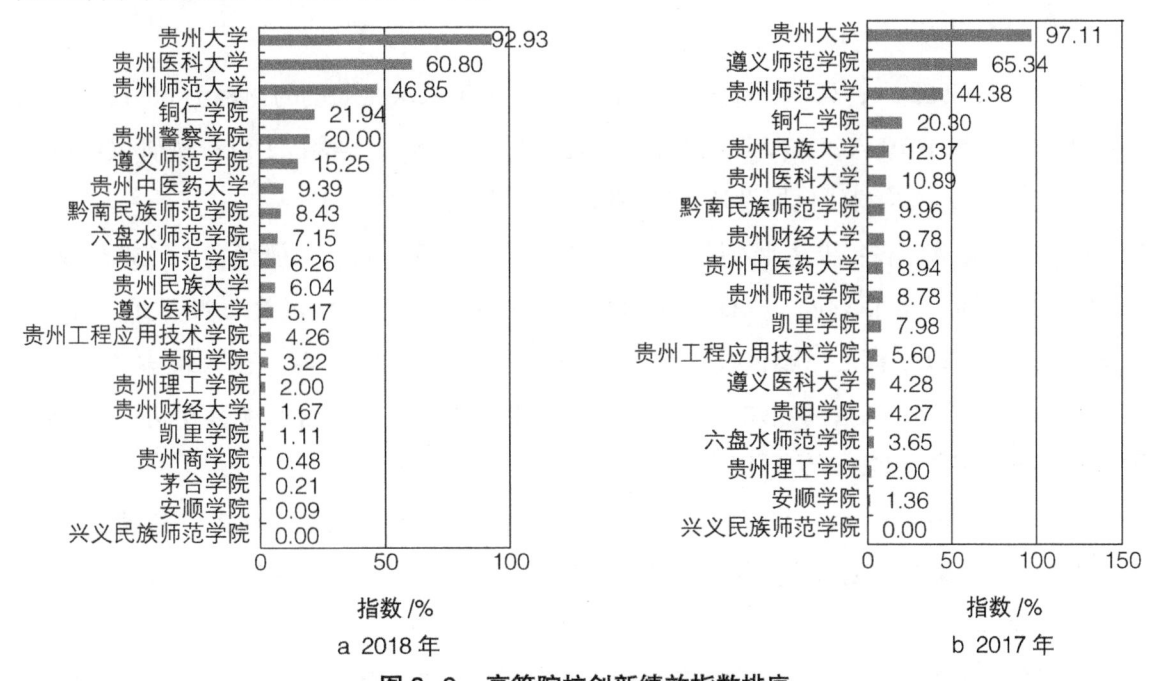

图3-9 高等院校创新绩效指数排序

2018年与2017年监测结果相比，创新绩效指数平均水平下降2.69个百分点，遵义师范学院、贵州财经大学、凯里学院等5所高等院校高于这一降幅（图3-10）。

参照2017年高等院校创新绩效指数排序，位次上升较快的是六盘水师范学院，位次上升6位；位次下降较快的是贵州财经大学，位次下降6位。

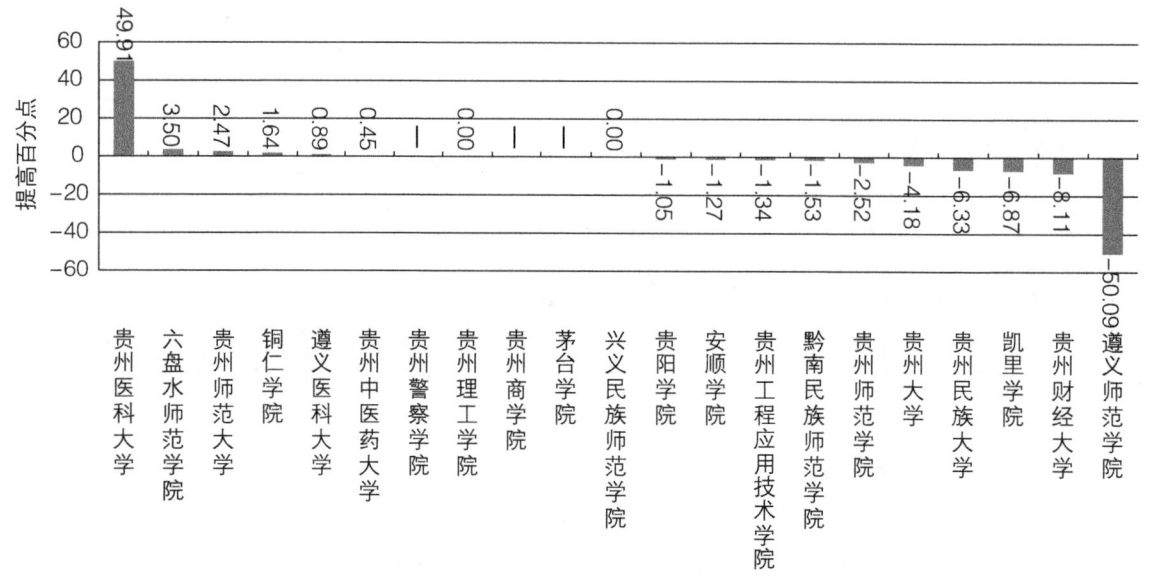

图3-10　高等院校创新绩效指数提高百分点排序

三、高等院校科技创新水平评价

（一）贵州大学

年末从业人员3932人；高学历以上人员2365人，占年末从业人员的比例为60.15%，居第13位；高职称以上人员1610人，占年末从业人员的比例为40.95%，居第11位；科研仪器设备资产原值55 485.43万元，人均科研仪器设备资产原值14.11万元，居第2位。

R&D人员1968人，占年末从业人员的比重为50.05%，居第5位；科研经费27 753.22万元，人均科研经费7.06万元，居第1位；R&D经费31 011.60万元，人均R&D经费7.89万元，居第2位。

发表科技论文4071篇（一般科技论文1849篇，核心期刊1643篇，三大检索工具收录579篇），科技论文系数为515.84，居第1位；省内合作项目531项，省外合作项目65项，产学研项目651项，项目合作系数为122.00，居第2位。

科技培训人数40 175人，对外科技咨询项数542项，科技特派员194人，科技服务系数为0.32，居第1位；知识产权创造的直接效益129.80万元，技术服务收入6969.84万元，经济效益系数为2224.44，居第1位。

贵州大学综合科技创新水平指数为97.64%，居第1位，与上年相比，监测值下降0.69个百分点，位次不变。在4个一级指标中，科技创新环境和基础较上年上升0.76个百分点，位次不变。科技投入较上年下降0.02个百分点，位次不变。科技产出较上年下降0.97个百分点，位次不变。创新绩效较上年下降4.18个百分点，位次不变（表3-1）。

表3-1 贵州大学各级监测指标和位次与上年比较

指标名称	三级指标值 2018年	三级指标值 2017年	位次 2018年	位次 2017年
综合科技创新水平指数 /%	97.64	98.33	1	1
科技创新环境和基础 /%	98.78	98.02	1	1
人力资源 /%	96.96	96.17	1	1
高层次科技人才系数	8.40	9.49	1	1
高学历以上人员占年末从业人员的比例 /%	60.15	55.85	13	11
高职称以上人员占年末从业人员的比例 /%	40.95	40.37	11	12
创新条件及平台 /%	100.00	99.25	1	1
人均科研仪器设备资产原值 / 万元	14.11	7.80	2	5
省级以上创新平台及载体系数	4.42	4.42	1	1
学科建设系数	8.75	8.75	1	1
研究生在校生人数占总在校生人数的比重 /%	22.97	25.35	1	1
科技投入 /%	98.36	98.38	1	1
人力投入 /%	96.71	96.75	4	3
创新人才团队总量系数	23.27	23.27	1	1
R&D人员占年末从业人员的比重 /%	50.05	50.51	5	4
经费投入 /%	100.00	100.00	1	1
人均科研经费 / 万元	7.06	5.89	1	2
人均R&D经费 / 万元	7.89	7.96	2	2
科技产出 /%	98.32	99.29	1	1
知识产出 /%	100.00	100.00	1	1
科技论文系数	515.84	528.42	1	1
知识产权系数	169.99	153.22	1	1
科技奖励 /%	100.00	100.00	1	1
科技成果系数	2.24	2.24	1	1
技术成果市场化水平 /%	100.00	100.00	1	1
人均技术市场成交合同金额 / 万元	2.27	1.89	1	1
科技合作交流 /%	88.80	95.25	1	1
项目合作系数	122.00	138.12	2	1
论文论著合作系数	206.12	195.12	2	1
创新绩效 /%	92.93	97.11	1	1
科技服务 /%	100.00	100.00	1	1

续表

指标名称	三级指标值		位次	
	2018年	2017年	2018年	2017年
科技服务系数	0.32	0.43	1	1
产学研结合 /%	82.33	92.78	2	1
产学研结合系数	37.05	41.75	2	1
创造效益 /%	100.00	100.00	1	1
经济效益系数	2224.44	1990.70	1	1

（二）贵州医科大学

年末从业人员1533人；高学历以上人员1017人，占年末从业人员的比例为66.34%，居第12位；高职称以上人员596人，占年末从业人员的比例为38.88%，居第17位；科研仪器设备资产原值40 403.90万元，人均科研仪器设备资产原值26.36万元，居第1位。

R&D人员825人，占年末从业人员的比重为53.82%，居第4位；科研经费8776.86万元，人均科研经费5.73万元，居第2位；R&D经费6173.00万元，人均R&D经费4.03万元，居第6位。

发表科技论文1801篇（一般科技论文611篇，核心期刊821篇，三大检索工具收录369篇），科技论文系数为259.26，居第2位；省内合作项目66项，省外合作项目42项，产学研项目10 120项，项目合作系数为615.41，居第1位。

技术服务收入2534.78万元，经济效益系数为779.93，居第3位。

贵州医科大学综合科技创新水平指数为61.72%，居第2位，与上年相比，监测值上升14.69个百分点，位次上升1位。在4个一级指标中，科技创新环境和基础较上年下降6.05个百分点，位次下降1位。科技投入较上年上升12.67个百分点，位次上升2位。科技产出较上年上升17.12个百分点，位次不变。创新绩效较上年上升49.91个百分点，位次上升4位（表3-2）。

表3-2 贵州医科大学各级监测指标和位次与上年比较

指标名称	三级指标值		位次	
	2018年	2017年	2018年	2017年
综合科技创新水平指数 /%	61.72	47.03	2	3
科技创新环境和基础 /%	40.95	47.00	4	3
人力资源 /%	51.76	68.41	3	2
高层次科技人才系数	3.42	3.38	2	2
高学历以上人员占年末从业人员的比例 /%	66.34	36.01	12	18
高职称以上人员占年末从业人员的比例 /%	38.88	32.04	17	18
创新条件及平台 /%	33.74	32.73	5	5
人均科研仪器设备资产原值 / 万元	26.36	6.14	1	8

续表

指标名称	三级指标值		位次	
	2018年	2017年	2018年	2017年
省级以上创新平台及载体系数	0.83	0.83	3	3
学科建设系数	1.25	1.25	16	17
研究生在校生人数占总在校生人数的比重/%	9.42	9.43	4	3
科技投入/%	77.19	64.52	3	5
人力投入/%	97.07	93.55	3	5
创新人才团队总量系数	6.82	6.82	3	3
R&D人员占年末从业人员的比重/%	53.82	16.47	4	17
经费投入/%	57.31	35.48	2	5
人均科研经费/万元	5.73	1.15	2	10
人均R&D经费/万元	4.03	1.23	6	15
科技产出/%	61.39	44.27	2	2
知识产出/%	100.00	65.24	1	6
科技论文系数	259.26	209.89	2	2
知识产权系数	16.24	6.98	7	16
科技奖励/%	18.95	31.58	4	2
科技成果系数	0.36	0.60	4	2
技术成果市场化水平/%	78.81	66.47	2	2
人均技术市场成交合同金额/万元	0.48	0.13	2	5
科技合作交流/%	60.00	2.33	2	15
项目合作系数	615.41	5.82	1	10
论文论著合作系数	0.00	0.00	20	15
创新绩效/%	60.80	10.89	2	6
科技服务/%	0.00	0.00	16	17
科技服务系数	0.00	0.00	16	17
产学研结合/%	100.00	13.89	1	5
产学研结合系数	511.00	6.25	1	5
创造效益/%	52.00	13.34	3	5
经济效益系数	779.93	200.08	3	5

（三）贵州师范大学

年末从业人员2584人；高学历以上人员1918人，占年末从业人员的比例为74.23%，居第6位；高职称以上人员1053人，占年末从业人员的比例为40.75%，居第13位；科研仪器设备资产原值4452.62万元，人均科研仪器设备资产原值1.72万元，居第14位。

R&D 人员 816 人，占年末从业人员的比重为 31.58%，居第 13 位；科研经费 7908.40 万元，人均科研经费 3.06 万元，居第 4 位；R&D 经费 7486.30 万元，人均 R&D 经费 2.90 万元，居第 11 位。

发表科技论文 1192 篇（一般科技论文 251 篇，核心期刊 488 篇，三大检索工具收录 453 篇），科技论文系数为 220.11，居第 3 位；省内合作项目 14 项，省外合作项目 3 项，产学研项目 161 项，项目合作系数为 12.53，居第 5 位。

科技培训人数 1260 人，对外科技咨询项数 161 项，科技特派员 68 人，科技服务系数为 0.11，居第 3 位；技术服务收入 3359.50 万元，经济效益系数为 1076.00，居第 2 位。

贵州师范大学综合科技创新水平指数为 54.68%，居第 3 位，与上年相比，监测值下降 0.80 个百分点，位次下降 1 位。在 4 个一级指标中，科技创新环境和基础较上年下降 3.88 个百分点，位次不变。科技投入较上年上升 0.68 个百分点，位次不变。科技产出较上年下降 1.78 个百分点，位次下降 1 位。创新绩效较上年上升 2.47 个百分点，位次不变（表 3-3）。

表 3-3 贵州师范大学各级监测指标和位次与上年比较

指标名称	三级指标值		位次	
	2018 年	2017 年	2018 年	2017 年
综合科技创新水平指数 /%	54.68	55.48	3	2
科技创新环境和基础 /%	47.64	51.52	2	2
人力资源 /%	59.20	65.61	2	3
高层次科技人才系数	2.46	3.22	6	3
高学历以上人员占年末从业人员的比例 /%	74.23	72.23	6	4
高职称以上人员占年末从业人员的比例 /%	40.75	42.44	13	9
创新条件及平台 /%	39.94	42.12	2	2
人均科研仪器设备资产原值 / 万元	1.72	3.31	14	11
省级以上创新平台及载体系数	1.38	1.38	2	2
学科建设系数	2.50	2.50	9	11
研究生在校生人数占总在校生人数的比重 /%	10.08	9.54	3	2
科技投入 /%	74.38	73.70	4	4
人力投入 /%	94.97	94.93	5	4
创新人才团队总量系数	7.64	7.64	2	2
R&D 人员占年末从业人员的比重 /%	31.58	31.17	13	11
经费投入 /%	53.80	52.48	4	3
人均科研经费 / 万元	3.06	2.91	4	6
人均 R&D 经费 / 万元	2.90	2.86	11	8
科技产出 /%	38.82	40.60	4	3
知识产出 /%	94.02	90.38	3	2
科技论文系数	220.11	201.89	3	4

续表

指标名称	三级指标值		位次	
	2018年	2017年	2018年	2017年
知识产权系数	20.36	21.86	5	5
科技奖励 /%	11.05	18.95	5	5
科技成果系数	0.21	0.36	5	5
技术成果市场化水平 /%	0.00	0.00	7	8
人均技术市场成交合同金额 / 万元	0.00	0.00	7	8
科技合作交流 /%	45.01	45.67	5	3
项目合作系数	12.53	14.18	5	3
论文论著合作系数	93.56	123.38	3	2
创新绩效 /%	46.85	44.38	3	3
科技服务 /%	55.00	70.00	3	2
科技服务系数	0.11	0.14	3	2
产学研结合 /%	17.89	18.22	4	4
产学研结合系数	8.05	8.20	4	4
创造效益 /%	71.73	57.73	2	3
经济效益系数	1076.00	866.01	2	3

（四）遵义医科大学

年末从业人员1473人；高学历以上人员1006人，占年末从业人员的比例为68.30%，居第10位；高职称以上人员742人，占年末从业人员的比例为50.37%，居第4位；科研仪器设备资产原值6262万元，人均科研仪器设备资产原值4.25万元，居第9位。

R&D人员1473人，占年末从业人员的比重为100.00%，居第1位；科研经费5698.00万元，人均科研经费3.87万元，居第3位；R&D经费9798.30万元，人均R&D经费6.65万元，居第3位。

发表科技论文1662篇（一般科技论文857篇，核心期刊367篇，三大检索工具收录438篇），科技论文系数为218.63，居第4位；省内合作项目1项，省外合作项目3项，产学研项目13项，项目合作系数为1.76，居第13位。

科技培训人数13 300人，对外科技咨询项数80项，科技特派员24人，科技服务系数为0.04，居第4位；知识产权创造的直接效益10.00万元，技术服务收入52.30万元，经济效益系数为22.25，居第11位。

遵义医科大学综合科技创新水平指数为48.56%，居第4位，与上年相比，监测值上升2.10个百分点，位次不变。在4个一级指标中，科技创新环境和基础较上年上升5.38个百分点，位次上升1位。科技投入较上年上升2.06个百分点，位次上升1位。科技产出较上年下降0.41个百分点，位次不变。创新绩效较上年上升0.89个百分点，位次上升1位（表3-4）。

表 3-4 遵义医科大学各级监测指标和位次与上年比较

指标名称	三级指标值		位次	
	2018 年	2017 年	2018 年	2017 年
综合科技创新水平指数 /%	48.56	46.46	4	4
科技创新环境和基础 /%	42.37	36.99	3	4
人力资源 /%	51.71	45.83	4	4
高层次科技人才系数	3.05	2.74	3	4
高学历以上人员占年末从业人员的比例 /%	68.30	54.17	10	13
高职称以上人员占年末从业人员的比例 /%	50.37	48.75	4	3
创新条件及平台 /%	36.15	31.10	3	6
人均科研仪器设备资产原值 / 万元	4.25	3.64	9	10
省级以上创新平台及载体系数	0.50	0.50	5	5
学科建设系数	2.50	2.50	9	11
研究生在校生人数占总在校生人数的比重 /%	12.62	7.73	2	4
科技投入 /%	77.56	75.50	2	3
人力投入 /%	100.00	100.00	1	1
创新人才团队总量系数	4.36	4.36	4	4
R&D 人员占年末从业人员的比重 /%	100.00	100.00	1	1
经费投入 /%	55.13	51.01	3	4
人均科研经费 / 万元	3.87	3.26	3	4
人均 R&D 经费 / 万元	6.65	6.64	3	3
科技产出 /%	40.19	40.60	3	3
知识产出 /%	76.16	89.06	4	3
科技论文系数	218.63	205.47	4	3
知识产权系数	9.73	14.39	14	10
科技奖励 /%	21.05	21.05	3	4
科技成果系数	0.40	0.40	3	4
技术成果市场化水平 /%	19.33	0.00	5	8
人均技术市场成交合同金额 / 万元	0.12	0.00	5	8
科技合作交流 /%	40.70	43.46	7	4
项目合作系数	1.76	8.65	13	5
论文论著合作系数	236.88	81.62	1	4
创新绩效 /%	5.17	4.28	12	13
科技服务 /%	20.00	10.00	4	9
科技服务系数	0.04	0.02	4	9
产学研结合 /%	1.44	4.33	13	9
产学研结合系数	0.65	1.95	13	9
创造效益 /%	1.48	1.37	11	13
经济效益系数	22.25	20.62	11	13

(五)贵州中医药大学

年末从业人员860人;高学历以上人员672人,占年末从业人员的比例为78.14%,居第4位;高职称以上人员518人,占年末从业人员的比例为60.23%,居第2位;科研仪器设备资产原值2909.64万元,人均科研仪器设备资产原值3.38万元,居第11位。

R&D人员860人,占年末从业人员的比重为100.00%,居第2位;科研经费2551.73万元,人均科研经费2.97万元,居第5位;R&D经费8075.90万元,人均R&D经费9.39万元,居第1位。

发表科技论文1188篇(一般科技论文837篇,核心期刊268篇,三大检索工具收录83篇),科技论文系数为108.11,居第5位;省内合作项目21项,省外合作项目12项,产学研项目36项,项目合作系数为8.12,居第6位。

科技培训人数216人,对外科技咨询项数221项,科技服务系数为0.01,居第11位;知识产权创造的直接效益67.00万元,技术服务收入693.13万元,经济效益系数为254.50,居第5位。

贵州中医药大学综合科技创新水平指数为43.81%,居第5位,与上年相比,监测值下降0.16个百分点,位次不变。在4个一级指标中,科技创新环境和基础较上年上升2.74个百分点,位次上升1位。科技投入较上年下降6.40个百分点,位次下降3位。科技产出较上年上升5.31个百分点,位次上升1位。创新绩效较上年上升0.45个百分点,位次上升2位(表3-5)。

表3-5 贵州中医药大学各级监测指标和位次与上年比较

指标名称	三级指标值		位次	
	2018年	2017年	2018年	2017年
综合科技创新水平指数 /%	43.81	43.97	5	5
科技创新环境和基础 /%	32.64	29.90	8	9
人力资源 /%	42.51	37.27	8	8
高层次科技人才系数	2.56	2.03	5	6
高学历以上人员占年末从业人员的比例 /%	78.14	67.32	4	7
高职称以上人员占年末从业人员的比例 /%	60.23	58.69	2	1
创新条件及平台 /%	26.06	24.99	10	14
人均科研仪器设备资产原值 / 万元	3.38	1.62	11	14
省级以上创新平台及载体系数	0.58	0.58	4	4
学科建设系数	1.88	1.88	14	14
研究生在校生人数占总在校生人数的比重 /%	7.43	7.51	6	6
科技投入 /%	70.18	76.58	5	2
人力投入 /%	100.00	100.00	1	1
创新人才团队总量系数	3.73	3.73	5	5
R&D人员占年末从业人员的比重 /%	100.00	100.00	2	2
经费投入 /%	40.35	53.16	5	2

续表

指标名称	三级指标值		位次	
	2018年	2017年	2018年	2017年
人均科研经费/万元	2.97	6.66	5	1
人均R&D经费/万元	9.39	9.29	1	1
科技产出/%	38.70	33.39	5	6
知识产出/%	71.62	55.56	5	11
科技论文系数	108.11	69.11	5	8
知识产权系数	18.47	12.52	6	12
科技奖励/%	26.32	30.00	2	3
科技成果系数	0.50	0.57	2	3
技术成果市场化水平/%	7.59	2.02	6	7
人均技术市场成交合同金额/万元	0.08	0.02	6	7
科技合作交流/%	43.25	38.79	6	8
项目合作系数	8.12	7.35	6	7
论文论著合作系数	92.62	44.81	4	8
创新绩效/%	9.39	8.94	7	9
科技服务/%	5.00	20.00	11	5
科技服务系数	0.01	0.04	11	5
产学研结合/%	4.00	3.11	8	12
产学研结合系数	1.80	1.40	8	12
创造效益/%	16.97	9.23	5	8
经济效益系数	254.50	138.41	5	8

（六）贵州民族大学

年末从业人员1621人；高学历以上人员1146人，占年末从业人员的比例为70.70%，居第7位；高职称以上人员733人，占年末从业人员的比例为45.22%，居第7位；科研仪器设备资产原值1451.72万元，人均科研仪器设备资产原值0.90万元，居第18位。

R&D人员373人，占年末从业人员的比重为23.01%，居第18位；科研经费4407.99万元，人均科研经费2.72万元，居第6位；R&D经费5360.00万元，人均R&D经费3.31万元，居第9位。

发表科技论文790篇（一般科技论文423篇，核心期刊205篇，三大检索工具收录162篇），科技论文系数为96.74，居第6位；省内合作项目6项，省外合作项目3项，产学研项目15项，项目合作系数为3.00，居第11位。

科技培训人数821人，对外科技咨询项数15项，科技特派员6人，科技服务系数为0.01，居第11位；技术服务收入425.00万元，经济效益系数为130.77，居第7位。

贵州民族大学综合科技创新水平指数为35.00%，居第6位，与上年相比，监测值上升0.44个百分点，位次上升1位。在4个一级指标中，科技创新环境和基础较上年上升3.25个百分点，位次不变。科技投入较上年上升5.43个百分点，位次不变。科技产出较上年下降5.29个百分点，位次下降1位。创新绩效较上年下降6.33个百分点，位次下降6位（表3-6）。

表3-6 贵州民族大学各级监测指标和位次与上年比较

指标名称	三级指标值		位次	
	2018年	2017年	2018年	2017年
综合科技创新水平指数 /%	35.00	34.56	6	7
科技创新环境和基础 /%	40.14	36.89	5	5
人力资源 /%	47.04	40.06	6	7
高层次科技人才系数	2.32	1.52	7	7
高学历以上人员占年末从业人员的比例 /%	70.70	69.16	7	5
高职称以上人员占年末从业人员的比例 /%	45.22	45.22	7	6
创新条件及平台 /%	35.54	34.78	4	3
人均科研仪器设备资产原值 / 万元	0.90	1.17	18	16
省级以上创新平台及载体系数	0.12	0.12	11	10
学科建设系数	4.38	4.38	2	2
研究生在校生人数占总在校生人数的比重 /%	5.81	4.67	7	7
科技投入 /%	52.98	47.55	6	6
人力投入 /%	66.97	67.02	7	7
创新人才团队总量系数	1.64	1.64	7	7
R&D 人员占年末从业人员的比重 /%	23.01	23.62	18	16
经费投入 /%	38.98	28.08	6	6
人均科研经费 / 万元	2.72	1.22	6	9
人均 R&D 经费 / 万元	3.31	3.39	9	5
科技产出 /%	22.06	27.35	10	9
知识产出 /%	69.35	74.80	6	4
科技论文系数	96.74	124.00	6	5
知识产权系数	26.62	25.73	4	3
科技奖励 /%	0.00	0.00	11	12
科技成果系数	0.00	0.00	11	12
技术成果市场化水平 /%	0.00	0.00	7	8
人均技术市场成交合同金额 / 万元	0.00	0.00	7	8
科技合作交流 /%	8.40	32.72	15	9
项目合作系数	3.00	6.18	11	9
论文论著合作系数	9.00	37.81	14	9
创新绩效 /%	6.04	12.37	11	5

续表

指标名称	三级指标值		位次	
	2018 年	2017 年	2018 年	2017 年
科技服务 /%	5.00	40.00	11	4
科技服务系数	0.01	0.08	11	4
产学研结合 /%	3.89	5.00	9	8
产学研结合系数	1.75	2.25	9	8
创造效益 /%	8.72	5.93	7	11
经济效益系数	130.77	88.92	7	11

（七）贵州财经大学

年末从业人员 1996 人；高学历以上人员 1611 人，占年末从业人员的比例为 80.71%，居第 2 位；高职称以上人员 817 人，占年末从业人员的比例为 40.93%，居第 12 位；科研仪器设备资产原值 5902.00 万元，人均科研仪器设备资产原值 2.96 万元，居第 12 位。

R&D 人员 237 人，占年末从业人员的比重为 11.87%，居第 20 位；科研经费 1581.25 万元，人均科研经费 0.79 万元，居第 11 位；R&D 经费 589.30 万元，人均 R&D 经费 0.30 万元，居第 20 位。

发表科技论文 715 篇（一般科技论文 424 篇，核心期刊 210 篇，三大检索工具收录 81 篇），科技论文系数为 76.11，居第 8 位；省内合作项目 85 项，省外合作项目 72 项，项目合作系数为 31.18，居第 4 位。

科技培训人数 1710 人，对外科技咨询项数 26 项，科技特派员 6 人，科技服务系数为 0.01，居第 11 位。

贵州财经大学综合科技创新水平指数为 30.64%，居第 7 位，与上年相比，监测值下降 0.62 个百分点，位次上升 1 位。在 4 个一级指标中，科技创新环境和基础较上年上升 4.11 个百分点，位次上升 2 位。科技投入较上年上升 0.42 个百分点，位次不变。科技产出较上年下降 2.32 个百分点，位次上升 1 位。创新绩效较上年下降 8.11 个百分点，位次下降 8 位（表 3-7）。

表 3-7 贵州财经大学各级监测指标和位次与上年比较

指标名称	三级指标值		位次	
	2018	2017	2018	2017
综合科技创新水平指数 /%	30.64	31.26	7	8
科技创新环境和基础 /%	35.74	31.63	6	8
人力资源 /%	49.98	41.55	5	5
高层次科技人才系数	2.02	1.45	8	8
高学历以上人员占年末从业人员的比例 /%	80.71	76.96	2	1

续表

指标名称	三级指标值		位次	
	2018 年	2017 年	2018 年	2017 年
高职称以上人员占年末从业人员的比例 /%	40.93	38.09	12	14
创新条件及平台 /%	26.24	25.01	9	13
人均科研仪器设备资产原值 / 万元	2.96	3.15	12	12
省级以上创新平台及载体系数	0.25	0.25	7	7
学科建设系数	1.88	1.88	14	14
研究生在校生人数占总在校生人数的比重 /%	8.93	7.69	5	5
科技投入 /%	43.54	43.12	7	7
人力投入 /%	78.52	78.64	6	6
创新人才团队总量系数	2.27	2.27	6	6
R&D 人员占年末从业人员的比重 /%	11.87	13.16	20	18
经费投入 /%	8.56	7.59	17	16
人均科研经费 / 万元	0.79	0.71	11	13
人均 R&D 经费 / 万元	0.30	0.33	20	17
科技产出 /%	24.85	27.17	9	10
知识产出 /%	52.32	69.76	11	5
科技论文系数	76.11	98.79	8	6
知识产权系数	11.13	17.20	10	8
科技奖励 /%	3.68	8.95	8	6
科技成果系数	0.07	0.17	8	6
技术成果市场化水平 /%	0.00	0.00	7	8
人均技术市场成交合同金额 / 万元	0.00	0.00	7	8
科技合作交流 /%	52.47	20.73	4	12
项目合作系数	31.18	4.59	4	11
论文论著合作系数	55.69	23.62	6	12
创新绩效 /%	1.67	9.78	16	8
科技服务 /%	5.00	10.00	11	9
科技服务系数	0.01	0.02	11	9
产学研结合 /%	1.67	2.22	12	13
产学研结合系数	0.75	1.00	12	13
创造效益 /%	0.00	17.23	15	4
经济效益系数	0.00	258.48	15	4

（八）遵义师范学院

年末从业人员 1156 人；高学历以上人员 678 人，占年末从业人员的比例为 58.65%，居第 15

位；高职称以上人员 554 人，占年末从业人员的比例为 47.92%，居第 5 位；科研仪器设备资产原值 8007.25 万元，人均科研仪器设备资产原值 6.93 万元，居第 8 位。

R&D 人员 384 人，占年末从业人员的比重为 33.22%，居第 10 位；科研经费 799.97 万元，人均科研经费 0.69 万元，居第 14 位；R&D 经费 629.30 万元，人均 R&D 经费 0.54 万元，居第 18 位。

发表科技论文 788 篇（一般科技论文 623 篇，核心期刊 95 篇，三大检索工具收录 70 篇），科技论文系数为 66.58，居第 9 位；省内合作项目 18 项，省外合作项目 4 项，产学研项目 20 项，项目合作系数为 4.47，居第 8 位。

科技培训人数 250 人，对外科技咨询项数 2 项，科技特派员 20 人，科技服务系数为 0.03，居第 6 位；知识产权创造的直接效益 148.00 万元，技术服务收入 1061.00 万元，经济效益系数为 417.54，居第 4 位。

遵义师范学院综合科技创新水平指数为 27.70%，居第 8 位，与上年相比，监测值下降 12.15 个百分点，位次下降 2 位。在 4 个一级指标中，科技创新环境和基础较上年下降 0.31 个百分点，位次下降 1 位。科技投入较上年下降 6.70 个百分点，位次不变。科技产出较上年下降 8.85 个百分点，位次下降 4 位。创新绩效较上年下降 50.09 个百分点，位次下降 4 位（表 3-8）。

表 3-8　遵义师范学院各级监测指标和位次与上年比较

指标名称	三级指标值		位次	
	2018 年	2017 年	2018 年	2017 年
综合科技创新水平指数 /%	27.70	39.85	8	6
科技创新环境和基础 /%	34.35	34.66	7	6
人力资源 /%	43.46	41.33	7	6
高层次科技人才系数	2.81	2.65	4	5
高学历以上人员占年末从业人员的比例 /%	58.65	54.36	15	12
高职称以上人员占年末从业人员的比例 /%	47.92	47.91	5	4
创新条件及平台 /%	28.27	30.21	8	7
人均科研仪器设备资产原值 / 万元	6.93	5.40	8	9
省级以上创新平台及载体系数	0.00	0.00	12	11
学科建设系数	3.50	4.00	5	6
研究生在校生人数占总在校生人数的比重 /%	0.00	0.00	12	11
科技投入 /%	34.60	41.30	9	9
人力投入 /%	62.33	62.35	9	9
创新人才团队总量系数	1.36	1.36	8	8
R&D 人员占年末从业人员的比重 /%	33.22	33.45	10	8
经费投入 /%	6.86	20.24	18	8
人均科研经费 / 万元	0.69	2.96	14	5
人均 R&D 经费 / 万元	0.54	0.55	18	16

续表

指标名称	三级指标值		位次	
	2018年	2017年	2018年	2017年
科技产出 /%	18.85	27.70	12	8
知识产出 /%	53.45	61.40	10	8
科技论文系数	66.58	57.00	9	9
知识产权系数	12.04	19.61	9	6
科技奖励 /%	0.00	0.00	11	12
科技成果系数	0.00	0.00	11	12
技术成果市场化水平 /%	0.00	33.21	7	3
人均技术市场成交合同金额 / 万元	0.00	0.26	7	2
科技合作交流 /%	18.79	17.56	12	13
项目合作系数	4.47	11.29	8	4
论文论著合作系数	21.25	16.31	11	13
创新绩效 /%	15.25	65.34	6	2
科技服务 /%	15.00	45.00	6	3
科技服务系数	0.03	0.09	6	3
产学研结合 /%	2.78	59.56	10	2
产学研结合系数	1.25	26.80	10	2
创造效益 /%	27.84	81.30	4	2
经济效益系数	417.54	1219.46	4	2

（九）铜仁学院

年末从业人员 1008 人；高学历以上人员 552 人，占年末从业人员的比例为 54.76%，居第 18 位；高职称以上人员 429 人，占年末从业人员的比例为 42.56%，居第 10 位；科研仪器设备资产原值 7376.52 万元，人均科研仪器设备资产原值 7.32 万元，居第 7 位。

R&D 人员 348 人，占年末从业人员的比重为 34.52%，居第 8 位；科研经费 1125.09 万元，人均科研经费 1.12 万元，居第 8 位；R&D 经费 1662.70 万元，人均 R&D 经费 1.65 万元，居第 16 位。

发表科技论文 364 篇（一般科技论文 215 篇，核心期刊 88 篇，三大检索工具收录 61 篇），科技论文系数为 41.21，居第 13 位；省内合作项目 103 项，省外合作项目 22 项，产学研项目 268 项，项目合作系数为 34.35，居第 3 位。

科技培训人数 7500 人，对外科技咨询项数 105 项，科技特派员 10 人，科技服务系数为 0.02，居第 8 位；知识产权创造的直接效益 140.00 万元，技术服务收入 150.00 万元，经济效益系数为 151.15，居第 6 位。

铜仁学院综合科技创新水平指数为26.76%，居第9位，与上年相比，监测值下降2.34个百分点，位次不变。在4个一级指标中，科技创新环境和基础较上年上升0.11个百分点，位次上升1位。科技投入较上年下降6.59个百分点，位次下降5位。科技产出较上年下降1.24个百分点，位次下降1位。创新绩效较上年上升1.64个百分点，位次不变（表3-9）。

表3-9 铜仁学院各级监测指标和位次与上年比较

指标名称	三级指标值		位次	
	2018年	2017年	2018年	2017年
综合科技创新水平指数 /%	26.76	29.10	9	9
科技创新环境和基础 /%	26.76	26.65	11	12
人力资源 /%	21.27	24.24	16	13
高层次科技人才系数	0.38	0.81	16	11
高学历以上人员占年末从业人员的比例 /%	54.76	51.09	18	17
高职称以上人员占年末从业人员的比例 /%	42.56	46.02	10	5
创新条件及平台 /%	30.42	28.25	7	10
人均科研仪器设备资产原值 / 万元	7.32	2.34	7	13
省级以上创新平台及载体系数	0.00	0.00	12	11
学科建设系数	3.88	4.12	3	5
研究生在校生人数占总在校生人数的比重 /%	0.00	0.00	12	11
科技投入 /%	24.68	31.27	17	12
人力投入 /%	35.25	35.39	15	15
创新人才团队总量系数	0.00	0.00	15	15
R&D 人员占年末从业人员的比重 /%	34.52	35.99	8	6
经费投入 /%	14.10	27.15	15	7
人均科研经费 / 万元	1.12	3.53	8	3
人均 R&D 经费 / 万元	1.65	1.72	16	13
科技产出 /%	32.55	33.79	6	5
知识产出 /%	58.24	64.17	8	7
科技论文系数	41.21	70.84	13	7
知识产权系数	29.62	31.27	2	2
科技奖励 /%	7.37	7.37	6	7
科技成果系数	0.14	0.14	6	7
技术成果市场化水平 /%	22.20	20.81	4	5
人均技术市场成交合同金额 / 万元	0.20	0.19	4	4
科技合作交流 /%	53.74	51.98	3	2
项目合作系数	34.35	29.94	3	2

续表

指标名称	三级指标值		位次	
	2018 年	2017 年	2018 年	2017 年
论文论著合作系数	53.12	52.69	7	5
创新绩效 /%	21.94	20.30	4	4
科技服务 /%	10.00	20.00	8	5
科技服务系数	0.02	0.04	8	5
产学研结合 /%	39.78	31.00	3	3
产学研结合系数	17.90	13.95	3	3
创造效益 /%	10.08	9.76	6	7
经济效益系数	151.15	146.37	6	7

（十）贵州师范学院

年末从业人员 1093 人；高学历以上人员 821 人，占年末从业人员的比例为 75.11%，居第 5 位；高职称以上人员 495 人，占年末从业人员的比例为 45.29%，居第 6 位；科研仪器设备资产原值 301.18 万元，人均科研仪器设备资产原值 0.28 万元，居第 20 位。

R&D 人员 279 人，占年末从业人员的比重为 25.53%，居第 17 位；科研经费 971.83 万元，人均科研经费 0.89 万元，居第 10 位；R&D 经费 2845.60 万元，人均 R&D 经费 2.60 万元，居第 13 位。

发表科技论文 565 篇（一般科技论文 410 篇，核心期刊 129 篇，三大检索工具收录 26 篇），科技论文系数为 49.00，居第 10 位；省内合作项目 20 项，省外合作项目 2 项，产学研项目 22 项，项目合作系数为 4.24，居第 10 位。

科技培训人数 9720 人，对外科技咨询项数 140 项，科技服务系数为 0.01，居第 11 位；知识产权创造的直接效益 56.00 万元，技术服务收入 158.00 万元，经济效益系数为 85.85，居第 9 位。

贵州师范学院综合科技创新水平指数为 26.23%，居第 10 位，与上年相比，监测值下降 1.12 个百分点，位次上升 1 位。在 4 个一级指标中，科技创新环境和基础较上年下降 1.99 个百分点，位次不变。科技投入较上年上升 0.83 个百分点，位次不变。科技产出较上年下降 2.16 个百分点，位次不变。创新绩效较上年下降 2.52 个百分点，位次不变（表 3-10）。

表 3-10　贵州师范学院各级监测指标和位次与上年比较

指标名称	三级指标值		位次	
	2018 年	2017 年	2018 年	2017 年
综合科技创新水平指数 /%	26.23	27.35	10	11
科技创新环境和基础 /%	27.20	29.19	10	10
人力资源 /%	30.38	28.06	9	10

续表

指标名称	三级指标值		位次	
	2018 年	2017 年	2018 年	2017 年
高层次科技人才系数	0.94	0.71	11	14
高学历以上人员占年末从业人员的比例 /%	75.11	73.84	5	3
高职称以上人员占年末从业人员的比例 /%	45.29	41.88	6	10
创新条件及平台 /%	25.08	29.95	11	8
人均科研仪器设备资产原值 / 万元	0.28	0.49	20	18
省级以上创新平台及载体系数	0.25	0.25	7	7
学科建设系数	3.50	4.25	5	3
研究生在校生人数占总在校生人数的比重 /%	0.15	0.00	9	11
科技投入 /%	32.65	31.82	10	10
人力投入 /%	47.20	47.14	11	11
创新人才团队总量系数	0.64	0.64	11	11
R&D 人员占年末从业人员的比重 /%	25.53	24.91	17	14
经费投入 /%	18.10	16.51	8	13
人均科研经费 / 万元	0.89	0.63	10	14
人均 R&D 经费 / 万元	2.60	2.54	13	10
科技产出 /%	28.25	30.41	7	7
知识产出 /%	56.20	60.35	9	10
科技论文系数	49.00	51.74	10	11
知识产权系数	13.92	15.47	8	9
科技奖励 /%	0.00	0.00	11	12
科技成果系数	0.00	0.00	11	12
技术成果市场化水平 /%	28.97	30.28	3	4
人均技术市场成交合同金额 / 万元	0.24	0.25	3	3
科技合作交流 /%	37.30	41.65	9	6
项目合作系数	4.24	7.24	10	8
论文论著合作系数	44.50	48.44	8	7
创新绩效 /%	6.26	8.78	10	10
科技服务 /%	5.00	15.00	11	8
科技服务系数	0.01	0.03	11	8
产学研结合 /%	7.44	9.33	6	7
产学研结合系数	3.35	4.20	6	7
创造效益 /%	5.72	5.12	9	12
经济效益系数	85.85	76.85	9	12

(十一)贵州理工学院

年末从业人员 843 人;高学历以上人员 661 人,占年末从业人员的比例为 78.41%,居第 3 位;高职称以上人员 364 人,占年末从业人员的比例为 43.18%,居第 9 位;科研仪器设备资产原值 1310.00 万元,人均科研仪器设备资产原值 1.55 万元,居第 15 位。

R&D 人员 478 人,占年末从业人员的比重为 56.70%,居第 3 位;科研经费 1392.00 万元,人均科研经费 1.65 万元,居第 7 位;R&D 经费 2003.30 万元,人均 R&D 经费 2.38 万元,居第 14 位。

发表科技论文 576 篇(一般科技论文 278 篇,核心期刊 147 篇,三大检索工具收录 151 篇),科技论文系数为 80.05,居第 7 位;省内合作项目 6 项,省外合作项目 1 项,项目合作系数为 1.00,居第 15 位。

科技特派员 11 人,科技服务系数为 0.02,居第 8 位。

贵州理工学院综合科技创新水平指数为 26.17%,居第 11 位,与上年相比,监测值下降 2.10 个百分点,位次下降 1 位。在 4 个一级指标中,科技创新环境和基础较上年下降 6.22 个百分点,位次下降 2 位。科技投入较上年下降 0.56 个百分点,位次不变。科技产出较上年下降 1.39 个百分点,位次上升 3 位。创新绩效较上年不变,位次上升 1 位(表 3-11)。

表 3-11 贵州理工学院各级监测指标和位次与上年比较

指标名称	三级指标值		位次	
	2018 年	2017 年	2018 年	2017 年
综合科技创新水平指数 /%	26.17	28.27	11	10
科技创新环境和基础 /%	19.52	25.74	15	13
人力资源 /%	24.74	23.11	12	14
高层次科技人才系数	0.64	0.44	14	16
高学历以上人员占年末从业人员的比例 /%	78.41	76.07	3	2
高职称以上人员占年末从业人员的比例 /%	43.18	42.51	9	8
创新条件及平台 /%	16.04	27.50	16	11
人均科研仪器设备资产原值 / 万元	1.55	16.85	15	1
省级以上创新平台及载体系数	0.25	0.25	7	7
学科建设系数	2.00	2.38	13	13
研究生在校生人数占总在校生人数的比重 /%	0.00	0.00	12	11
科技投入 /%	41.74	42.30	8	8
人力投入 /%	64.54	64.43	8	8
创新人才团队总量系数	1.36	1.36	8	8
R&D 人员占年末从业人员的比重 /%	56.70	55.52	3	3
经费投入 /%	18.95	20.16	7	9
人均科研经费 / 万元	1.65	1.90	7	7

续表

指标名称	三级指标值		位次	
	2018 年	2017 年	2018 年	2017 年
人均 R&D 经费 / 万元	2.38	2.33	14	12
科技产出 /%	25.53	26.92	8	11
知识产出 /%	66.01	60.83	7	9
科技论文系数	80.05	54.16	7	10
知识产权系数	27.20	24.19	3	4
科技奖励 /%	6.32	6.32	7	8
科技成果系数	0.12	0.12	7	8
技术成果市场化水平 /%	0.00	0.00	7	8
人均技术市场成交合同金额 / 万元	0.00	0.00	7	8
科技合作交流 /%	23.45	43.06	11	5
项目合作系数	1.00	7.65	15	6
论文论著合作系数	28.81	120.19	10	3
创新绩效 /%	2.00	2.00	15	16
科技服务 /%	10.00	10.00	8	9
科技服务系数	0.02	0.02	8	9
产学研结合 /%	0.00	0.00	18	17
产学研结合系数	0.00	0.00	18	17
创造效益 /%	0.00	0.00	15	15
经济效益系数	0.00	0.00	15	15

（十二）贵阳学院

年末从业人员 928 人；高学历以上人员 651 人，占年末从业人员的比例为 70.15%，居第 8 位；高职称以上人员 413 人，占年末从业人员的比例为 44.50%，居第 8 位；科研仪器设备资产原值 7486.20 万元，人均科研仪器设备资产原值 8.07 万元，居第 6 位。

R&D 人员 302 人，占年末从业人员的比重为 32.54%，居第 11 位；科研经费 671.40 万元，人均科研经费 0.72 万元，居第 13 位；R&D 经费 161.90 万元，人均 R&D 经费 0.17 万元，居第 21 位。

发表科技论文 354 篇（一般科技论文 215 篇，核心期刊 105 篇，三大检索工具收录 34 篇），科技论文系数为 37.26，居第 14 位；省内合作项目 8 项，产学研项目 5 项，项目合作系数为 1.24，居第 14 位。

科技培训人数 4330 人，对外科技咨询项数 24 项，科技特派员 22 人，科技服务系数为 0.03，居第 6 位。

贵阳学院综合科技创新水平指数为 22.72%，居第 12 位，与上年相比，监测值上升 0.94 个百分点，位次上升 2 位。在 4 个一级指标中，科技创新环境和基础较上年下降 0.31 个百分点，位次下降 2 位。科技投入较上年上升 0.67 个百分点，位次上升 2 位。科技产出较上年上升 3.78 个百分点，位次上升 4 位。创新绩效较上年下降 1.05 个百分点，位次不变（表 3-12）。

表 3-12 贵阳学院各级监测指标和位次与上年比较

指标名称	三级指标值		位次	
	2018 年	2017 年	2018 年	2017 年
综合科技创新水平指数 /%	22.72	21.78	12	14
科技创新环境和基础 /%	31.87	32.18	9	7
人力资源 /%	30.03	28.33	10	9
高层次科技人才系数	1.25	1.09	9	9
高学历以上人员占年末从业人员的比例 /%	70.15	67.64	8	6
高职称以上人员占年末从业人员的比例 /%	44.50	44.23	8	7
创新条件及平台 /%	33.09	34.74	6	4
人均科研仪器设备资产原值 / 万元	8.07	7.01	6	6
省级以上创新平台及载体系数	0.29	0.29	6	6
学科建设系数	3.88	4.25	3	3
研究生在校生人数占总在校生人数的比重 /%	0.00	0.00	12	11
科技投入 /%	27.14	26.47	14	16
人力投入 /%	49.66	49.67	10	10
创新人才团队总量系数	0.73	0.73	10	10
R&D 人员占年末从业人员的比重 /%	32.54	32.58	11	10
经费投入 /%	4.61	3.27	20	18
人均科研经费 / 万元	0.72	0.47	13	15
人均 R&D 经费 / 万元	0.17	0.17	21	18
科技产出 /%	19.09	15.31	11	15
知识产出 /%	43.39	47.74	14	14
科技论文系数	37.26	35.53	14	14
知识产权系数	10.78	12.19	13	13
科技奖励 /%	0.00	2.63	11	9
科技成果系数	0.00	0.05	11	9
技术成果市场化水平 /%	0.00	0.00	7	8
人均技术市场成交合同金额 / 万元	0.00	0.00	7	8
科技合作交流 /%	40.50	0.42	8	17
项目合作系数	1.24	1.06	14	16
论文论著合作系数	56.75	0.00	5	15
创新绩效 /%	3.22	4.27	14	14
科技服务 /%	15.00	20.00	6	5

续表

指标名称	三级指标值		位次	
	2018年	2017年	2018年	2017年
科技服务系数	0.03	0.04	6	5
产学研结合 /%	0.56	0.67	15	16
产学研结合系数	0.25	0.30	15	16
创造效益 /%	0.00	0.00	15	15
经济效益系数	0.00	0.00	15	15

（十三）黔南民族师范学院

年末从业人员745人；高学历以上人员392人，占年末从业人员的比例为52.62%，居第20位；高职称以上人员409人，占年末从业人员的比例为54.90%，居第3位；科研仪器设备资产原值10 134.00万元，人均科研仪器设备资产原值13.60万元，居第3位。

R&D人员224人，占年末从业人员的比重为30.07%，居第15位；科研经费568.66万元，人均科研经费0.76万元，居第12位；R&D经费2920.10万元，人均R&D经费3.92万元，居第7位。

发表科技论文653篇（一般科技论文554篇，核心期刊83篇，三大检索工具收录16篇），科技论文系数为46.79，居第12位；省内合作项目15项，省外合作项目5项，产学研项目18项，项目合作系数为4.29，居第9位。

科技培训人数400人，对外科技咨询项数43项，科技特派员8人，科技服务系数为0.01，居第11位；知识产权创造的直接效益105.20万元，技术服务收入152.60万元，经济效益系数为123.62，居第8位。

黔南民族师范学院综合科技创新水平指数为21.29%，居第13位，与上年相比，监测值下降0.57个百分点，位次不变。在4个一级指标中，科技创新环境和基础较上年下降2.07个百分点，位次下降1位。科技投入较上年下降0.33个百分点，位次不变。科技产出较上年上升1.16个百分点，位次上升1位。创新绩效较上年下降1.53个百分点，位次下降1位（表3-13）。

表3-13 黔南民族师范学院各级监测指标和位次与上年比较

指标名称	三级指标值		位次	
	2018年	2017年	2018年	2017年
综合科技创新水平指数 /%	21.29	21.86	13	13
科技创新环境和基础 /%	24.92	26.99	12	11
人力资源 /%	24.94	24.68	11	12
高层次科技人才系数	0.97	0.92	10	10
高学历以上人员占年末从业人员的比例 /%	52.62	56.53	20	10

续表

指标名称	三级指标值		位次	
	2018年	2017年	2018年	2017年
高职称以上人员占年末从业人员的比例 /%	54.90	41.64	3	11
创新条件及平台 /%	24.91	28.53	12	9
人均科研仪器设备资产原值 / 万元	13.60	9.96	3	2
省级以上创新平台及载体系数	0.00	0.00	12	11
学科建设系数	2.50	3.25	9	8
研究生在校生人数占总在校生人数的比重 /%	1.09	0.76	8	8
科技投入 /%	26.35	26.68	15	15
人力投入 /%	34.83	34.27	18	18
创新人才团队总量系数	0.00	0.00	15	15
R&D 人员占年末从业人员的比重 /%	30.07	24.16	15	15
经费投入 /%	17.87	19.08	9	11
人均科研经费 / 万元	0.76	0.92	12	12
人均 R&D 经费 / 万元	3.92	3.15	7	7
科技产出 /%	18.28	17.12	13	14
知识产出 /%	45.69	37.42	13	15
科技论文系数	46.79	47.26	12	12
知识产权系数	10.90	8.39	12	14
科技奖励 /%	0.00	0.00	11	12
科技成果系数	0.00	0.00	11	12
技术成果市场化水平 /%	0.00	7.08	7	6
人均技术市场成交合同金额 / 万元	0.00	0.07	7	6
科技合作交流 /%	30.52	29.88	10	10
项目合作系数	4.29	3.71	9	12
论文论著合作系数	36.00	35.50	9	10
创新绩效 /%	8.43	9.96	8	7
科技服务 /%	5.00	10.00	11	9
科技服务系数	0.01	0.02	11	9
产学研结合 /%	10.33	11.33	5	6
产学研结合系数	4.65	5.10	5	6
创造效益 /%	8.24	8.58	8	9
经济效益系数	123.62	128.65	8	9

（十四）贵州工程应用技术学院

年末从业人员876人；高学历以上人员474人，占年末从业人员的比例为54.11%，居第19位；

高职称以上人员347人，占年末从业人员的比例为39.61%，居第14位；科研仪器设备资产原值3471.20万元，人均科研仪器设备资产原值3.96万元，居第10位。

R&D人员250人，占年末从业人员的比重为28.54%，居第16位；科研经费863.13万元，人均科研经费0.99万元，居第9位；R&D经费2065.40万元，人均R&D经费2.36万元，居第15位。

发表科技论文123篇（一般科技论文54篇，核心期刊40篇，三大检索工具收录29篇），科技论文系数为17.05，居第17位；省内合作项目1项，产学研项目2项，项目合作系数为0.24，居第16位。

科技培训人数810人，科技特派员11人，科技服务系数为0.02，居第8位；技术服务收入237.90万元，经济效益系数为73.20，居第10位。

贵州工程应用技术学院综合科技创新水平指数为19.60%，居第14位，与上年相比，监测值下降3.43个百分点，位次下降2位。在4个一级指标中，科技创新环境和基础较上年下降3.25个百分点，位次上升1位。科技投入较上年下降0.04个百分点，位次上升1位。科技产出较上年下降9.64个百分点，位次下降3位。创新绩效较上年下降1.34个百分点，位次下降1位（表3-14）。

表3-14 贵州工程应用技术学院各级监测指标和位次与上年比较

指标名称	三级指标值		位次	
	2018年	2017年	2018年	2017年
综合科技创新水平指数/%	19.60	23.03	14	12
科技创新环境和基础/%	21.60	24.85	13	14
人力资源/%	22.06	21.35	15	15
高层次科技人才系数	0.75	0.75	12	12
高学历以上人员占年末从业人员的比例/%	54.11	51.95	19	16
高职称以上人员占年末从业人员的比例/%	39.61	37.96	14	15
创新条件及平台/%	21.30	27.19	13	12
人均科研仪器设备资产原值/万元	3.96	8.06	10	4
省级以上创新平台及载体系数	0.00	0.00	12	11
学科建设系数	2.88	3.38	7	7
研究生在校生人数占总在校生人数的比重/%	0.11	0.08	10	9
科技投入/%	28.83	28.87	12	13
人力投入/%	41.89	41.90	14	14
创新人才团队总量系数	0.36	0.36	12	12
R&D人员占年末从业人员的比重/%	28.54	28.67	16	13
经费投入/%	15.77	15.84	11	14
人均科研经费/万元	0.99	1.00	9	11
人均R&D经费/万元	2.36	2.37	15	11
科技产出/%	13.87	23.51	15	12

续表

指标名称	三级指标值		位次	
	2018 年	2017 年	2018 年	2017 年
知识产出 /%	35.34	55.14	15	12
科技论文系数	17.05	25.68	17	16
知识产权系数	9.58	17.64	15	7
科技奖励 /%	2.63	2.63	9	9
科技成果系数	0.05	0.05	9	9
技术成果市场化水平 /%	0.00	0.00	7	8
人均技术市场成交合同金额 / 万元	0.00	0.00	7	8
科技合作交流 /%	15.65	40.30	14	7
项目合作系数	0.24	0.76	16	17
论文论著合作系数	19.44	50.19	13	6
创新绩效 /%	4.26	5.60	13	12
科技服务 /%	10.00	10.00	8	9
科技服务系数	0.02	0.02	8	9
产学研结合 /%	0.78	1.78	14	14
产学研结合系数	0.35	0.80	14	14
创造效益 /%	4.88	7.21	10	10
经济效益系数	73.20	108.22	10	10

（十五）六盘水师范学院

年末从业人员 790 人；高学历以上人员 433 人，占年末从业人员的比例为 54.81%，居第 17 位；高职称以上人员 279 人，占年末从业人员的比例为 35.32%，居第 18 位；科研仪器设备资产原值 7496.51 万元，人均科研仪器设备资产原值 9.49 万元，居第 4 位。

R&D 人员 343 人，占年末从业人员的比重为 43.42%，居第 6 位；科研经费 374.83 万元，人均科研经费 0.47 万元，居第 15 位；R&D 经费 2494.30 万元，人均 R&D 经费 3.16 万元，居第 10 位。

发表科技论文 548 篇（一般科技论文 417 篇，核心期刊 94 篇，三大检索工具收录 37 篇），科技论文系数为 46.95，居第 11 位；省内合作项目 24 项，省外合作项目 3 项，产学研项目 23 项，项目合作系数为 5.06，居第 7 位。

科技培训人数 5 人，对外科技咨询项数 6 项，科技特派员 27 人，科技服务系数为 0.04，居第 4 位；知识产权创造的直接效益 5.00 万元，技术服务收入 59.60 万元，经济效益系数为 21.42，居第 12 位。

六盘水师范学院综合科技创新水平指数为 19.14%，居第 15 位，与上年相比，监测值下降 1.22 个百分点，位次不变。在 4 个一级指标中，科技创新环境和基础较上年下降 1.46 个百分点，位次不变。科技投入较上年下降 2.35 个百分点,位次不变。科技产出较上年下降 2.25 个百分点,位次下降 1 位。创新绩效较上年上升 3.50 个百分点,位次上升 6 位(表 3-15)。

表 3-15 六盘水师范学院各级监测指标和位次与上年比较

指标名称	三级指标值		位次	
	2018 年	2017 年	2018 年	2017 年
综合科技创新水平指数 /%	19.14	20.36	15	15
科技创新环境和基础 /%	14.54	16.00	17	17
人力资源 /%	17.97	17.22	17	17
高层次科技人才系数	0.42	0.37	15	17
高学历以上人员占年末从业人员的比例 /%	54.81	52.58	17	15
高职称以上人员占年末从业人员的比例 /%	35.32	36.86	18	16
创新条件及平台 /%	12.25	15.19	17	17
人均科研仪器设备资产原值 / 万元	9.49	9.30	4	3
省级以上创新平台及载体系数	0.00	0.00	12	11
学科建设系数	1.00	1.50	17	16
研究生在校生人数占总在校生人数的比重 /%	0.00	0.00	12	11
科技投入 /%	29.46	31.81	11	11
人力投入 /%	43.29	43.46	12	12
创新人才团队总量系数	0.36	0.36	12	12
R&D 人员占年末从业人员的比重 /%	43.42	45.31	6	5
经费投入 /%	15.63	20.16	12	9
人均科研经费 / 万元	0.47	1.42	15	8
人均 R&D 经费 / 万元	3.16	3.29	10	6
科技产出 /%	16.47	18.72	14	13
知识产出 /%	46.02	51.22	12	13
科技论文系数	46.95	41.58	11	13
知识产权系数	10.99	12.87	11	11
科技奖励 /%	0.00	0.00	11	12
科技成果系数	0.00	0.00	11	12
技术成果市场化水平 /%	0.00	0.00	7	8
人均技术市场成交合同金额 / 万元	0.00	0.00	7	8
科技合作交流 /%	17.78	22.39	13	11
项目合作系数	5.06	3.35	7	13
论文论著合作系数	19.69	26.31	12	11
创新绩效 /%	7.15	3.65	9	15
科技服务 /%	20.00	10.00	4	9
科技服务系数	0.04	0.02	4	9

续表

指标名称	三级指标值		位次	
	2018年	2017年	2018年	2017年
产学研结合 /%	6.44	3.67	7	11
产学研结合系数	2.90	1.65	7	11
创造效益 /%	1.43	0.45	12	14
经济效益系数	21.42	6.77	12	14

（十六）凯里学院

年末从业人员932人；高学历以上人员554人，占年末从业人员的比例为59.44%，居第14位；高职称以上人员629人，占年末从业人员的比例为67.49%，居第1位；科研仪器设备资产原值1361.27万元，人均科研仪器设备资产原值1.46万元，居第16位。

R&D人员321人，占年末从业人员的比重为34.44%，居第9位；科研经费405.96万元，人均科研经费0.44万元，居第16位；R&D经费2433.60万元，人均R&D经费2.61万元，居第12位。发表科技论文208篇（一般科技论文141篇，核心期刊45篇，三大检索工具收录22篇），科技论文系数为20.68，居第16位；省内合作项目7项，省外合作项目4项，项目合作系数为2.00，居第12位。

凯里学院综合科技创新水平指数为16.64%，居第16位，与上年相比，监测值下降2.36个百分点，位次不变。在4个一级指标中，科技创新环境和基础较上年下降2.00个百分点，位次上升2位。科技投入较上年上升0.30个百分点，位次上升1位。科技产出较上年下降3.74个百分点，位次不变。创新绩效较上年下降6.87个百分点，位次下降6位（表3-16）。

表3-16 凯里学院各级监测指标和位次与上年比较

指标名称	三级指标值		位次	
	2018年	2017年	2018年	2017年
综合科技创新水平指数 /%	16.64	19.00	16	16
科技创新环境和基础 /%	20.22	22.22	14	16
人力资源 /%	23.65	24.95	13	11
高层次科技人才系数	0.19	0.73	18	13
高学历以上人员占年末从业人员的比例 /%	59.44	57.67	14	9
高职称以上人员占年末从业人员的比例 /%	67.49	49.84	1	2
创新条件及平台 /%	17.94	20.40	14	16
人均科研仪器设备资产原值 / 万元	1.46	1.48	16	15
省级以上创新平台及载体系数	0.00	0.00	12	11
学科建设系数	2.62	3.00	8	10

续表

指标名称	三级指标值		位次	
	2018年	2017年	2018年	2017年
研究生在校生人数占总在校生人数的比重 /%	0.03	0.03	11	10
科技投入 /%	28.46	28.16	13	14
人力投入 /%	42.44	42.49	13	13
创新人才团队总量系数	0.36	0.36	12	12
R&D 人员占年末从业人员的比重 /%	34.44	34.93	9	7
经费投入 /%	14.47	13.83	14	15
人均科研经费 / 万元	0.44	0.30	16	17
人均 R&D 经费 / 万元	2.61	2.65	12	9
科技产出 /%	5.83	9.57	17	17
知识产出 /%	15.10	26.23	17	17
科技论文系数	20.68	24.16	16	17
知识产权系数	3.29	6.42	17	17
科技奖励 /%	2.63	2.63	9	9
科技成果系数	0.05	0.05	9	9
技术成果市场化水平 /%	0.00	0.00	7	8
人均技术市场成交合同金额 / 万元	0.00	0.00	7	8
科技合作交流 /%	2.50	5.21	17	14
项目合作系数	2.00	2.41	12	15
论文论著合作系数	2.12	5.31	16	14
创新绩效 /%	1.11	7.98	17	11
科技服务 /%	0.00	5.00	16	15
科技服务系数	0.00	0.01	16	15
产学研结合 /%	2.78	4.11	10	10
产学研结合系数	1.25	1.85	10	10
创造效益 /%	0.00	13.33	15	6
经济效益系数	0.00	200.00	15	6

（十七）安顺学院

年末从业人员 756 人；高学历以上人员 514 人，占年末从业人员的比例为 67.99%，居第 11 位；高职称以上人员 296 人，占年末从业人员的比例为 39.15%，居第 16 位；科研仪器设备资产原值 752.98 万元，人均科研仪器设备资产原值 1.00 万元，居第 17 位。

R&D 人员 245 人，占年末从业人员的比重为 32.41%，居第 12 位；科研经费 203.94 万元，人均科研经费 0.27 万元，居第 18 位；R&D 经费 3462.60 万元，人均 R&D 经费 4.58 万元，居第 4 位。

发表科技论文 234 篇（一般科技论文 149 篇，核心期刊 50 篇，三大检索工具收录 35 篇），科技论文系数为 24.95，居第 15 位；产学研项目 2 项，项目合作系数为 0.12，居第 17 位。

安顺学院综合科技创新水平指数为 15.73%，居第 17 位，与上年相比，监测值下降 1.89 个百分点，位次不变。在 4 个一级指标中，科技创新环境和基础较上年下降 3.79 个百分点，位次下降 1 位。科技投入较上年下降 0.44 个百分点，位次上升 1 位。科技产出较上年下降 2.38 个百分点，位次不变。创新绩效较上年下降 1.27 个百分点，位次下降 3 位（表 3-17）。

表 3-17　安顺学院各级监测指标和位次与上年比较

指标名称	三级指标值		位次	
	2018 年	2017 年	2018 年	2017 年
综合科技创新水平指数 /%	15.73	17.62	17	17
科技创新环境和基础 /%	18.97	22.76	16	15
人力资源 /%	22.35	20.56	14	16
高层次科技人才系数	0.69	0.59	13	15
高学历以上人员占年末从业人员的比例 /%	67.99	63.34	11	8
高职称以上人员占年末从业人员的比例 /%	39.15	38.14	16	13
创新条件及平台 /%	16.72	24.22	15	15
人均科研仪器设备资产原值 / 万元	1.00	7.01	17	6
省级以上创新平台及载体系数	0.00	0.00	12	11
学科建设系数	2.50	3.12	9	9
研究生在校生人数占总在校生人数的比重 /%	0.00	0.00	12	11
科技投入 /%	25.86	26.30	16	17
人力投入 /%	35.05	35.11	16	16
创新人才团队总量系数	0.00	0.00	15	15
R&D 人员占年末从业人员的比重 /%	32.41	33.02	12	9
经费投入 /%	16.68	17.48	10	12
人均科研经费 / 万元	0.27	0.44	18	16
人均 R&D 经费 / 万元	4.58	4.67	4	4
科技产出 /%	7.71	10.09	16	16
知识产出 /%	24.26	33.03	16	16
科技论文系数	24.95	27.16	15	15
知识产权系数	5.78	8.28	16	15
科技奖励 /%	0.00	0.00	11	12
科技成果系数	0.00	0.00	11	12
技术成果市场化水平 /%	0.00	0.00	7	8
人均技术市场成交合同金额 / 万元	0.00	0.00	7	8
科技合作交流 /%	2.90	1.20	16	16

续表

指标名称	三级指标值		位次	
	2018 年	2017 年	2018 年	2017 年
项目合作系数	0.12	3.00	17	14
论文论著合作系数	3.56	0.00	15	15
创新绩效 /%	0.09	1.36	20	17
科技服务 /%	0.00	5.00	16	15
科技服务系数	0.00	0.01	16	15
产学研结合 /%	0.22	0.89	16	15
产学研结合系数	0.10	0.40	16	15
创造效益 /%	0.00	0.00	15	15
经济效益系数	0.00	0.00	15	15

（十八）兴义民族师范学院

年末从业人员 623 人；高学历以上人员 364 人，占年末从业人员的比例为 58.43%，居第 16 位；高职称以上人员 244 人，占年末从业人员的比例为 39.17%，居第 15 位；科研仪器设备资产原值 97.32 万元，人均科研仪器设备资产原值 0.16 万元，居第 21 位。

R&D 人员 192 人，占年末从业人员的比重为 30.82%，居第 14 位；科研经费 35.00 万元，人均科研经费 0.06 万元，居第 21 位；R&D 经费 816.10 万元，人均 R&D 经费 1.31 万元，居第 17 位。

发表科技论文 69 篇（一般科技论文 48 篇，核心期刊 17 篇，三大检索工具收录 4 篇），科技论文系数为 6.26，居第 19 位。

兴义民族师范学院综合科技创新水平指数为 9.88%，居第 18 位，与上年相比，监测值下降 0.25 个百分点，位次不变。在 4 个一级指标中，科技创新环境和基础较上年下降 1.05 个百分点，位次不变。科技投入较上年下降 0.26 个百分点，位次不变。科技产出较上年上升 0.43 个百分点，位次下降 2 位。创新绩效较上年不变，位次下降 3 位（表 3-18）。

表 3-18 兴义民族师范学院各级监测指标和位次与上年比较

指标名称	三级指标值		位次	
	2018 年	2017 年	2018 年	2017 年
综合科技创新水平指数 /%	9.88	10.13	18	18
科技创新环境和基础 /%	9.79	10.84	18	18
人力资源 /%	17.09	15.78	18	18
高层次科技人才系数	0.37	0.37	17	17
高学历以上人员占年末从业人员的比例 /%	58.43	53.99	16	14

续表

指标名称	三级指标值		位次	
	2018年	2017年	2018年	2017年
高职称以上人员占年末从业人员的比例 /%	39.17	33.13	15	17
创新条件及平台 /%	4.92	7.54	19	18
人均科研仪器设备资产原值 / 万元	0.16	0.59	21	17
省级以上创新平台及载体系数	0.00	0.00	12	11
学科建设系数	0.75	1.12	18	18
研究生在校生人数占总在校生人数的比重 /%	0.00	0.00	12	11
科技投入 /%	20.20	20.46	18	18
人力投入 /%	34.90	34.77	17	17
创新人才团队总量系数	0.00	0.00	15	15
R&D 人员占年末从业人员的比重 /%	30.82	29.45	14	12
经费投入 /%	5.49	6.16	19	17
人均科研经费 / 万元	0.06	0.24	21	18
人均 R&D 经费 / 万元	1.31	1.25	17	14
科技产出 /%	1.47	1.04	20	18
知识产出 /%	4.49	3.47	20	18
科技论文系数	6.26	9.16	19	18
知识产权系数	0.97	0.49	20	18
科技奖励 /%	0.00	0.00	11	12
科技成果系数	0.00	0.00	11	12
技术成果市场化水平 /%	0.00	0.00	7	8
人均技术市场成交合同金额 / 万元	0.00	0.00	7	8
科技合作交流 /%	0.80	0.00	20	18
项目合作系数	0.00	0.00	19	18
论文论著合作系数	1.00	0.00	19	15
创新绩效 /%	0.00	0.00	21	18
科技服务 /%	0.00	0.00	16	17
科技服务系数	0.00	0.00	16	17
产学研结合 /%	0.00	0.00	18	17
产学研结合系数	0.00	0.00	18	17
创造效益 /%	0.00	0.00	15	15
经济效益系数	0.00	0.00	15	15

（十九）贵州商学院

年末从业人员687人；高学历以上人员630人，占年末从业人员的比例为91.70%，居第1位；

高职称以上人员168人，占年末从业人员的比例为24.45%，居第20位；科研仪器设备资产原值287.73万元，人均科研仪器设备资产原值0.42万元，居第19位。

R&D人员73人，占年末从业人员的比重为10.63%，居第21位；科研经费58.30万元，人均科研经费0.08万元，居第20位；R&D经费2915.80万元，人均R&D经费4.24万元，居第5位。

发表科技论文159篇（一般科技论文112篇，核心期刊43篇，三大检索工具收录4篇），科技论文系数为13.79，居第18位；产学研项目2项，项目合作系数为0.12，居第17位。

技术服务收入48.07万元，经济效益系数为14.79，居第13位。

贵州商学院综合科技创新水平指数为9.80%，居第19位；在4个一级指标中，科技创新环境和基础为7.40%，居第19位。科技投入为19.48%，居第20位。科技产出为4.26%，居第18位。创新绩效为0.48%，居第18位（表3-19）。

表3-19 贵州商学院各级监测指标和位次与上年比较

指标名称	三级指标值		位次	
	2018年	2017年	2018年	2017年
综合科技创新水平指数 /%	9.80	—	19	—
科技创新环境和基础 /%	7.40	—	19	—
人力资源 /%	15.73	—	19	—
高层次科技人才系数	0.03	—	19	—
高学历以上人员占年末从业人员的比例 /%	91.70	—	1	—
高职称以上人员占年末从业人员的比例 /%	24.45	—	20	—
创新条件及平台 /%	1.84	—	21	—
人均科研仪器设备资产原值 / 万元	0.42	—	19	—
省级以上创新平台及载体系数	0.00	—	12	—
学科建设系数	0.25	—	20	—
研究生在校生人数占总在校生人数的比重 /%	0.00	—	12	—
科技投入 /%	19.48	—	20	—
人力投入 /%	24.36	—	20	—
创新人才团队总量系数	0.00	—	15	—
R&D人员占年末从业人员的比重 /%	10.63	—	21	—
经费投入 /%	14.60	—	13	—
人均科研经费 / 万元	0.08	—	20	—
人均R&D经费 / 万元	4.24	—	5	—
科技产出 /%	4.26	—	18	—
知识产出 /%	13.56	—	18	—

续表

指标名称	三级指标值		位次	
	2018 年	2017 年	2018 年	2017 年
科技论文系数	13.79	—	18	—
知识产权系数	3.24	—	18	—
科技奖励 /%	0.00	—	11	—
科技成果系数	0.00	—	11	—
技术成果市场化水平 /%	0.00	—	7	—
人均技术市场成交合同金额 / 万元	0.00	—	7	—
科技合作交流 /%	1.25	—	19	—
项目合作系数	0.12	—	17	—
论文论著合作系数	1.50	—	18	—
创新绩效 /%	0.48	—	18	—
科技服务 /%	0.00	—	16	—
科技服务系数	0.00	—	16	—
产学研结合 /%	0.22	—	16	—
产学研结合系数	0.10	—	16	—
创造效益 /%	0.99	—	13	—
经济效益系数	14.79	—	13	—

（二十）茅台学院

年末从业人员 208 人；高学历以上人员 145 人，占年末从业人员的比例为 69.71%，居第 9 位；高职称以上人员 34 人，占年末从业人员的比例为 16.35%，居第 21 位；科研仪器设备资产原值 1906.50 万元，人均科研仪器设备资产原值 9.17 万元，居第 5 位。

R&D 人员 81 人，占年末从业人员的比重为 38.94%，居第 7 位；科研经费 33.80 万元，人均科研经费 0.16 万元，居第 19 位；R&D 经费 765.20 万元，人均 R&D 经费 3.68 万元，居第 8 位。

发表科技论文 65 篇（一般科技论文 45 篇，核心期刊 14 篇，三大检索工具收录 6 篇），科技论文系数为 6.21，居第 20 位。

技术服务收入 22.30 万元，经济效益系数为 7.90，居第 14 位。

茅台学院综合科技创新水平指数为 9.30%，居第 20 位。在 4 个一级指标中，科技创新环境和基础为 6.80%，居第 20 位。科技投入为 19.87%，居第 19 位。科技产出为 2.45%，居第 19 位。创新绩效为 0.21%，居第 19 位（表 3-20）。

表 3-20 茅台学院各级监测指标和位次与上年比较

指标名称	三级指标值		位次	
	2018 年	2017 年	2018 年	2017 年
综合科技创新水平指数 /%	9.30	—	20	—
科技创新环境和基础 /%	6.80	—	20	—
人力资源 /%	8.32	—	21	—
高层次科技人才系数	0.00	—	20	—
高学历以上人员占年末从业人员的比例 /%	69.71	—	9	—
高职称以上人员占年末从业人员的比例 /%	16.35	—	21	—
创新条件及平台 /%	5.78	—	18	—
人均科研仪器设备资产原值 / 万元	9.17	—	5	—
省级以上创新平台及载体系数	0.00	—	12	—
学科建设系数	0.50	—	19	—
研究生在校生人数占总在校生人数的比重 /%	0.00	—	12	—
科技投入 /%	19.87	—	19	—
人力投入 /%	29.58	—	19	—
创新人才团队总量系数	0.00	—	15	—
R&D 人员占年末从业人员的比重 /%	38.94	—	7	—
经费投入 /%	10.16	—	16	—
人均科研经费 / 万元	0.16	—	19	—
人均 R&D 经费 / 万元	3.68	—	8	—
科技产出 /%	2.45	—	19	—
知识产出 /%	8.18	—	19	—
科技论文系数	6.21	—	20	—
知识产权系数	2.08	—	19	—
科技奖励 /%	0.00	—	11	—
科技成果系数	0.00	—	11	—
技术成果市场化水平 /%	0.00	—	7	—
人均技术市场成交合同金额 / 万元	0.00	—	7	—
科技合作交流 /%	0.00	—	21	—
项目合作系数	0.00	—	19	—
论文论著合作系数	0.00	—	20	—
创新绩效 /%	0.21	—	19	—
科技服务 /%	0.00	—	16	—
科技服务系数	0.00	—	16	—
产学研结合 /%	0.00	—	18	—
产学研结合系数	0.00	—	18	—
创造效益 /%	0.53	—	14	—
经济效益系数	7.90	—	14	—

（二十一）贵州警察学院

年末从业人员 397 人；高学历以上人员 144 人，占年末从业人员的比例为 36.27%，居第 21 位；高职称以上人员 137 人，占年末从业人员的比例为 34.51%，居第 19 位；科研仪器设备资产原值 773.50 万元，人均科研仪器设备资产原值 1.95 万元，居第 13 位。

R&D 人员 59 人，占年末从业人员的比重为 14.86%，居第 19 位；科研经费 130.00 万元，人均科研经费 0.33 万元，居第 17 位；R&D 经费 213.20 万元，人均 R&D 经费 0.54 万元，居第 18 位。

发表科技论文 30 篇（一般科技论文 24 篇，核心期刊 6 篇），科技论文系数为 2.21，居第 21 位。

科技培训人数 50 人，对外科技咨询项数 5703 项，科技服务系数为 0.31，居第 2 位。

贵州警察学院综合科技创新水平指数为 8.47%，居第 21 位。在 4 个一级指标中，科技创新环境和基础为 4.84%，居第 21 位。科技投入为 11.72%，居第 21 位。科技产出为 0.63%，居第 21 位。创新绩效为 20.00%，居第 5 位（表 3-21）。

表 3-21 贵州警察学院各级监测指标和位次与上年比较

指标名称	三级指标值		位次	
	2018 年	2017 年	2018 年	2017 年
综合科技创新水平指数 /%	8.47	—	21	—
科技创新环境和基础 /%	4.84	—	21	—
人力资源 /%	8.78	—	20	—
高层次科技人才系数	0.00	—	20	—
高学历以上人员占年末从业人员的比例 /%	36.27	—	21	—
高职称以上人员占年末从业人员的比例 /%	34.51	—	19	—
创新条件及平台 /%	2.21	—	20	—
人均科研仪器设备资产原值 / 万元	1.95	—	13	—
省级以上创新平台及载体系数	0.17	—	10	—
学科建设系数	0.00	—	21	—
研究生在校生人数占总在校生人数的比重 /%	0.00	—	12	—
科技投入 /%	11.72	—	21	—
人力投入 /%	20.28	—	21	—
创新人才团队总量系数	0.00	—	15	—
R&D 人员占年末从业人员的比重 /%	14.86	—	19	—
经费投入 /%	3.15	—	21	—
人均科研经费 / 万元	0.33	—	17	—
人均 R&D 经费 / 万元	0.54	—	18	—
科技产出 /%	0.63	—	21	—
知识产出 /%	1.41	—	21	—

续表

指标名称	三级指标值		位次	
	2018 年	2017 年	2018 年	2017 年
科技论文系数	2.21	—	21	—
知识产权系数	0.29	—	21	—
科技奖励 /%	0.00	—	11	—
科技成果系数	0.00	—	11	—
技术成果市场化水平 /%	0.00	—	7	—
人均技术市场成交合同金额 / 万元	0.00	—	7	—
科技合作交流 /%	1.40	—	18	—
项目合作系数	0.00	—	19	—
论文论著合作系数	1.75	—	17	—
创新绩效 /%	20.00	—	5	—
科技服务 /%	100.00	—	1	—
科技服务系数	0.31	—	2	—
产学研结合 /%	0.00	—	18	—
产学研结合系数	0.00	—	18	—
创造效益 /%	0.00	—	15	—
经济效益系数	0.00	—	15	—

第四部分 科研院所科技创新评价报告

一、公益类科研院所综合科技创新水平评价

根据综合科技创新水平指数,全省33家科研院所分为三类(图4-1)。

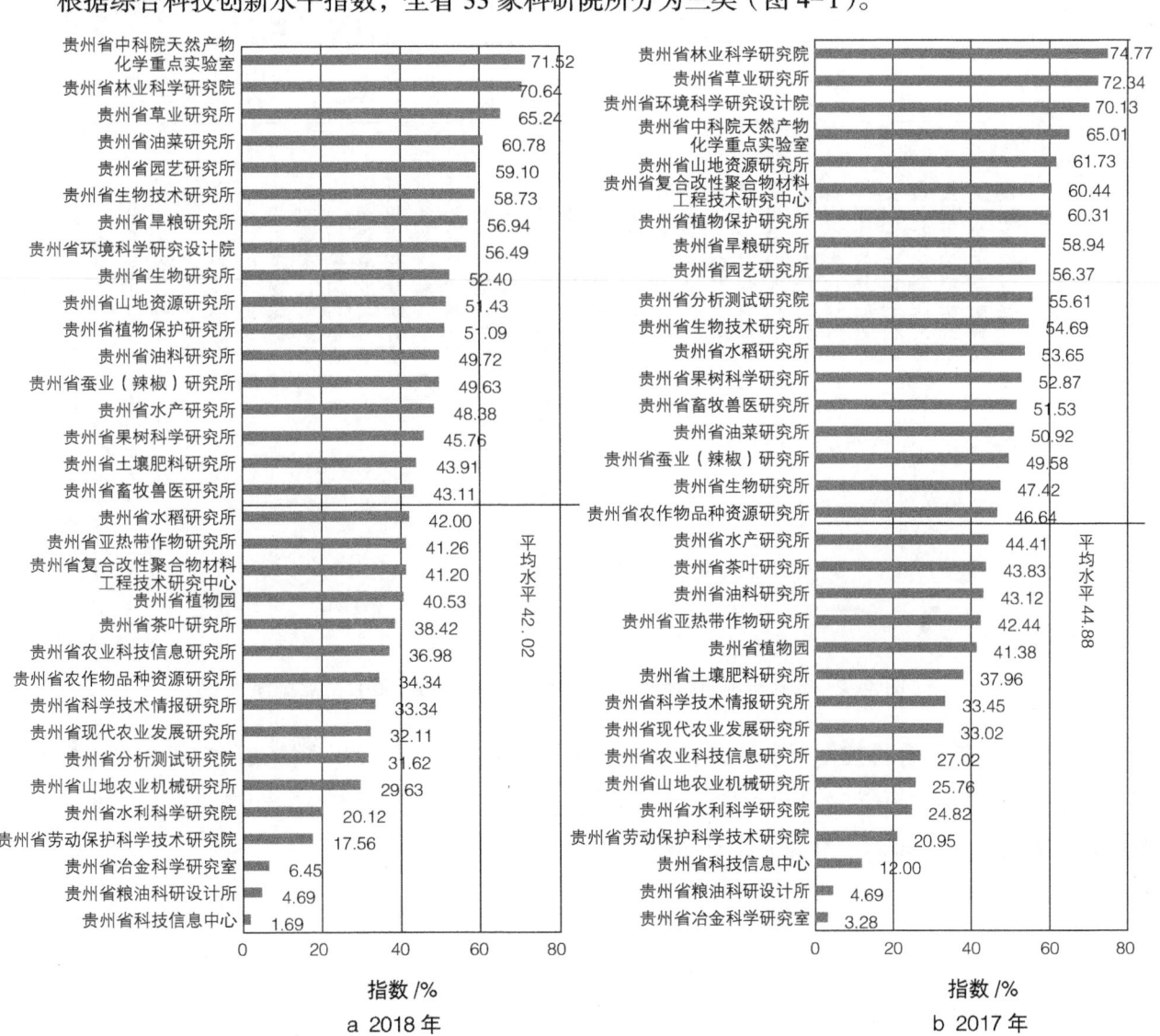

图4-1 公益类科研院所综合科技创新水平指数排序

第一类：综合科技创新水平指数高于 60.00% 的科研院所有 4 家；

第二类：综合科技创新水平指数低于 60.00%，但高于平均水平（42.02%）的科研院所有 13 家；

第三类：综合科技创新水平指数低于平均水平的科研院所有 16 家。

2018 年与 2017 年监测结果相比，科研院所综合科技创新水平指数平均水平下降 2.86 个百分点，贵州省分析测试研究院、贵州省复合改性聚合物材料工程技术研究中心、贵州省环境科学研究设计院等 15 所科研院所高于这一降幅（图 4-2）。

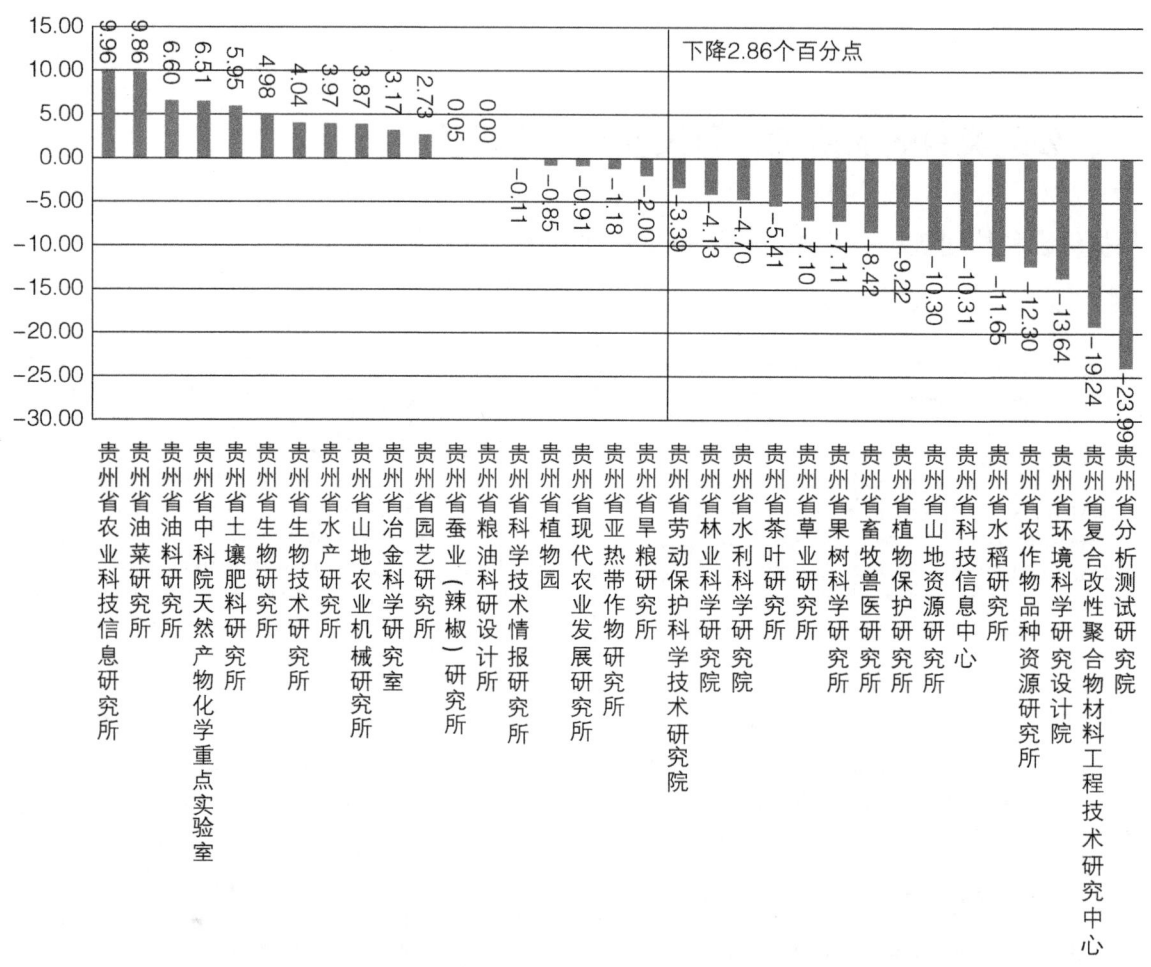

图 4-2　公益类科研院所综合科技创新水平指数提高百分点排序

参照 2017 年综合科技创新水平指数排序，位次上升较快的是贵州省油菜研究所和贵州省油料研究所，分别上升 11 位和 9 位；位次下降较快的是贵州省分析测试研究院和贵州省复合改性聚合物材料工程技术研究中心，分别下降 17 位和 14 位。

二、公益类科研院所科技创新一级指标评价

(一)科技创新环境和基础

科技创新环境和基础指数高于60.00%的公益类科研院所有16所,占全部公益类科研院所的48.48%;低于60.00%,但高于平均水平(54.01%)的公益类科研院所有0所;低于平均水平的公益类科研院所有17所,占全部公益类科研院所的51.52%(图4-3)。

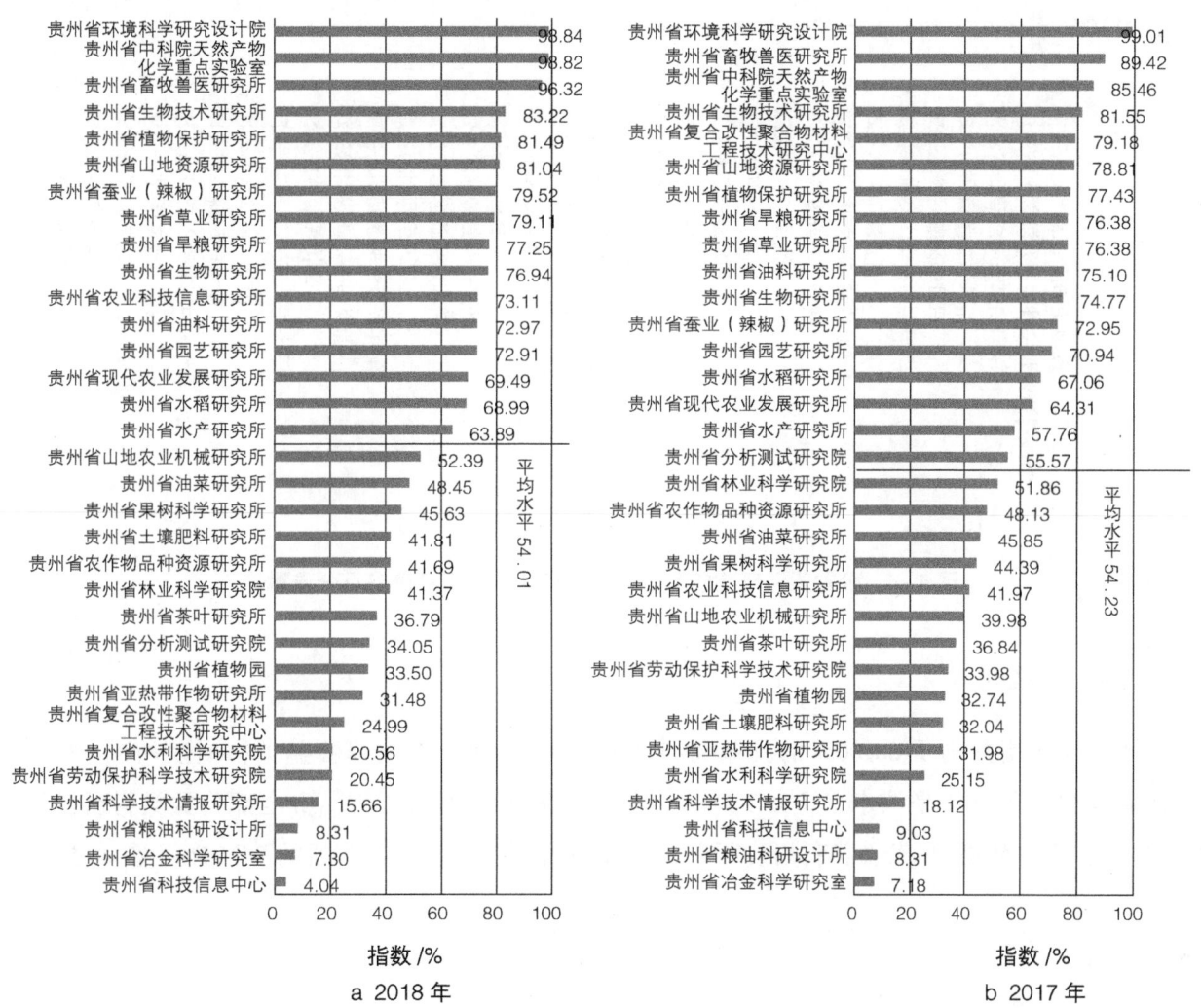

图4-3 公益类科研院所科技创新环境和基础指数排序

2018年与2017年监测结果相比,科技创新环境和基础指数平均水平下降0.22个百分点,贵州省复合改性聚合物材料工程技术研究中心、贵州省分析测试研究院、贵州省劳动保护科学技术研究院等10所科研院所高于这一降幅(图4-4)。

参照2017年科研院所科技创新环境和基础指数排序,位次上升较快的是贵州省农业科技信息研究所,位次上升11位;位次下降较快的是贵州省复合改性聚合物材料工程技术研究中心,下降22位。

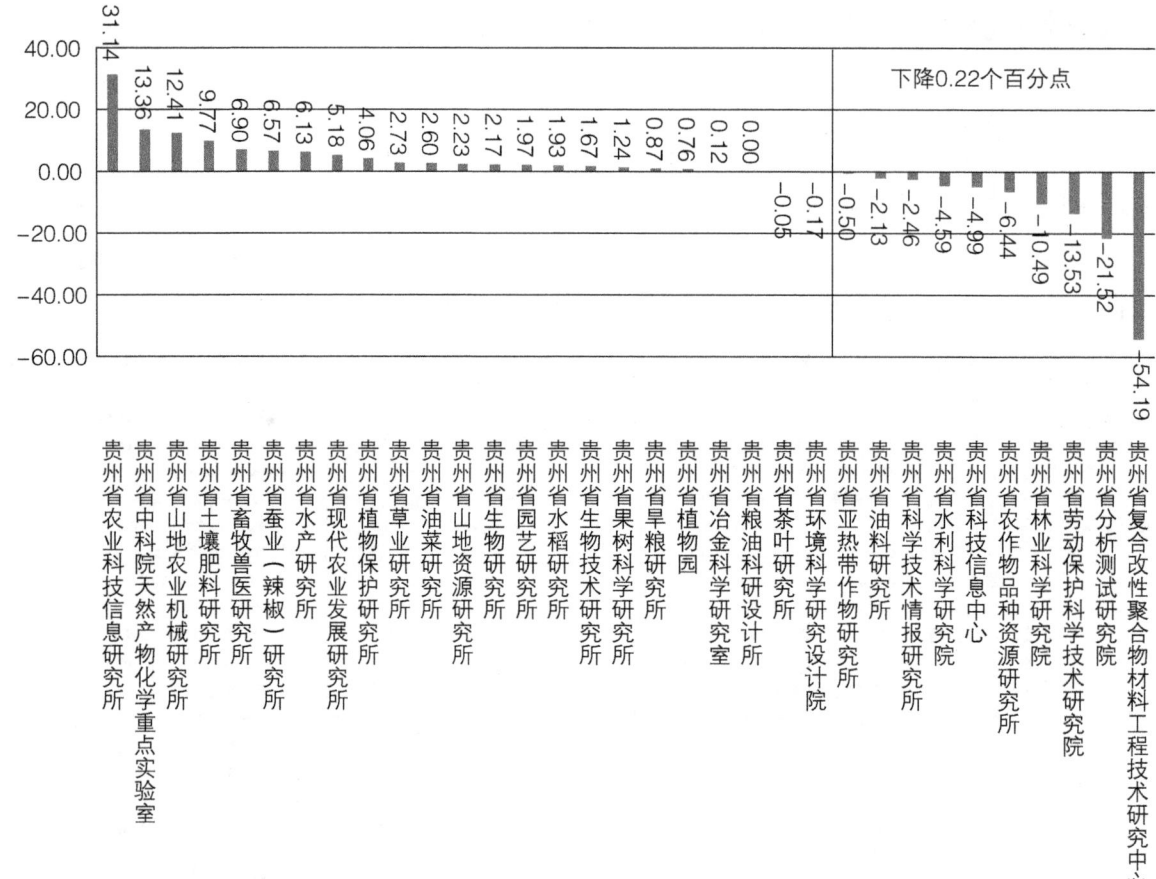

图 4-4 公益类科研院所科技创新环境和基础指数提高百分点排序

（二）科技投入

科技投入指数高于 60.00% 的公益类科研院所有 14 所，占全部公益类科研院所的 42.42%；低于 60.00%，但高于平均水平（55.50%）的公益类科研院所有 1 所，占全部公益类科研院所的 3.03%；低于平均水平的公益类科研院所有 18 所，占全部公益类科研院所的 54.55%（图 4-5）。

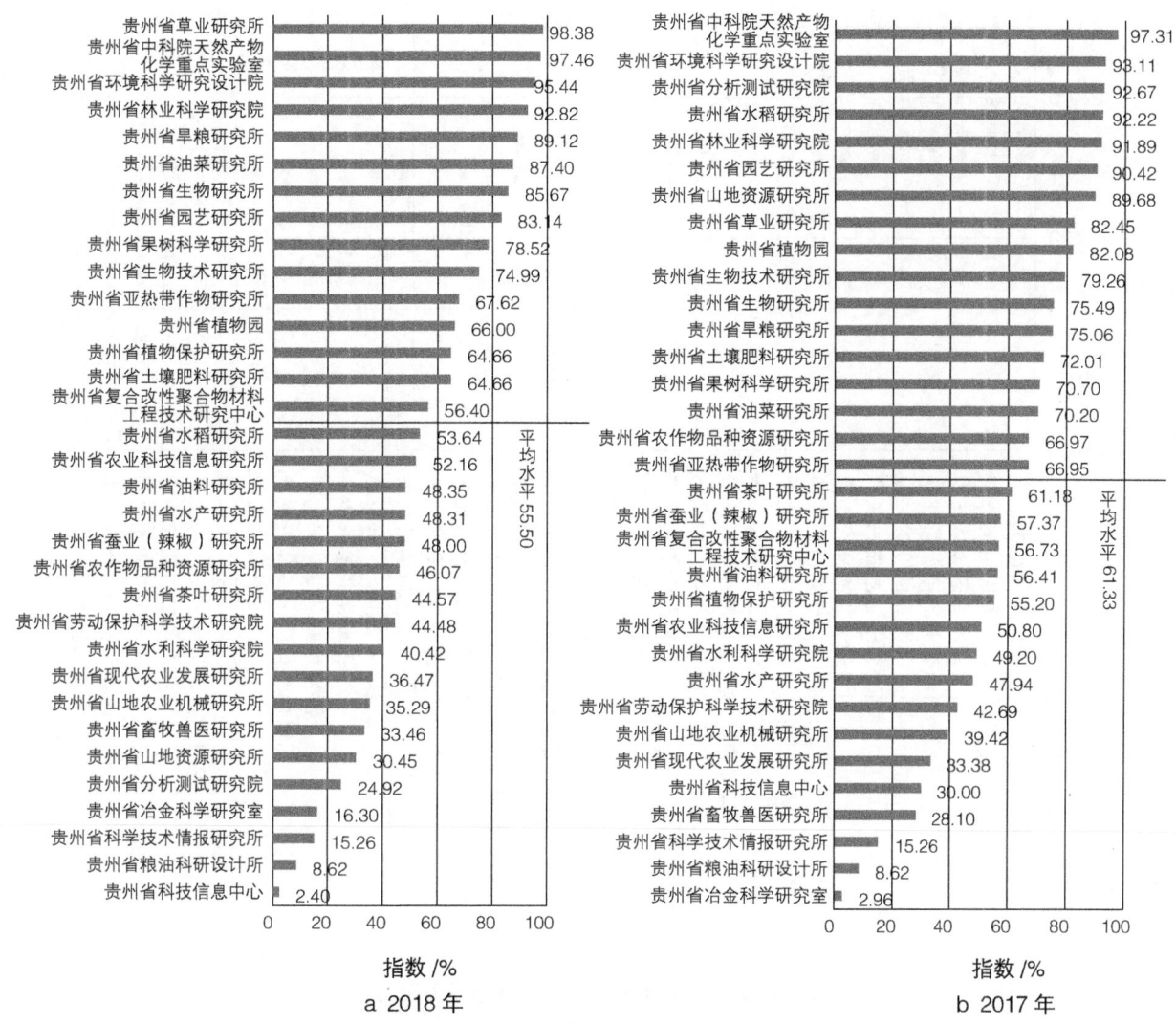

图 4-5 公益类科研院所科技投入指数排序

2018 年与 2017 年监测结果相比，科技投入指数平均水平下降 5.83 个百分点，贵州省分析测试研究院、贵州省山地资源研究所、贵州省水稻研究所等 12 所科研院所高于这一降幅（图 4-6）。

参照 2017 年科研院所科技投入指数排序，位次上升较快的是贵州省油菜研究所和贵州省植物保护研究所，均上升 9 位；位次下降较快的是贵州省分析测试研究院和贵州省山地资源研究所，分别下降 26 位和 21 位。

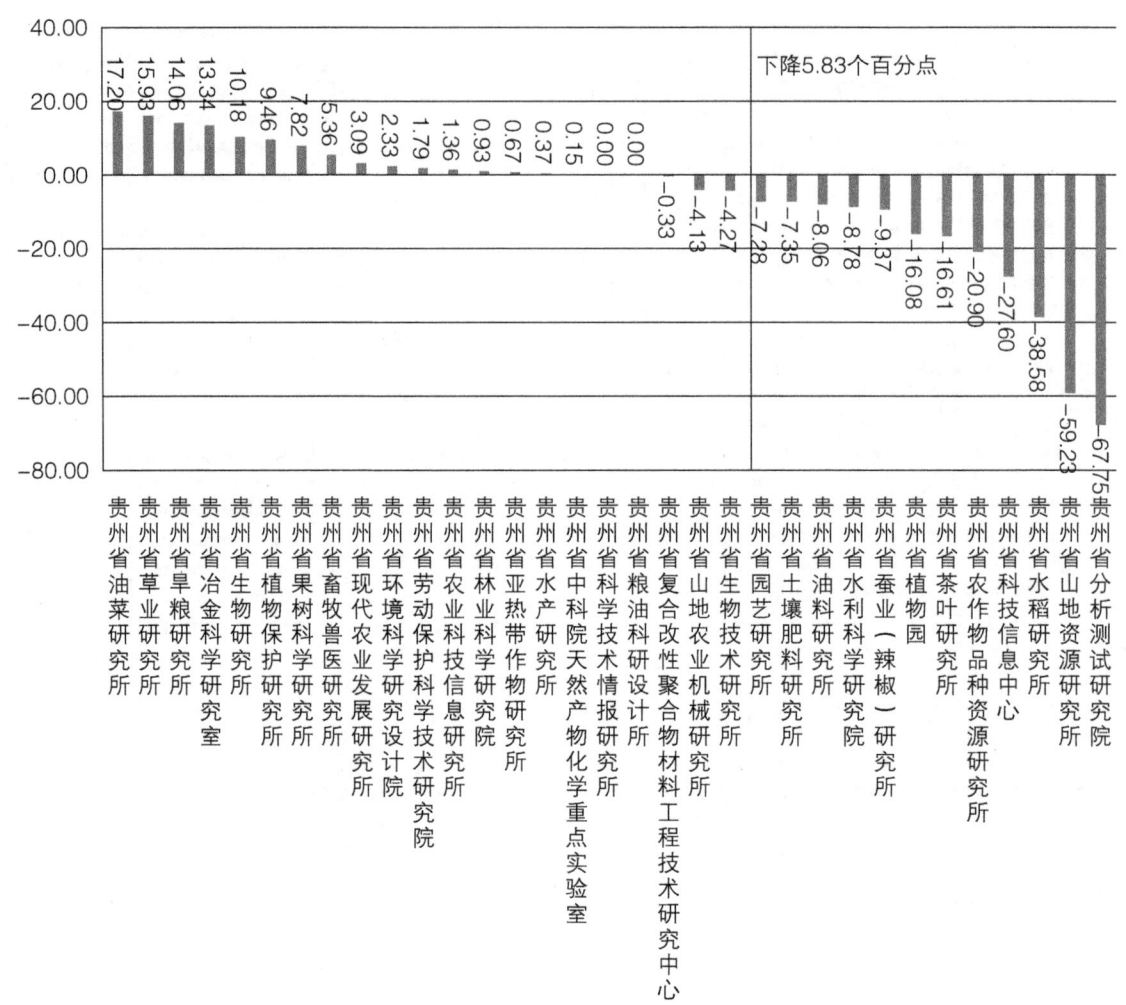

图 4-6 公益类科研院所科技投入指数提高百分点排序

（三）科技产出

科技产出指数高于 60.00% 的公益类科研院所有 1 所，占全部公益类科研院所的 3.03%；低于 60.00%，但高于平均水平（27.67%）的公益类科研院所有 15 所，占全部公益类科研院所的 45.45%；低于平均水平的公益类科研院所有 17 所，占全部公益类科研院所的 51.52%（图 4-7）。

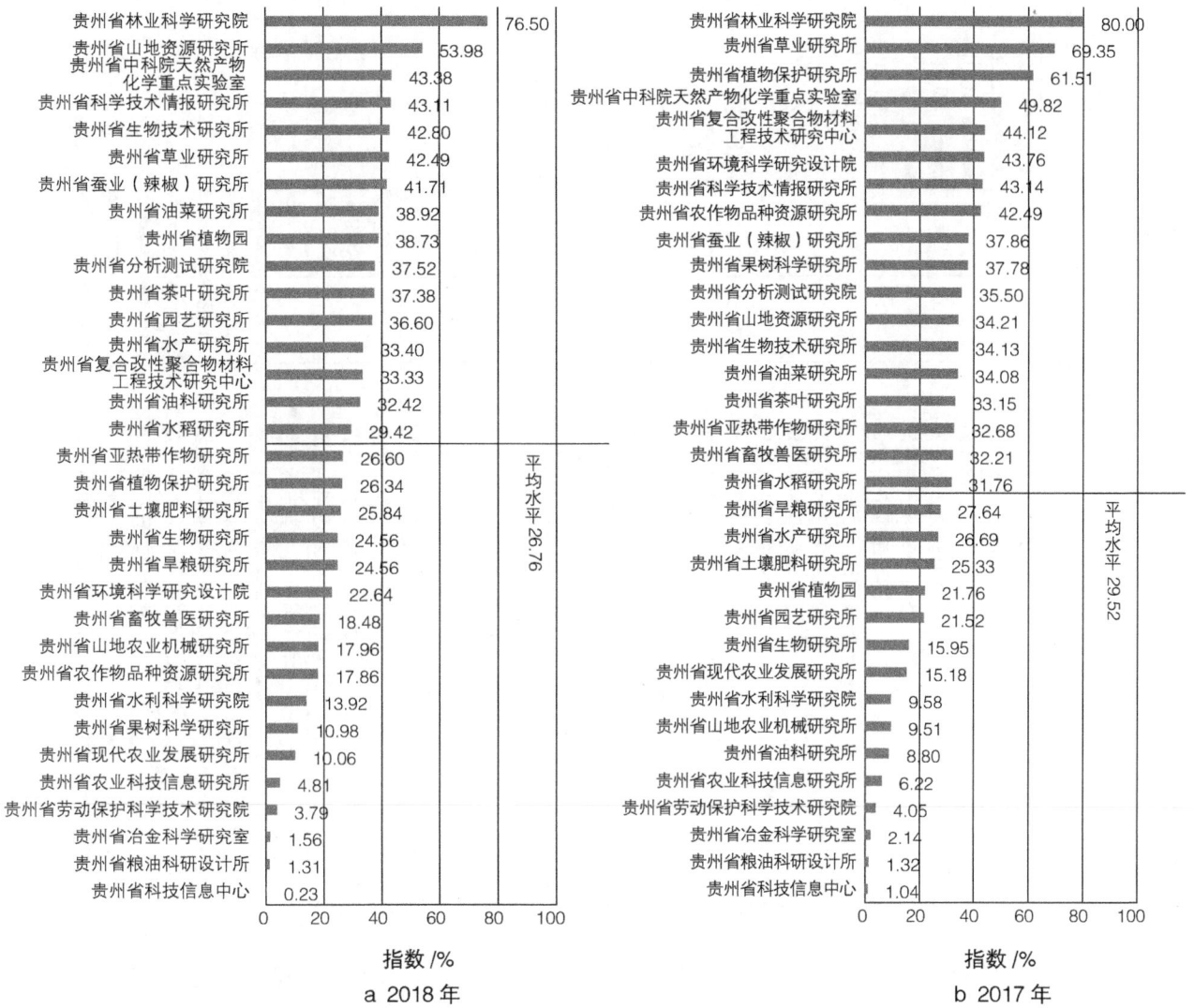

图 4-7　公益类科研院所科技产出指数排序

2018 年与 2017 年监测结果相比，科技产出指数平均水平下降 1.85 个百分点，贵州省植物保护研究所、贵州省草业研究所、贵州省果树科学研究所等 12 所科研院所高于这一降幅（图 4-8）。

参照 2017 年科研院所科技产出指数排序，位次上升较快的是贵州省油料研究所和贵州省植物园，均上升 13 位；位次下降较快的是贵州省农作物品种资源研究所，下降 17 位。

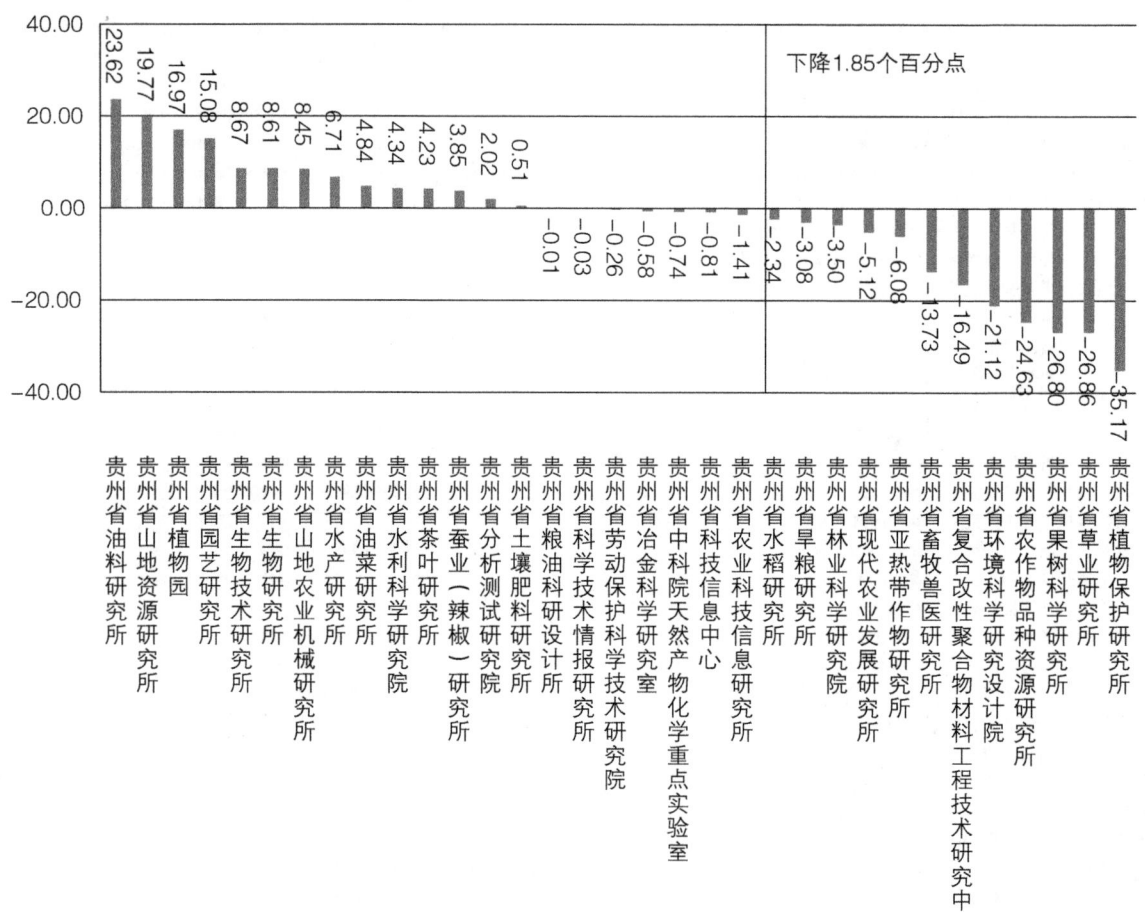

图 4-8 公益类科研院所科技产出指数提高百分点排序

（四）创新绩效

创新绩效指数高于 60.00% 的公益类科研院所有 5 所，占全部公益类科研院所的 15.15%；低于 60.00%，但高于平均水平（33.08%）的公益类科研院所有 11 所，占全部公益类科研院所的 33.33%；低于平均水平的公益类科研院所有 17 所，占全部公益类科研院所的 51.52%（图 4-9）。

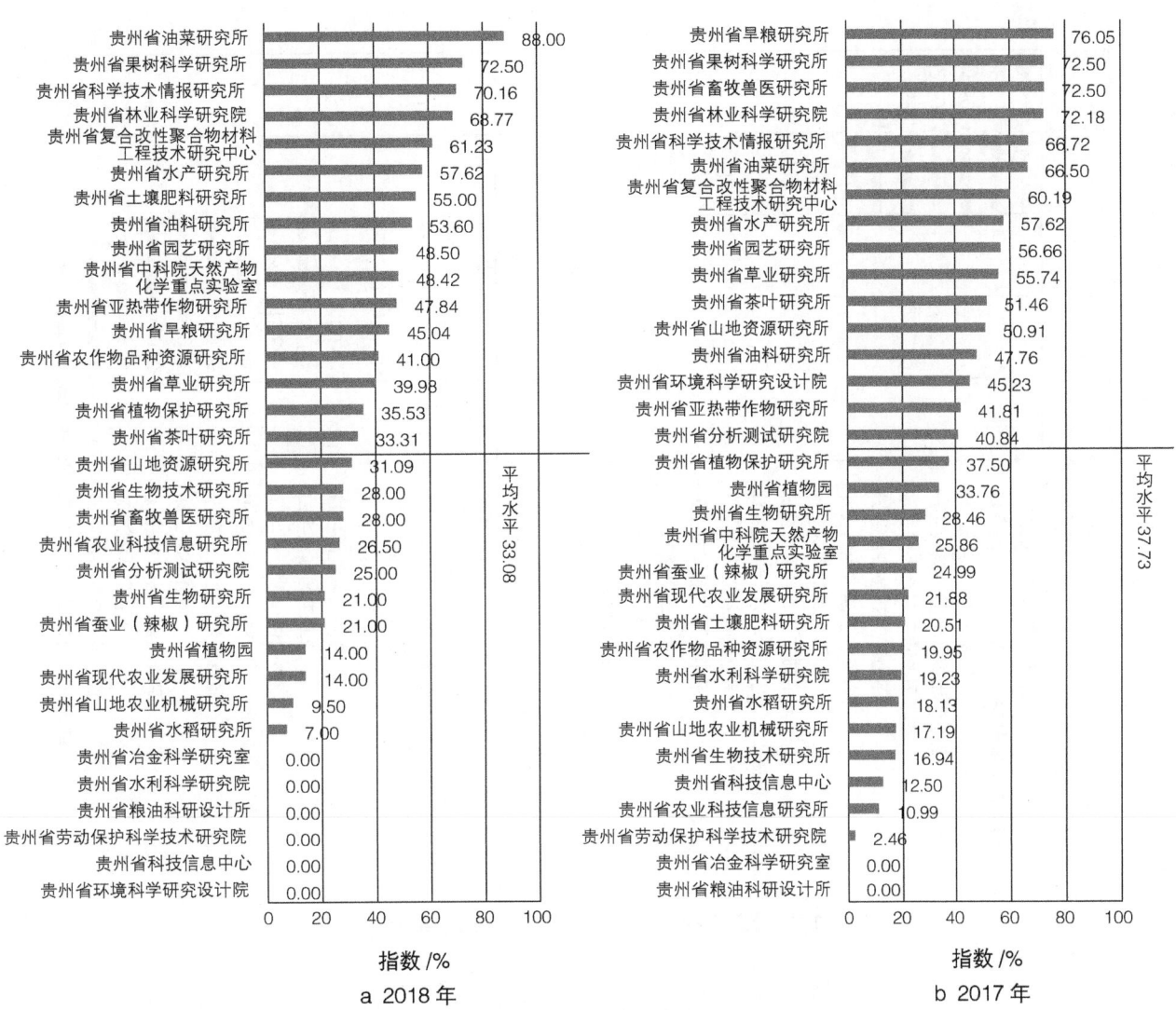

图 4-9 公益类科研院所创新绩效指数排序

2018年与2017年监测结果相比，创新绩效指数平均水平下降4.65个百分点，贵州省环境科学研究设计院、贵州省畜牧兽医研究所、贵州省旱粮研究所等15所科研院所高于这一降幅（图4-10）。

参照2017年科研院所创新绩效指数排序，位次上升较快的是贵州省土壤肥料研究所，上升16位；位次下降较快的是贵州省环境科学研究设计院和贵州省畜牧兽医研究所，分别下降19位和16位。

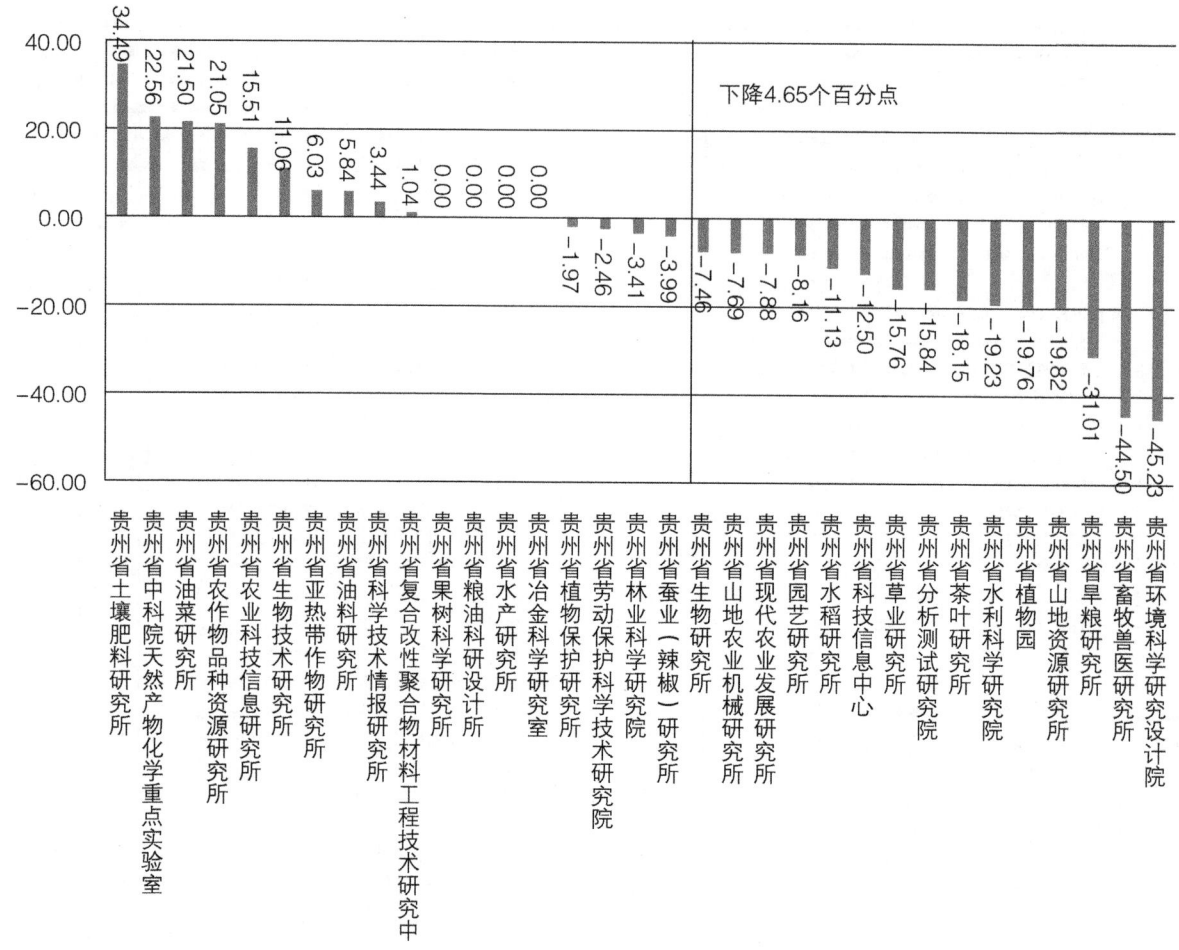

图 4-10 公益类科研院所创新绩效指数提高百分点排序

三、公益类科研院所科技创新水平评价

(一)贵州省中科院天然产物化学重点实验室

年末从业人员 103 人;高学历以上人员 62 人,占年末从业人员的比例为 60.19%,居第 7 位;高职称以上人员 25 人,占年末从业人员的比例为 24.27%,居第 26 位;科研仪器设备资产原值 3484.00 万元,人均科研仪器设备资产原值 33.83 万元,居第 1 位。

R&D 人员 103 人,占年末从业人员的比重为 100.00%,居第 1 位;科研经费 1483.65 万元,人均科研经费 14.40 万元,居第 10 位;R&D 经费 38 426.00 万元,人均 R&D 经费 373.07 万元,居第 1 位。

发表科技论文 70 篇(一般科技论文 9 篇,核心期刊 30 篇,三大检索工具收录 31 篇),科技论文系数为 13.37,居第 1 位;省内合作项目 6 项,省外合作项目 1 项,产学研项目 7 项,项目合作系数为 1.41,居第 8 位。

科技培训人数 15 人,对外科技咨询项数 16 项,科技特派员 3 人,科技服务系数为 0.01,居第 23 位；技术服务收入 37.00 万元，经济效益系数为 11.38，居第 13 位。

贵州省中科院天然产物化学重点实验室综合科技创新水平指数为 71.52%，居第 1 位，与上年相比，监测值上升 6.30 个百分点，位次上升 3 位。在 4 个一级指标中，科技创新环境和基础较上年上升 14.26 个百分点，位次上升 1 位。科技投入较上年上升 0.15 个百分点，位次下降 1 位。科技产出较上年下降 0.74 个百分点，位次上升 2 位。创新绩效较上年上升 19.69 个百分点，位次上升 9 位（表 4-1）。

表 4-1 贵州省中科院天然产物化学重点实验室各级监测指标和位次与上年比较

指标名称	三级指标值		位次	
	2018 年	2017 年	2018 年	2017 年
综合科技创新水平指数 /%	71.52	65.22	1	4
科技创新环境和基础 /%	98.82	84.56	2	3
人力资源 /%	97.06	97.39	4	4
高层次科技人才系数	1.07	0.88	2	1
高学历以上人员占年末从业人员的比例 /%	60.19	64.49	7	4
高职称以上人员占年末从业人员的比例 /%	24.27	24.30	26	26
创新条件及平台 /%	100.00	76.00	1	4
人均科研仪器设备资产原值 / 万元	33.83	24.82	1	2
省级以上创新平台及载体系数	0.42	0.12	1	17
科技投入 /%	97.46	97.31	2	1
人力投入 /%	100.00	100.00	1	1
创新人才团队总量系数	1.36	1.36	1	1
R&D 人员占年末从业人员的比重 /%	100.00	100.00	1	1
经费投入 /%	94.91	94.62	7	3
人均科研经费 / 万元	14.40	13.80	10	13
人均 R&D 经费 / 万元	373.07	218.29	1	3
科技产出 /%	43.38	44.12	3	5
知识产出 /%	100.00	100.00	1	1
科技论文系数	13.37	11.68	1	1
知识产权系数	1.93	2.76	6	2
科技奖励 /%	0.00	0.00	12	14
科技成果系数	0.00	0.00	12	14
技术成果市场化水平 /%	0.00	0.00	2	3
人均技术市场成交合同金额 / 万元	0.00	0.00	2	3

续表

指标名称	三级指标值		位次	
	2018 年	2017 年	2018 年	2017 年
科技合作交流 /%	73.50	76.50	2	3
项目合作系数	1.41	1.59	8	10
论文论著合作系数	28.31	25.25	1	1
创新绩效 /%	48.42	28.73	10	19
科技服务 /%	20.00	20.00	23	25
科技服务系数	0.01	0.01	23	25
产学研结合 /%	100.00	50.00	1	11
产学研结合系数	1.60	0.40	3	11
创造效益 /%	5.69	6.92	13	17
经济效益系数	11.38	13.85	13	17

(二)贵州省林业科学研究院

年末从业人员 172 人；高学历以上人员 56 人，占年末从业人员的比例为 32.56%，居第 23 位；高职称以上人员 47 人，占年末从业人员的比例为 27.33%，居第 21 位；科研仪器设备资产原值 231.00 万元，人均科研仪器设备资产原值 1.34 万元，居第 30 位。

R&D 人员 78 人，占年末从业人员的比重为 45.35%，居第 24 位；科研经费 1614.00 万元，人均科研经费 9.38 万元，居第 18 位；R&D 经费 9672.00 万元，人均 R&D 经费 56.23 万元，居第 23 位。

发表科技论文 68 篇（一般科技论文 38 篇，核心期刊 28 篇，三大检索工具收录 2 篇），科技论文系数为 7.00，居第 3 位；省内合作项目 9 项，省外合作项目 5 项，产学研项目 25 项，项目合作系数为 4.00，居第 2 位。

科技培训人数 1800 人，对外科技咨询项数 40 项，科技特派员 4 人，科技服务系数为 0.01，居第 23 位；技术服务收入 566.00 万元，经济效益系数为 174.15，居第 4 位。

贵州省林业科学研究院综合科技创新水平指数为 70.64%，居第 2 位，与上年相比，监测值下降 4.40 个百分点，位次下降 1 位。在 4 个一级指标中，科技创新环境和基础较上年下降 10.49 个百分点，位次下降 4 位。科技投入较上年上升 0.94 个百分点，位次上升 1 位。科技产出较上年下降 3.50 个百分点，位次不变。创新绩效较上年下降 5.23 个百分点，位次下降 2 位（表 4-2）。

表 4-2 贵州省林业科学研究院各级监测指标和位次与上年比较

指标名称	三级指标值		位次	
	2018 年	2017 年	2018 年	2017 年
综合科技创新水平指数 /%	70.64	75.04	2	1
科技创新环境和基础 /%	41.37	51.86	22	18
人力资源 /%	95.24	94.99	5	5
高层次科技人才系数	0.43	0.45	15	11
高学历以上人员占年末从业人员的比例 /%	32.56	32.76	23	22
高职称以上人员占年末从业人员的比例 /%	27.33	24.71	21	25
创新条件及平台 /%	5.46	23.11	30	21
人均科研仪器设备资产原值 / 万元	1.34	5.62	30	22
省级以上创新平台及载体系数	0.00	0.00	18	18
科技投入 /%	92.82	91.88	4	5
人力投入 /%	96.84	96.47	3	4
创新人才团队总量系数	0.73	1.09	4	2
R&D 人员占年末从业人员的比重 /%	45.35	41.95	24	24
经费投入 /%	88.79	87.30	8	7
人均科研经费 / 万元	9.38	6.48	18	22
人均 R&D 经费 / 万元	56.23	55.05	23	23
科技产出 /%	76.50	80.00	1	1
知识产出 /%	100.00	100.00	1	1
科技论文系数	7.00	8.84	3	3
知识产权系数	1.98	1.94	5	4
科技奖励 /%	100.00	100.00	1	1
科技成果系数	0.10	0.19	1	1
技术成果市场化水平 /%	0.00	0.00	2	3
人均技术市场成交合同金额 / 万元	0.00	0.00	2	3
科技合作交流 /%	86.00	100.00	1	1
项目合作系数	4.00	4.24	2	1
论文论著合作系数	2.88	4.25	6	3
创新绩效 /%	68.77	74.00	4	2
科技服务 /%	20.00	40.00	23	19
科技服务系数	0.01	0.02	23	19
产学研结合 /%	100.00	100.00	1	1
产学研结合系数	1.75	1.85	2	2
创造效益 /%	87.08	80.00	4	4
经济效益系数	174.15	160.00	4	4

(三)贵州省草业研究所

年末从业人员78人;高学历以上人员37人,占年末从业人员的比例为47.44%,居第14位;高职称以上人员30人,占年末从业人员的比例为38.46%,居第8位;科研仪器设备资产原值688.66万元,人均科研仪器设备资产原值8.83万元,居第15位。

R&D人员65人,占年末从业人员的比重为83.33%,居第11位;科研经费1424.00万元,人均科研经费18.26万元,居第7位;R&D经费10 852.00万元,人均R&D经费139.13万元,居第14位。

发表科技论文21篇(一般科技论文6篇,核心期刊15篇),科技论文系数为2.68,居第17位;省内合作项目9项,产学研项目7项,项目合作系数为1.47,居第7位。

科技培训人数1900人,对外科技咨询项数8项,科技特派员24人,科技服务系数为0.03,居第9位;技术服务收入38.54万元,经济效益系数为11.86,居第12位。

贵州省草业研究所综合科技创新水平指数为65.24%,居第3位,与上年相比,监测值下降7.16个百分点,位次下降1位。在4个一级指标中,科技创新环境和基础较上年上升2.14个百分点,位次不变。科技投入较上年上升15.92个百分点,位次上升7位。科技产出较上年下降26.89个百分点,位次下降4位。创新绩效较上年下降15.06个百分点,位次下降5位(表4-3)。

表4-3 贵州省草业研究所各级监测指标和位次与上年比较

指标名称	三级指标值		位次	
	2018年	2017年	2018年	2017年
综合科技创新水平指数/%	65.24	72.40	3	2
科技创新环境和基础/%	79.11	76.97	8	8
人力资源/%	93.94	92.76	6	6
高层次科技人才系数	1.14	0.72	1	4
高学历以上人员占年末从业人员的比例/%	47.44	44.30	14	14
高职称以上人员占年末从业人员的比例/%	38.46	37.97	8	9
创新条件及平台/%	69.22	66.45	11	11
人均科研仪器设备资产原值/万元	8.83	7.41	15	18
省级以上创新平台及载体系数	0.17	0.17	6	5
科技投入/%	98.38	82.46	1	8
人力投入/%	100.00	100.00	1	1
创新人才团队总量系数	1.00	1.00	2	3
R&D人员占年末从业人员的比重/%	83.33	83.54	11	9
经费投入/%	96.76	64.91	5	19
人均科研经费/万元	18.26	6.34	7	23
人均R&D经费/万元	139.13	450.58	14	1
科技产出/%	42.49	69.38	6	2
知识产出/%	51.08	74.17	22	9

续表

指标名称	三级指标值		位次	
	2018年	2017年	2018年	2017年
科技论文系数	2.68	6.37	17	4
知识产权系数	0.69	0.58	19	19
科技奖励 /%	50.00	100.00	7	1
科技成果系数	0.05	0.12	7	3
技术成果市场化水平 /%	0.00	0.00	2	3
人均技术市场成交合同金额 / 万元	0.00	0.00	2	3
科技合作交流 /%	58.88	83.33	7	2
项目合作系数	1.47	2.00	7	8
论文论著合作系数	2.75	5.38	7	2
创新绩效 /%	39.98	55.04	14	9
科技服务 /%	60.00	60.00	9	9
科技服务系数	0.03	0.03	9	9
产学研结合 /%	43.75	62.50	11	10
产学研结合系数	0.35	0.50	11	10
创造效益 /%	5.93	36.16	12	9
经济效益系数	11.86	72.31	12	9

（四）贵州省油菜研究所

年末从业人员84人；高学历以上人员34人，占年末从业人员的比例为40.48%，居第19位；高职称以上人员37人，占年末从业人员的比例为44.05%，居第3位；科研仪器设备资产原值728.10万元，人均科研仪器设备资产原值8.67万元，居第16位。

R&D人员73人，占年末从业人员的比重为86.90%，居第8位；科研经费826.71万元，人均科研经费9.84万元，居第17位；R&D经费14 454.00万元，人均R&D经费172.07万元，居第8位。

发表科技论文35篇（一般科技论文14篇，核心期刊15篇，三大检索工具收录6篇），科技论文系数为4.68，居第8位；省内合作项目4项，省外合作项目1项，产学研项目4项，项目合作系数为1.00，居第11位。

科技培训人数1280人，科技特派员35人，科技服务系数为0.04，居第5位；知识产权创造的直接效益为902.20万元，经济效益系数为555.20，居第2位。

贵州省油菜研究所综合科技创新水平指数为60.78%，居第4位，与上年相比，监测值上升9.87个百分点，位次上升11位。在4个一级指标中，科技创新环境和基础较上年上升2.60个百分点，位次上升2位。科技投入较上年上升17.46个百分点，位次上升9位。科技产出较上年上升4.87个百分点，位次上升6位。创新绩效较上年上升21.01个百分点，位次上升5位（表4-4）。

表 4-4 贵州省油菜研究所各级监测指标和位次与上年比较

指标名称	三级指标值		位次	
	2018 年	2017 年	2018 年	2017 年
综合科技创新水平指数 /%	60.78	50.91	4	15
科技创新环境和基础 /%	48.45	45.85	18	20
人力资源 /%	92.63	89.46	8	8
高层次科技人才系数	0.39	0.75	16	3
高学历以上人员占年末从业人员的比例 /%	40.48	34.15	19	21
高职称以上人员占年末从业人员的比例 /%	44.05	43.90	3	3
创新条件及平台 /%	19.00	16.77	20	24
人均科研仪器设备资产原值 / 万元	8.67	7.80	16	17
省级以上创新平台及载体系数	0.00	0.00	18	18
科技投入 /%	87.40	69.94	6	15
人力投入 /%	94.00	86.51	4	11
创新人才团队总量系数	0.36	0.36	8	10
R&D 人员占年末从业人员的比重 /%	86.90	59.76	8	20
经费投入 /%	80.80	53.36	9	26
人均科研经费 / 万元	9.84	3.48	17	30
人均 R&D 经费 / 万元	172.07	95.26	8	16
科技产出 /%	38.92	34.05	8	14
知识产出 /%	89.00	71.92	6	10
科技论文系数	4.68	3.53	8	14
知识产权系数	1.78	1.02	8	11
科技奖励 /%	0.00	0.00	12	14
科技成果系数	0.00	0.00	12	14
技术成果市场化水平 /%	0.00	0.00	2	3
人均技术市场成交合同金额 / 万元	0.00	0.00	2	3
科技合作交流 /%	66.67	64.29	4	8
项目合作系数	1.00	1.00	11	14
论文论著合作系数	4.62	3.81	3	5
创新绩效 /%	88.00	66.99	1	6
科技服务 /%	80.00	80.00	5	5
科技服务系数	0.04	0.04	5	5
产学研结合 /%	87.50	87.50	6	7
产学研结合系数	0.70	0.70	6	7
创造效益 /%	100.00	15.96	1	10
经济效益系数	555.20	31.92	2	10

(五)贵州省园艺研究所

年末从业人员 64 人;高学历以上人员 36 人,占年末从业人员的比例为 56.25%,居第 10 位;高职称以上人员 23 人,占年末从业人员的比例为 35.94%,居第 14 位;科研仪器设备资产原值 325.40 万元,人均科研仪器设备资产原值 5.08 万元,居第 22 位。

R&D 人员 47 人,占年末从业人员的比重为 73.44%,居第 15 位;科研经费 770.00 万元,人均科研经费 12.03 万元,居第 12 位;R&D 经费 9845.00 万元,人均 R&D 经费 153.83 万元,居第 12 位。

发表科技论文 22 篇(一般科技论文 7 篇,核心期刊 15 篇),科技论文系数为 2.74,居第 16 位;产学研项目 11 项,项目合作系数为 0.65,居第 16 位。

科技培训人数 2108 人,对外科技咨询项数 8 项,科技特派员 20 人,科技服务系数为 0.03,居第 9 位。

贵州省园艺研究所综合科技创新水平指数为 59.10%,居第 5 位,与上年相比,监测值上升 3.05 个百分点,位次上升 4 位。在 4 个一级指标中,科技创新环境和基础较上年上升 1.38 个百分点,位次不变。科技投入较上年下降 7.02 个百分点,位次下降 2 位。科技产出较上年上升 15.08 个百分点,位次上升 11 位。创新绩效较上年下降 5.50 个百分点,位次上升 1 位(表 4-5)。

表 4-5 贵州省园艺研究所各级监测指标和位次与上年比较

指标名称	三级指标值		位次	
	2018 年	2017 年	2018 年	2017 年
综合科技创新水平指数 /%	59.10	56.05	5	9
科技创新环境和基础 /%	72.91	71.53	13	13
人力资源 /%	92.32	88.72	9	9
高层次科技人才系数	0.57	0.49	7	9
高学历以上人员占年末从业人员的比例 /%	56.25	47.54	10	13
高职称以上人员占年末从业人员的比例 /%	35.94	37.70	14	11
创新条件及平台 /%	59.97	60.07	17	15
人均科研仪器设备资产原值 / 万元	5.08	5.33	22	24
省级以上创新平台及载体系数	0.17	0.17	6	5
科技投入 /%	83.14	90.16	8	6
人力投入 /%	86.90	88.13	8	9
创新人才团队总量系数	0.36	0.36	8	10
R&D 人员占年末从业人员的比重 /%	73.44	80.33	15	10
经费投入 /%	79.37	92.18	10	5
人均科研经费 / 万元	12.03	16.61	12	8
人均 R&D 经费 / 万元	153.83	208.41	12	4
科技产出 /%	36.60	21.52	12	23

续表

指标名称	三级指标值		位次	
	2018 年	2017 年	2018 年	2017 年
知识产出 /%	51.58	68.42	21	12
科技论文系数	2.74	3.16	16	18
知识产权系数	0.69	1.01	19	12
科技奖励 /%	70.00	0.00	3	14
科技成果系数	0.07	0.00	3	14
技术成果市场化水平 /%	0.00	0.00	2	3
人均技术市场成交合同金额 / 万元	0.00	0.00	2	3
科技合作交流 /%	10.83	17.67	17	16
项目合作系数	0.65	1.06	16	12
论文论著合作系数	0.00	0.00	13	13
创新绩效 /%	48.50	54.00	9	10
科技服务 /%	60.00	40.00	9	19
科技服务系数	0.03	0.02	9	19
产学研结合 /%	68.75	100.00	7	1
产学研结合系数	0.55	0.90	7	4
创造效益 /%	0.00	0.00	16	20
经济效益系数	0.00	0.00	16	20

（六）贵州省生物技术研究所

年末从业人员 64 人；高学历以上人员 43 人，占年末从业人员的比例为 67.19%，居第 4 位；高职称以上人员 27 人，占年末从业人员的比例为 42.19%，居第 4 位；科研仪器设备资产原值 803.00 万元，人均科研仪器设备资产原值 12.55 万元，居第 9 位。

R&D 人员 44 人，占年末从业人员的比重为 68.75%，居第 17 位；科研经费 375.00 万元，人均科研经费 5.86 万元，居第 22 位；R&D 经费 9930.00 万元，人均 R&D 经费 155.16 万元，居第 10 位。

发表科技论文 30 篇（一般科技论文 12 篇，核心期刊 13 篇，三大检索工具收录 5 篇），科技论文系数为 4.00，居第 11 位。

科技培训人数 1389 人，对外科技咨询项数 2 项，科技特派员 34 人，科技服务系数为 0.04，居第 5 位。

贵州省生物技术研究所综合科技创新水平指数为 58.73%，居第 6 位，与上年相比，监测值上升 4.08 个百分点，位次上升 5 位。在 4 个一级指标中，科技创新环境和基础较上年上升 1.07 个百分点，位次不变。科技投入较上年下降 4.27 个百分点，位次不变。科技产出较上年上升 7.94 个百分点，位次上升 7 位。创新绩效较上年上升 14.00 个百分点，位次上升 10 位（表 4-6）。

表 4-6 贵州省生物技术研究所各级监测指标和位次与上年比较

指标名称	三级指标值		位次	
	2018 年	2017 年	2018 年	2017 年
综合科技创新水平指数 /%	58.73	54.65	6	11
科技创新环境和基础 /%	83.22	82.15	4	4
人力资源 /%	98.33	98.04	2	2
高层次科技人才系数	0.50	0.50	9	8
高学历以上人员占年末从业人员的比例 /%	67.19	65.62	4	2
高职称以上人员占年末从业人员的比例 /%	42.19	43.75	4	4
创新条件及平台 /%	73.15	71.55	6	6
人均科研仪器设备资产原值 / 万元	12.55	11.64	9	10
省级以上创新平台及载体系数	0.17	0.17	6	5
科技投入 /%	74.99	79.26	10	10
人力投入 /%	90.80	90.80	7	6
创新人才团队总量系数	0.73	0.73	4	5
R&D 人员占年末从业人员的比重 /%	68.75	68.75	17	16
经费投入 /%	59.18	67.72	18	18
人均科研经费 / 万元	5.86	8.47	22	19
人均 R&D 经费 / 万元	155.16	160.98	10	9
科技产出 /%	42.80	34.86	5	12
知识产出 /%	83.33	79.42	8	6
科技论文系数	4.00	3.53	11	14
知识产权系数	1.49	1.22	9	8
科技奖励 /%	70.00	50.00	3	8
科技成果系数	0.07	0.05	3	8
技术成果市场化水平 /%	0.00	0.00	2	3
人均技术市场成交合同金额 / 万元	0.00	0.00	2	3
科技合作交流 /%	3.88	0.00	23	25
项目合作系数	0.00	0.00	25	25
论文论著合作系数	0.31	0.00	11	13
创新绩效 /%	28.00	14.00	18	28
科技服务 /%	80.00	40.00	5	19
科技服务系数	0.04	0.02	5	19
产学研结合 /%	0.00	0.00	18	22
产学研结合系数	0.00	0.00	18	22
创造效益 /%	0.00	0.00	16	20
经济效益系数	0.00	0.00	16	20

（七）贵州省旱粮研究所

年末从业人员 53 人；高学历以上人员 27 人，占年末从业人员的比例为 50.94%，居第 12 位；高职称以上人员 21 人，占年末从业人员的比例为 39.62%，居第 6 位；科研仪器设备资产原值 380.00 万元，人均科研仪器设备资产原值 7.17 万元，居第 20 位。

R&D 人员 33 人，占年末从业人员的比重为 62.26%，居第 20 位；科研经费 1752.00 万元，人均科研经费 33.06 万元，居第 1 位；R&D 经费 10 917.00 万元，人均 R&D 经费 205.98 万元，居第 5 位。

发表科技论文 21 篇（一般科技论文 8 篇，核心期刊 11 篇，三大检索工具收录 2 篇），科技论文系数为 2.68，居第 17 位；省内合作项目 2 项，省外合作项目 3 项，产学研项目 5 项，项目合作系数为 1.41，居第 8 位。

科技培训人数 2800 人，对外科技咨询项数 25 项，科技特派员 17 人，科技服务系数为 0.03，居第 9 位；知识产权创造的直接效益为 150.00 万元，经济效益系数为 92.31，居第 5 位。

贵州省旱粮研究所综合科技创新水平指数为 56.94%，居第 7 位，与上年相比，监测值下降 2.35 个百分点，位次上升 1 位。在 4 个一级指标中，科技创新环境和基础较上年上升 0.87 个百分点，位次不变。科技投入较上年上升 14.33 个百分点，位次上升 7 位。科技产出较上年下降 3.03 个百分点，位次下降 1 位。创新绩效较上年下降 33.88 个百分点，位次下降 11 位（表 4-7）。

表 4-7 贵州省旱粮研究所各级监测指标和位次与上年比较

指标名称	三级指标值		位次	
	2018 年	2017 年	2018 年	2017 年
综合科技创新水平指数 /%	56.94	59.29	7	8
科技创新环境和基础 /%	77.25	76.38	9	9
人力资源 /%	86.68	84.58	12	13
高层次科技人才系数	0.89	0.56	3	6
高学历以上人员占年末从业人员的比例 /%	50.94	47.73	12	12
高职称以上人员占年末从业人员的比例 /%	39.62	47.73	6	2
创新条件及平台 /%	70.97	70.92	9	8
人均科研仪器设备资产原值 / 万元	7.17	8.16	20	15
省级以上创新平台及载体系数	0.33	0.33	2	1
科技投入 /%	89.12	74.79	5	12
人力投入 /%	78.24	78.05	12	15
创新人才团队总量系数	0.36	0.36	8	10
R&D 人员占年末从业人员的比重 /%	62.26	70.45	20	14
经费投入 /%	100.00	71.53	1	17
人均科研经费 / 万元	33.06	13.14	1	15
人均 R&D 经费 / 万元	205.98	172.27	5	7

续表

指标名称	三级指标值		位次	
	2018年	2017年	2018年	2017年
科技产出 /%	24.56	27.59	20	19
知识产出 /%	49.00	64.58	23	16
科技论文系数	2.68	4.05	17	10
知识产权系数	0.64	0.74	21	17
科技奖励 /%	0.00	0.00	12	14
科技成果系数	0.00	0.00	12	14
技术成果市场化水平 /%	0.00	0.00	2	3
人均技术市场成交合同金额 / 万元	0.00	0.00	2	3
科技合作交流 /%	49.25	45.79	9	11
项目合作系数	1.41	1.06	8	12
论文论著合作系数	2.06	2.25	8	8
创新绩效 /%	45.04	78.92	12	1
科技服务 /%	60.00	80.00	9	5
科技服务系数	0.03	0.04	9	5
产学研结合 /%	31.25	100.00	13	1
产学研结合系数	0.25	0.90	13	4
创造效益 /%	46.16	43.69	5	7
经济效益系数	92.31	87.38	5	7

（八）贵州省环境科学研究设计院

年末从业人员107人；高学历以上人员48人，占年末从业人员的比例为44.86%，居第16位；高职称以上人员39人，占年末从业人员的比例为36.45%，居第13位；科研仪器设备资产原值2198.60万元，人均科研仪器设备资产原值20.55万元，居第4位。

R&D人员49人，占年末从业人员的比重为45.79%，居第23位；科研经费2645.50万元，人均科研经费24.72万元，居第5位；R&D经费11 307.00万元，人均R&D经费105.67万元，居第16位。

发表科技论文15篇（一般科技论文12篇，核心期刊3篇），科技论文系数为1.11，居第29位；省内合作项目6项，省外合作项目4项，项目合作系数为1.88，居第5位。

贵州省环境科学研究设计院综合科技创新水平指数为56.49%，居第8位，与上年相比，监测值下降13.63个百分点，位次下降5位。在4个一级指标中，科技创新环境和基础较上年下降0.17个百分点，位次不变。科技投入较上年上升2.34个百分点，位次下降1位。科技产出较上年下降20.76个百分点，位次下降15位。创新绩效较上年下降46.00个百分点，位次下降14位（表4-8）。

表 4-8 贵州省环境科学研究设计院各级监测指标和位次与上年比较

指标名称	三级指标值		位次	
	2018 年	2017 年	2018 年	2017 年
综合科技创新水平指数 /%	56.49	70.12	8	3
科技创新环境和基础 /%	98.84	99.01	1	1
人力资源 /%	97.10	97.52	3	3
高层次科技人才系数	0.44	0.44	12	12
高学历以上人员占年末从业人员的比例 /%	44.86	48.54	16	10
高职称以上人员占年末从业人员的比例 /%	36.45	37.86	13	10
创新条件及平台 /%	100.00	100.00	1	1
人均科研仪器设备资产原值 / 万元	20.55	23.48	4	4
省级以上创新平台及载体系数	0.29	0.29	5	3
科技投入 /%	95.44	93.10	3	2
人力投入 /%	91.02	88.02	6	10
创新人才团队总量系数	0.64	0.64	6	7
R&D 人员占年末从业人员的比重 /%	45.79	42.72	23	23
经费投入 /%	99.87	98.19	4	1
人均科研经费 / 万元	24.72	29.78	5	3
人均 R&D 经费 / 万元	105.67	81.28	16	18
科技产出 /%	22.64	43.40	22	7
知识产出 /%	59.25	39.58	18	22
科技论文系数	1.11	0.95	29	27
知识产权系数	2.37	0.76	3	16
科技奖励 /%	0.00	70.00	12	6
科技成果系数	0.00	0.07	12	6
技术成果市场化水平 /%	0.00	0.00	2	3
人均技术市场成交合同金额 / 万元	0.00	0.00	2	3
科技合作交流 /%	31.33	50.00	13	9
项目合作系数	1.88	3.88	5	3
论文论著合作系数	0.00	0.00	13	13
创新绩效 /%	0.00	46.00	28	14
科技服务 /%	0.00	60.00	27	9
科技服务系数	0.00	0.03	27	9
产学研结合 /%	0.00	0.00	18	22
产学研结合系数	0.00	0.00	18	22
创造效益 /%	0.00	100.00	16	1
经济效益系数	0.00	445.82	16	3

（九）贵州省生物研究所

年末从业人员 73 人；高学历以上人员 38 人，占年末从业人员的比例为 52.05%，居第 11 位；高职称以上人员 19 人，占年末从业人员的比例为 26.03%，居第 22 位；科研仪器设备资产原值 675.00 万元，人均科研仪器设备资产原值 9.25 万元，居第 14 位。

R&D 人员 58 人，占年末从业人员的比重为 79.45%，居第 13 位；科研经费 765.00 万元，人均科研经费 10.48 万元，居第 15 位；R&D 经费 7835.00 万元，人均 R&D 经费 107.33 万元，居第 15 位。

发表科技论文 42 篇（一般科技论文 16 篇，核心期刊 19 篇，三大检索工具收录 7 篇），科技论文系数为 5.79，居第 6 位。

科技培训人数 500 人，对外科技咨询项数 20 项，科技特派员 19 人，科技服务系数为 0.03，居第 9 位。

贵州省生物研究所综合科技创新水平指数为 52.40%，居第 9 位，与上年相比，监测值上升 5.19 个百分点，位次上升 9 位。在 4 个一级指标中，科技创新环境和基础较上年上升 1.58 个百分点，位次不变。科技投入较上年上升 10.45 个百分点，位次上升 4 位。科技产出较上年上升 8.60 个百分点，位次上升 4 位。创新绩效较上年下降 5.50 个百分点，位次下降 1 位（表 4-9）。

表 4-9 贵州省生物研究所各级监测指标和位次与上年比较

指标名称	三级指标值		位次	
	2018 年	2017 年	2018 年	2017 年
综合科技创新水平指数 /%	52.40	47.21	9	18
科技创新环境和基础 /%	76.94	75.36	10	10
人力资源 /%	88.70	82.65	11	17
高层次科技人才系数	0.88	0.82	4	2
高学历以上人员占年末从业人员的比例 /%	52.05	43.55	11	15
高职称以上人员占年末从业人员的比例 /%	26.03	29.03	22	19
创新条件及平台 /%	69.10	70.50	12	9
人均科研仪器设备资产原值 / 万元	9.25	11.32	14	11
省级以上创新平台及载体系数	0.17	0.17	6	5
科技投入 /%	85.67	75.22	7	11
人力投入 /%	92.93	94.00	5	5
创新人才团队总量系数	0.36	0.36	8	10
R&D 人员占年末从业人员的比重 /%	79.45	100.00	13	2
经费投入 /%	78.41	56.44	11	23
人均科研经费 / 万元	10.48	5.16	15	26
人均 R&D 经费 / 万元	107.33	187.69	15	5
科技产出 /%	24.56	15.96	20	24

续表

指标名称	三级指标值		位次	
	2018 年	2017 年	2018 年	2017 年
知识产出 /%	98.25	63.83	5	17
科技论文系数	5.79	5.21	6	6
知识产权系数	1.38	0.49	10	22
科技奖励 /%	0.00	0.00	12	14
科技成果系数	0.00	0.00	12	14
技术成果市场化水平 /%	0.00	0.00	2	3
人均技术市场成交合同金额 / 万元	0.00	0.00	2	3
科技合作交流 /%	0.00	0.00	26	25
项目合作系数	0.00	0.00	25	25
论文论著合作系数	0.00	0.00	13	13
创新绩效 /%	21.00	26.50	22	21
科技服务 /%	60.00	40.00	9	19
科技服务系数	0.03	0.02	9	19
产学研结合 /%	0.00	31.25	18	15
产学研结合系数	0.00	0.25	18	15
创造效益 /%	0.00	0.00	16	20
经济效益系数	0.00	0.00	16	20

（十）贵州省山地资源研究所

年末从业人员 73 人；高学历以上人员 54 人，占年末从业人员的比例为 73.97%，居第 1 位；高职称以上人员 27 人，占年末从业人员的比例为 36.99%，居第 10 位；科研仪器设备资产原值 681.40 万元，人均科研仪器设备资产原值 9.33 万元，居第 12 位。

科研经费 137.36 万元，人均科研经费 1.88 万元，居第 29 位。

发表科技论文 54 篇（一般科技论文 27 篇，核心期刊 24 篇，三大检索工具收录 3 篇），科技论文系数为 6.00，居第 5 位；省内合作项目 10 项，项目合作系数为 1.18，居第 10 位。

科技培训人数 1200 人，对外科技咨询项数 26 项，科技特派员 22 人，科技服务系数为 0.03，居第 9 位；技术服务收入 262.40 万元，经济效益系数为 80.74，居第 6 位。

贵州省山地资源研究所综合科技创新水平指数为 51.43%，居第 10 位，与上年相比，监测值下降 9.97 个百分点，位次下降 5 位。在 4 个一级指标中，科技创新环境和基础较上年上升 1.64 个百分点，位次下降 1 位。科技投入较上年下降 58.96 个百分点，位次下降 21 位。科技产出较上年上升 19.73 个百分点，位次上升 11 位。创新绩效较上年下降 16.95 个百分点，位次下降 4 位（表 4-10）。

表 4-10　贵州省山地资源研究所各级监测指标和位次与上年比较

指标名称	三级指标值 2018年	三级指标值 2017年	位次 2018年	位次 2017年
综合科技创新水平指数 /%	51.43	61.40	10	5
科技创新环境和基础 /%	81.04	79.40	6	5
人力资源 /%	98.70	98.85	1	1
高层次科技人才系数	0.44	0.44	12	12
高学历以上人员占年末从业人员的比例 /%	73.97	73.85	1	1
高职称以上人员占年末从业人员的比例 /%	36.99	38.46	10	7
创新条件及平台 /%	69.27	66.44	10	12
人均科研仪器设备资产原值 / 万元	9.33	8.64	12	13
省级以上创新平台及载体系数	0.17	0.17	6	5
科技投入 /%	30.45	89.41	28	7
人力投入 /%	54.00	88.67	14	8
创新人才团队总量系数	0.36	0.36	8	10
R&D 人员占年末从业人员的比重 /%	0.00	76.92	28	11
经费投入 /%	6.90	90.15	32	6
人均科研经费 / 万元	1.88	15.12	29	11
人均 R&D 经费 / 万元	0.00	160.92	28	10
科技产出 /%	53.98	34.25	2	13
知识产出 /%	86.25	92.83	7	4
科技论文系数	6.00	5.74	5	5
知识产权系数	0.87	1.08	18	10
科技奖励 /%	50.00	0.00	7	14
科技成果系数	0.05	0.00	7	14
技术成果市场化水平 /%	0.00	0.00	2	3
人均技术市场成交合同金额 / 万元	0.00	0.00	2	3
科技合作交流 /%	69.67	44.17	3	12
项目合作系数	1.18	2.65	10	5
论文论著合作系数	10.38	0.00	2	13
创新绩效 /%	31.09	48.04	17	13
科技服务 /%	60.00	60.00	9	9
科技服务系数	0.03	0.03	9	9
产学研结合 /%	0.00	18.75	18	21
产学研结合系数	0.00	0.15	18	21
创造效益 /%	40.37	78.16	6	5
经济效益系数	80.74	156.31	6	5

（十一）贵州省植物保护研究所

年末从业人员 44 人；高学历以上人员 30 人，占年末从业人员的比例为 68.18%，居第 2 位；高职称以上人员 20 人，占年末从业人员的比例为 45.45%，居第 2 位；科研仪器设备资产原值 840.00 万元，人均科研仪器设备资产原值 19.09 万元，居第 5 位。

R&D 人员 40 人，占年末从业人员的比重为 90.91%，居第 5 位；科研经费 1176.30 万元，人均科研经费 26.73 万元，居第 3 位；R&D 经费 15 728.00 万元，人均 R&D 经费 357.45 万元，居第 3 位。

发表科技论文 12 篇（一般科技论文 1 篇，核心期刊 8 篇，三大检索工具收录 3 篇），科技论文系数为 2.11，居第 26 位；省内合作项目 3 项，省外合作项目 2 项，项目合作系数为 0.94，居第 12 位。

科技培训人数 1781 人，对外科技咨询项数 643 项，科技特派员 26 人，科技服务系数为 0.18，居第 1 位；技术服务收入 10.00 万元，经济效益系数为 4.23，居第 14 位。

贵州省植物保护研究所综合科技创新水平指数为 51.09%，居第 11 位，与上年相比，监测值下降 9.85 个百分点，位次下降 4 位。在 4 个一级指标中，科技创新环境和基础较上年上升 3.47 个百分点，位次上升 2 位。科技投入较上年上升 9.46 个百分点，位次上升 9 位。科技产出较上年下降 36.56 个百分点，位次下降 15 位。创新绩效较上年下降 1.97 个百分点，位次上升 2 位（表 4-11）。

表 4-11 贵州省植物保护研究所各级监测指标和位次与上年比较

指标名称	三级指标值 2018 年	三级指标值 2017 年	位次 2018 年	位次 2017 年
综合科技创新水平指数 /%	51.09	60.94	11	7
科技创新环境和基础 /%	81.49	78.02	5	7
人力资源 /%	88.88	87.47	10	10
高层次科技人才系数	0.44	0.44	12	12
高学历以上人员占年末从业人员的比例 /%	68.18	60.87	2	8
高职称以上人员占年末从业人员的比例 /%	45.45	43.48	2	5
创新条件及平台 /%	76.56	71.72	5	5
人均科研仪器设备资产原值 / 万元	19.09	15.00	5	9
省级以上创新平台及载体系数	0.17	0.17	6	5
科技投入 /%	64.66	55.20	13	22
人力投入 /%	29.33	31.47	21	22
创新人才团队总量系数	0.00	0.00	15	19
R&D 人员占年末从业人员的比重 /%	90.91	95.65	5	4
经费投入 /%	100.00	78.93	1	11
人均科研经费 / 万元	26.73	15.65	3	10
人均 R&D 经费 / 万元	357.45	260.87	3	2
科技产出 /%	26.34	62.90	18	3
知识产出 /%	29.67	65.25	28	15

续表

指标名称	三级指标值		位次	
	2018年	2017年	2018年	2017年
科技论文系数	2.11	4.63	26	8
知识产权系数	0.29	0.64	26	18
科技奖励/%	50.00	100.00	7	1
科技成果系数	0.05	0.10	7	4
技术成果市场化水平/%	0.00	0.00	2	3
人均技术市场成交合同金额/万元	0.00	0.00	2	3
科技合作交流/%	15.67	66.33	14	4
项目合作系数	0.94	2.06	12	7
论文论著合作系数	0.00	2.56	13	7
创新绩效/%	35.53	37.50	15	17
科技服务/%	100.00	100.00	1	1
科技服务系数	0.18	0.17	1	1
产学研结合/%	0.00	0.00	18	22
产学研结合系数	0.00	0.00	18	22
创造效益/%	2.12	10.00	14	14
经济效益系数	4.23	20.00	14	14

（十二）贵州省油料研究所

年末从业人员47人；高学历以上人员27人，占年末从业人员的比例为57.45%，居第9位；高职称以上人员18人，占年末从业人员的比例为38.30%，居第9位；科研仪器设备资产原值173.80万元，人均科研仪器设备资产原值3.70万元，居第26位。

R&D人员37人，占年末从业人员的比重为78.72%，居第14位；科研经费538.00万元，人均科研经费11.45万元，居第13位；R&D经费12 214.00万元，人均R&D经费259.87万元，居第4位。

发表科技论文22篇（一般科技论文9篇，核心期刊12篇，三大检索工具收录1篇），科技论文系数为2.37，居第21位；省内合作项目5项，产学研项目5项，项目合作系数为0.88，居第13位。

科技培训人数1550人，对外科技咨询项数1项，科技特派员15人，科技服务系数为0.02，居第19位；知识产权创造的直接效益为24.00万元，技术服务收入1.00万元，经济效益系数为16.85，居第11位。

贵州省油料研究所综合科技创新水平指数为49.72%，居第12位，与上年相比，监测值上升6.32个百分点，位次上升9位。在4个一级指标中，科技创新环境和基础较上年下降2.13个百分点，位次下降1位。科技投入较上年下降8.07个百分点，位次上升3位。科技产出较上年上升23.65个百分点，位次上升13位。创新绩效较上年上升3.94个百分点，位次上升4位（表4-12）。

表 4-12 贵州省油料研究所各级监测指标和位次与上年比较

指标名称	三级指标值		位次	
	2018 年	2017 年	2018 年	2017 年
综合科技创新水平指数 /%	49.72	43.40	12	21
科技创新环境和基础 /%	72.97	75.10	12	11
人力资源 /%	84.65	86.12	15	12
高层次科技人才系数	0.59	0.43	6	16
高学历以上人员占年末从业人员的比例 /%	57.45	61.22	9	7
高职称以上人员占年末从业人员的比例 /%	38.30	36.73	9	12
创新条件及平台 /%	65.19	67.75	14	10
人均科研仪器设备资产原值 / 万元	3.70	5.36	26	23
省级以上创新平台及载体系数	0.33	0.33	2	1
科技投入 /%	48.35	56.42	18	21
人力投入 /%	27.73	27.04	23	24
创新人才团队总量系数	0.00	0.00	15	19
R&D 人员占年末从业人员的比重 /%	78.72	73.47	14	12
经费投入 /%	68.97	85.79	16	8
人均科研经费 / 万元	11.45	17.49	13	6
人均 R&D 经费 / 万元	259.87	166.14	4	8
科技产出 /%	32.42	8.77	15	28
知识产出 /%	31.00	26.25	27	28
科技论文系数	2.37	1.05	21	26
知识产权系数	0.27	0.42	27	23
科技奖励 /%	70.00	0.00	3	14
科技成果系数	0.07	0.00	3	14
技术成果市场化水平 /%	0.00	0.00	2	3
人均技术市场成交合同金额 / 万元	0.00	0.00	2	3
科技合作交流 /%	14.67	8.83	15	18
项目合作系数	0.88	0.53	13	17
论文论著合作系数	0.00	0.00	13	13
创新绩效 /%	53.60	49.66	8	12
科技服务 /%	40.00	40.00	19	19
科技服务系数	0.02	0.02	19	19
产学研结合 /%	93.75	81.25	5	8
产学研结合系数	0.75	0.65	5	8
创造效益 /%	8.42	12.62	11	12
经济效益系数	16.85	25.23	11	12

(十三）贵州省蚕业（辣椒）研究所

年末从业人员 115 人；高学历以上人员 20 人，占年末从业人员的比例为 17.39%，居第 30 位；高职称以上人员 25 人，占年末从业人员的比例为 21.74%，居第 29 位；科研仪器设备资产原值 1116.87 万元，人均科研仪器设备资产原值 9.71 万元，居第 11 位。

R&D 人员 104 人，占年末从业人员的比重为 90.43%，居第 6 位；科研经费 335.00 万元，人均科研经费 2.91 万元，居第 25 位；R&D 经费 21 155.00 万元，人均 R&D 经费 183.96 万元，居第 6 位。

发表科技论文 34 篇（一般科技论文 16 篇，核心期刊 17 篇，三大检索工具收录 1 篇），科技论文系数为 3.79，居第 12 位；省内合作项目 2 项，项目合作系数为 0.24，居第 22 位。

科技培训人数 1050 人，科技特派员 27 人，科技服务系数为 0.03，居第 9 位。

贵州省蚕业（辣椒）研究所综合科技创新水平指数为 49.63%，居第 13 位，与上年相比，监测值下降 0.47 个百分点，位次上升 3 位。在 4 个一级指标中，科技创新环境和基础较上年上升 6.25 个百分点，位次上升 5 位。科技投入较上年下降 9.37 个百分点，位次下降 1 位。科技产出较上年上升 3.88 个百分点，位次上升 2 位。创新绩效较上年下降 7.00 个百分点，位次下降 2 位（表 4-13）。

表 4-13 贵州省蚕业（辣椒）研究所各级监测指标和位次与上年比较

指标名称	三级指标值 2018 年	三级指标值 2017 年	位次 2018 年	位次 2017 年
综合科技创新水平指数 /%	49.63	50.10	13	16
科技创新环境和基础 /%	79.52	73.27	7	12
人力资源 /%	80.73	76.60	17	19
高层次科技人才系数	0.29	0.29	19	20
高学历以上人员占年末从业人员的比例 /%	17.39	16.10	30	29
高职称以上人员占年末从业人员的比例 /%	21.74	17.80	29	30
创新条件及平台 /%	78.71	71.05	4	7
人均科研仪器设备资产原值 / 万元	9.71	6.87	11	21
省级以上创新平台及载体系数	0.17	0.17	6	5
科技投入 /%	48.00	57.37	20	19
人力投入 /%	40.00	40.00	15	19
创新人才团队总量系数	0.00	0.00	15	19
R&D 人员占年末从业人员的比重 /%	90.43	88.14	6	8
经费投入 /%	56.01	74.74	19	15
人均科研经费 / 万元	2.91	6.17	25	24
人均 R&D 经费 / 万元	183.96	187.42	6	6
科技产出 /%	41.71	37.83	7	9
知识产出 /%	42.83	31.33	25	25
科技论文系数	3.79	3.11	12	19

续表

指标名称	三级指标值		位次	
	2018 年	2017 年	2018 年	2017 年
知识产权系数	0.27	0.13	27	29
科技奖励 /%	100.00	100.00	1	1
科技成果系数	0.10	0.14	1	2
技术成果市场化水平 /%	0.00	0.00	2	3
人均技术市场成交合同金额 / 万元	0.00	0.00	2	3
科技合作交流 /%	4.00	0.00	22	25
项目合作系数	0.24	0.00	22	25
论文论著合作系数	0.00	0.00	13	13
创新绩效 /%	21.00	28.00	22	20
科技服务 /%	60.00	80.00	9	5
科技服务系数	0.03	0.04	9	5
产学研结合 /%	0.00	0.00	18	22
产学研结合系数	0.00	0.00	18	22
创造效益 /%	0.00	0.00	16	20
经济效益系数	0.00	0.00	16	20

（十四）贵州省水产研究所

年末从业人员 63 人；高学历以上人员 26 人，占年末从业人员的比例为 41.27%，居第 18 位；高职称以上人员 12 人，占年末从业人员的比例为 19.05%，居第 30 位；科研仪器设备资产原值 448.96 万元，人均科研仪器设备资产原值 7.13 万元，居第 21 位。

R&D 人员 28 人，占年末从业人员的比重为 44.44%，居第 25 位；科研经费 1088.00 万元，人均科研经费 17.27 万元，居第 8 位；R&D 经费 2784.00 万元，人均 R&D 经费 44.19 万元，居第 25 位。

发表科技论文 21 篇（一般科技论文 12 篇，核心期刊 8 篇，三大检索工具收录 1 篇），科技论文系数为 2.16，居第 25 位；省内合作项目 9 项，省外合作项目 10 项，产学研项目 3 项，项目合作系数为 4.18，居第 1 位。

科技培训人数 1100 人，对外科技咨询项数 410 项，科技特派员 19 人，科技服务系数为 0.12，居第 2 位；经济效益系数为 20.94，居第 9 位。

贵州省水产研究所综合科技创新水平指数为 48.38%，居第 14 位，与上年相比，监测值上升 3.76 个百分点，位次上升 5 位。在 4 个一级指标中，科技创新环境和基础较上年上升 5.34 个百分点，位次不变。科技投入较上年上升 0.37 个百分点，位次上升 6 位。科技产出较上年上升 6.66 个百分点，位次上升 7 位。创新绩效较上年不变，位次上升 2 位（表 4-14）。

表 4-14 贵州省水产研究所各级监测指标和位次与上年比较

指标名称	三级指标值		位次	
	2018年	2017年	2018年	2017年
综合科技创新水平指数 /%	48.38	44.62	14	19
科技创新环境和基础 /%	63.89	58.55	16	16
人力资源 /%	64.57	51.24	22	25
高层次科技人才系数	0.23	0.15	20	24
高学历以上人员占年末从业人员的比例 /%	41.27	41.27	18	16
高职称以上人员占年末从业人员的比例 /%	19.05	19.05	30	29
创新条件及平台 /%	63.43	63.43	15	14
人均科研仪器设备资产原值 / 万元	7.13	7.13	21	19
省级以上创新平台及载体系数	0.17	0.17	6	5
科技投入 /%	48.31	47.94	19	25
人力投入 /%	19.67	19.67	26	27
创新人才团队总量系数	0.00	0.00	15	19
R&D 人员占年末从业人员的比重 /%	44.44	44.44	25	22
经费投入 /%	76.95	76.20	13	12
人均科研经费 / 万元	17.27	17.27	8	7
人均 R&D 经费 / 万元	44.19	42.63	25	25
科技产出 /%	33.40	26.74	13	20
知识产出 /%	68.00	41.33	14	21
科技论文系数	2.16	2.16	25	23
知识产权系数	1.28	0.56	12	21
科技奖励 /%	0.00	0.00	12	14
科技成果系数	0.00	0.00	12	14
技术成果市场化水平 /%	0.00	0.00	2	3
人均技术市场成交合同金额 / 万元	0.00	0.00	2	3
科技合作交流 /%	65.62	65.62	5	6
项目合作系数	4.18	4.18	1	2
论文论著合作系数	1.25	1.25	10	10
创新绩效 /%	57.62	57.62	6	8
科技服务 /%	100.00	100.00	1	1
科技服务系数	0.12	0.11	2	2
产学研结合 /%	50.00	50.00	8	11
产学研结合系数	0.40	0.40	8	11
创造效益 /%	10.47	10.47	9	13
经济效益系数	20.94	20.94	9	13

（十五）贵州省果树科学研究所

年末从业人员74人；高学历以上人员34人，占年末从业人员的比例为45.95%，居第15位；高职称以上人员19人，占年末从业人员的比例为25.68%，居第23位；科研仪器设备资产原值689.40万元，人均科研仪器设备资产原值9.32万元，居第13位。

R&D人员47人，占年末从业人员的比重为63.51%，居第18位；科研经费681.10万元，人均科研经费9.20万元，居第19位；R&D经费4990.00万元，人均R&D经费67.43万元，居第20位。

发表科技论文16篇（一般科技论文1篇，核心期刊15篇），科技论文系数为2.42，居第19位。

科技培训人数7650人，对外科技咨询项数202项，科技特派员19人，科技服务系数为0.07，居第3位；知识产权创造的直接效益1760.00万元，技术服务收入74.07万元，经济效益系数为1105.87，居第1位。

贵州省果树科学研究所综合科技创新水平指数为45.76%，居第15位，与上年相比，监测值下降6.92个百分点，位次下降2位。在4个一级指标中，科技创新环境和基础较上年上升1.24个百分点，位次上升2位。科技投入较上年上升8.08个百分点，位次上升5位。科技产出较上年下降26.43个百分点，位次下降17位。创新绩效较上年不变，位次上升1位（表4-15）。

表4-15 贵州省果树科学研究所各级监测指标和位次与上年比较

指标名称	三级指标值		位次	
	2018年	2017年	2018年	2017年
综合科技创新水平指数/%	45.76	52.68	15	13
科技创新环境和基础/%	45.63	44.39	19	21
人力资源/%	86.41	84.33	13	14
高层次科技人才系数	0.49	0.40	10	17
高学历以上人员占年末从业人员的比例/%	45.95	38.75	15	17
高职称以上人员占年末从业人员的比例/%	25.68	23.75	23	27
创新条件及平台/%	18.44	17.76	21	23
人均科研仪器设备资产原值/万元	9.32	8.43	13	14
省级以上创新平台及载体系数	0.00	0.00	18	18
科技投入/%	78.52	70.44	9	14
人力投入/%	85.84	84.67	9	13
创新人才团队总量系数	0.36	0.36	8	10
R&D人员占年末从业人员的比重/%	63.51	57.50	18	21
经费投入/%	71.21	56.20	15	24
人均科研经费/万元	9.20	4.44	19	28
人均R&D经费/万元	67.43	86.36	20	17
科技产出/%	10.98	37.41	27	10
知识产出/%	43.92	59.75	24	18

续表

指标名称	三级指标值		位次	
	2018 年	2017 年	2018 年	2017 年
科技论文系数	2.42	3.32	19	16
知识产权系数	0.57	0.77	22	15
科技奖励 /%	0.00	70.00	12	6
科技成果系数	0.00	0.07	12	6
技术成果市场化水平 /%	0.00	0.00	2	3
人均技术市场成交合同金额 / 万元	0.00	0.00	2	3
科技合作交流 /%	0.00	5.88	26	20
项目合作系数	0.00	0.12	25	20
论文论著合作系数	0.00	0.31	13	12
创新绩效 /%	72.50	72.50	2	3
科技服务 /%	100.00	100.00	1	1
科技服务系数	0.07	0.08	3	3
产学研结合 /%	31.25	31.25	13	15
产学研结合系数	0.25	0.25	13	15
创造效益 /%	100.00	100.00	1	1
经济效益系数	1105.87	1170.06	1	2

（十六）贵州省土壤肥料研究所

年末从业人员 45 人；高学历以上人员 28 人，占年末从业人员的比例为 62.22%，居第 6 位；高职称以上人员 18 人，占年末从业人员的比例为 40.00%，居第 5 位；科研仪器设备资产原值 996.42 万元，人均科研仪器设备资产原值 22.14 万元，居第 3 位。

R&D 人员 40 人，占年末从业人员的比重为 88.89%，居第 7 位；科研经费 1200.00 万元，人均科研经费 26.67 万元，居第 4 位；R&D 经费 16 787.00 万元，人均 R&D 经费 373.04 万元，居第 2 位。

发表科技论文 45 篇（一般科技论文 22 篇，核心期刊 21 篇，三大检索工具收录 2 篇），科技论文系数为 5.00，居第 7 位；省内合作项目 3 项，省外合作项目 1 项，产学研项目 3 项，项目合作系数为 0.82，居第 14 位。

科技培训人数 919 人，对外科技咨询项数 113 项，科技特派员 24 人，科技服务系数为 0.05，居第 4 位。

贵州省土壤肥料研究所综合科技创新水平指数为 43.91%，居第 16 位，与上年相比，监测值上升 5.63 个百分点，位次上升 8 位。在 4 个一级指标中，科技创新环境和基础较上年上升 9.58 个百分点，位次上升 7 位。科技投入较上年下降 7.08 个百分点，位次不变。科技产出较上年下降 0.26 个百分点，位次上升 2 位。创新绩效较上年上升 34.00 个百分点，位次上升 15 位（表 4-16）。

表 4-16 贵州省土壤肥料研究所各级监测指标和位次与上年比较

指标名称	三级指标值		位次	
	2018 年	2017 年	2018 年	2017 年
综合科技创新水平指数 /%	43.91	38.28	16	24
科技创新环境和基础 /%	41.81	32.23	20	27
人力资源 /%	60.63	58.18	24	24
高层次科技人才系数	0.15	0.15	24	24
高学历以上人员占年末从业人员的比例 /%	62.22	64.44	6	5
高职称以上人员占年末从业人员的比例 /%	40.00	33.33	5	14
创新条件及平台 /%	29.26	14.93	18	25
人均科研仪器设备资产原值 / 万元	22.14	10.98	3	12
省级以上创新平台及载体系数	0.00	0.00	18	18
科技投入 /%	64.66	71.74	13	13
人力投入 /%	29.33	83.33	21	14
创新人才团队总量系数	0.00	0.36	15	10
R&D 人员占年末从业人员的比重 /%	88.89	88.89	7	7
经费投入 /%	100.00	60.15	1	20
人均科研经费 / 万元	26.67	9.58	4	18
人均 R&D 经费 / 万元	373.04	100.89	2	14
科技产出 /%	25.84	26.10	19	21
知识产出 /%	65.42	42.42	16	20
科技论文系数	5.00	3.74	7	12
知识产权系数	0.57	0.27	22	26
科技奖励 /%	0.00	50.00	12	8
科技成果系数	0.00	0.05	12	8
技术成果市场化水平 /%	0.00	0.00	2	3
人均技术市场成交合同金额 / 万元	0.00	0.00	2	3
科技合作交流 /%	37.92	2.00	10	22
项目合作系数	0.82	0.12	14	20
论文论著合作系数	1.94	0.00	9	13
创新绩效 /%	55.00	21.00	7	22
科技服务 /%	100.00	60.00	1	9
科技服务系数	0.05	0.03	4	9
产学研结合 /%	50.00	0.00	8	22
产学研结合系数	0.40	0.00	8	22
创造效益 /%	0.00	0.00	16	20
经济效益系数	0.00	0.00	16	20

（十七）贵州省畜牧兽医研究所

年末从业人员 116 人；高学历以上人员 38 人，占年末从业人员的比例为 32.76%，居第 22 位；高职称以上人员 38 人，占年末从业人员的比例为 32.76%，居第 15 位；科研仪器设备资产原值 1954.00 万元，人均科研仪器设备资产原值 16.84 万元，居第 6 位。

R&D 人员 26 人，占年末从业人员的比重为 22.41%，居第 26 位；科研经费 750.00 万元，人均科研经费 6.47 万元，居第 21 位；R&D 经费 2100.00 万元，人均 R&D 经费 18.10 万元，居第 27 位。

发表科技论文 39 篇（一般科技论文 21 篇，核心期刊 14 篇，三大检索工具收录 4 篇），科技论文系数为 4.37，居第 10 位。

科技培训人数 1150 人，科技特派员 36 人，科技服务系数为 0.04，居第 5 位。

贵州省畜牧兽医研究所综合科技创新水平指数为 43.11%，居第 17 位，与上年相比，监测值下降 8.81 个百分点，位次下降 3 位。在 4 个一级指标中，科技创新环境和基础较上年上升 6.31 个百分点，位次下降 1 位。科技投入较上年上升 5.36 个百分点，位次上升 3 位。科技产出较上年下降 14.44 个百分点，位次下降 7 位。创新绩效较上年下降 44.50 个百分点，位次下降 15 位（表 4-17）。

表 4-17 贵州省畜牧兽医研究所各级监测指标和位次与上年比较

指标名称	三级指标值		位次	
	2018 年	2017 年	2018 年	2017 年
综合科技创新水平指数 /%	43.11	51.92	17	14
科技创新环境和基础 /%	96.32	90.01	3	2
人力资源 /%	92.68	90.51	7	7
高层次科技人才系数	0.32	0.32	17	18
高学历以上人员占年末从业人员的比例 /%	32.76	29.06	22	24
高职称以上人员占年末从业人员的比例 /%	32.76	31.62	15	15
创新条件及平台 /%	98.74	89.68	3	3
人均科研仪器设备资产原值 / 万元	16.84	16.70	6	6
省级以上创新平台及载体系数	0.33	0.17	2	5
科技投入 /%	33.46	28.10	27	30
人力投入 /%	16.26	11.24	27	29
创新人才团队总量系数	0.00	0.00	15	19
R&D 人员占年末从业人员的比重 /%	22.41	15.38	26	30
经费投入 /%	50.65	44.96	21	27
人均科研经费 / 万元	6.47	5.78	21	25
人均 R&D 经费 / 万元	18.10	15.38	27	29
科技产出 /%	18.48	32.92	23	16

续表

指标名称	三级指标值		位次	
	2018年	2017年	2018年	2017年
知识产出 /%	73.92	71.67	11	11
科技论文系数	4.37	4.05	10	10
知识产权系数	0.90	0.91	17	13
科技奖励 /%	0.00	50.00	12	8
科技成果系数	0.00	0.05	12	8
技术成果市场化水平 /%	0.00	0.00	2	3
人均技术市场成交合同金额 / 万元	0.00	0.00	2	3
科技合作交流 /%	0.00	0.00	26	25
项目合作系数	0.00	0.00	25	25
论文论著合作系数	0.00	0.00	13	13
创新绩效 /%	28.00	72.50	18	3
科技服务 /%	80.00	100.00	5	1
科技服务系数	0.04	0.06	5	4
产学研结合 /%	0.00	93.75	18	6
产学研结合系数	0.00	0.75	18	6
创造效益 /%	0.00	0.00	16	20
经济效益系数	0.00	0.00	16	20

（十八）贵州省水稻研究所

年末从业人员69人；高学历以上人员34人，占年末从业人员的比例为49.28%，居第13位；高职称以上人员20人，占年末从业人员的比例为28.99%，居第18位；科研仪器设备资产原值569.30万元，人均科研仪器设备资产原值8.25万元，居第18位。

R&D人员50人，占年末从业人员的比重为72.46%，居第16位；科研经费763.00万元，人均科研经费11.06万元，居第14位；R&D经费4568.00万元，人均R&D经费66.20万元，居第21位。

发表科技论文21篇（一般科技论文11篇，核心期刊8篇，三大检索工具收录2篇），科技论文系数为2.37，居第21位。

科技培训人数1516人，科技特派员11人，科技服务系数为0.01，居第23位。

贵州省水稻研究所综合科技创新水平指数为42.00%，居第18位，与上年相比，监测值下降12.50个百分点，位次下降6位。在4个一级指标中，科技创新环境和基础较上年上升1.06个百分点，位次下降1位。科技投入较上年下降38.31个百分点，位次下降12位。科技产出较上年下降3.08个百分点，位次上升2位。创新绩效较上年下降14.00个百分点，位次下降5位（表4-18）。

表 4-18　贵州省水稻研究所各级监测指标和位次与上年比较

指标名称	三级指标值		位次	
	2018 年	2017 年	2018 年	2017 年
综合科技创新水平指数 /%	42.00	54.50	18	12
科技创新环境和基础 /%	68.99	67.93	15	14
人力资源 /%	72.80	71.88	20	21
高层次科技人才系数	0.21	0.21	23	23
高学历以上人员占年末从业人员的比例 /%	49.28	47.76	13	11
高职称以上人员占年末从业人员的比例 /%	28.99	29.85	18	17
创新条件及平台 /%	66.45	65.29	13	13
人均科研仪器设备资产原值 / 万元	8.25	7.81	18	16
省级以上创新平台及载体系数	0.17	0.17	6	5
科技投入 /%	53.64	91.95	16	4
人力投入 /%	34.40	85.86	19	12
创新人才团队总量系数	0.00	0.36	15	10
R&D 人员占年末从业人员的比重 /%	72.46	68.66	16	17
经费投入 /%	72.88	98.04	14	2
人均科研经费 / 万元	11.06	22.07	14	5
人均 R&D 经费 / 万元	66.20	97.69	21	15
科技产出 /%	29.42	32.50	16	18
知识产出 /%	57.67	29.67	19	26
科技论文系数	2.37	2.16	21	23
知识产权系数	0.91	0.28	16	24
科技奖励 /%	50.00	50.00	7	8
科技成果系数	0.05	0.05	7	8
技术成果市场化水平 /%	0.00	0.00	2	3
人均技术市场成交合同金额 / 万元	0.00	0.00	2	3
科技合作交流 /%	0.00	40.33	26	14
项目合作系数	0.00	2.00	25	8
论文论著合作系数	0.00	0.56	13	11
创新绩效 /%	7.00	21.00	27	22
科技服务 /%	20.00	60.00	23	9
科技服务系数	0.01	0.03	23	9
产学研结合 /%	0.00	0.00	18	22
产学研结合系数	0.00	0.00	18	22
创造效益 /%	0.00	0.00	16	20
经济效益系数	0.00	0.00	16	20

(十九)贵州省亚热带作物研究所

年末从业人员 82 人；高学历以上人员 20 人，占年末从业人员的比例为 24.39%，居第 29 位；高职称以上人员 18 人，占年末从业人员的比例为 21.95%，居第 28 位；科研仪器设备资产原值 373.00 万元，人均科研仪器设备资产原值 4.55 万元，居第 23 位。

R&D 人员 75 人，占年末从业人员的比重为 91.46%，居第 4 位；科研经费 1237.00 万元，人均科研经费 15.09 万元，居第 9 位；R&D 经费 12 699.00 万元，人均 R&D 经费 154.87 万元，居第 11 位。

发表科技论文 19 篇（一般科技论文 2 篇，核心期刊 16 篇，三大检索工具收录 1 篇），科技论文系数为 2.89，居第 15 位；省内合作项目 1 项，省外合作项目 6 项，产学研项目 1 项，项目合作系数为 1.94，居第 4 位。

科技培训人数 3000 人，科技特派员 32 人，科技服务系数为 0.04，居第 5 位；技术服务收入 125.70 万元，经济效益系数为 38.68，居第 8 位。

贵州省亚热带作物研究所综合科技创新水平指数为 41.26%，居第 19 位，与上年相比，监测值下降 1.56 个百分点，位次上升 3 位。在 4 个一级指标中，科技创新环境和基础较上年下降 0.46 个百分点，位次上升 2 位。科技投入较上年上升 0.68 个百分点，位次上升 5 位。科技产出较上年下降 6.07 个百分点，位次不变。创新绩效较上年上升 3.37 个百分点，位次上升 4 位（表 4-19）。

表 4-19 贵州省亚热带作物研究所各级监测指标和位次与上年比较

指标名称	三级指标值		位次	
	2018 年	2017 年	2018 年	2017 年
综合科技创新水平指数 /%	41.26	42.82	19	22
科技创新环境和基础 /%	31.48	31.94	26	28
人力资源 /%	64.03	65.18	23	23
高层次科技人才系数	0.22	0.22	21	21
高学历以上人员占年末从业人员的比例 /%	24.39	20.73	29	28
高职称以上人员占年末从业人员的比例 /%	21.95	25.61	28	22
创新条件及平台 /%	9.78	9.78	25	28
人均科研仪器设备资产原值 / 万元	4.55	4.55	23	26
省级以上创新平台及载体系数	0.00	0.00	18	18
科技投入 /%	67.62	66.94	11	16
人力投入 /%	40.00	40.00	15	19
创新人才团队总量系数	0.00	0.00	15	19
R&D 人员占年末从业人员的比重 /%	91.46	100.00	4	2
经费投入 /%	95.24	93.89	6	4
人均科研经费 / 万元	15.09	13.28	9	14
人均 R&D 经费 / 万元	154.87	156.54	11	11
科技产出 /%	26.60	32.67	17	17

续表

指标名称	三级指标值		位次	
	2018年	2017年	2018年	2017年
知识产出/%	74.08	75.00	10	8
科技论文系数	2.89	3.00	15	20
知识产权系数	2.31	1.26	4	7
科技奖励/%	0.00	0.00	12	14
科技成果系数	0.00	0.00	12	14
技术成果市场化水平/%	0.00	7.11	2	2
人均技术市场成交合同金额/万元	0.00	0.12	2	2
科技合作交流/%	32.33	50.00	12	9
项目合作系数	1.94	3.18	4	4
论文论著合作系数	0.00	0.00	13	13
创新绩效/%	47.84	44.47	11	15
科技服务/%	80.00	80.00	5	5
科技服务系数	0.04	0.04	5	5
产学研结合/%	37.50	37.50	12	13
产学研结合系数	0.30	0.30	12	13
创造效益/%	19.34	5.88	8	18
经济效益系数	38.68	11.75	8	18

（二十）贵州省复合改性聚合物材料工程技术研究中心

年末从业人员133人；高学历以上人员80人，占年末从业人员的比例为60.15%，居第8位；高职称以上人员43人，占年末从业人员的比例为32.33%，居第16位；科研仪器设备资产原值399.92万元，人均科研仪器设备资产原值3.01万元，居第28位。

科研经费1327.50万元，人均科研经费9.98万元，居第16位。

发表科技论文48篇（核心期刊28篇，三大检索工具收录20篇），科技论文系数为9.95，居第2位；省内合作项目6项，省外合作项目1项，产学研项目17项，项目合作系数为2.00，居第3位。

科技培训人数600人，对外科技咨询项数78项，科技特派员13人，科技服务系数为0.03，居第9位；技术服务收入6.00万元，经济效益系数为1.85，居第15位。

贵州省复合改性聚合物材料工程技术研究中心综合科技创新水平指数为41.20%，居第20位，与上年相比，监测值下降19.78个百分点，位次下降14位。在4个一级指标中，科技创新环境和基础较上年下降54.19个百分点，位次下降21位。科技投入较上年下降0.33个百分点，位次上升5位。科技产出较上年下降17.21个百分点，位次下降10位。创新绩效较上年下降0.85个百分点，位次上升2位（表4-20）。

表 4-20 贵州省复合改性聚合物材料工程技术研究中心各级监测指标和位次与上年比较

指标名称	三级指标值		位次	
	2018 年	2017 年	2018 年	2017 年
综合科技创新水平指数 /%	41.20	60.98	20	6
科技创新环境和基础 /%	24.99	79.18	27	6
人力资源 /%	47.86	47.94	26	26
高层次科技人才系数	0.00	0.00	26	29
高学历以上人员占年末从业人员的比例 /%	60.15	59.23	8	9
高职称以上人员占年末从业人员的比例 /%	32.33	33.85	16	13
创新条件及平台 /%	9.74	100.00	26	1
人均科研仪器设备资产原值 / 万元	3.01	43.82	28	1
省级以上创新平台及载体系数	0.00	0.29	18	3
科技投入 /%	56.40	56.73	15	20
人力投入 /%	60.00	75.38	13	16
创新人才团队总量系数	1.00	1.00	2	3
R&D 人员占年末从业人员的比重 /%	0.00	19.23	28	27
经费投入 /%	52.79	38.08	20	29
人均科研经费 / 万元	9.98	5.05	16	27
人均 R&D 经费 / 万元	0.00	7.69	28	30
科技产出 /%	33.33	50.54	14	4
知识产出 /%	100.00	100.00	1	1
科技论文系数	9.95	10.58	2	2
知识产权系数	6.33	5.73	1	1
科技奖励 /%	0.00	50.00	12	8
科技成果系数	0.00	0.05	12	8
技术成果市场化水平 /%	0.00	0.00	2	3
人均技术市场成交合同金额 / 万元	0.00	0.00	2	3
科技合作交流 /%	33.33	42.17	11	13
项目合作系数	2.00	2.53	3	6
论文论著合作系数	0.00	0.00	13	13
创新绩效 /%	61.23	62.08	5	7
科技服务 /%	60.00	60.00	9	9
科技服务系数	0.03	0.03	9	9
产学研结合 /%	100.00	100.00	1	1
产学研结合系数	0.85	1.15	4	3
创造效益 /%	0.92	4.31	15	19
经济效益系数	1.85	8.62	15	19

（二十一）贵州省植物园

年末从业人员 74 人；高学历以上人员 32 人，占年末从业人员的比例为 43.24%，居第 17 位；高职称以上人员 18 人，占年末从业人员的比例为 24.32%，居第 25 位；科研仪器设备资产原值 317.00 万元，人均科研仪器设备资产原值 4.28 万元，居第 25 位。

R&D 人员 47 人，占年末从业人员的比重为 63.51%，居第 18 位；科研经费 140.00 万元，人均科研经费 1.89 万元，居第 28 位；R&D 经费 6934.00 万元，人均 R&D 经费 93.70 万元，居第 17 位。

发表科技论文 34 篇（一般科技论文 22 篇，核心期刊 11 篇，三大检索工具收录 1 篇），科技论文系数为 3.16，居第 14 位。

科技培训人数 540 人，科技特派员 17 人，科技服务系数为 0.02，居第 19 位。

贵州省植物园综合科技创新水平指数为 40.53%，居第 21 位，与上年相比，监测值下降 1.35 个百分点，位次上升 2 位。在 4 个一级指标中，科技创新环境和基础较上年上升 0.80 个百分点，位次上升 1 位。科技投入较上年下降 16.08 个百分点，位次下降 3 位。科技产出较上年上升 16.96 个百分点，位次上升 13 位。创新绩效较上年下降 23.12 个百分点，位次下降 6 位（表 4-21）。

表 4-21 贵州省植物园各级监测指标和位次与上年比较

指标名称	三级指标值		位次	
	2018 年	2017 年	2018 年	2017 年
综合科技创新水平指数 /%	40.53	41.88	21	23
科技创新环境和基础 /%	33.50	32.70	25	26
人力资源 /%	71.05	68.92	21	22
高层次科技人才系数	0.22	0.22	21	21
高学历以上人员占年末从业人员的比例 /%	43.24	36.62	17	19
高职称以上人员占年末从业人员的比例 /%	24.32	26.76	25	21
创新条件及平台 /%	8.47	8.55	28	30
人均科研仪器设备资产原值 / 万元	4.28	4.46	25	27
省级以上创新平台及载体系数	0.00	0.00	18	18
科技投入 /%	66.00	82.08	12	9
人力投入 /%	85.84	89.39	9	7
创新人才团队总量系数	0.36	0.73	8	5
R&D 人员占年末从业人员的比重 /%	63.51	60.56	18	19
经费投入 /%	46.16	74.77	24	14
人均科研经费 / 万元	1.89	9.72	28	17
人均 R&D 经费 / 万元	93.70	132.72	17	12
科技产出 /%	38.73	21.77	9	22
知识产出 /%	70.92	85.08	12	5
科技论文系数	3.16	4.21	14	9

续表

指标名称	三级指标值		位次	
	2018 年	2017 年	2018 年	2017 年
知识产权系数	1.07	1.38	15	5
科技奖励 /%	70.00	0.00	3	14
科技成果系数	0.07	0.00	3	14
技术成果市场化水平 /%	0.00	0.00	2	3
人均技术市场成交合同金额 / 万元	0.00	0.00	2	3
科技合作交流 /%	0.00	2.00	26	22
项目合作系数	0.00	0.12	25	20
论文论著合作系数	0.00	0.00	13	13
创新绩效 /%	14.00	37.12	24	18
科技服务 /%	40.00	60.00	19	9
科技服务系数	0.02	0.03	19	9
产学研结合 /%	0.00	31.25	18	15
产学研结合系数	0.00	0.25	18	15
创造效益 /%	0.00	14.46	16	11
经济效益系数	0.00	28.92	16	11

（二十二）贵州省茶叶研究所

年末从业人员 95 人；高学历以上人员 24 人，占年末从业人员的比例为 25.26%，居第 27 位；高职称以上人员 23 人，占年末从业人员的比例为 24.21%，居第 27 位；科研仪器设备资产原值 222.85 万元，人均科研仪器设备资产原值 2.35 万元，居第 29 位。

R&D 人员 80 人，占年末从业人员的比重为 84.21%，居第 10 位；科研经费 306.00 万元，人均科研经费 3.22 万元，居第 24 位；R&D 经费 4754.00 万元，人均 R&D 经费 50.04 万元，居第 24 位。

发表科技论文 26 篇（一般科技论文 10 篇，核心期刊 14 篇，三大检索工具收录 2 篇），科技论文系数为 3.32，居第 13 位；省内合作项目 4 项，产学研项目 4 项，项目合作系数为 0.71，居第 15 位。

科技培训人数 3000 人，对外科技咨询项数 45 项，科技特派员 17 人，科技服务系数为 0.03，居第 9 位；技术服务收入 60.00 万元，经济效益系数为 18.46，居第 10 位。

贵州省茶叶研究所综合科技创新水平指数为 38.42%，居第 22 位，与上年相比，监测值下降 5.97 个百分点，位次下降 2 位。在 4 个一级指标中，科技创新环境和基础较上年下降 0.05 个百分点，位次上升 1 位。科技投入较上年下降 16.61 个百分点，位次下降 4 位。科技产出较上年上升 3.50 个百分点，位次上升 4 位。创新绩效较上年下降 20.18 个百分点，位次下降 5 位（表 4-22）。

表 4-22　贵州省茶叶研究所各级监测指标和位次与上年比较

指标名称	三级指标值		位次	
	2018 年	2017 年	2018 年	2017 年
综合科技创新水平指数 /%	38.42	44.39	22	20
科技创新环境和基础 /%	36.79	36.84	23	24
人力资源 /%	83.43	83.53	16	15
高层次科技人才系数	0.73	0.62	5	5
高学历以上人员占年末从业人员的比例 /%	25.26	25.81	27	26
高职称以上人员占年末从业人员的比例 /%	24.21	24.73	27	24
创新条件及平台 /%	5.69	5.71	29	31
人均科研仪器设备资产原值 / 万元	2.35	2.40	29	30
省级以上创新平台及载体系数	0.00	0.00	18	18
科技投入 /%	44.57	61.18	22	18
人力投入 /%	40.00	40.00	15	19
创新人才团队总量系数	0.00	0.00	15	19
R&D 人员占年末从业人员的比重 /%	84.21	90.32	10	6
经费投入 /%	49.14	82.36	23	10
人均科研经费 / 万元	3.22	9.82	24	16
人均 R&D 经费 / 万元	50.04	76.16	24	19
科技产出 /%	37.38	33.88	11	15
知识产出 /%	77.67	66.67	9	14
科技论文系数	3.32	2.00	13	25
知识产权系数	2.64	2.20	2	3
科技奖励 /%	50.00	50.00	7	8
科技成果系数	0.05	0.05	7	8
技术成果市场化水平 /%	0.00	0.00	2	3
人均技术市场成交合同金额 / 万元	0.00	0.00	2	3
科技合作交流 /%	11.83	8.83	16	18
项目合作系数	0.71	0.53	15	17
论文论著合作系数	0.00	0.00	13	13
创新绩效 /%	33.31	53.49	16	11
科技服务 /%	60.00	60.00	9	9
科技服务系数	0.03	0.03	9	9
产学研结合 /%	25.00	75.00	16	9
产学研结合系数	0.20	0.60	16	9
创造效益 /%	9.23	9.97	10	15
经济效益系数	18.46	19.94	10	15

（二十三）贵州省农业科技信息研究所

年末从业人员 45 人；高学历以上人员 17 人，占年末从业人员的比例为 37.78%，居第 21 位；高职称以上人员 14 人，占年末从业人员的比例为 31.11%，居第 17 位；科研仪器设备资产原值 695.00 万元，人均科研仪器设备资产原值 15.44 万元，居第 8 位。

R&D 人员 25 人，占年末从业人员的比重为 55.56%，居第 22 位；科研经费 80.00 万元，人均科研经费 1.78 万元，居第 30 位；R&D 经费 2560.00 万元，人均 R&D 经费 56.89 万元，居第 22 位。

发表科技论文 11 篇（一般科技论文 1 篇，核心期刊 10 篇），科技论文系数为 1.63，居第 27 位；产学研项目 5 项，项目合作系数为 0.29，居第 18 位。

科技培训人数 500 人，科技特派员 14 人，科技服务系数为 0.02，居第 19 位。

贵州省农业科技信息研究所综合科技创新水平指数为 36.98%，居第 23 位，与上年相比，监测值上升 9.52 个百分点，位次上升 4 位。在 4 个一级指标中，科技创新环境和基础较上年上升 31.14 个百分点，位次上升 11 位。科技投入较上年上升 1.36 个百分点，位次上升 6 位。科技产出较上年下降 1.38 个百分点，位次不变。创新绩效较上年上升 12.50 个百分点，位次上升 8 位（表 4-23）。

表 4-23 贵州省农业科技信息研究所各级监测指标和位次与上年比较

指标名称	三级指标值		位次	
	2018 年	2017 年	2018 年	2017 年
综合科技创新水平指数 /%	36.98	27.46	23	27
科技创新环境和基础 /%	73.11	41.97	11	22
人力资源 /%	74.77	73.62	19	20
高层次科技人才系数	0.31	0.31	18	19
高学历以上人员占年末从业人员的比例 /%	37.78	36.96	21	18
高职称以上人员占年末从业人员的比例 /%	31.11	28.26	17	20
创新条件及平台 /%	72.00	20.87	7	22
人均科研仪器设备资产原值 / 万元	15.44	15.11	8	8
省级以上创新平台及载体系数	0.17	0.00	6	18
科技投入 /%	52.16	50.80	17	23
人力投入 /%	79.26	74.54	11	17
创新人才团队总量系数	0.64	0.64	6	7
R&D 人员占年末从业人员的比重 /%	55.56	41.30	22	25
经费投入 /%	25.06	27.06	29	31
人均科研经费 / 万元	1.78	2.59	30	31
人均 R&D 经费 / 万元	56.89	55.65	22	22
科技产出 /%	4.81	6.19	29	29
知识产出 /%	14.42	22.75	29	29

续表

指标名称	三级指标值		位次	
	2018年	2017年	2018年	2017年
科技论文系数	1.63	2.53	27	21
知识产权系数	0.02	0.04	31	32
科技奖励 /%	0.00	0.00	12	14
科技成果系数	0.00	0.00	12	14
技术成果市场化水平 /%	0.00	0.00	2	3
人均技术市场成交合同金额 /万元	0.00	0.00	2	3
科技合作交流 /%	4.83	2.00	20	22
项目合作系数	0.29	0.12	18	20
论文论著合作系数	0.00	0.00	13	13
创新绩效 /%	26.50	14.00	20	28
科技服务 /%	40.00	40.00	19	19
科技服务系数	0.02	0.02	19	19
产学研结合 /%	31.25	0.00	13	22
产学研结合系数	0.25	0.00	13	22
创造效益 /%	0.00	0.00	16	20
经济效益系数	0.00	0.00	16	20

（二十四）贵州省农作物品种资源研究所

年末从业人员43人；高学历以上人员28人，占年末从业人员的比例为65.12%，居第5位；高职称以上人员17人，占年末从业人员的比例为39.53%，居第7位；科研仪器设备资产原值418.00万元，人均科研仪器设备资产原值9.72万元，居第10位。

R&D人员42人，占年末从业人员的比重为97.67%，居第3位；科研经费527.20万元，人均科研经费12.26万元，居第11位；R&D经费4020.00万元，人均R&D经费93.49万元，居第18位。

发表科技论文20篇（一般科技论文11篇，核心期刊7篇，三大检索工具收录2篇），科技论文系数为2.21，居第24位；产学研项目3项，项目合作系数为0.18，居第23位。

科技培训人数2000人，科技特派员24人，科技服务系数为0.03，居第9位。

贵州省农作物品种资源研究所综合科技创新水平指数为34.34%，居第24位，与上年相比，监测值下降12.89个百分点，位次下降7位。在4个一级指标中，科技创新环境和基础较上年下降6.44个百分点，位次下降2位。科技投入较上年下降20.63个百分点，位次下降4位。科技产出较上年下降26.06个百分点，位次下降19位。创新绩效较上年上升20.00个百分点，位次上升9位（表4-24）。

表 4-24　贵州省农作物品种资源研究所各级监测指标和位次与上年比较

指标名称	三级指标值		位次	
	2018 年	2017 年	2018 年	2017 年
综合科技创新水平指数 /%	34.34	47.23	24	17
科技创新环境和基础 /%	41.69	48.13	21	19
人力资源 /%	85.00	82.72	14	16
高层次科技人才系数	0.52	0.44	8	12
高学历以上人员占年末从业人员的比例 /%	65.12	62.50	5	6
高职称以上人员占年末从业人员的比例 /%	39.53	40.00	7	6
创新条件及平台 /%	12.81	25.07	23	20
人均科研仪器设备资产原值 / 万元	9.72	20.00	10	5
省级以上创新平台及载体系数	0.00	0.00	18	18
科技投入 /%	46.07	66.70	21	17
人力投入 /%	30.40	74.00	20	18
创新人才团队总量系数	0.00	0.36	15	10
R&D 人员占年末从业人员的比重 /%	97.67	62.50	3	18
经费投入 /%	61.74	59.41	17	22
人均科研经费 / 万元	12.26	22.50	11	4
人均 R&D 经费 / 万元	93.49	28.10	18	26
科技产出 /%	17.86	43.92	25	6
知识产出 /%	68.42	55.67	13	19
科技论文系数	2.21	0.68	24	28
知识产权系数	1.93	1.33	6	6
科技奖励 /%	0.00	100.00	12	1
科技成果系数	0.00	0.10	12	4
技术成果市场化水平 /%	0.00	0.00	2	3
人均技术市场成交合同金额 / 万元	0.00	0.00	2	3
科技合作交流 /%	3.00	0.00	24	25
项目合作系数	0.18	0.00	23	25
论文论著合作系数	0.00	0.00	13	13
创新绩效 /%	41.00	21.00	13	22
科技服务 /%	60.00	60.00	9	9
科技服务系数	0.03	0.03	9	9
产学研结合 /%	50.00	0.00	8	22
产学研结合系数	0.40	0.00	8	22
创造效益 /%	0.00	0.00	16	20
经济效益系数	0.00	0.00	16	20

（二十五）贵州省科学技术情报研究所

年末从业人员 80 人；高学历以上人员 25 人，占年末从业人员的比例为 31.25%，居第 25 位；高职称以上人员 13 人，占年末从业人员的比例为 16.25%，居第 31 位；科研仪器设备资产原值 345.00 万元，人均科研仪器设备资产原值 4.31 万元，居第 24 位。

科研经费 615.00 万元，人均科研经费 7.69 万元，居第 20 位。

发表科技论文 35 篇（一般科技论文 30 篇，核心期刊 5 篇），科技论文系数为 2.37，居第 21 位；省内合作项目 6 项，省外合作项目 2 项，产学研项目 5 项，项目合作系数为 1.59，居第 6 位。

科技培训人数 4500 人，对外科技咨询项数 45 项，科技特派员 13 人，科技服务系数为 0.03，居第 9 位；知识产权创造的直接效益 35.00 万元，技术服务收入 168.00 万元，经济效益系数为 73.23，居第 7 位。

贵州省科学技术情报研究所综合科技创新水平指数为 33.34%，居第 25 位，与上年相比，监测值下降 0.67 个百分点，位次不变。在 4 个一级指标中，科技创新环境和基础较上年下降 2.67 个百分点，位次不变。科技投入较上年不变，位次不变。科技产出较上年不变，位次上升 4 位。创新绩效较上年不变，位次上升 2 位（表 4-25）。

表 4-25 贵州省科学技术情报研究所各级监测指标和位次与上年比较

指标名称	三级指标值		位次	
	2018 年	2017 年	2018 年	2017 年
综合科技创新水平指数 /%	33.34	34.01	25	25
科技创新环境和基础 /%	15.66	18.33	30	30
人力资源 /%	25.54	32.21	29	28
高层次科技人才系数	0.00	0.04	26	28
高学历以上人员占年末从业人员的比例 /%	31.25	31.25	25	23
高职称以上人员占年末从业人员的比例 /%	16.25	16.25	31	31
创新条件及平台 /%	9.08	9.08	27	29
人均科研仪器设备资产原值 / 万元	4.31	4.31	24	28
省级以上创新平台及载体系数	0.00	0.00	18	18
科技投入 /%	15.26	15.26	31	31
人力投入 /%	0.00	0.00	30	31
创新人才团队总量系数	0.00	0.00	15	19
R&D 人员占年末从业人员的比重 /%	0.00	0.00	28	31
经费投入 /%	30.53	30.53	28	30
人均科研经费 / 万元	7.69	7.69	20	21
人均 R&D 经费 / 万元	0.00	0.00	28	31
科技产出 /%	43.11	43.11	4	8

续表

指标名称	三级指标值		位次	
	2018年	2017年	2018年	2017年
知识产出 /%	66.83	66.83	15	13
科技论文系数	2.37	2.37	21	22
知识产权系数	1.13	1.13	14	9
科技奖励 /%	0.00	0.00	12	14
科技成果系数	0.00	0.00	12	14
技术成果市场化水平 /%	50.12	50.12	1	1
人均技术市场成交合同金额 / 万元	0.88	0.88	1	1
科技合作交流 /%	65.50	65.50	6	7
项目合作系数	1.59	1.59	6	10
论文论著合作系数	3.12	3.12	5	6
创新绩效 /%	70.16	70.16	3	5
科技服务 /%	60.00	60.00	9	9
科技服务系数	0.03	0.03	9	9
产学研结合 /%	100.00	100.00	1	1
产学研结合系数	2.00	2.00	1	1
创造效益 /%	36.62	36.62	7	8
经济效益系数	73.23	73.23	7	8

（二十六）贵州省现代农业发展研究所

年末从业人员43人；高学历以上人员29人，占年末从业人员的比例为67.44%，居第3位；高职称以上人员12人，占年末从业人员的比例为27.91%，居第19位；科研仪器设备资产原值369.00万元，人均科研仪器设备资产原值8.58万元，居第17位。

R&D人员37人，占年末从业人员的比重为86.05%，居第9位；科研经费95.00万元，人均科研经费2.21万元，居第26位；R&D经费7424.00万元，人均R&D经费172.65万元，居第7位。

发表科技论文22篇（一般科技论文11篇，核心期刊10篇，三大检索工具收录1篇），科技论文系数为2.42，居第19位；省外合作项目1项，项目合作系数为0.29，居第18位。

科技培训人数1090人，科技特派员13人，科技服务系数为0.02，居第19位。

贵州省现代农业发展研究所综合科技创新水平指数为32.11%，居第26位，与上年相比，监测值下降0.71个百分点，位次不变。在4个一级指标中，科技创新环境和基础较上年上升4.59个百分点，位次上升1位。科技投入较上年上升3.09个百分点，位次上升3位。科技产出较上年下降5.16个百分点，位次下降3位。创新绩效较上年下降5.50个百分点，位次上升1位（表4-26）。

表 4-26　贵州省现代农业发展研究所各级监测指标和位次与上年比较

指标名称	三级指标值		位次	
	2018 年	2017 年	2018 年	2017 年
综合科技创新水平指数 /%	32.11	32.82	26	26
科技创新环境和基础 /%	69.49	64.90	14	15
人力资源 /%	80.28	79.16	18	18
高层次科技人才系数	0.49	0.49	10	9
高学历以上人员占年末从业人员的比例 /%	67.44	65.00	3	3
高职称以上人员占年末从业人员的比例 /%	27.91	30.00	19	16
创新条件及平台 /%	62.30	55.40	16	16
人均科研仪器设备资产原值 / 万元	8.58	3.51	17	29
省级以上创新平台及载体系数	0.17	0.17	6	5
科技投入 /%	36.47	33.38	25	28
人力投入 /%	27.73	28.27	23	23
创新人才团队总量系数	0.00	0.00	15	19
R&D 人员占年末从业人员的比重 /%	86.05	95.00	9	5
经费投入 /%	45.21	38.49	25	28
人均科研经费 / 万元	2.21	1.22	26	32
人均 R&D 经费 / 万元	172.65	108.48	7	13
科技产出 /%	10.06	15.22	28	25
知识产出 /%	33.92	37.75	26	24
科技论文系数	2.42	3.68	19	13
知识产权系数	0.33	0.17	25	27
科技奖励 /%	0.00	0.00	12	14
科技成果系数	0.00	0.00	12	14
技术成果市场化水平 /%	0.00	0.00	2	3
人均技术市场成交合同金额 / 万元	0.00	0.00	2	3
科技合作交流 /%	6.33	23.12	19	15
项目合作系数	0.29	0.12	18	20
论文论著合作系数	0.12	1.69	12	9
创新绩效 /%	14.00	19.50	24	25
科技服务 /%	40.00	20.00	19	25
科技服务系数	0.02	0.01	19	25
产学研结合 /%	0.00	31.25	18	15
产学研结合系数	0.00	0.25	18	15
创造效益 /%	0.00	0.00	16	20
经济效益系数	0.00	0.00	16	20

（二十七）贵州省分析测试研究院

年末从业人员360人；高学历以上人员58人，占年末从业人员的比例为16.11%，居第31位；高职称以上人员33人，占年末从业人员的比例为9.17%，居第33位；科研仪器设备资产原值1276.10万元，人均科研仪器设备资产原值3.54万元，居第27位。

科研经费1383.00万元，人均科研经费3.84万元，居第23位。

发表科技论文53篇（一般科技论文28篇，核心期刊17篇，三大检索工具收录8篇），科技论文系数为6.42，居第4位；省外合作项目1项，项目合作系数为0.29，居第18位。

技术服务收入816.00万元，经济效益系数为251.08，居第3位。

贵州省分析测试研究院综合科技创新水平指数为31.62%，居第27位，与上年相比，监测值下降23.86个百分点，位次下降17位。在4个一级指标中，科技创新环境和基础较上年下降21.52个百分点，位次下降7位。科技投入较上年下降67.75个百分点，位次下降26位。科技产出较上年上升2.02个百分点，位次上升1位。创新绩效较上年下降15.00个百分点，位次下降5位（表4-27）。

表4-27 贵州省分析测试研究院各级监测指标和位次与上年比较

指标名称	三级指标值		位次	
	2018年	2017年	2018年	2017年
综合科技创新水平指数 /%	31.62	55.48	27	10
科技创新环境和基础 /%	34.05	55.57	24	17
人力资源 /%	42.16	86.77	27	11
高层次科技人才系数	0.00	0.54	26	7
高学历以上人员占年末从业人员的比例 /%	16.11	13.29	31	32
高职称以上人员占年末从业人员的比例 /%	9.17	5.49	33	33
创新条件及平台 /%	28.64	34.77	19	19
人均科研仪器设备资产原值 /万元	3.54	6.93	27	20
省级以上创新平台及载体系数	0.00	0.00	18	18
科技投入 /%	24.92	92.67	29	3
人力投入 /%	0.00	99.65	30	3
创新人才团队总量系数	0.00	0.64	15	7
R&D人员占年末从业人员的比重 /%	0.00	71.68	28	13
经费投入 /%	49.84	85.69	22	9
人均科研经费 /万元	3.84	3.82	23	29
人均R&D经费 /万元	0.00	50.55	28	24
科技产出 /%	37.52	35.50	10	11
知识产出 /%	100.00	76.33	1	7
科技论文系数	6.42	5.16	4	7

续表

指标名称	三级指标值		位次	
	2018年	2017年	2018年	2017年
知识产权系数	1.24	0.80	13	14
科技奖励 /%	0.00	0.00	12	14
科技成果系数	0.00	0.00	12	14
技术成果市场化水平 /%	0.00	0.00	2	3
人均技术市场成交合同金额 / 万元	0.00	0.00	2	3
科技合作交流 /%	50.08	65.67	8	5
项目合作系数	0.29	0.94	18	15
论文论著合作系数	3.62	4.12	4	4
创新绩效 /%	25.00	40.00	21	16
科技服务 /%	0.00	0.00	27	28
科技服务系数	0.00	0.00	27	28
产学研结合 /%	0.00	37.50	18	13
产学研结合系数	0.00	0.30	18	13
创造效益 /%	100.00	100.00	1	1
经济效益系数	251.08	1892.42	3	1

（二十八）贵州省山地农业机械研究所

年末从业人员41人；高学历以上人员13人，占年末从业人员的比例为31.71%，居第24位；高职称以上人员15人，占年末从业人员的比例为36.59%，居第11位；科研仪器设备资产原值656.00万元，人均科研仪器设备资产原值16.00万元，居第7位。

R&D人员33人，占年末从业人员的比重为80.49%，居第12位；科研经费90.00万元，人均科研经费2.20万元，居第27位；R&D经费5981.00万元，人均R&D经费145.88万元，居第13位。

发表科技论文11篇（一般科技论文4篇，核心期刊7篇），科技论文系数为1.32，居第28位；省外合作项目2项，产学研项目1项，项目合作系数为0.65，居第16位。

科技培训人数560人，对外科技咨询项数10项，科技特派员3人，科技服务系数为0.01，居第23位。

贵州省山地农业机械研究所综合科技创新水平指数为29.63%，居第28位，与上年相比，监测值上升3.37个百分点，位次不变。在4个一级指标中，科技创新环境和基础较上年上升11.82个百分点，位次上升6位。科技投入较上年下降4.13个百分点，位次上升1位。科技产出较上年上升8.42个百分点，位次上升3位。创新绩效较上年下降10.00个百分点，位次下降1位（表4-28）。

表 4-28 贵州省山地农业机械研究所各级监测指标和位次与上年比较

指标名称	三级指标值		位次	
	2018 年	2017 年	2018 年	2017 年
综合科技创新水平指数 /%	29.63	26.26	28	28
科技创新环境和基础 /%	52.39	40.57	17	23
人力资源 /%	23.88	24.14	30	30
高层次科技人才系数	0.00	0.00	26	29
高学历以上人员占年末从业人员的比例 /%	31.71	28.57	24	25
高职称以上人员占年末从业人员的比例 /%	36.59	38.10	11	8
创新条件及平台 /%	71.39	51.52	8	17
人均科研仪器设备资产原值 / 万元	16.00	0.40	7	31
省级以上创新平台及载体系数	0.17	0.17	6	5
科技投入 /%	35.29	39.42	26	27
人力投入 /%	25.60	22.83	25	25
创新人才团队总量系数	0.00	0.00	15	19
R&D 人员占年末从业人员的比重 /%	80.49	69.05	12	15
经费投入 /%	44.98	56.00	26	25
人均科研经费 / 万元	2.20	14.52	27	12
人均 R&D 经费 / 万元	145.88	64.98	13	20
科技产出 /%	17.96	9.54	24	27
知识产出 /%	61.00	26.33	17	27
科技论文系数	1.32	0.26	28	32
知识产权系数	1.37	0.58	11	19
科技奖励 /%	0.00	0.00	12	14
科技成果系数	0.00	0.00	12	14
技术成果市场化水平 /%	0.00	0.00	2	3
人均技术市场成交合同金额 / 万元	0.00	0.00	2	3
科技合作交流 /%	10.83	11.83	17	17
项目合作系数	0.65	0.71	16	16
论文论著合作系数	0.00	0.00	13	13
创新绩效 /%	9.50	19.50	26	25
科技服务 /%	20.00	20.00	23	25
科技服务系数	0.01	0.01	23	25
产学研结合 /%	6.25	31.25	17	15
产学研结合系数	0.05	0.25	17	15
创造效益 /%	0.00	0.00	16	20
经济效益系数	0.00	0.00	16	20

(二十九)贵州省水利科学研究院

年末从业人员 109 人；高学历以上人员 33 人，占年末从业人员的比例为 30.28%，居第 26 位；高职称以上人员 30 人，占年末从业人员的比例为 27.52%，居第 20 位；科研仪器设备资产原值 0.00 万元，人均科研仪器设备资产原值 0.00 万元，居第 32 位。

R&D 人员 66 人，占年末从业人员的比重为 60.55%，居第 21 位；科研经费 105.00 万元，人均科研经费 0.96 万元，居第 32 位；R&D 经费 7617.00 万元，人均 R&D 经费 69.88 万元，居第 19 位。

发表科技论文 45 篇（一般科技论文 26 篇，核心期刊 17 篇，三大检索工具收录 2 篇），科技论文系数为 4.63，居第 9 位。

贵州省水利科学研究院综合科技创新水平指数为 20.12%，居第 29 位，与上年相比，监测值下降 4.65 个百分点，位次不变。在 4 个一级指标中，科技创新环境和基础较上年下降 4.35 个百分点，位次上升 1 位。科技投入较上年下降 8.78 个百分点，位次不变。科技产出较上年上升 4.32 个百分点，位次不变。创新绩效较上年下降 19.23 个百分点，位次下降 1 位（表 4-29）。

表 4-29 贵州省水利科学研究院各级监测指标和位次与上年比较

指标名称	三级指标值		位次	
	2018 年	2017 年	2018 年	2017 年
综合科技创新水平指数 /%	20.12	24.77	29	29
科技创新环境和基础 /%	20.56	24.91	28	29
人力资源 /%	51.41	41.85	25	27
高层次科技人才系数	0.07	0.07	25	26
高学历以上人员占年末从业人员的比例 /%	30.28	15.74	26	30
高职称以上人员占年末从业人员的比例 /%	27.52	22.22	20	28
创新条件及平台 /%	0.00	13.62	32	26
人均科研仪器设备资产原值 / 万元	0.00	5.04	32	25
省级以上创新平台及载体系数	0.00	0.00	18	18
科技投入 /%	40.42	49.20	24	24
人力投入 /%	38.46	22.76	18	26
创新人才团队总量系数	0.00	0.00	15	19
R&D 人员占年末从业人员的比重 /%	60.55	33.33	21	26
经费投入 /%	42.37	75.64	27	13
人均科研经费 / 万元	0.96	15.74	32	9
人均 R&D 经费 / 万元	69.88	26.17	19	27
科技产出 /%	13.92	9.60	26	26

续表

指标名称	三级指标值		位次	
	2018年	2017年	2018年	2017年
知识产出 /%	55.67	38.42	20	23
科技论文系数	4.63	3.21	9	17
知识产权系数	0.41	0.28	24	24
科技奖励 /%	0.00	0.00	12	14
科技成果系数	0.00	0.00	12	14
技术成果市场化水平 /%	0.00	0.00	2	3
人均技术市场成交合同金额 / 万元	0.00	0.00	2	3
科技合作交流 /%	0.00	0.00	26	25
项目合作系数	0.00	0.00	25	25
论文论著合作系数	0.00	0.00	13	13
创新绩效 /%	0.00	19.23	28	27
科技服务 /%	0.00	0.00	27	28
科技服务系数	0.00	0.00	27	28
产学研结合 /%	0.00	0.00	18	22
产学研结合系数	0.00	0.00	18	22
创造效益 /%	0.00	76.92	16	6
经济效益系数	0.00	153.85	16	6

（三十）贵州省劳动保护科学技术研究院

年末从业人员74人；高学历以上人员7人，占年末从业人员的比例为9.46%，居第33位；高职称以上人员27人，占年末从业人员的比例为36.49%，居第12位；科研仪器设备资产原值589.00万元，人均科研仪器设备资产原值7.96万元，居第19位。

R&D人员16人，占年末从业人员的比重为21.62%，居第27位；科研经费1514.00万元，人均科研经费20.46万元，居第6位；R&D经费2731.00万元，人均R&D经费36.91万元，居第26位。

发表科技论文15篇（一般科技论文14篇，核心期刊1篇），科技论文系数为0.89，居第30位；省外合作项目1项，项目合作系数为0.29，居第18位。

贵州省劳动保护科学技术研究院综合科技创新水平指数为17.56%，居第30位，与上年相比，监测值下降3.37个百分点，位次不变。在4个一级指标中，科技创新环境和基础较上年下降13.53个百分点，位次下降4位。科技投入较上年上升1.79个百分点，位次上升3位。科技产出较上年下降0.19个百分点，位次不变。创新绩效较上年下降2.46个百分点，位次上升3位（表4-30）。

表 4-30 贵州省劳动保护科学技术研究院各级监测指标和位次与上年比较

指标名称	三级指标值		位次	
	2018 年	2017 年	2018 年	2017 年
综合科技创新水平指数 /%	17.56	20.93	30	30
科技创新环境和基础 /%	20.45	33.98	29	25
人力资源 /%	27.49	27.14	28	29
高层次科技人才系数	0.00	0.00	26	29
高学历以上人员占年末从业人员的比例 /%	9.46	8.16	33	33
高职称以上人员占年末从业人员的比例 /%	36.49	29.59	12	18
创新条件及平台 /%	15.75	38.54	22	18
人均科研仪器设备资产原值 / 万元	7.96	16.36	19	7
省级以上创新平台及载体系数	0.00	0.00	18	18
科技投入 /%	44.48	42.69	23	26
人力投入 /%	10.84	11.56	29	28
创新人才团队总量系数	0.00	0.00	15	19
R&D 人员占年末从业人员的比重 /%	21.62	18.37	27	28
经费投入 /%	78.11	73.82	12	16
人均科研经费 / 万元	20.46	7.86	6	20
人均 R&D 经费 / 万元	36.91	58.40	26	21
科技产出 /%	3.79	3.98	30	30
知识产出 /%	10.33	11.08	30	30
科技论文系数	0.89	0.63	30	29
知识产权系数	0.07	0.14	29	28
科技奖励 /%	0.00	0.00	12	14
科技成果系数	0.00	0.00	12	14
技术成果市场化水平 /%	0.00	0.00	2	3
人均技术市场成交合同金额 / 万元	0.00	0.00	2	3
科技合作交流 /%	4.83	4.83	20	21
项目合作系数	0.29	0.29	18	19
论文论著合作系数	0.00	0.00	13	13
创新绩效 /%	0.00	2.46	28	31
科技服务 /%	0.00	0.00	27	28
科技服务系数	0.00	0.00	27	28
产学研结合 /%	0.00	0.00	18	22
产学研结合系数	0.00	0.00	18	22
创造效益 /%	0.00	9.85	16	16
经济效益系数	0.00	19.69	16	16

(三十一)贵州省冶金科学研究室

年末从业人员10人;高学历以上人员4人,占年末从业人员的比例为40.00%,居第20位;高职称以上人员10人,占年末从业人员的比例为100.00%,居第1位;科研仪器设备资产原值4.30万元,人均科研仪器设备资产原值0.43万元,居第31位。

R&D人员10人,占年末从业人员的比重为100.00%,居第2位;科研经费7.00万元,人均科研经费0.70万元,居第33位;R&D经费1578.00万元,人均R&D经费157.80万元,居第9位。

发表科技论文3篇(一般科技论文3篇),科技论文系数为0.16,居第32位;省内合作项目1项,项目合作系数为0.12,居第24位。

贵州省冶金科学研究室综合科技创新水平指数为6.45%,居第31位,与上年相比,监测值上升3.17个百分点,位次上升2位。在4个一级指标中,科技创新环境和基础较上年上升0.12个百分点,位次上升1位。科技投入较上年上升13.34个百分点,位次上升3位。科技产出较上年下降0.58个百分点,位次不变。创新绩效较上年不变,位次上升4位(表4-31)。

表4-31 贵州省冶金科学研究室各级监测指标和位次与上年比较

指标名称	三级指标值		位次	
	2018年	2017年	2018年	2017年
综合科技创新水平指数/%	6.45	3.28	31	33
科技创新环境和基础/%	7.30	7.18	32	33
人力资源/%	17.85	17.57	31	32
高层次科技人才系数	0.00	0.00	26	29
高学历以上人员占年末从业人员的比例/%	40.00	36.36	20	20
高职称以上人员占年末从业人员的比例/%	100.00	90.91	1	1
创新条件及平台/%	0.26	0.25	31	32
人均科研仪器设备资产原值/万元	0.43	0.39	31	32
省级以上创新平台及载体系数	0.00	0.00	18	18
科技投入/%	16.30	2.96	30	33
人力投入/%	13.87	3.01	28	30
创新人才团队总量系数	0.00	0.00	15	19
R&D人员占年末从业人员的比重/%	100.00	18.18	2	29
经费投入/%	18.74	2.91	30	33
人均科研经费/万元	0.70	0.36	33	33
人均R&D经费/万元	157.80	17.45	9	28
科技产出/%	1.56	2.14	31	31

续表

指标名称	三级指标值		位次	
	2018年	2017年	2018年	2017年
知识产出 /%	4.25	8.58	32	31
科技论文系数	0.16	0.53	32	31
知识产权系数	0.07	0.10	29	30
科技奖励 /%	0.00	0.00	12	14
科技成果系数	0.00	0.00	12	14
技术成果市场化水平 /%	0.00	0.00	2	3
人均技术市场成交合同金额 /万元	0.00	0.00	2	3
科技合作交流 /%	2.00	0.00	25	25
项目合作系数	0.12	0.00	24	25
论文论著合作系数	0.00	0.00	13	13
创新绩效 /%	0.00	0.00	28	32
科技服务 /%	0.00	0.00	27	28
科技服务系数	0.00	0.00	27	28
产学研结合 /%	0.00	0.00	18	22
产学研结合系数	0.00	0.00	18	22
创造效益 /%	0.00	0.00	16	20
经济效益系数	0.00	0.00	16	20

（三十二）贵州省粮油科研设计所

年末从业人员4人；高学历以上人员1人，占年末从业人员的比例为25.00%，居第28位；高职称以上人员1人，占年末从业人员的比例为25.00%，居第24位；科研仪器设备资产原值97.00万元，人均科研仪器设备资产原值24.25万元，居第2位。

科研经费120.00万元，人均科研经费30.00万元，居第2位。

发表科技论文8篇（一般科技论文6篇，核心期刊2篇），科技论文系数为0.63，居第31位。

贵州省粮油科研设计所综合科技创新水平指数为4.69%，居第32位，与上年相比，监测值不变，位次不变。在4个一级指标中，科技创新环境和基础较上年不变，位次上升1位。科技投入较上年不变，位次不变。科技产出较上年不变，位次不变。创新绩效较上年不变，位次上升4位（表4-32）。

表 4-32 贵州省粮油科研设计所各级监测指标和位次与上年比较

指标名称	三级指标值		位次	
	2018 年	2017 年	2018 年	2017 年
综合科技创新水平指数 /%	4.69	4.69	32	32
科技创新环境和基础 /%	8.31	8.31	31	32
人力资源 /%	5.67	5.67	33	33
高层次科技人才系数	0.00	0.00	26	29
高学历以上人员占年末从业人员的比例 /%	25.00	25.00	28	27
高职称以上人员占年末从业人员的比例 /%	25.00	25.00	24	23
创新条件及平台 /%	10.07	10.07	24	27
人均科研仪器设备资产原值 / 万元	24.25	24.25	2	3
省级以上创新平台及载体系数	0.00	0.00	18	18
科技投入 /%	8.62	8.62	32	32
人力投入 /%	0.00	0.00	30	31
创新人才团队总量系数	0.00	0.00	15	19
R&D 人员占年末从业人员的比重 /%	0.00	0.00	28	31
经费投入 /%	17.24	17.24	31	32
人均科研经费 / 万元	30.00	30.00	2	2
人均 R&D 经费 / 万元	0.00	0.00	28	31
科技产出 /%	1.31	1.31	32	32
知识产出 /%	5.25	5.25	31	32
科技论文系数	0.63	0.63	31	29
知识产权系数	0.00	0.00	32	33
科技奖励 /%	0.00	0.00	12	14
科技成果系数	0.00	0.00	12	14
技术成果市场化水平 /%	0.00	0.00	2	3
人均技术市场成交合同金额 / 万元	0.00	0.00	2	3
科技合作交流 /%	0.00	0.00	26	25
项目合作系数	0.00	0.00	25	25
论文论著合作系数	0.00	0.00	13	13
创新绩效 /%	0.00	0.00	28	32
科技服务 /%	0.00	0.00	27	28
科技服务系数	0.00	0.00	27	28
产学研结合 /%	0.00	0.00	18	22
产学研结合系数	0.00	0.00	18	22
创造效益 /%	0.00	0.00	16	20
经济效益系数	0.00	0.00	16	20

（三十三）贵州省科技信息中心

年末从业人员52人；高学历以上人员7人，占年末从业人员的比例为13.46%，居第32位；高职称以上人员6人，占年末从业人员的比例为11.54%，居第32位；科研仪器设备资产原值0.00万元，人均科研仪器设备资产原值0.00万元，居第32位。

科研经费91.00万元，人均科研经费1.75万元，居第31位。

发表科技论文2篇（一般科技论文2篇），科技论文系数为0.11，居第33位。

贵州省科技信息中心综合科技创新水平指数为1.69%，居第33位，与上年相比，监测值下降10.25个百分点，位次下降2位。在4个一级指标中，科技创新环境和基础较上年下降4.76个百分点，位次下降2位。科技投入较上年下降27.60个百分点，位次下降4位。科技产出较上年下降0.81个百分点，位次不变。创新绩效较上年下降12.50个百分点，位次上升2位（表4-33）。

表4-33 贵州省科技信息中心各级监测指标和位次与上年比较

指标名称	三级指标值		位次	
	2018年	2017年	2018年	2017年
综合科技创新水平指数/%	1.69	11.94	33	31
科技创新环境和基础/%	4.04	8.80	33	31
人力资源/%	10.10	22.00	32	31
高层次科技人才系数	0.00	0.07	26	26
高学历以上人员占年末从业人员的比例/%	13.46	14.89	32	31
高职称以上人员占年末从业人员的比例/%	11.54	12.77	32	32
创新条件及平台/%	0.00	0.00	32	33
人均科研仪器设备资产原值/万元	0.00	0.00	32	33
省级以上创新平台及载体系数	0.00	0.00	18	18
科技投入/%	2.40	30.00	33	29
人力投入/%	0.00	0.00	30	31
创新人才团队总量系数	0.00	0.00	15	19
R&D人员占年末从业人员的比重/%	0.00	0.00	28	31
经费投入/%	4.81	60.00	33	21
人均科研经费/万元	1.75	81.08	31	1
人均R&D经费/万元	0.00	0.00	28	31
科技产出/%	0.23	1.04	33	33
知识产出/%	0.92	4.17	33	33

续表

指标名称	三级指标值		位次	
	2018 年	2017 年	2018 年	2017 年
科技论文系数	0.11	0.00	33	33
知识产权系数	0.00	0.10	32	30
科技奖励 /%	0.00	0.00	12	14
科技成果系数	0.00	0.00	12	14
技术成果市场化水平 /%	0.00	0.00	2	3
人均技术市场成交合同金额 / 万元	0.00	0.00	2	3
科技合作交流 /%	0.00	0.00	26	25
项目合作系数	0.00	0.00	25	25
论文论著合作系数	0.00	0.00	13	13
创新绩效 /%	0.00	12.50	28	30
科技服务 /%	0.00	0.00	27	28
科技服务系数	0.00	0.00	27	28
产学研结合 /%	0.00	31.25	18	15
产学研结合系数	0.00	0.25	18	15
创造效益 /%	0.00	0.00	16	20
经济效益系数	0.00	0.00	16	20

四、开发类科研院所综合科技创新水平评价

根据综合科技创新水平指数，全省 14 家科研院所分为三类（图 4-11）。

第一类：综合科技创新水平指数高于 30% 的科研院所有 4 家；

第二类：综合科技创新水平指数低于 30%，但高于平均水平（21.58%）的科研院所有 3 家；

第三类：综合科技创新水平指数低于平均水平的科研院所有 7 家。

2018 年与 2017 年监测结果相比，科研院所综合科技创新水平指数平均水平下降 2.45 个百分点，贵州省冶金化工研究所、贵州省商业科学研究所、贵州省冶金设计研究院等 8 家科研院所高于这一降幅（图 4-12）。

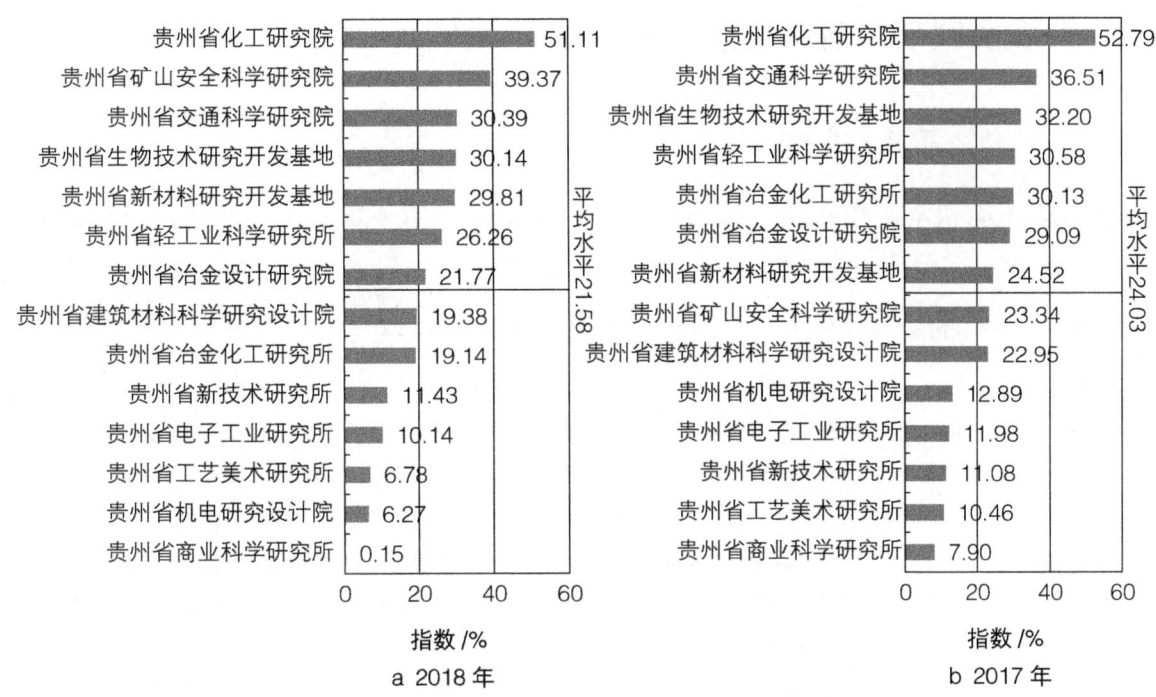

图 4-11 开发类科研院所综合科技创新水平指数排序

参照 2017 年综合科技创新水平指数排序，贵州省矿山安全科学研究院上升 6 位、贵州省新材料研究开发基地上升 2 位、贵州省建筑材料科学研究设计院上升 1 位、贵州省新技术研究所上升 2 位、贵州省工艺美术研究所上升 1 位；贵州省交通科学研究院下降 1 位、贵州省生物技术研究开发基地下降 1 位、贵州省轻工业科学研究所下降 2 位、贵州省冶金设计研究院下降 1 位、贵州省冶金化工研究所下降 4 位、贵州省机电研究设计院下降 3 位；其余科研院所位次均不变。

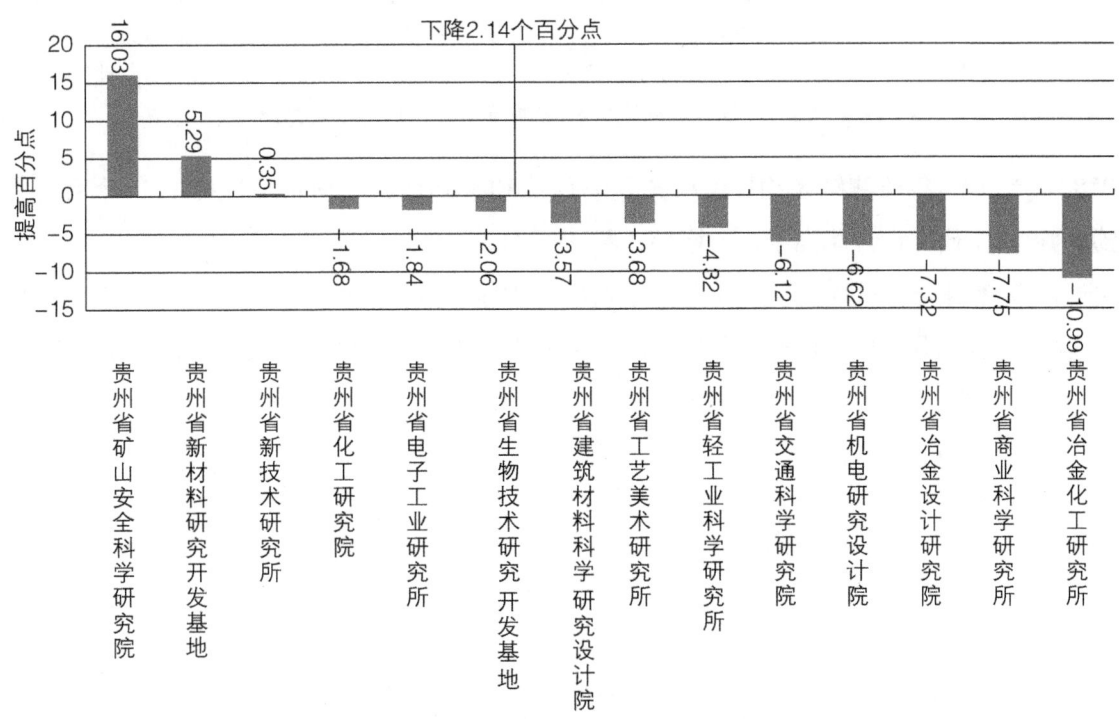

图 4-12 开发类科研院所综合科技创新水平指数提高百分点排序

五、开发类科研院所科技创新一级指标评价

（一）科技创新环境和基础

科技创新环境和基础指数高于40%的开发类科研院所有4家，占全部开发类科研院所的28.57%；低于40%，但高于平均水平（27.60%）的开发类科研院所有2家，占全部开发类科研院所的14.29%；低于平均水平的开发类科研院所有8家，占全部开发类科研院所的57.14%（图4-13）。

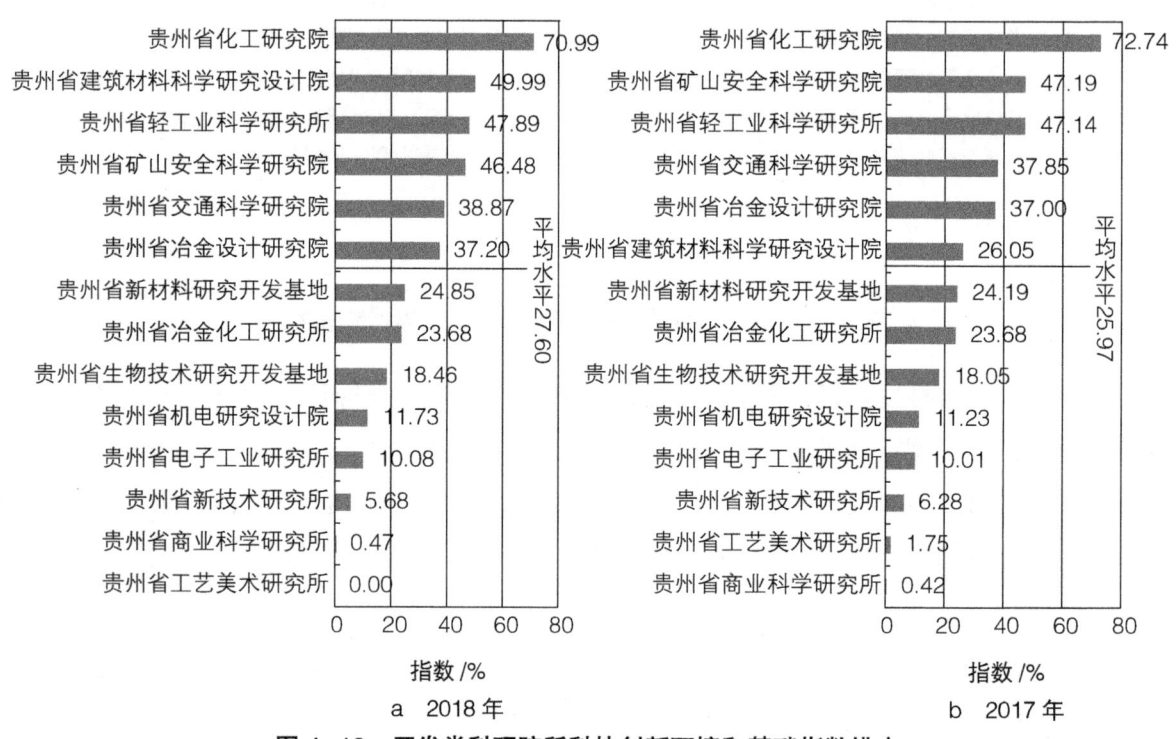

图4-13 开发类科研院所科技创新环境和基础指数排序

2018年与2017年监测结果相比，科技创新环境和基础指数平均水平提高1.63个百分点，贵州省建筑材料科学研究设计院高于这一增幅（图4-14）。

参照2017年科研院所科技创新环境和基础指数排序，位次上升较快的是贵州省建筑材料科学研究设计院，位次上升4位；位次下降较快的是贵州省矿山安全科学研究院，位次下降2位。

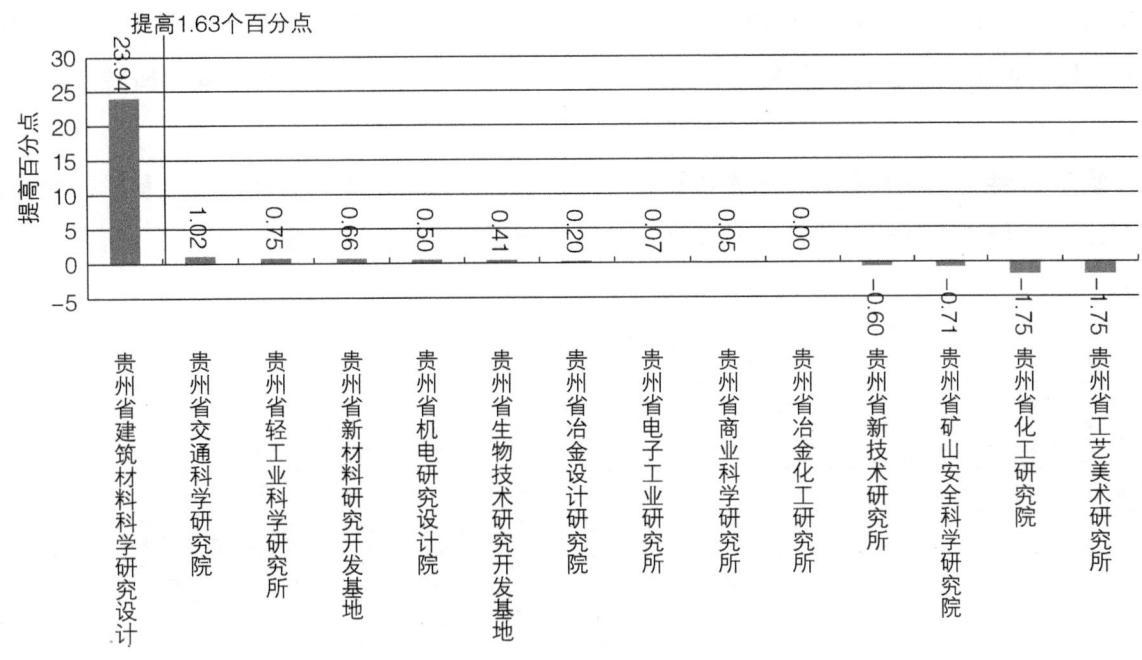

图 4-14 开发类科研院所科技创新环境和基础指数提高百分点排序

(二) 科技投入

科技投入指数高于 40% 的开发类科研院所有 5 家，占全部开发类科研院所的 35.71%；低于 40%，但高于平均水平（32.04%）的开发类科研院所有 3 家，占全部开发类科研院所的 21.43%；低于平均水平的开发类科研院所有 6 家，占全部开发类科研院所的 42.86%（图 4-15）。

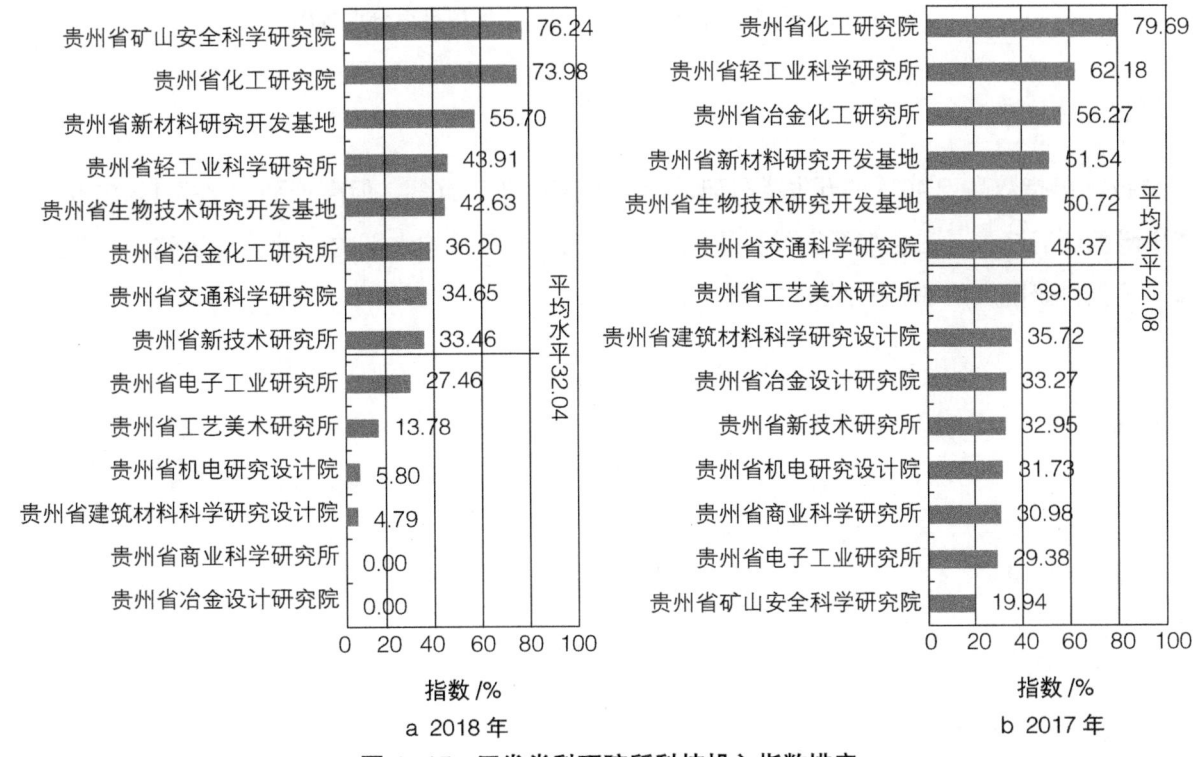

a 2018 年　　　　　　　　　　　　　　b 2017 年

图 4-15 开发类科研院所科技投入指数排序

2018年与2017年监测结果相比,科技投入指数平均水平下降10.76个百分点,贵州省冶金设计研究院、贵州省商业科学研究所、贵州省建筑材料科学研究设计院等7家科研院所高于这一降幅(图4-16)。

参照2017年科研院所科技投入指数排序,位次上升较快的是贵州省矿山安全科学研究院,位次上升13位;位次下降较快的是贵州省建筑材料科学研究设计院、贵州省冶金设计研究院,均下降3位。

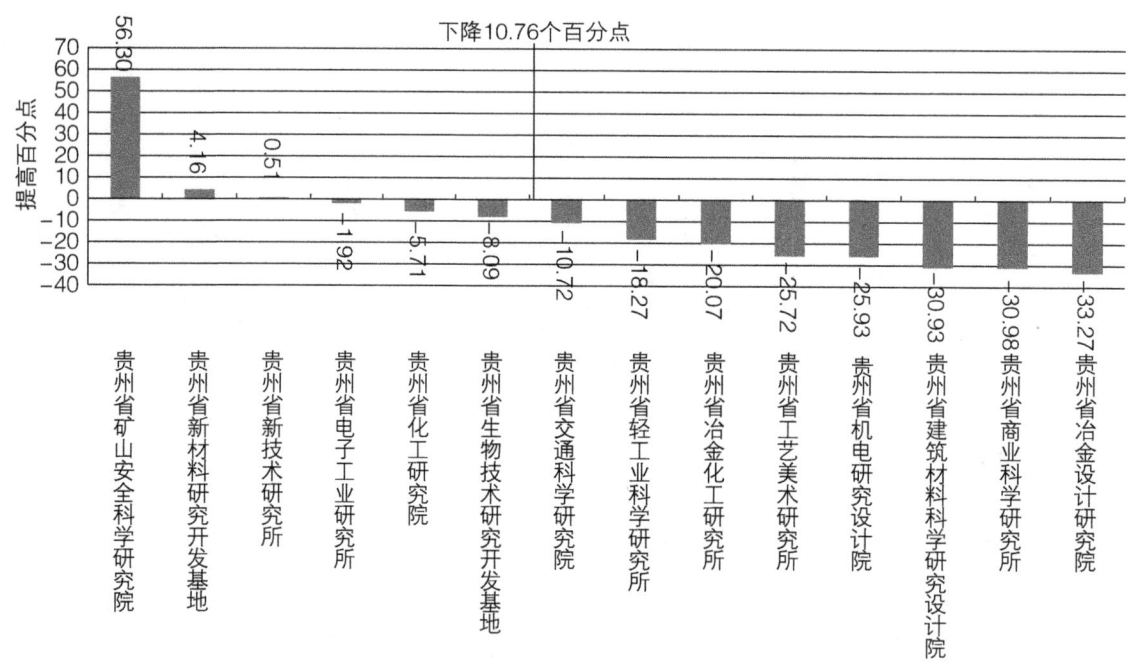

图4-16 开发类科研院所科技投入指数提高百分点排序

(三)科技产出

科技产出指数高于40%的开发类科研院所有0家;低于40%,但高于平均水平(8.73%)的开发类科研院所有7家,占全部科研院所的50%;低于平均水平的开发类科研院所有7家,占全部开发类科研院所的50%(图4-17)。

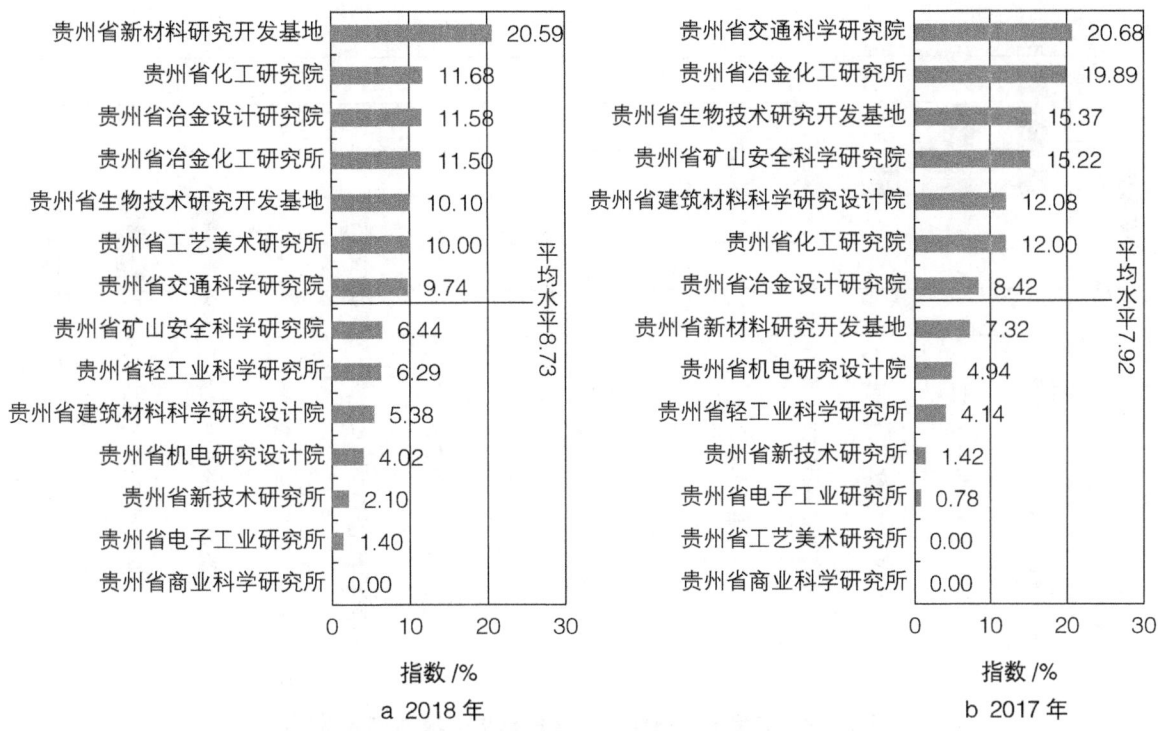

图 4-17 开发类科研院所科技产出指数排序

2018 年与 2017 年监测结果相比，科技产出指数平均水平下降 0.81 个百分点，贵州省交通科学研究院、贵州省矿山安全科学研究院、贵州省冶金化工研究所等 6 家科研院所高于这一降幅（图 4-18）。

参照 2017 年科研院所科技产出指数排序，位次上升较快的是贵州省新材料研究开发基地和贵州省工艺美术研究所，均上升 7 位；位次下降较快的是贵州省交通科学研究院和贵州省建筑材料科学研究设计院，分别下降 6 位和 5 位。

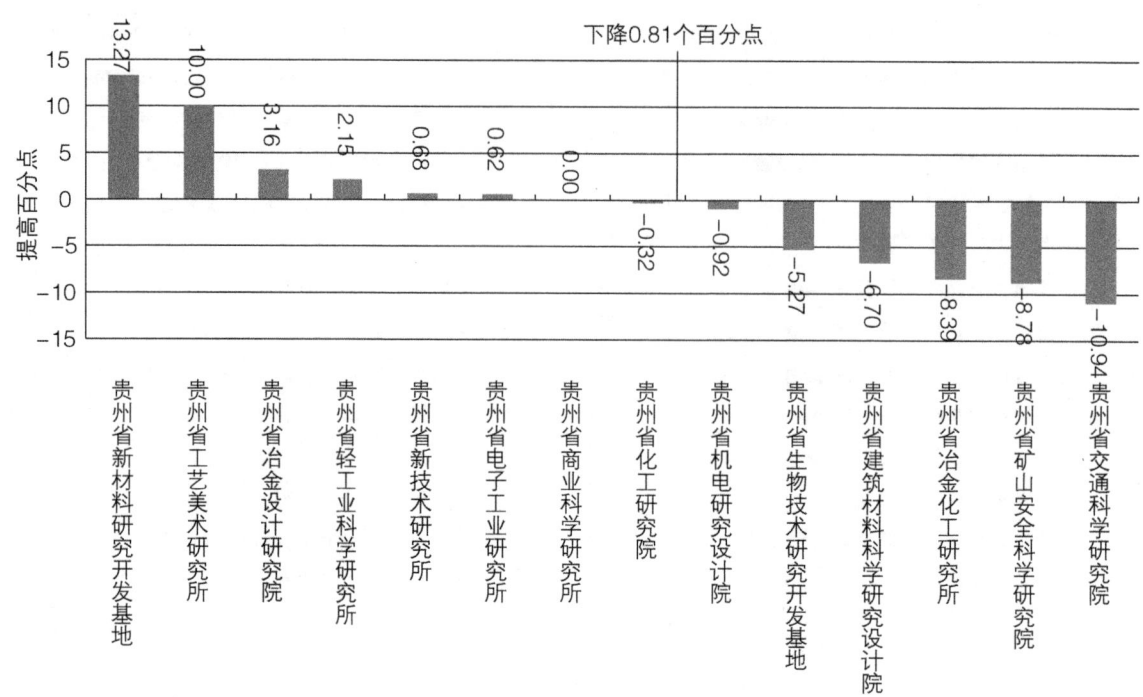

图 4-18 开发类科研院所科技产出指数提高百分点排序

（四）创新绩效

创新绩效指数高于40%的开发类科研院所有4家，占全部开发类科研院所的28.57%；低于40.00%，但高于平均水平（21.48%）的开发类科研院所有1家，占全部开发类科研院所的7.14%；低于平均水平的开发类科研院所有9家，占全部开发类科研院所的64.29%（图4-19）。

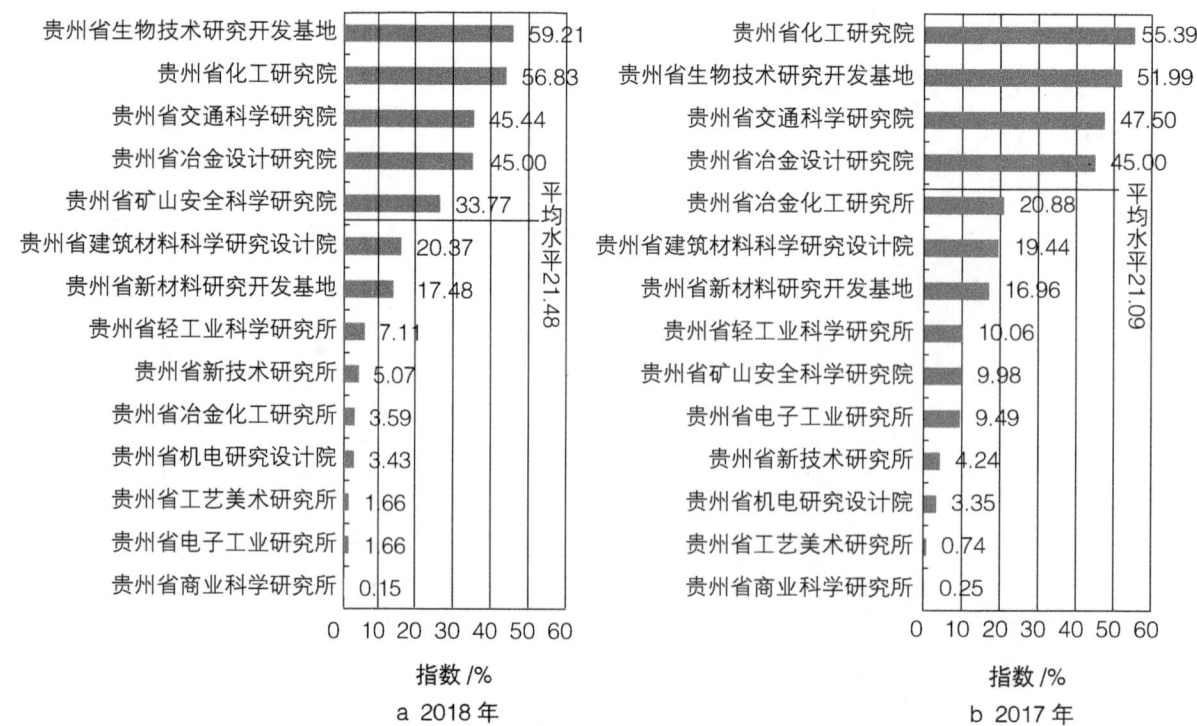

图 4-19 开发类科研院所创新绩效指数排序

2018年与2017年监测结果相比，创新绩效指数平均水平提高0.39个百分点，贵州省矿山安全科学研究院、贵州省生物技术研究开发基地、贵州省化工研究院等7家科研院所高于这一增幅（图4-20）。

参照2017年科研院所创新绩效指数排序，位次上升较快的是贵州省矿山安全科学研究院，上升4位；位次下降较快的是贵州省冶金化工研究所，下降5位。

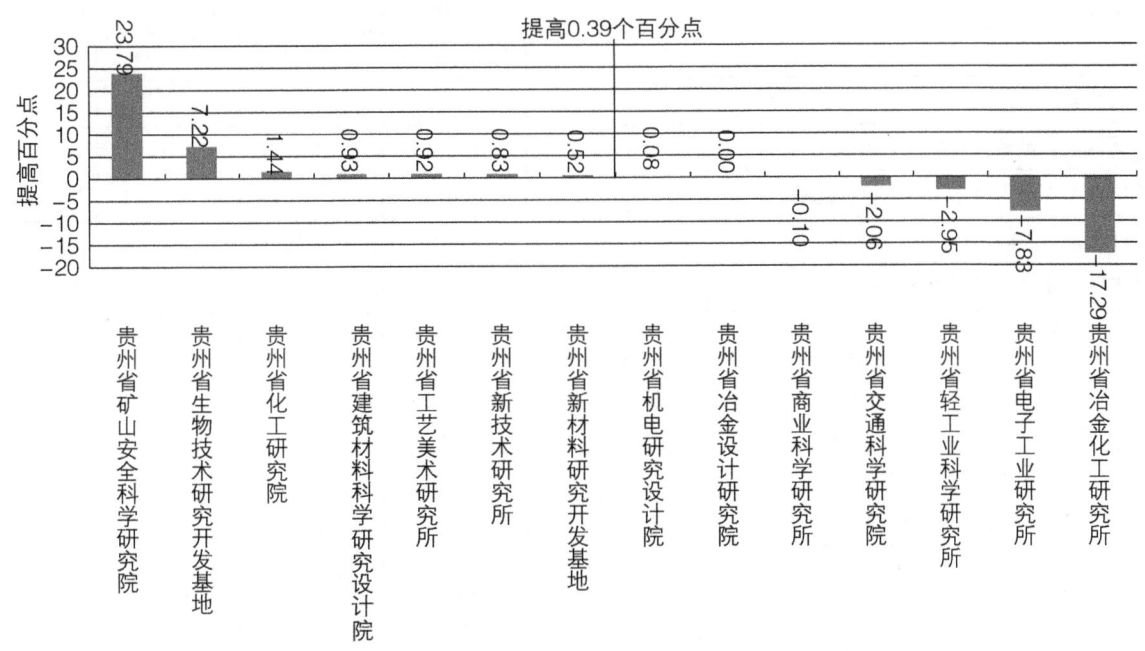

图4-20 开发类科研院所创新绩效指数提高百分点排序

六、开发类科研院所科技创新水平评价

（一）贵州省化工研究院

年末从业人员130人；高学历以上人员16人，占年末从业人员的比例为12.31%，居第5位；高职称以上人员26人，占年末从业人员的比例为20.00%，居第8位；科研仪器设备资产原值620.00万元，人均科研仪器设备资产原值4.77万元，居第7位。

R&D人员45人，占年末从业人员的比重为34.62%，居第4位；科研经费1644.00万元，人均科研经费12.65万元，居第4位。

发表科技论文14篇（一般科技论文13篇，核心期刊1篇），科技论文系数为0.84，居第4位。

对外科技咨询项数467项，科技特派员6人，科技服务系数为0.78，居第1位；技术服务收入1474.00万元，经济效益系数为504.54，居第5位。

贵州省化工研究院综合科技创新水平指数为51.11%，居第1位，与上年相比，监测值下降1.68个百分点，位次不变。在4个一级指标中，科技创新环境和基础较上年下降1.75个百分点，位次不变。科技投入较上年下降5.71个百分点，位次下降1位。科技产出较上年下降0.32个百分点，位次上升4位。创新绩效较上年上升1.44个百分点，位次下降1位（表4-34）。

表 4-34　贵州省化工研究院各级监测指标和位次与上年比较

指标名称	三级指标值		位次	
	2018 年	2017 年	2018 年	2017 年
综合科技创新水平指数 /%	51.11	52.79	1	1
科技创新环境和基础 /%	70.99	72.74	1	1
人力资源 /%	70.30	74.89	1	1
高层次科技人才系数	0.15	0.15	1	1
高学历以上人员占年末从业人员的比例 /%	12.31	21.00	5	2
高职称以上人员占年末从业人员的比例 /%	20.00	26.00	8	4
创新条件及平台 /%	71.45	71.30	3	2
人均科研仪器设备资产原值 / 万元	4.77	5.76	7	4
省级以上创新平台及载体系数	0.17	0.17	2	2
科技投入 /%	73.98	79.69	2	1
人力投入 /%	17.66	32.30	5	3
创新人才团队总量系数	0.00	0.00	3	3
R&D 人员占年末从业人员的比重 /%	34.62	78.00	4	6
经费投入 /%	98.12	100.00	2	1
人均科研经费 / 万元	12.65	17.44	4	1
人均 R&D 经费 / 万元	51.00	47.62	3	4
科技产出 /%	11.68	12.00	2	6
知识产出 /%	58.40	60.00	1	3
科技论文系数	0.84	1.00	4	5
知识产权系数	2.07	1.79	1	2
科技奖励 /%	0.00	0.00	2	2
科技成果系数	0.00	0.00	2	2
技术成果市场化水平 /%	0.00	0.00	2	2
人均技术市场成交合同金额 / 万元	0.00	0.00	2	2
科技合作交流 /%	0.00	0.00	6	9
项目合作系数	0.00	0.00	6	9
论文论著合作系数	0.00	0.00	2	2
创新绩效 /%	56.83	55.39	2	1
科技服务 /%	97.50	88.75	1	1
科技服务系数	0.78	0.71	1	1
产学研结合 /%	0.00	0.00	5	7
产学研结合系数	0.00	0.00	5	7
创造效益 /%	50.45	54.06	5	4
经济效益系数	504.54	540.62	5	4

（二）贵州省矿山安全科学研究院

年末从业人员40人；高学历以上人员17人，占年末从业人员的比例为42.50%，居第2位；高职称以上人员24人，占年末从业人员的比例为60.00%，居第1位；科研仪器设备资产原值348.00万元，人均科研仪器设备资产原值8.70万元，居第2位。

R&D人员40人，占年末从业人员的比重为100.00%，居第1位；科研经费3560.00万元，人均科研经费89.00万元，居第1位。

发表科技论文2篇（核心期刊1篇，三大检索工具收录1篇），科技论文系数为0.42，居第6位；省内合作项目171项，项目合作系数为20.12，居第1位。

技术服务收入2439.00万元，经济效益系数为750.46，居第4位。

贵州省矿山安全科学研究院综合科技创新水平指数为39.37%，居第2位，与上年相比，监测值上升16.03个百分点，位次上升6位。在4个一级指标中，科技创新环境和基础较上年下降0.71个百分点，位次下降2位。科技投入较上年上升56.30个百分点，位次上升13位。科技产出较上年下降8.78个百分点，位次下降4位。创新绩效较上年上升23.79个百分点，位次上升4位（表4-35）。

表4-35 贵州省矿山安全科学研究院各级监测指标和位次与上年比较

指标名称	三级指标值		位次	
	2018年	2017年	2018年	2017年
综合科技创新水平指数/%	39.37	23.34	2	8
科技创新环境和基础/%	46.48	47.19	4	2
人力资源/%	25.36	43.82	5	2
高层次科技人才系数	0.00	0.00	3	3
高学历以上人员占年末从业人员的比例/%	42.50	10.84	2	5
高职称以上人员占年末从业人员的比例/%	60.00	26.81	1	3
创新条件及平台/%	60.56	49.44	4	3
人均科研仪器设备资产原值/万元	8.70	0.82	2	12
省级以上创新平台及载体系数	0.17	0.17	2	2
科技投入/%	76.24	19.94	1	14
人力投入/%	20.80	0.00	3	13
创新人才团队总量系数	0.00	0.00	3	3
R&D人员占年末从业人员的比重/%	100.00	0.00	1	13
经费投入/%	100.00	28.49	1	14
人均科研经费/万元	89.00	2.10	1	8
人均R&D经费/万元	143.10	0.00	1	13
科技产出/%	6.44	15.22	8	4

续表

指标名称	三级指标值		位次	
	2018年	2017年	2018年	2017年
知识产出 /%	7.20	51.10	12	5
科技论文系数	0.42	1.11	6	3
知识产权系数	0.06	0.80	13	5
科技奖励 /%	0.00	0.00	2	2
科技成果系数	0.00	0.00	2	2
技术成果市场化水平 /%	0.00	0.00	2	2
人均技术市场成交合同金额 / 万元	0.00	0.00	2	2
科技合作交流 /%	50.00	50.00	1	1
项目合作系数	20.12	6.47	1	1
论文论著合作系数	0.00	0.00	2	2
创新绩效 /%	33.77	9.98	5	9
科技服务 /%	0.00	10.00	7	3
科技服务系数	0.00	0.08	7	3
产学研结合 /%	0.00	0.00	5	7
产学研结合系数	0.00	0.00	5	7
创造效益 /%	75.05	14.39	4	7
经济效益系数	750.46	143.92	4	7

（三）贵州省交通科学研究院

年末从业人员520人；高学历以上人员42人，占年末从业人员的比例为8.08%，居第7位；高职称以上人员76人，占年末从业人员的比例为14.62%，居第9位；科研仪器设备资产原值1732.00万元，人均科研仪器设备资产原值3.33万元，居第9位。

R&D人员49人，占年末从业人员的比重为9.42%，居第9位；科研经费60.00万元，人均科研经费0.12万元，居第11位。

发表科技论文6篇（一般科技论文6篇），科技论文系数为0.32，居第7位。

科技培训人数60人，科技服务系数为0.01，居第5位；技术服务收入10 132.00万元，经济效益系数为3117.54，居第2位。

贵州省交通科学研究院综合科技创新水平指数为30.39%，居第3位，与上年相比，监测值下降6.12个百分点，位次下降1位。在4个一级指标中，科技创新环境和基础较上年上升1.02个百分点，位次下降1位。科技投入较上年下降10.72个百分点，位次下降1位。科技产出较上年下降10.94个百分点，位次下降6位。创新绩效较上年下降2.06个百分点，位次不变（表4-36）。

表 4-36 贵州省交通科学研究院各级监测指标和位次与上年比较

指标名称	三级指标值		位次	
	2018 年	2017 年	2018 年	2017 年
综合科技创新水平指数 /%	30.39	36.51	3	2
科技创新环境和基础 /%	38.87	37.85	5	4
人力资源 /%	43.45	41.79	2	4
高层次科技人才系数	0.00	0.00	3	3
高学历以上人员占年末从业人员的比例 /%	8.08	6.46	7	7
高职称以上人员占年末从业人员的比例 /%	14.62	11.90	9	10
创新条件及平台 /%	35.81	35.23	5	5
人均科研仪器设备资产原值 / 万元	3.33	2.83	9	8
省级以上创新平台及载体系数	0.00	0.00	5	4
科技投入 /%	34.65	45.37	7	6
人力投入 /%	16.57	16.13	6	6
创新人才团队总量系数	0.00	0.00	3	3
R&D 人员占年末从业人员的比重 /%	9.42	8.16	9	12
经费投入 /%	42.40	57.90	7	6
人均科研经费 / 万元	0.12	0.77	11	11
人均 R&D 经费 / 万元	9.75	7.53	8	10
科技产出 /%	9.74	20.68	7	1
知识产出 /%	48.70	100.00	6	1
科技论文系数	0.32	15.26	7	1
知识产权系数	0.91	1.99	5	1
科技奖励 /%	0.00	0.00	2	2
科技成果系数	0.00	0.00	2	2
技术成果市场化水平 /%	0.00	0.00	2	2
人均技术市场成交合同金额 / 万元	0.00	0.00	2	2
科技合作交流 /%	0.00	6.83	6	4
项目合作系数	0.00	0.41	6	3
论文论著合作系数	0.00	0.00	2	2
创新绩效 /%	45.44	47.50	3	3
科技服务 /%	1.25	0.00	5	6
科技服务系数	0.01	0.00	5	6
产学研结合 /%	0.00	12.50	5	5
产学研结合系数	0.00	0.15	5	5
创造效益 /%	100.00	100.00	1	1
经济效益系数	3117.54	1347.38	2	2

（四）贵州省生物技术研究开发基地

年末从业人员 27 人；高学历以上人员 4 人，占年末从业人员的比例为 14.81%，居第 4 位；高职称以上人员 3 人，占年末从业人员的比例为 11.11%，居第 11 位；科研仪器设备资产原值 345.00 万元，人均科研仪器设备资产原值 12.78 万元，居第 1 位。

R&D 人员 5 人，占年末从业人员的比重为 18.52%，居第 7 位；科研经费 150.00 万元，人均科研经费 5.56 万元，居第 5 位。

发表科技论文 7 篇（一般科技论文 2 篇，核心期刊 5 篇），科技论文系数为 1.16，居第 1 位；省内合作项目 2 项，产学研项目 1 项，项目合作系数为 0.29，居第 2 位。

科技培训人数 49 人，对外科技咨询项数 10 项，科技特派员 1 人，科技服务系数为 0.02，居第 4 位；知识产权创造的直接效益为 1250.00 万元，技术服务收入 3.00 万元，经济效益系数为 1020.62，居第 3 位。

贵州省生物技术研究开发基地综合科技创新水平指数为 30.14%，居第 4 位，与上年相比，监测值下降 2.06 个百分点，位次下降 1 位。在 4 个一级指标中，科技创新环境和基础较上年上升 0.41 个百分点，位次不变。科技投入较上年下降 8.09 个百分点，位次不变。科技产出较上年下降 5.27 个百分点，位次下降 2 位。创新绩效较上年上升 7.22 个百分点，位次上升 1 位（表 4-37）。

表 4-37 贵州省生物技术研究开发基地各级监测指标和位次与上年比较

指标名称	三级指标值 2018 年	三级指标值 2017 年	位次 2018 年	位次 2017 年
综合科技创新水平指数 /%	30.14	32.20	4	3
科技创新环境和基础 /%	18.46	18.05	9	9
人力资源 /%	6.56	6.56	11	11
高层次科技人才系数	0.00	0.00	3	3
高学历以上人员占年末从业人员的比例 /%	14.81	14.81	4	4
高职称以上人员占年末从业人员的比例 /%	11.11	11.11	11	12
创新条件及平台 /%	26.40	25.71	7	7
人均科研仪器设备资产原值 / 万元	12.78	12.30	1	1
省级以上创新平台及载体系数	0.00	0.00	5	4
科技投入 /%	42.63	50.72	5	5
人力投入 /%	24.94	24.94	2	4
创新人才团队总量系数	0.36	0.36	2	2
R&D 人员占年末从业人员的比重 /%	18.52	18.52	7	9
经费投入 /%	50.21	61.77	4	5
人均科研经费 / 万元	5.56	11.85	5	6
人均 R&D 经费 / 万元	11.78	16.74	7	8

续表

指标名称	三级指标值		位次	
	2018年	2017年	2018年	2017年
科技产出 /%	10.10	15.37	5	3
知识产出 /%	48.10	31.70	7	8
科技论文系数	1.16	0.32	1	9
知识产权系数	0.73	0.57	7	8
科技奖励 /%	0.00	0.00	2	2
科技成果系数	0.00	0.00	2	2
技术成果市场化水平 /%	0.00	25.17	2	1
人均技术市场成交合同金额 /万元	0.00	1.30	2	1
科技合作交流 /%	4.83	14.83	3	3
项目合作系数	0.29	0.29	2	5
论文论著合作系数	0.00	0.12	2	1
创新绩效 /%	59.21	51.99	1	2
科技服务 /%	2.50	2.50	4	5
科技服务系数	0.02	0.02	4	5
产学研结合 /%	66.67	66.67	1	2
产学研结合系数	0.80	0.80	1	2
创造效益 /%	100.00	83.96	1	3
经济效益系数	1020.62	839.62	3	3

（五）贵州省新材料研究开发基地

年末从业人员25人；高学历以上人员4人，占年末从业人员的比例为16.00%，居第3位；高职称以上人员6人，占年末从业人员的比例为24.00%，居第5位；科研仪器设备资产原值213.40万元，人均科研仪器设备资产原值8.54万元，居第3位。

R&D人员22人，占年末从业人员的比重为88.00%，居第3位；科研经费550.00万元，人均科研经费22.00万元，居第3位。

发表科技论文2篇（一般科技论文2篇），科技论文系数为0.11，居第10位；产学研项目1项，项目合作系数为0.06，居第5位。

技术服务收入29.19万元，经济效益系数为277.39，居第7位。

贵州省新材料研究开发基地综合科技创新水平指数为29.81%，居第5位，与上年相比，监测值上升5.29个百分点，位次上升2位。在4个一级指标中，科技创新环境和基础较上年上升0.66个百分点，位次不变。科技投入较上年上升4.16个百分点，位次上升1位。科技产出较上年上升13.27个百分点，位次上升7位。创新绩效较上年上升0.52个百分点，位次不变（表4-38）。

表 4-38　贵州省新材料研究开发基地各级监测指标和位次与上年比较

指标名称	三级指标值		位次	
	2018 年	2017 年	2018 年	2017 年
综合科技创新水平指数 /%	29.81	24.52	5	7
科技创新环境和基础 /%	24.85	24.19	7	7
人力资源 /%	33.05	33.05	4	5
高层次科技人才系数	0.07	0.07	2	2
高学历以上人员占年末从业人员的比例 /%	16.00	16.00	3	3
高职称以上人员占年末从业人员的比例 /%	24.00	24.00	5	5
创新条件及平台 /%	19.38	18.28	9	9
人均科研仪器设备资产原值 / 万元	8.54	7.71	3	3
省级以上创新平台及载体系数	0.00	0.00	5	4
科技投入 /%	55.70	51.54	3	4
人力投入 /%	15.04	14.63	7	7
创新人才团队总量系数	0.00	0.00	3	3
R&D 人员占年末从业人员的比重 /%	88.00	84.00	3	4
经费投入 /%	73.12	67.36	3	4
人均科研经费 / 万元	22.00	16.00	3	2
人均 R&D 经费 / 万元	40.80	130.00	4	1
科技产出 /%	20.59	7.32	1	8
知识产出 /%	51.10	35.10	4	7
科技论文系数	0.11	0.16	10	11
知识产权系数	1.71	0.67	2	6
科技奖励 /%	14.00	0.00	1	2
科技成果系数	0.07	0.00	1	2
技术成果市场化水平 /%	0.00	0.00	2	2
人均技术市场成交合同金额 / 万元	0.00	0.00	2	2
科技合作交流 /%	47.67	3.00	2	7
项目合作系数	0.06	0.18	5	7
论文论著合作系数	0.56	0.00	1	2
创新绩效 /%	17.48	16.96	7	7
科技服务 /%	0.00	0.00	7	6
科技服务系数	0.00	0.00	7	6

续表

指标名称	三级指标值		位次	
	2018年	2017年	2018年	2017年
产学研结合/%	25.00	4.17	2	6
产学研结合系数	0.30	0.05	2	6
创造效益/%	27.74	35.83	7	5
经济效益系数	277.39	358.26	7	5

（六）贵州省轻工业科学研究所

年末从业人员38人；高学历以上人员3人，占年末从业人员的比例为7.89%，居第8位；高职称以上人员8人，占年末从业人员的比例为21.05%，居第7位；科研仪器设备资产原值171.21万元，人均科研仪器设备资产原值4.51万元，居第8位。

R&D人员7人，占年末从业人员的比重为18.42%，居第8位；科研经费38.00万元，人均科研经费1.00万元，居第10位。

发表科技论文3篇（一般科技论文2篇，核心期刊1篇），科技论文系数为0.26，居第8位。

知识产权创造的直接效益为17.40万元，技术服务收入17.40万元，经济效益系数为65.50，居第10位。

贵州省轻工业科学研究所综合科技创新水平指数为26.26%，居第6位，与上年相比，监测值下降4.32个百分点，位次下降2位。在4个一级指标中，科技创新环境和基础较上年上升0.75个百分点，位次不变。科技投入较上年下降18.27个百分点，位次下降2位。科技产出较上年上升2.15个百分点，位次上升1位。创新绩效较上年下降2.95个百分点，位次不变（表4-39）。

表4-39 贵州省轻工业科学研究所各级监测指标和位次与上年比较

指标名称	三级指标值		位次	
	2018年	2017年	2018年	2017年
综合科技创新水平指数/%	26.26	30.58	6	4
科技创新环境和基础/%	47.89	47.14	3	3
人力资源/%	8.28	6.63	9	10
高层次科技人才系数	0.00	0.00	3	3
高学历以上人员占年末从业人员的比例/%	7.89	5.13	8	10
高职称以上人员占年末从业人员的比例/%	21.05	17.95	7	8
创新条件及平台/%	74.29	74.15	1	1
人均科研仪器设备资产原值/万元	4.51	4.39	8	7
省级以上创新平台及载体系数	0.33	0.33	1	1

续表

指标名称	三级指标值		位次	
	2018 年	2017 年	2018 年	2017 年
科技投入 /%	43.91	62.18	4	2
人力投入 /%	47.77	46.61	1	1
创新人才团队总量系数	0.73	0.73	1	1
R&D 人员占年末从业人员的比重 /%	18.42	12.82	8	10
经费投入 /%	42.26	68.86	8	3
人均科研经费 / 万元	1.00	12.56	10	5
人均 R&D 经费 / 万元	31.39	17.87	5	7
科技产出 /%	6.29	4.14	9	10
知识产出 /%	14.10	20.70	10	10
科技论文系数	0.26	0.37	8	8
知识产权系数	0.23	0.34	10	10
科技奖励 /%	0.00	0.00	2	2
科技成果系数	0.00	0.00	2	2
技术成果市场化水平 /%	11.58	0.00	1	2
人均技术市场成交合同金额 / 万元	0.46	0.00	1	2
科技合作交流 /%	0.00	0.00	6	9
项目合作系数	0.00	0.00	6	9
论文论著合作系数	0.00	0.00	2	2
创新绩效 /%	7.11	10.06	8	8
科技服务 /%	0.00	0.00	7	6
科技服务系数	0.00	0.00	7	6
产学研结合 /%	20.83	20.83	3	3
产学研结合系数	0.25	0.25	3	3
创造效益 /%	6.55	13.10	10	8
经济效益系数	65.50	131.05	10	8

（七）贵州省冶金设计研究院

年末从业人员 792 人；高学历以上人员 62 人，占年末从业人员的比例为 7.83%，居第 9 位；高职称以上人员 96 人，占年末从业人员的比例为 12.12%，居第 10 位；科研仪器设备资产原值 917.00 万元，人均科研仪器设备资产原值 1.16 万元，居第 12 位。

发表科技论文 9 篇（一般科技论文 6 篇，核心期刊 3 篇），科技论文系数为 0.79，居第 5 位。

知识产权创造的直接效益为 29 589.50 万元，技术服务收入 48 989.30 万元，经济效益系数为

33 282.55，居第 1 位。

贵州省冶金设计研究院综合科技创新水平指数为 21.77%，居第 7 位，与上年相比，监测值下降 7.32 个百分点，位次下降 1 位。在 4 个一级指标中，科技创新环境和基础较上年上升 0.20 个百分点，位次下降 1 位。科技投入较上年下降 33.27 个百分点，位次下降 4 位。科技产出较上年上升 3.16 个百分点，位次上升 4 位。创新绩效较上年不变，位次不变（表 4-40）。

表 4-40 贵州省冶金设计研究院各级监测指标和位次与上年比较

指标名称	三级指标值		位次	
	2018 年	2017 年	2018 年	2017 年
综合科技创新水平指数 /%	21.77	29.09	7	6
科技创新环境和基础 /%	37.20	37.00	6	5
人力资源 /%	43.00	42.70	3	3
高层次科技人才系数	0.00	0.00	3	3
高学历以上人员占年末从业人员的比例 /%	7.83	5.47	9	9
高职称以上人员占年末从业人员的比例 /%	12.12	12.11	10	9
创新条件及平台 /%	33.33	33.20	6	6
人均科研仪器设备资产原值 / 万元	1.16	1.05	12	11
省级以上创新平台及载体系数	0.00	0.00	5	4
科技投入 /%	0.00	33.27	13	9
人力投入 /%	0.00	39.77	10	2
创新人才团队总量系数	0.00	0.00	3	3
R&D 人员占年末从业人员的比重 /%	0.00	82.54	10	5
经费投入 /%	0.00	30.48	13	13
人均科研经费 / 万元	0.00	0.00	12	12
人均 R&D 经费 / 万元	0.00	0.09	10	12
科技产出 /%	11.58	8.42	3	7
知识产出 /%	57.90	42.10	2	6
科技论文系数	0.79	1.21	5	2
知识产权系数	1.04	0.60	4	7
科技奖励 /%	0.00	0.00	2	2
科技成果系数	0.00	0.00	2	2
技术成果市场化水平 /%	0.00	0.00	2	2
人均技术市场成交合同金额 / 万元	0.00	0.00	2	2
科技合作交流 /%	0.00	0.00	6	9
项目合作系数	0.00	0.00	6	9

续表

指标名称	三级指标值		位次	
	2018 年	2017 年	2018 年	2017 年
论文论著合作系数	0.00	0.00	2	2
创新绩效 /%	45.00	45.00	4	4
科技服务 /%	0.00	0.00	7	6
科技服务系数	0.00	0.00	7	6
产学研结合 /%	0.00	0.00	5	7
产学研结合系数	0.00	0.00	5	7
创造效益 /%	100.00	100.00	1	1
经济效益系数	33 282.55	37 173.85	1	1

（八）贵州省建筑材料科学研究设计院

年末从业人员 98 人；高学历以上人员 4 人，占年末从业人员的比例为 4.08%，居第 10 位；高职称以上人员 31 人，占年末从业人员的比例为 31.63%，居第 2 位；科研仪器设备资产原值 591.00 万元，人均科研仪器设备资产原值 6.03 万元，居第 5 位。

科研经费 147.00 万元，人均科研经费 1.50 万元，居第 8 位。

发表科技论文 17 篇（一般科技论文 17 篇），科技论文系数为 0.89，居第 3 位；省内合作项目 2 项，项目合作系数为 0.24，居第 3 位。

科技培训人数 65 人，对外科技咨询项数 74 项，科技服务系数为 0.13，居第 2 位；知识产权创造的直接效益为 30.00 万元，技术服务收入为 1000.00 万元，经济效益系数为 326.15，居第 6 位。

贵州省建筑材料科学研究设计院综合科技创新水平指数为 19.38%，居第 8 位，与上年相比，监测值下降 3.57 个百分点，位次上升 1 位。在 4 个一级指标中，科技创新环境和基础较上年上升 23.94 个百分点，位次上升 4 位。科技投入较上年下降 30.93 个百分点，位次下降 4 位。科技产出较上年下降 6.70 个百分点，位次下降 5 位。创新绩效较上年上升 0.93 个百分点，位次不变（表 4-41）。

表 4-41　贵州省建筑材料科学研究设计院各级监测指标和位次与上年比较

指标名称	三级指标值		位次	
	2018 年	2017 年	2018 年	2017 年
综合科技创新水平指数 /%	19.38	22.95	8	9
科技创新环境和基础 /%	49.99	26.05	2	6
人力资源 /%	16.37	11.19	7	7
高层次科技人才系数	0.00	0.00	3	3

续表

指标名称	三级指标值		位次	
	2018 年	2017 年	2018 年	2017 年
高学历以上人员占年末从业人员的比例 /%	4.08	1.04	10	11
高职称以上人员占年末从业人员的比例 /%	31.63	23.96	2	6
创新条件及平台 /%	72.41	35.95	2	4
人均科研仪器设备资产原值 / 万元	6.03	5.74	5	5
省级以上创新平台及载体系数	0.17	0.00	2	4
科技投入 /%	4.79	35.72	12	8
人力投入 /%	0.00	5.02	10	11
创新人才团队总量系数	0.00	0.00	3	3
R&D 人员占年末从业人员的比重 /%	0.00	12.50	10	11
经费投入 /%	6.84	48.88	12	8
人均科研经费 / 万元	1.50	1.98	8	9
人均 R&D 经费 / 万元	0.00	40.93	10	5
科技产出 /%	5.38	12.08	10	5
知识产出 /%	24.90	58.40	8	4
科技论文系数	0.89	0.84	3	6
知识产权系数	0.32	1.29	9	4
科技奖励 /%	0.00	0.00	2	2
科技成果系数	0.00	0.00	2	2
技术成果市场化水平 /%	0.00	0.00	2	2
人均技术市场成交合同金额 / 万元	0.00	0.00	2	2
科技合作交流 /%	4.00	4.00	4	6
项目合作系数	0.24	0.24	3	6
论文论著合作系数	0.00	0.00	2	2
创新绩效 /%	20.37	19.44	6	6
科技服务 /%	16.25	16.25	2	2
科技服务系数	0.13	0.13	2	2
产学研结合 /%	0.00	0.00	5	7
产学研结合系数	0.00	0.00	5	7
创造效益 /%	32.62	30.55	6	6
经济效益系数	326.15	305.54	6	6

(九)贵州省冶金化工研究所

年末从业人员 39 人；高学历以上人员 17 人，占年末从业人员的比例为 43.59%，居第 1 位；高职称以上人员 12 人，占年末从业人员的比例为 30.77%，居第 3 位；科研仪器设备资产原值 316.00 万元，人均科研仪器设备资产原值 8.10 万元，居第 4 位。

R&D 人员 39 人，占年末从业人员的比重为 100.00%，居第 1 位；科研经费 50.00 万元，人均科研经费 1.28 万元，居第 9 位。

发表科技论文 8 篇（一般科技论文 2 篇，核心期刊 6 篇），科技论文系数为 1.05，居第 2 位；省内合作项目 1 项，产学研项目 1 项，项目合作系数为 0.18，居第 4 位。

技术服务收入为 199.00 万元，经济效益系数为 61.23，居第 11 位。

贵州省冶金化工研究所综合科技创新水平指数为 19.14%，居第 9 位，与上年相比，监测值下降 10.99 个百分点，位次下降 4 位。在 4 个一级指标中，科技创新环境和基础较上年不变，位次不变。科技投入较上年下降 20.07 个百分点，位次下降 3 位。科技产出较上年下降 8.39 个百分点，位次下降 2 位。创新绩效较上年下降 17.29 个百分点，位次下降 5 位（表 4-42）。

表 4-42 贵州省冶金化工研究所各级监测指标和位次与上年比较

指标名称	三级指标值		位次	
	2018 年	2017 年	2018 年	2017 年
综合科技创新水平指数 /%	19.14	30.13	9	5
科技创新环境和基础 /%	23.68	23.68	8	8
人力资源 /%	21.93	21.93	6	6
高层次科技人才系数	0.00	0.00	3	3
高学历以上人员占年末从业人员的比例 /%	43.59	44.74	1	1
高职称以上人员占年末从业人员的比例 /%	30.77	31.58	3	2
创新条件及平台 /%	24.85	24.85	8	8
人均科研仪器设备资产原值 / 万元	8.10	8.32	4	2
省级以上创新平台及载体系数	0.00	0.00	5	4
科技投入 /%	36.20	56.27	6	3
人力投入 /%	20.48	20.16	4	5
创新人才团队总量系数	0.00	0.00	3	3
R&D 人员占年末从业人员的比重 /%	100.00	100.00	1	2
经费投入 /%	42.94	71.75	6	2
人均科研经费 / 万元	1.28	14.05	9	3
人均 R&D 经费 / 万元	68.00	81.39	2	2
科技产出 /%	11.50	19.89	4	2

续表

指标名称	三级指标值		位次	
	2018年	2017年	2018年	2017年
知识产出 /%	56.00	61.10	3	2
科技论文系数	1.05	1.11	2	3
知识产权系数	0.91	1.57	5	3
科技奖励 /%	0.00	14.00	2	1
科技成果系数	0.00	0.07	2	1
技术成果市场化水平 /%	0.00	0.00	2	2
人均技术市场成交合同金额 / 万元	0.00	0.00	2	2
科技合作交流 /%	3.00	20.67	5	2
项目合作系数	0.18	1.24	4	2
论文论著合作系数	0.00	0.00	2	2
创新绩效 /%	3.59	20.88	10	5
科技服务 /%	0.00	0.00	7	6
科技服务系数	0.00	0.00	7	6
产学研结合 /%	4.17	91.67	4	1
产学研结合系数	0.05	1.10	4	1
创造效益 /%	6.12	5.65	11	12
经济效益系数	61.23	56.49	11	12

（十）贵州省新技术研究所

年末从业人员54人；高学历以上人员2人，占年末从业人员的比例为3.70%，居第11位；高职称以上人员5人，占年末从业人员的比例为9.26%，居第12位；科研仪器设备资产原值87.60万元，人均科研仪器设备资产原值1.62万元，居第11位。

R&D人员15人，占年末从业人员的比重为27.78%，居第6位；科研经费87.00万元，人均科研经费1.61万元，居第7位。

发表科技论文1篇（一般科技论文1篇），科技论文系数为0.05，居第11位。

技术服务收入293.00万元，经济效益系数为112.69，居第8位。

贵州省新技术研究所综合科技创新水平指数为11.43%，居第10位，与上年相比，监测值上升0.35个百分点，位次上升2位。在4个一级指标中，科技创新环境和基础较上年下降0.60个百分点，位次不变。科技投入较上年上升0.51个百分点，位次上升2位。科技产出较上年上升0.68个百分点，位次下降1位。创新绩效较上年上升0.83个百分点，位次上升2位（表4-43）。

表 4-43 贵州省新技术研究所各级监测指标和位次与上年比较

指标名称	三级指标值		位次	
	2018年	2017年	2018年	2017年
综合科技创新水平指数 /%	11.43	11.08	10	12
科技创新环境和基础 /%	5.68	6.28	12	12
人力资源 /%	4.43	5.50	12	12
高层次科技人才系数	0.00	0.00	3	3
高学历以上人员占年末从业人员的比例 /%	3.70	6.38	11	8
高职称以上人员占年末从业人员的比例 /%	9.26	10.64	12	13
创新条件及平台 /%	6.52	6.80	12	12
人均科研仪器设备资产原值 / 万元	1.62	1.86	11	10
省级以上创新平台及载体系数	0.00	0.00	5	4
科技投入 /%	33.46	32.95	8	10
人力投入 /%	7.41	7.28	8	10
创新人才团队总量系数	0.00	0.00	3	3
R&D 人员占年末从业人员的比重 /%	27.78	29.79	6	7
经费投入 /%	44.63	43.95	5	10
人均科研经费 / 万元	1.61	1.52	7	10
人均 R&D 经费 / 万元	25.78	20.43	6	6
科技产出 /%	2.10	1.42	12	11
知识产出 /%	10.50	6.10	11	11
科技论文系数	0.05	0.26	11	10
知识产权系数	0.20	0.07	11	11
科技奖励 /%	0.00	0.00	2	2
科技成果系数	0.00	0.00	2	2
技术成果市场化水平 /%	0.00	0.00	2	2
人均技术市场成交合同金额 / 万元	0.00	0.00	2	2
科技合作交流 /%	0.00	2.00	6	8
项目合作系数	0.00	0.12	6	8
论文论著合作系数	0.00	0.00	2	2
创新绩效 /%	5.07	4.24	9	11
科技服务 /%	0.00	0.00	7	6
科技服务系数	0.00	0.00	7	6
产学研结合 /%	0.00	0.00	5	7
产学研结合系数	0.00	0.00	5	7
创造效益 /%	11.27	9.43	8	9
经济效益系数	112.69	94.28	8	9

（十一）贵州省电子工业研究所

年末从业人员 20 人；高职称以上人员 6 人，占年末从业人员的比例为 30.00%，居第 4 位；科研仪器设备资产原值 111.60 万元，人均科研仪器设备资产原值 5.58 万元，居第 6 位。

R&D 人员 6 人，占年末从业人员的比重为 30.00%，居第 5 位。

发表科技论文 1 篇（一般科技论文 1 篇），科技论文系数为 0.05，居第 11 位。

对外科技咨询项数 17 项，科技服务系数为 0.03，居第 3 位；技术服务收入 25.00 万元，经济效益系数为 7.69，居第 13 位。

贵州省电子工业研究所综合科技创新水平指数为 10.14%，居第 11 位，与上年相比，监测值下降 1.84 个百分点，位次不变。在 4 个一级指标中，科技创新环境和基础较上年上升 0.07 个百分点，位次不变。科技投入较上年下降 1.92 个百分点，位次上升 4 位。科技产出较上年上升 0.62 个百分点，位次下降 1 位。创新绩效较上年下降 7.83 个百分点，位次下降 2 位（表 4-44）。

表 4-44　贵州省电子工业研究所各级监测指标和位次与上年比较

指标名称	三级指标值		位次	
	2018 年	2017 年	2018 年	2017 年
综合科技创新水平指数 /%	10.14	11.98	11	11
科技创新环境和基础 /%	10.08	10.01	11	11
人力资源 /%	6.71	7.00	10	9
高层次科技人才系数	0.00	0.00	3	3
高学历以上人员占年末从业人员的比例 /%	0.00	0.00	12	12
高职称以上人员占年末从业人员的比例 /%	30.00	33.33	4	1
创新条件及平台 /%	12.33	12.02	10	10
人均科研仪器设备资产原值 / 万元	5.58	5.31	6	6
省级以上创新平台及载体系数	0.00	0.00	5	4
科技投入 /%	27.46	29.38	9	13
人力投入 /%	4.74	4.61	9	12
创新人才团队总量系数	0.00	0.00	3	3
R&D 人员占年末从业人员的比重 /%	30.00	28.57	5	8
经费投入 /%	37.20	40.00	9	11
人均科研经费 / 万元	0.00	0.00	12	12
人均 R&D 经费 / 万元	3.65	57.71	9	3
科技产出 /%	1.40	0.78	13	12
知识产出 /%	7.00	0.50	13	12
科技论文系数	0.05	0.05	11	12
知识产权系数	0.13	0.00	12	12
科技奖励 /%	0.00	0.00	2	2

续表

指标名称	三级指标值		位次	
	2018年	2017年	2018年	2017年
科技成果系数	0.00	0.00	2	2
技术成果市场化水平 /%	0.00	0.00	2	2
人均技术市场成交合同金额 / 万元	0.00	0.00	2	2
科技合作交流 /%	0.00	6.83	6	4
项目合作系数	0.00	0.41	6	3
论文论著合作系数	0.00	0.00	2	2
创新绩效 /%	1.66	9.49	12	10
科技服务 /%	3.75	6.25	3	4
科技服务系数	0.03	0.05	3	4
产学研结合 /%	0.00	20.83	5	3
产学研结合系数	0.00	0.25	5	3
创造效益 /%	0.77	6.98	13	11
经济效益系数	7.69	69.85	13	11

（十二）贵州省工艺美术研究所

年末从业人员 8 人；科研仪器设备资产原值 0.00 万元，人均科研仪器设备资产原值 0.00 万元，居第 14 位。

科研经费 200.00 万元，人均科研经费 25.00 万元，居第 2 位。

科技培训人数 60 人，科技服务系数为 0.01，居第 5 位；技术服务收入 88.20 万元，经济效益系数为 27.14，居第 12 位。

贵州省工艺美术研究所综合科技创新水平指数为 6.78%，居第 12 位，与上年相比，监测值下降 3.68 个百分点，位次上升 1 位。在 4 个一级指标中，科技创新环境和基础较上年下降 1.75 个百分点，位次下降 1 位。科技投入较上年下降 25.72 个百分点，位次下降 3 位。科技产出较上年上升 10.00 个百分点，位次上升 7 位。创新绩效较上年上升 0.92 个百分点，位次上升 1 位（表 4-45）。

表 4-45　贵州省工艺美术研究所各级监测指标和位次与上年比较

指标名称	三级指标值		位次	
	2018年	2017年	2018年	2017年
综合科技创新水平指数 /%	6.78	10.46	12	13
科技创新环境和基础 /%	0.00	1.75	14	13
人力资源 /%	0.00	2.53	13	13
高层次科技人才系数	0.00	0.00	3	3

续表

指标名称	三级指标值		位次	
	2018 年	2017 年	2018 年	2017 年
高学历以上人员占年末从业人员的比例 /%	0.00	0.00	12	12
高职称以上人员占年末从业人员的比例 /%	0.00	11.76	13	11
创新条件及平台 /%	0.00	1.23	14	13
人均科研仪器设备资产原值 / 万元	0.00	0.60	14	13
省级以上创新平台及载体系数	0.00	0.00	5	4
科技投入 /%	13.78	39.50	10	7
人力投入 /%	0.00	14.08	10	8
创新人才团队总量系数	0.00	0.00	3	3
R&D 人员占年末从业人员的比重 /%	0.00	111.76	10	1
经费投入 /%	19.68	50.39	10	7
人均科研经费 / 万元	25.00	8.53	2	7
人均 R&D 经费 / 万元	0.00	4.41	10	11
科技产出 /%	10.00	0.00	6	13
知识产出 /%	50.00	0.00	5	13
科技论文系数	0.00	0.00	13	13
知识产权系数	1.10	0.00	3	12
科技奖励 /%	0.00	0.00	2	2
科技成果系数	0.00	0.00	2	2
技术成果市场化水平 /%	0.00	0.00	2	2
人均技术市场成交合同金额 / 万元	0.00	0.00	2	2
科技合作交流 /%	0.00	0.00	6	9
项目合作系数	0.00	0.00	6	9
论文论著合作系数	0.00	0.00	2	2
创新绩效 /%	1.66	0.74	12	13
科技服务 /%	1.25	0.00	5	6
科技服务系数	0.01	0.00	5	6
产学研结合 /%	0.00	0.00	5	7
产学研结合系数	0.00	0.00	5	7
创造效益 /%	2.71	1.64	12	13
经济效益系数	27.14	16.38	12	13

（十三）贵州省机电研究设计院

年末从业人员 60 人；高学历以上人员 5 人，占年末从业人员的比例为 8.33%，居第 6 位；

高职称以上人员 13 人，占年末从业人员的比例为 21.67%，居第 6 位；科研仪器设备资产原值 170.00 万元，人均科研仪器设备资产原值 2.83 万元，居第 10 位。

科研经费 160.34 万元，人均科研经费 2.67 万元，居第 6 位。

发表科技论文 3 篇（一般科技论文 3 篇），科技论文系数为 0.16，居第 9 位。

技术服务收入 160.34 万元，经济效益系数为 76.27，居第 9 位。

贵州省机电研究设计院综合科技创新水平指数为 6.27%，居第 13 位，与上年相比，监测值下降 6.62 个百分点，位次下降 3 位。在 4 个一级指标中，科技创新环境和基础较上年上升 0.50 个百分点，位次不变。科技投入较上年下降 25.93 个百分点，位次不变。科技产出较上年下降 0.92 个百分点，位次下降 2 位。创新绩效较上年上升 0.08 个百分点，位次上升 1 位（表 4-46）。

表 4-46　贵州省机电研究设计院各级监测指标和位次与上年比较

指标名称	三级指标值 2018 年	三级指标值 2017 年	位次 2018 年	位次 2017 年
综合科技创新水平指数 /%	6.27	12.89	13	10
科技创新环境和基础 /%	11.73	11.23	10	10
人力资源 /%	10.87	10.26	8	8
高层次科技人才系数	0.00	0.00	3	3
高学历以上人员占年末从业人员的比例 /%	8.33	7.25	6	6
高职称以上人员占年末从业人员的比例 /%	21.67	18.84	6	7
创新条件及平台 /%	12.30	11.88	11	11
人均科研仪器设备资产原值 / 万元	2.83	2.46	10	9
省级以上创新平台及载体系数	0.00	0.00	5	4
科技投入 /%	5.80	31.73	11	11
人力投入 /%	0.00	0.00	10	13
创新人才团队总量系数	0.00	0.00	3	3
R&D 人员占年末从业人员的比重 /%	0.00	0.00	10	13
经费投入 /%	8.29	45.33	11	9
人均科研经费 / 万元	2.67	13.14	6	4
人均 R&D 经费 / 万元	0.00	0.00	10	13
科技产出 /%	4.02	4.94	11	9
知识产出 /%	20.10	24.70	9	9
科技论文系数	0.16	0.47	9	7
知识产权系数	0.37	0.40	8	9
科技奖励 /%	0.00	0.00	2	2
科技成果系数	0.00	0.00	2	2
技术成果市场化水平 /%	0.00	0.00	2	2

续表

指标名称	三级指标值		位次	
	2018年	2017年	2018年	2017年
人均技术市场成交合同金额/万元	0.00	0.00	2	2
科技合作交流/%	0.00	0.00	6	9
项目合作系数	0.00	0.00	6	9
论文论著合作系数	0.00	0.00	2	2
创新绩效/%	3.43	3.35	11	12
科技服务/%	0.00	0.00	7	6
科技服务系数	0.00	0.00	7	6
产学研结合/%	0.00	0.00	5	7
产学研结合系数	0.00	0.00	5	7
创造效益/%	7.63	7.45	9	10
经济效益系数	76.27	74.46	9	10

（十四）贵州省商业科学研究所

年末从业人员6人；科研仪器设备资产原值3.20万元，人均科研仪器设备资产原值0.53万元，居第13位。

技术服务收入11.00万元，经济效益系数为3.38，居第14位。

贵州省商业科学研究所综合科技创新水平指数为0.15%，居第14位，与上年相比，监测值下降7.75个百分点，位次不变。在4个一级指标中，科技创新环境和基础较上年上升0.05个百分点，位次上升1位。科技投入较上年下降30.98个百分点，位次下降1位。科技产出较上年不变，位次下降1位。创新绩效较上年下降0.10个百分点，位次不变（表4-47）。

表4-47 贵州省商业科学研究所各级监测指标和位次与上年比较

指标名称	三级指标值		位次	
	2018年	2017年	2018年	2017年
综合科技创新水平指数/%	0.15	7.90	14	14
科技创新环境和基础/%	0.47	0.42	13	14
人力资源/%	0.00	0.00	13	14
高层次科技人才系数	0.00	0.00	3	3
高学历以上人员占年末从业人员的比例/%	0.00	0.00	12	12
高职称以上人员占年末从业人员的比例/%	0.00	0.00	13	14
创新条件及平台/%	0.78	0.70	13	14
人均科研仪器设备资产原值/万元	0.53	0.46	13	14

续表

指标名称	三级指标值		位次	
	2018 年	2017 年	2018 年	2017 年
省级以上创新平台及载体系数	0.00	0.00	5	4
科技投入 /%	0.00	30.98	13	12
人力投入 /%	0.00	9.92	10	9
创新人才团队总量系数	0.00	0.00	3	3
R&D 人员占年末从业人员的比重 /%	0.00	85.71	10	3
经费投入 /%	0.00	40.00	13	11
人均科研经费 / 万元	0.00	0.00	12	12
人均 R&D 经费 / 万元	0.00	11.43	10	9
科技产出 /%	0.00	0.00	14	13
知识产出 /%	0.00	0.00	14	13
科技论文系数	0.00	0.00	13	13
知识产权系数	0.00	0.00	14	12
科技奖励 /%	0.00	0.00	2	2
科技成果系数	0.00	0.00	2	2
技术成果市场化水平 /%	0.00	0.00	2	2
人均技术市场成交合同金额 / 万元	0.00	0.00	2	2
科技合作交流 /%	0.00	0.00	6	9
项目合作系数	0.00	0.00	6	9
论文论著合作系数	0.00	0.00	2	2
创新绩效 /%	0.15	0.25	14	14
科技服务 /%	0.00	0.00	7	6
科技服务系数	0.00	0.00	7	6
产学研结合 /%	0.00	0.00	5	7
产学研结合系数	0.00	0.00	5	7
创造效益 /%	0.34	0.55	14	14
经济效益系数	3.38	5.54	14	14

第五部分　产业园区科技创新评价报告

2018年，全省108家产业园区^①科技创新统计监测评价结果如下。

一、产业园区综合科技创新水平

根据综合科技创新水平指数，我们将108家产业园区划分为三类（图5-1）：

第一类：综合科技创新水平指数高于30.00%的产业园区有12家，占全部产业园区的11.11%；

第二类：综合科技创新水平指数低于30.00%，但高于平均水平（15.25%）的产业园区有22家，占全部产业园区的20.37%；

第三类：综合科技创新水平指数低于平均水平（15.25%）的产业园区有74家，占全部产业园区的68.52%。

2018年与2017年监测结果相比，综合科技创新水平指数平均水平比上年下降了0.36个百分点。

与2017年综合科技创新水平指数排序相比，贵州天柱油茶农业科技示范园区、贵州台江经济开发区（台江工业园区）、贵州黔南国家农业科技园区、正安县白茶园区、贵州织金经济开发区（织金新型能源化工基地）等产业园区位次上升较快；贵州都匀毛尖茶农业科技示范园区、罗甸县工业园区、贵州岑巩经济开发区（岑巩工业园区）、贵州遵义辣椒农业科技园区、修文县猕猴桃农业科技示范园区等产业园区位次相比上年下降较多。

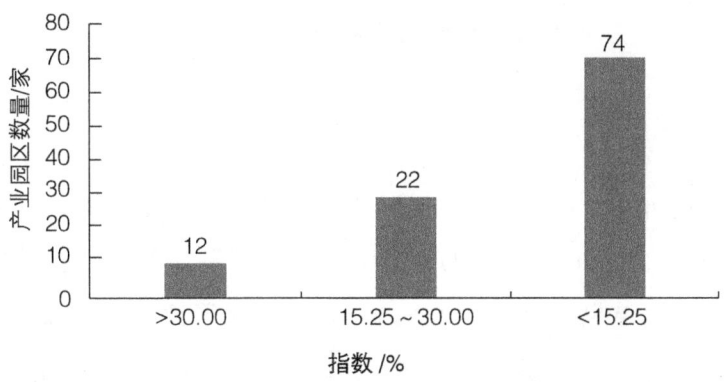

图 5-1　产业园区综合科技创新水平指数分布

---

① 产业园区是指工业园区、经济开发区、高（新）技术产业（化）园区（基地）及农业科技园区，涉及多个名称的产业园区，本报告中仅列出其中一个，具体见排位表。

二、产业园区科技创新一级指标评价

（一）科技创新环境

在科技创新环境指数的分布中，有 35 家产业园区高于平均水平（10.80%），其中高于 30.00% 的有 10 家，10.80%～30.00% 的有 25 家；有 73 家产业园区低于平均水平（图 5-2）。

2018 年与 2017 年监测结果相比，科技创新环境指数平均水平比上年下降了 1.08 个百分点，安顺高新区（黎阳高新技术工业园区）、贵州仁怀经济开发区（遵义市仁怀名酒工业园区）、正安县白茶园区、贵州天柱油茶农业科技示范园区、贵州麻江蓝莓农业科技示范园区等 27 家产业园区高于上年水平；黔南高新技术产业开发区、花溪产业园区、余庆县现代高效观光农业科技示范园、荔波工业园区、贵州丹寨金钟经济开发区（丹寨金钟工业园区）等 29 家产业园区低于上年水平。

参照 2017 年科技创新环境指数排序，贵州天柱油茶农业科技示范园区、贵州麻江蓝莓农业科技示范园区、安顺高新区（黎阳高新技术工业园区）、贵州仁怀经济开发区（遵义市仁怀名酒工业园区）、贵州黔南国家农业科技园区等产业园区位次上升较快；荔波工业园区、余庆县现代高效观光农业科技示范园、花溪产业园区、黔东南国家农业科技园区岑巩杂交水稻制种产业核心区、黔南高新技术产业开发区等产业园区相比上年位次下降较多。

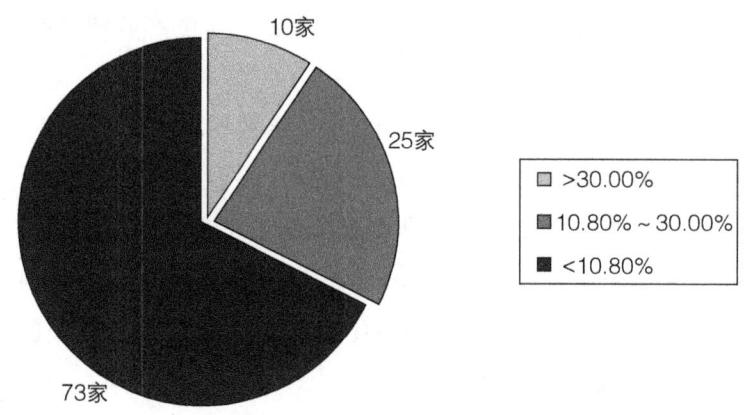

图 5-2 产业园区科技创新环境指数分布

（二）科技投入

在科技投入指数的分布中，有 31 家产业园区高于平均水平（11.09%），其中高于 30.00% 的有 11 家，11.09%～30.00% 的有 20 家；有 77 家产业园区低于平均水平（图 5-3）。

2018 年与 2017 年监测结果相比，科技投入指数平均水平比上年下降了 0.80 个百分点，遵义国家经济技术开发区［汇川机电制造工业园区、贵州遵义电器（气）装备高新技术产业化基地］、黔南高新技术产业开发区、贵州天柱油茶农业科技示范园区、贵州余庆经济开发区（余庆龙溪工业园区、余庆县工业园区）、贵州黔南国家农业科技园区等 32 家产业园区高于上年水平；花溪产业园区、修文县猕猴桃农业科技示范园区、贵州安顺西秀经济开发区（西秀产业园区）、贵州麻江蓝莓农业科技示范园区、贵州纳雍经济开发区（纳雍县产业园区）等29家产业园区低于上年水平。

参照2017年科技投入指数排序，贵州天柱油茶农业科技示范园区、水城县发耳煤电化产业园区、贵州荔波樟江精品水果农业科技示范园区、正安县白茶园区、贵州黔南国家农业科技园区等产业园区位次上升较快；贵州纳雍经济开发区（纳雍县产业园区）、贵州麻江蓝莓农业科技示范园区、松桃经济开发区（松桃工业园区）、花溪产业园区、修文县猕猴桃农业科技示范园区等产业园区相比上年位次下降较多。

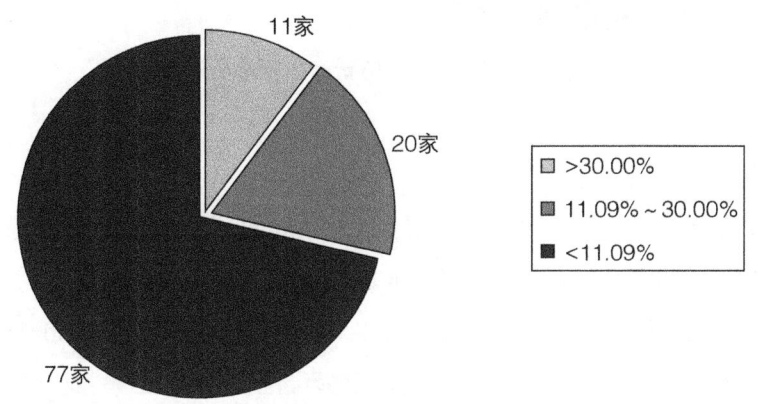

图5-3　产业园区科技投入指数分布

（三）创新产出

在创新产出指数的分布中，有36家产业园区高于平均水平（14.49%），其中高于30.00%的有11家，14.49%～30.00%的有25家；有72家产业园区低于平均水平（图5-4）。

2018年与2017年监测结果相比，创新产出指数平均水平比上年上升了0.50个百分点，安顺高新区（黎阳高新技术工业园区）、贵州兴仁经济开发区（兴仁县工业区）、黔南高新技术产业开发区、黔东南国家农业科技园区岑巩杂交水稻制种产业核心区、贵州天柱油茶农业科技示范园区等29家产业园区高于上年水平；镇宁自治县产业园区（辖镇宁县轻工产业园和安顺红星精细化工产业园）、贵州纳雍经济开发区（纳雍县产业园区）、遵义国家经济技术开发区［汇川机电制造工业园区、贵州遵义电器（气）装备高新技术产业化基地］、贵州都匀毛尖茶农业科技示范园区、赫章县产业园区等30家产业园区低于上年水平。

参照2017年创新产出指数排序，黔东南国家农业科技园区岑巩杂交水稻制种产业核心区、贵州黔西经济开发区（黔西县循环经济产业园、毕节试验区黔西承接产业转移基地）、贵州兴仁经济开发区（兴仁县工业区）、贵州天柱油茶农业科技示范园区、贵州仁怀黔北麻羊农业科技示范园区等产业园区位次上升较快；贵州都匀毛尖茶农业科技示范园区、镇宁自治县产业园区（辖镇宁县轻工产业园和安顺红星精细化工产业园）、赫章县产业园区、贵州纳雍经济开发区（纳雍县产业园区）、贵州正安经济开发区（正安瑞濠工业园区）等产业园区相比上年位次下降较多。

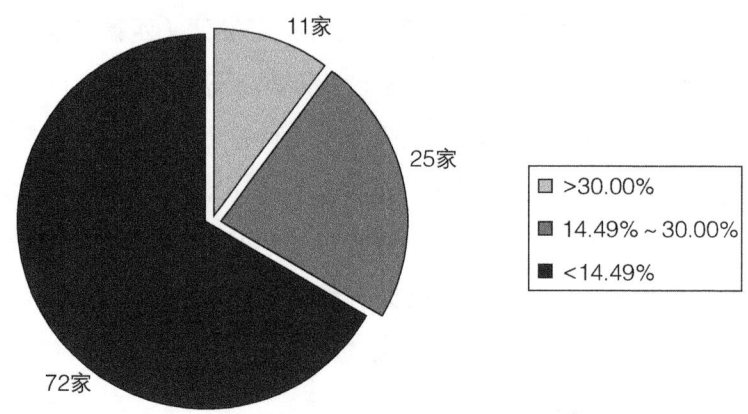

图 5-4　产业园区创新产出指数分布

（四）创新绩效

在创新绩效指数的分布中，有 42 家产业园区高于平均水平（27.07%），其中高于 30.00% 的有 38 家，27.07% ~ 30.00% 的有 4 家；有 66 家产业园区低于平均水平（图 5-5）。

2018 年与 2017 年监测结果相比，创新绩效指数平均水平比上年下降了 0.30 个百分点，贵州黔南国家农业科技园区、贵州碧江经济开发区（铜仁市碧江区循环经济工业园区）、安顺高新区（黎阳高新技术工业园区）、贵州台江经济开发区（台江工业园区）、遵义国家经济技术开发区［汇川机电制造工业园区、贵州遵义电器（气）装备高新技术产业化基地］等 27 家产业园区高于上年水平；贵州独山经济开发区、贵州遵义辣椒农业科技园区、罗甸县工业园区、贵州玉屏经济开发区（玉屏县承接转移产业园区、贵州玉屏新材料高新技术产业化基地）、贵州岑巩经济开发区（岑巩工业园区）等 36 家产业园区低于上年水平。

参照 2017 年创新绩效指数排序，贵州黔南国家农业科技园区、贵州台江经济开发区（台江工业园区）、贵州碧江经济开发区（铜仁市碧江区循环经济工业园区）、赫章县产业园区、贵州炉碧经济开发区（麻江碧波工业园区、凯里炉山工业园区、炉山—碧波工业园区）等产业园区位次上升较快；罗甸县工业园区、贵州遵义辣椒农业科技园区、贵州玉屏经济开发区（玉屏县承接转移产业园区、贵州玉屏新材料高新技术产业化基地）、贵州岑巩经济开发区（岑巩工业园区）、贵州独山经济开发区等产业园区相比上年位次下降较多。

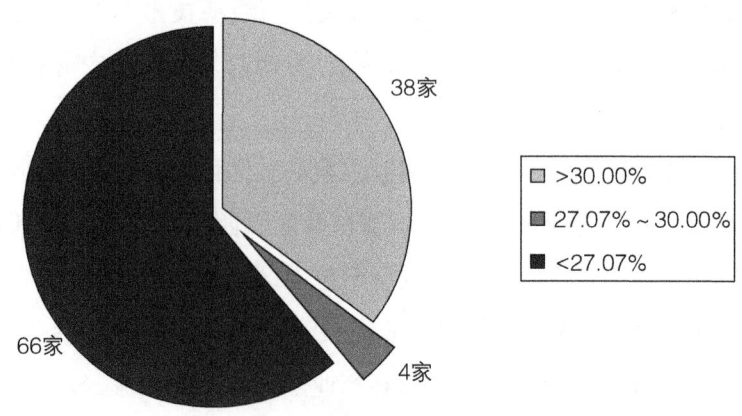

图 5-5　产业园区创新绩效指数分布

三、产业园区科技创新统计监测指数排位

（一）产业园区综合科技创新水平指数排位

综合科技创新水平指数是由科技创新环境、科技投入、创新产出和创新绩效 4 个一级指数加权综合而成。

产业园区综合科技创新水平指数排位如表 5-1 所示。

表 5-1 产业园区综合科技创新水平指数排位

产业园区名称	2018 年		增降幅	
	指数 /%	位次	提高百分点	位次
贵阳国家级高新技术开发区（麦架—沙文高新技术产业园）	89.14	1	−0.01	0
贵阳国家经济技术开发区［国家军民结合（装备制造）高新技术产业化基地、小河—孟关装备制造业生态工业园］	86.42	2	0.16	0
遵义国家经济技术开发区［汇川机电制造工业园区、贵州遵义电器（气）装备高新技术产业化基地］	72.13	3	11.63	1
贵州航天高新技术产业园	69.14	4	—	—
安顺高新区（黎阳高新技术工业园区）	67.30	5	35.81	9
贵州开阳经济开发区（开阳磷煤化工生态工业示范基地）	43.37	6	—	—
贵州安顺西秀经济开发区（西秀产业园区）	42.26	7	−9.71	−2
黔南高新技术产业开发区	39.23	8	2.49	3
贵州仁怀经济开发区（遵义市仁怀名酒工业园区）	34.98	9	4.61	6
贵州瓮安经济开发区（瓮安工业园区）	34.87	10	−2.99	−3
贵州贵阳国家农业科技示范园区	32.53	11	−1.04	2
安顺经济技术开发区（安顺民用航空产业国家高技术产业基地）	31.06	12	—	—
贵州黔南国家农业科技园区	29.45	13	13.49	22
黔西南高新技术产业开发区（顶效轻工业园区）	26.32	14	—	—
赤水市国家农业科技园区	25.99	15	1.43	7
六盘水高新技术产业开发区	25.36	16	—	—
贵州省六盘水国家农业科技园区	24.12	17	—	—
贵州惠水经济开发区［惠水县长田园区、惠水（长田）创新企业科技产业示范基地］	23.72	18	−2.54	2
关岭产业园区	23.30	19	—	—
六盘水水月产业园区	22.14	20	—	—
赤水经济开发区（赤水竹业工业园区）	21.74	21	−0.57	7
贵州碧江经济开发区（铜仁市碧江区循环经济工业园区）	21.63	22	5.66	12
遵义高新技术产业开发区	21.26	23	—	—
贵州印江经济开发区（印江自治县工业园区）	20.80	24	—	—
贵州独山经济开发区	19.49	25	−4.66	0

续表

产业园区名称	2018年		增降幅	
	指数/%	位次	提高百分点	位次
贵州兴仁经济开发区（兴仁县工业区）	19.38	26	5.88	17
贵州昌明经济开发区（贵定县城北工业园区、昌明工业园区）	18.72	27	0.10	3
贵州绥阳经济开发区（绥阳煤电化循环经济工业园区、绥阳风华工业园区）	18.32	28	—	—
花溪产业园区	16.69	29	−20.28	−19
贵州大方经济开发区	16.52	30	—	—
贵州苟江经济开发区（遵义市苟江冶金工业园区）	16.44	31	—	—
贵州思南经济开发区（思南工业园区）	16.21	32	0.85	6
都匀市绿茵湖产业园区（贵州都匀装备制造业科技产业化示范基地）	15.50	33	3.28	12
贵州镇远妩阳红桃农业科技示范园区	15.42	34	—	—
水城经济开发区（董地工业园区）	14.64	35	—	—
贵州威宁经济开发区（威宁县产业园区）	14.44	36	—	—
贵州三穗经济开发区	14.26	37	—	—
长顺县威远工业园区	13.98	38	—	—
正安县白茶园区	13.86	39	4.94	20
贵州余庆经济开发区（余庆龙溪工业园区、余庆县工业园区）	13.77	40	0.49	4
贵州纳雍经济开发区（纳雍县产业园区）	13.61	41	−9.04	−14
贵州习水经济开发区	13.24	42	−1.53	−2
铜仁高新技术产业开发区	13.17	43	—	—
贵州娄山关高新技术产业开发区（贵州娄山关经济开发区、遵义市桐梓煤电化工业园区）	12.59	44	1.16	4
贵州玉屏经济开发区（玉屏县承接转移产业园区、贵州玉屏新材料高新技术产业化基地）	12.25	45	−5.32	−13
遵义市红花岗区健康医药产业化基地	12.06	46	—	—
紫云果蔬农业科技示范园区	11.67	47	—	—
贵州凤冈经济开发区（凤冈有机生态工业园区）	11.55	48	−4.09	−11
贵州黔西经济开发区（黔西县循环经济产业园、毕节试验区黔西承接产业转移基地）	11.41	49	1.50	6
松桃经济开发区（松桃工业园区）	10.92	50	−4.90	−14
贵州镇远经济开发区	10.60	51	—	—
镇宁自治县产业园区（辖镇宁县轻工产业园和安顺红星精细化工产业园）	10.10	52	−6.51	−19
贵州天柱油茶农业科技示范园区	10.10	53	8.74	52
贵州丹寨金钟经济开发区（丹寨金钟工业园区）	9.61	54	−3.89	−12
贵州台江经济开发区（台江工业园区）	9.51	55	4.28	30
水城县发耳煤电化产业园区	9.32	56	1.07	7
贵州黔东南国家农业科技园区	9.32	57	0.38	0
贵州遵义辣椒农业科技园区	9.27	58	−8.56	−27
贵州遵义烟草农业科技园区	9.12	59	—	—

续表

产业园区名称	2018年		增降幅	
	指数/%	位次	提高百分点	位次
余庆县现代高效观光农业科技示范园	9.10	60	−2.44	−13
贵州炉碧经济开发区（麻江碧波工业园区、凯里炉山工业园区、炉山—碧波工业园区）	9.03	61	2.11	12
罗甸县农业科技示范园区	8.93	62	0.54	0
独山麻尾工业园区（独山高新技术产业园区）	8.64	63	−1.73	−12
贵州务川县白山羊产业农业科技园区	8.24	64	−1.72	−10
石阡县工业园区	7.81	65	—	—
贞丰县工业园区	7.79	66	—	—
贵州和平经济开发区（遵义市和平工业园区）	7.74	67	−0.68	−6
贵州岑巩经济开发区（岑巩工业园区）	7.51	68	−7.53	−29
贵州德江经济开发区（德江工业园区）	7.29	69	—	—
贵州仁怀黔北麻羊农业科技示范园区	7.28	70	1.97	14
修文县猕猴桃农业科技示范园区	7.08	71	−4.03	−21
赫章县产业园区	6.98	72	0.46	7
贵州织金经济开发区（织金新型能源化工基地）	6.93	73	2.17	18
贵州丹寨铁皮石斛农业科技示范园区	6.69	74	−0.59	−5
黔东南国家农业科技园区岑巩杂交水稻制种产业核心区	6.68	75	1.53	11
贵州省施秉农业科技园区	6.55	76	−0.51	−5
罗甸县工业园区	6.53	77	−6.98	−36
贵州赫章幼龄核桃—半夏套种科技示范园区	6.36	78	—	—
贵州印江食用菌农业科技示范园区	6.35	79	—	—
贵州江口果蔬农业科技示范园区	6.22	80	0.05	1
贵州洛贯经济开发区（从江洛贯工业园区、从江洛贯产业承接区）	6.11	81	—	—
册亨县工业园区	5.97	82	—	—
贵州普定经济开发区［普定循环经济工业基地（含么铺—黄桶物流园）］	5.73	83	−1.49	−13
贵州黎平经济开发区（黎平工业园区）	5.72	84	−1.60	−16
贵州道真特色中药材农业科技示范园区	5.41	85	−0.39	−3
遵义市务正道煤电铝循环经济工业园区	5.30	86	—	—
贵州从江香猪农业科技示范园区	5.13	87	0.22	1
贵州白云农业科技示范园区	5.08	88	—	—
贵州习水县黔北麻羊农业科技园区	5.06	89	—	—
普安县工业园区	4.95	90	—	—
黄平工业园区	4.85	91	0.04	−2
毕节高新技术产业开发区	4.81	92	—	—
贵州都匀经济开发区	4.15	93	—	—

续表

产业园区名称	2018年		增降幅	
	指数/%	位次	提高百分点	位次
石阡县苔茶农业科技示范园区	3.45	94	—	—
贵州荔波樟江精品水果农业科技示范园区	3.42	95	0.49	4
贵州万山生态农业科技示范园区	3.30	96	—	—
贵州正安经济开发区（正安瑞濠工业园区）	2.90	97	-1.90	-7
贵州三都葡萄农业科技示范园区	2.55	98	—	—
贵州都匀毛尖茶农业科技示范园区	2.46	99	-6.62	-43
贵州锦屏经济开发区	2.24	100	—	—
天柱工业园区	2.05	101	0.06	-1
紫云自治县产业园区	1.84	102	—	—
钟山果蔬农业科技园区	1.14	103	-0.23	1
江口县凯德特色产业园区	1.12	104	—	—
荔波工业园区	0.90	105	-3.58	-13
贵州长顺高钙苹果科技示范园区	0.70	106	—	—
剑河工业园区	0.60	107	—	—
贵州麻江蓝莓农业科技示范园区	-1.16	108	-1.02	1

注：增降幅一栏中"—"表示2017年未纳入统计监测的产业园区，2018年无增降幅数据。

（二）产业园区科技创新统计监测一级指数排位

产业园区科技创新环境指数排位如表5-2所示。

表5-2 产业园区科技创新环境指数排位

产业园区名称	科技创新环境		万名从业人员发明专利申请量		创新创业平台系数	
	指数/%	位次	指标值/项	位次	指标值	位次
贵阳国家级高新技术开发区（麦架—沙文高新技术产业园）	98.97	1	134.48	18	5.96	1
遵义国家经济技术开发区[汇川机电制造工业园区、贵州遵义电器(气)装备高新技术产业化基地]	75.28	2	91.69	22	2.33	3
贵阳国家经济技术开发区[国家军民结合（装备制造）高新技术产业化基地、小河—孟关装备制造业生态工业园]	74.94	3	34.07	43	2.61	2
贵州航天高新技术产业园	74.83	4	283.65	13	1.99	4
安顺高新区（黎阳高新技术工业园区）	65.50	5	164.01	15	1.24	7
贵州开阳经济开发区（开阳磷煤化工生态工业示范基地）	52.52	6	87.85	23	1.97	5
贵州贵阳国家农业科技示范园区	42.52	7	30.23	45	1.76	6
贵州安顺西秀经济开发区（西秀产业园区）	40.04	8	76.66	25	0.63	8

续表

产业园区名称	科技创新环境		万名从业人员发明专利申请量		创新创业平台系数	
	指数/%	位次	指标值/项	位次	指标值	位次
贵州仁怀经济开发区（遵义市仁怀名酒工业园区）	37.07	9	61.09	31	0.04	46
正安县白茶园区	31.71	10	70.68	29	0.00	59
贵州兴仁经济开发区（兴仁县工业区）	21.40	11	312.41	12	0.04	46
赤水市国家农业科技园区	20.12	12	73.81	27	0.24	22
遵义市红花岗区健康医药产业化基地	20.07	13	181.68	14	0.61	9
贵州绥阳经济开发区（绥阳煤电化循环经济工业园区、绥阳风华工业园区）	19.30	14	157.65	16	0.04	46
石阡县工业园区	19.30	14	392.41	11	0.00	59
安顺经济技术开发区（安顺民用航空产业国家高技术产业基地）	18.28	16	45.17	36	0.41	11
贵州黔南国家农业科技园区	17.47	17	43.01	38	0.28	18
贵州独山经济开发区	17.01	18	82.72	24	0.04	46
赤水经济开发区（赤水竹业工业园区）	16.71	19	75.10	26	0.20	27
镇宁自治县产业园区（辖镇宁县轻工产业园和安顺红星精细化工产业园）	16.66	20	141.84	17	0.00	59
贵州黔东南国家农业科技园区	16.57	21	124.09	19	0.24	22
贵州玉屏经济开发区（玉屏县承接转移产业园区、贵州玉屏新材料高新技术产业化基地）	15.97	22	106.11	20	0.04	46
贵州洛贯经济开发区（从江洛贯工业园区、从江洛贯产业承接区）	15.30	23	504.76	9	0.00	59
贵州务川县白山羊产业农业科技园区	14.40	24	1659.57	2	0.04	46
遵义高新技术产业开发区	13.91	25	33.62	44	0.41	11
松桃经济开发区（松桃工业园区）	13.42	26	37.80	40	0.04	46
都匀市绿茵湖产业园区（贵州都匀装备制造业科技产业化示范基地）	13.18	27	47.66	35	0.12	36
贵州三穗经济开发区	13.06	28	102.40	21	0.15	32
贵州惠水经济开发区［惠水县长田园区、惠水（长田）创新企业科技产业示范基地］	12.78	29	35.14	42	0.27	21
贵州天柱油茶农业科技示范园区	11.50	30	6250.00	1	0.08	40
贵州麻江蓝莓农业科技示范园区	11.37	31	571.43	8	0.09	39
黔西南高新技术产业开发区（顶效轻工业园区）	11.21	32	37.59	41	0.12	36
罗甸县农业科技示范园区	11.00	33	909.09	6	0.00	59
紫云果蔬农业科技示范园区	11.00	33	1000.00	4	0.00	59
贵州碧江经济开发区（铜仁市碧江区循环经济工业园区）	10.88	35	23.62	51	0.20	27
贵州道真特色中药材农业科技示范园区	10.70	36	1272.73	3	0.00	59
贵州仁怀黔北麻羊农业科技示范园区	10.60	37	1000.00	4	0.00	59
贵州习水县黔北麻羊农业科技园区	10.60	37	472.44	10	0.00	59

续表

产业园区名称	科技创新环境		万名从业人员发明专利申请量		创新创业平台系数	
	指数/%	位次	指标值/项	位次	指标值	位次
贵州镇远妩阳红桃农业科技示范园区	10.53	39	869.57	7	0.03	58
贵州娄山关高新技术产业开发区（贵州娄山关经济开发区、遵义市桐梓煤电化工业园区）	9.55	40	55.76	33	0.23	25
贵州镇远经济开发区	9.12	41	64.30	30	0.07	44
贵州荔波樟江精品水果农业科技示范园区	8.40	42	45.00	37	0.00	59
黔南高新技术产业开发区	6.70	43	3.58	68	0.45	10
贵州省六盘水国家农业科技园区	6.55	44	21.28	53	0.39	13
铜仁高新技术产业开发区	6.47	45	24.57	49	0.31	16
独山麻尾工业园区（独山高新技术产业园区）	6.46	46	50.46	34	0.00	59
罗甸县工业园区	6.03	47	39.98	39	0.13	34
贵州丹寨金钟经济开发区（丹寨金钟工业园区）	5.77	48	28.48	46	0.21	26
石阡县苔茶农业科技示范园区	5.40	49	73.53	28	0.00	59
毕节高新技术产业开发区	5.20	50	4.95	62	0.37	14
六盘水高新技术产业开发区	5.12	51	4.32	64	0.31	16
贵州凤冈经济开发区（凤冈有机生态工业园区）	4.94	52	5.11	61	0.32	15
贵州昌明经济开发区（贵定县城北工业园区、昌明工业园区）	4.94	53	14.53	55	0.13	34
贵州印江食用菌农业科技示范园区	4.29	54	56.82	32	0.00	59
贵州大方经济开发区	4.24	55	3.66	67	0.28	18
贵州都匀毛尖茶农业科技示范园区	3.85	56	27.78	48	0.04	46
贵州瓮安经济开发区（瓮安工业园区）	3.76	57	6.33	60	0.19	30
花溪产业园区	3.50	58	0.00	78	0.28	18
贵州思南经济开发区（思南工业园区）	3.21	59	4.61	63	0.20	27
贵州纳雍经济开发区（纳雍县产业园区）	3.15	60	0.79	75	0.24	22
钟山果蔬农业科技园区	3.08	61	14.20	56	0.15	32
贵州黎平经济开发区（黎平工业园区）	2.99	62	28.28	47	0.00	59
贵州炉碧经济开发区（麻江碧波工业园区、凯里炉山工业园区、炉山—碧波工业园区）	2.85	63	20.18	54	0.04	46
贵州德江经济开发区（德江工业园区）	2.60	64	13.57	57	0.00	59
余庆县现代高效观光农业科技示范园	2.35	65	8.29	58	0.12	36
贵州岑巩经济开发区（岑巩工业园区）	2.12	66	22.85	52	0.00	59
贵州遵义辣椒农业科技园区	2.11	67	0.08	77	0.16	31
贵州遵义烟草农业科技园区	1.93	68	24.45	50	0.00	59

续表

产业园区名称	科技创新环境		万名从业人员发明专利申请量		创新创业平台系数	
	指数/%	位次	指标值/项	位次	指标值	位次
贵州江口果蔬农业科技示范园区	1.62	69	1.78	73	0.08	40
贵州从江香猪农业科技示范园区	1.40	70	7.43	59	0.00	59
修文县猕猴桃农业科技示范园区	1.23	71	3.38	69	0.00	59
贵州习水经济开发区	1.15	72	0.71	76	0.08	40
贵州白云农业科技示范园区	1.00	73	0.00	78	0.08	40
水城经济开发区（董地工业园区）	0.88	74	2.71	71	0.00	59
贵州印江经济开发区（印江自治县工业园区）	0.78	75	4.27	65	0.00	59
贵州威宁经济开发区（威宁县产业园区）	0.70	76	3.04	70	0.00	59
贵州赫章幼龄核桃—半夏套种科技示范园区	0.67	77	0.00	78	0.05	45
贵州和平经济开发区（遵义市和平工业园区）	0.56	78	3.93	66	0.00	59
贵州苟江经济开发区（遵义市苟江冶金工业园区）	0.50	79	0.00	78	0.04	46
贵州锦屏经济开发区	0.50	79	0.00	78	0.04	46
贵州丹寨铁皮石斛农业科技示范园区	0.50	79	0.00	78	0.04	46
遵义市务正道煤电铝循环经济工业园区	0.23	82	1.98	72	0.00	59
贵州台江经济开发区（台江工业园区）	0.17	83	0.98	74	0.00	59
赫章县产业园区	0.00	84	0.00	78	0.00	59
水城县发耳煤电化产业园区	0.00	84	0.00	78	0.00	59
贵州三都葡萄农业科技示范园区	0.00	84	0.00	78	0.00	59
荔波工业园区	0.00	84	0.00	78	0.00	59
贞丰县工业园区	0.00	84	0.00	78	0.00	59
册亨县工业园区	0.00	84	0.00	78	0.00	59
普安县工业园区	0.00	84	0.00	78	0.00	59
江口县凯德特色产业园区	0.00	84	0.00	78	0.00	59
贵州长顺高钙苹果科技示范园区	0.00	84	0.00	78	0.00	59
黔东南国家农业科技园区岑巩杂交水稻制种产业核心区	0.00	84	0.00	78	0.00	59
关岭产业园区	0.00	84	0.00	78	0.00	59
黄平工业园区	0.00	84	0.00	78	0.00	59
贵州都匀经济开发区	0.00	84	0.00	78	0.00	59
贵州余庆经济开发区（余庆龙溪工业园区、余庆县工业园区）	0.00	84	0.00	78	0.00	59
长顺县威远工业园区	0.00	84	0.00	78	0.00	59
贵州织金经济开发区（织金新型能源化工基地）	0.00	84	0.00	78	0.00	59
天柱工业园区	0.00	84	0.00	78	0.00	59

续表

产业园区名称	科技创新环境		万名从业人员发明专利申请量		创新创业平台系数	
	指数/%	位次	指标值/项	位次	指标值	位次
六盘水水月产业园区	0.00	84	0.00	78	0.00	59
贵州万山生态农业科技示范园区	0.00	84	0.00	78	0.00	59
剑河工业园区	0.00	84	0.00	78	0.00	59
贵州普定经济开发区［普定循环经济工业基地（含幺铺—黄桶物流园）］	0.00	84	0.00	78	0.00	59
贵州黔西经济开发区（黔西县循环经济产业园、毕节试验区黔西承接产业转移基地）	0.00	84	0.00	78	0.00	59
紫云自治县产业园区	0.00	84	0.00	78	0.00	59
贵州省施秉农业科技园区	0.00	84	0.00	78	0.00	59
贵州正安经济开发区（正安瑞濠工业园区）	0.00	84	0.00	78	0.00	59

产业园区科技投入指数排位如表 5-3 所示。

表 5-3　产业园区科技投入指数排位

产业园区名称	科技投入		园区 R&D 投入占园区总产值的比重		万名从业人员科技活动人员数	
	指数/%	位次	指标值/%	位次	指标值/人	位次
贵阳国家经济技术开发区［国家军民结合（装备制造）高新技术产业化基地、小河—孟关装备制造业生态工业园］	85.88	1	2.62	28	2957.78	14
贵阳国家级高新技术开发区（麦架—沙文高新技术产业园）	83.29	2	4.55	19	2178.36	21
贵州瓮安经济开发区（瓮安工业园区）	70.88	3	8.85	12	759.49	37
关岭产业园区	58.89	4	68.33	3	0.00	88
遵义国家经济技术开发区［汇川机电制造工业园区、贵州遵义电器（气）装备高新技术产业化基地］	58.07	5	2.02	33	2818.87	15
贵州航天高新技术产业园	56.07	6	5.98	13	4200.24	9
黔南高新技术产业开发区	39.77	7	2.71	26	376.15	50
贵州开阳经济开发区（开阳磷煤化工生态工业示范基地）	33.48	8	3.38	21	74.27	76
安顺高新区（黎阳高新技术工业园区）	32.60	9	1.59	41	1048.75	29
赤水市国家农业科技园区	31.65	10	5.19	17	6354.89	4
六盘水水月产业园区	30.09	11	1.69	38	10 000.00	1
贵州仁怀经济开发区（遵义市仁怀名酒工业园区）	28.99	12	0.52	68	584.96	43
贵州余庆经济开发区（余庆龙溪工业园区、余庆县工业园区）	28.90	13	104.78	2	1316.00	24
贵州贵阳国家农业科技示范园区	26.62	14	3.26	22	915.03	33

续表

产业园区名称	科技投入		园区 R&D 投入占园区总产值的比重		万名从业人员科技活动人员数	
	指数/%	位次	指标值/%	位次	指标值/人	位次
紫云果蔬农业科技示范园区	23.99	15	44.19	5	4000.00	10
安顺经济技术开发区（安顺民用航空产业国家高技术产业基地）	22.97	16	2.11	31	1517.06	22
贵州独山经济开发区	21.70	17	2.34	30	5272.22	5
贵州镇远妩阳红桃农业科技示范园区	20.14	18	13.33	9	10 000.00	1
贵州省六盘水国家农业科技园区	18.33	19	17.69	8	1290.78	25
贵州天柱油茶农业科技示范园区	17.82	20	171.43	1	5000.00	7
贵州安顺西秀经济开发区（西秀产业园区）	17.51	21	0.90	56	876.97	34
余庆县现代高效观光农业科技示范园	17.13	22	27.73	6	419.89	49
贵州赫章幼龄核桃—半夏套种科技示范园区	17.09	23	44.23	4	3870.97	11
贵州三穗经济开发区	16.07	24	9.09	11	816.85	35
贵州镇远经济开发区	15.99	25	19.41	7	80.37	74
罗甸县农业科技示范园区	15.58	26	9.34	10	2363.64	18
黔西南高新技术产业开发区（顶效轻工业园区）	15.15	27	1.21	47	936.19	32
六盘水高新技术产业开发区	14.57	28	0.86	57	1249.78	26
都匀市绿茵湖产业园区（贵州都匀装备制造业科技产业化示范基地）	13.86	29	1.68	40	976.79	31
贵州黔南国家农业科技园区	13.75	30	0.93	55	663.41	40
贵州印江经济开发区（印江自治县工业园区）	11.79	31	1.94	35	574.97	44
贵州务川县白山羊产业农业科技园区	10.14	32	4.93	18	3659.57	12
遵义市务正道煤电铝循环经济工业园区	9.26	33	5.98	14	35.64	81
独山麻尾工业园区（独山高新技术产业园区）	8.91	34	0.00	84	5135.09	6
贵州印江食用菌农业科技示范园区	8.74	35	5.21	16	352.27	52
贵州丹寨铁皮石斛农业科技示范园区	8.71	36	5.88	15	476.19	47
贵州从江香猪农业科技示范园区	7.75	37	3.10	24	1035.39	30
贵州绥阳经济开发区（绥阳煤电化循环经济工业园区、绥阳风华工业园区）	7.63	38	1.69	39	245.43	57
花溪产业园区	7.62	39	1.24	46	0.00	88
贵州丹寨金钟经济开发区（丹寨金钟工业园区）	7.54	40	4.30	20	277.71	54
贵州惠水经济开发区［惠水县长田园区、惠水（长田）创新企业科技产业示范基地］	7.48	41	0.46	70	635.95	41
贵州娄山关高新技术产业开发区（贵州娄山关经济开发区、遵义市桐梓煤电化工业园区）	7.23	42	3.07	25	342.01	53
黔东南国家农业科技园区岑巩杂交水稻制种产业核心区	7.10	43	0.72	62	8333.33	3
贵州凤冈经济开发区（凤冈有机生态工业园区）	7.08	44	0.19	76	2284.23	20
赤水经济开发区（赤水竹业工业园区）	7.00	45	1.07	51	711.84	38

续表

产业园区名称	科技投入		园区 R&D 投入占园区总产值的比重		万名从业人员科技活动人员数	
	指数 /%	位次	指标值 /%	位次	指标值 / 人	位次
水城经济开发区（董地工业园区）	6.97	46	0.76	60	139.58	67
贵州大方经济开发区	6.76	47	1.13	49	28.51	82
正安县白茶园区	5.84	48	3.18	23	40.31	80
修文县猕猴桃农业科技示范园区	5.78	49	1.03	52	608.93	42
贵州道真特色中药材农业科技示范园区	5.67	50	2.63	27	2545.46	17
贵州昌明经济开发区（贵定县城北工业园区、昌明工业园区）	5.51	51	0.65	64	205.35	61
遵义高新技术产业开发区	5.46	52	1.12	50	7.76	85
贵州岑巩经济开发区（岑巩工业园区）	5.21	53	0.75	61	2330.54	19
贵州江口果蔬农业科技示范园区	4.75	54	1.83	37	2.84	87
黄平工业园区	3.98	55	2.52	29	115.61	69
水城县发耳煤电化产业园区	3.89	56	0.67	63	270.46	55
贵州仁怀黔北麻羊农业科技示范园区	3.87	57	1.30	45	2666.67	16
贵州遵义烟草农业科技园区	3.70	58	1.45	44	709.05	39
石阡县工业园区	3.57	59	0.00	85	3164.56	13
贵州兴仁经济开发区（兴仁县工业区）	3.41	60	0.59	65	0.00	88
贵州省施秉农业科技园区	3.29	61	1.98	34	98.21	73
贵州万山生态农业科技示范园区	3.26	62	1.50	42	1142.86	27
贵州麻江蓝莓农业科技示范园区	3.24	63	0.00	85	4285.71	8
贵州遵义辣椒农业科技园区	3.23	64	0.57	67	69.37	77
贵州德江经济开发区（德江工业园区）	3.16	65	1.86	36	204.28	62
遵义市红花岗区健康医药产业化基地	3.16	66	2.05	32	0.00	88
贵州碧江经济开发区（铜仁市碧江区循环经济工业园区）	3.14	67	0.33	73	133.06	68
贵州黔东南国家农业科技园区	2.81	68	1.21	48	470.62	48
贵州思南经济开发区（思南工业园区）	2.47	69	0.37	71	74.93	75
贵州长顺高钙苹果科技示范园区	2.27	70	1.00	53	1071.43	28
铜仁高新技术产业开发区	2.26	71	0.36	72	373.46	51
贵州荔波樟江精品水果农业科技示范园区	2.23	72	1.47	43	20.83	83
镇宁自治县产业园区（辖镇宁县轻工产业园和安顺红星精细化工产业园）	2.08	73	0.83	58	106.38	72
贵州都匀毛尖茶农业科技示范园区	2.07	74	1.00	53	157.41	64
贵州习水县黔北麻羊农业科技园区	1.76	75	0.47	69	1338.58	23
毕节高新技术产业开发区	1.64	76	0.57	66	0.00	88
贵州洛贯经济开发区（从江洛贯工业园区、从江洛贯产业承接区）	1.60	77	0.78	59	209.52	60

续表

产业园区名称	科技投入		园区R&D投入占园区总产值的比重		万名从业人员科技活动人员数	
	指数/%	位次	指标值/%	位次	指标值/人	位次
松桃经济开发区（松桃工业园区）	1.31	78	0.26	75	40.35	79
贵州纳雍经济开发区（纳雍县产业园区）	1.29	79	0.12	77	140.71	66
贵州黎平经济开发区（黎平工业园区）	1.11	80	0.30	74	0.00	88
贞丰县工业园区	0.97	81	0.00	85	796.61	36
石阡县苔茶农业科技示范园区	0.56	82	0.06	80	529.41	45
剑河工业园区	0.51	83	0.00	85	512.82	46
贵州习水经济开发区	0.48	84	0.06	81	17.83	84
贵州白云农业科技示范园区	0.37	85	0.07	79	250.00	56
罗甸县工业园区	0.34	86	0.00	85	235.18	58
钟山果蔬农业科技园区	0.24	87	0.00	85	222.43	59
天柱工业园区	0.24	88	0.00	85	181.82	63
贵州炉碧经济开发区（麻江碧波工业园区、凯里炉山工业园区、炉山—碧波工业园区）	0.23	89	0.00	85	147.30	65
贵州和平经济开发区（遵义市和平工业园区）	0.22	90	0.00	85	111.48	71
贵州普定经济开发区[普定循环经济工业基地（含幺铺—黄桶物流园）]	0.21	91	0.00	85	111.73	70
贵州锦屏经济开发区	0.20	92	0.11	78	0.00	88
册亨县工业园区	0.17	93	0.00	85	0.00	88
长顺县威远工业园区	0.16	94	0.03	82	0.00	88
贵州玉屏经济开发区（玉屏县承接转移产业园区、贵州玉屏新材料高新技术产业化基地）	0.14	95	0.00	85	68.22	78
赫章县产业园区	0.09	96	0.02	83	0.00	88
贵州三都葡萄农业科技示范园区	0.02	97	0.00	85	4.56	86
江口县凯德特色产业园区	0.00	98	0.00	85	0.00	88
普安县工业园区	0.00	98	0.00	85	0.00	88
荔波工业园区	0.00	98	0.00	85	0.00	88
贵州都匀经济开发区	0.00	98	0.00	85	0.00	88
贵州威宁经济开发区（威宁县产业园区）	0.00	98	0.00	85	0.00	88
贵州织金经济开发区（织金新型能源化工基地）	0.00	98	0.00	85	0.00	88
贵州正安经济开发区（正安瑞濠工业园区）	0.00	98	0.00	85	0.00	88
紫云自治县产业园区	0.00	98	0.00	85	0.00	88
贵州黔西经济开发区（黔西县循环经济产业园、毕节试验区黔西承接产业转移基地）	0.00	98	0.00	85	0.00	88
贵州台江经济开发区（台江工业园区）	0.00	98	0.00	85	0.00	88
贵州苟江经济开发区（遵义市苟江冶金工业园区）	0.00	98	0.00	85	0.00	88

产业园区创新产出指数排位如表 5-4 所示。

表 5-4 产业园区创新产出指数排位

产业园区名称	创新产出		万名从业人员发明专利拥有量		高新技术企业数占企业总数比重		拥有省级以上知名品牌或著名商标的企业数占园区总企业数比重	
	指数/%	位次	指标值/项	位次	指标值/%	位次	指标值/%	位次
贵阳国家经济技术开发区［国家军民结合（装备制造）高新技术产业化基地、小河—孟关装备制造业生态工业园］	93.10	1	78.44	15	10.48	13	8.07	27
安顺高新区（黎阳高新技术工业园区）	90.14	2	125.42	10	11.26	9	5.24	38
贵阳国家级高新技术开发区（麦架—沙文高新技术产业园）	85.07	3	206.59	7	1.16	52	0.10	69
遵义国家经济技术开发区［汇川机电制造工业园区、贵州遵义电器（气）装备高新技术产业化基地］	71.80	4	120.89	11	0.51	59	0.02	72
贵州航天高新技术产业园	69.15	5	544.40	3	60.98	1	9.76	20
贵州安顺西秀经济开发区（西秀产业园区）	38.65	6	71.01	16	1.02	54	0.11	68
遵义高新技术产业开发区	36.50	7	16.03	38	35.19	4	0.93	67
贵州省六盘水国家农业科技园区	35.69	8	14.18	39	24.39	5	6.50	31
贵州黔南国家农业科技园区	33.63	9	13.56	40	3.88	26	8.14	26
贵州开阳经济开发区（开阳磷煤化工生态工业示范基地）	30.77	10	39.53	21	11.11	10	8.64	24
长顺县威远工业园区	30.02	11	0.00	73	3.55	27	19.29	9
贵州印江经济开发区（印江自治县工业园区）	26.05	12	0.00	73	11.11	10	16.67	10
贵州兴仁经济开发区（兴仁县工业区）	26.01	13	8.60	46	4.17	24	22.22	6
贵州惠水经济开发区［惠水县长田园区、惠水（长田）创新企业科技产业示范基地］	24.44	14	2.97	62	2.52	38	5.36	37
黔南高新技术产业开发区	24.27	15	39.36	23	3.50	28	3.00	54
赤水市国家农业科技园区	24.05	16	17.54	37	4.23	23	7.75	29
贵州贵阳国家农业科技示范园区	22.94	17	11.44	44	1.55	48	2.13	58
花溪产业园区	22.08	18	0.00	73	44.90	3	0.00	74
赤水经济开发区（赤水竹业工业园区）	20.82	19	23.67	34	3.13	32	6.25	34
贵州绥阳经济开发区（绥阳煤电化循环经济工业园区、绥阳风华工业园区）	20.63	20	39.41	22	13.25	8	2.41	56
贵州玉屏经济开发区（玉屏县承接转移产业园区、贵州玉屏新材料高新技术产业化基地）	20.49	21	101.06	12	0.80	57	6.40	32
贵州碧江经济开发区（铜仁市碧江区循环经济工业园区）	20.18	22	12.51	41	1.89	45	4.55	42
贵州思南经济开发区（思南工业园区）	19.95	23	3.46	60	7.44	14	4.96	39

续表

产业园区名称	创新产出		万名从业人员发明专利拥有量		高新技术企业数占企业总数比重		拥有省级以上知名品牌或著名商标的企业数占园区总企业数比重	
	指数/%	位次	指标值/项	位次	指标值/%	位次	指标值/%	位次
贵州大方经济开发区	19.11	24	0.73	71	2.68	34	8.72	23
六盘水高新技术产业开发区	18.57	25	2.16	68	1.59	46	0.07	70
贵州娄山关高新技术产业开发区（贵州娄山关经济开发区、遵义市桐梓煤电化工业园区）	18.24	26	68.77	17	5.56	18	1.11	65
安顺经济技术开发区（安顺民用航空产业国家高技术产业基地）	18.12	27	40.25	20	0.30	62	0.05	71
贵州遵义辣椒农业科技园区	17.89	28	1.21	69	5.56	18	27.78	4
贵州镇远妩阳红桃农业科技示范园区	17.36	29	434.78	4	50.00	2	0.00	74
贵州德江经济开发区（德江工业园区）	17.32	30	25.53	32	0.85	55	10.17	19
贵州仁怀经济开发区（遵义市仁怀名酒工业园区）	17.15	31	3.95	55	1.57	47	6.28	33
贵州威宁经济开发区（威宁县产业园区）	16.03	32	47.36	18	2.11	43	3.16	53
贵州苟江经济开发区（遵义市苟江冶金工业园区）	15.93	33	0.00	73	5.44	20	2.04	59
贵州炉碧经济开发区（麻江碧波工业园区、凯里炉山工业园区、炉山—碧波工业园区）	15.70	34	4.04	54	2.40	40	8.00	28
贵州凤冈经济开发区（凤冈有机生态工业园区）	15.20	35	2.56	65	0.00	65	10.26	18
贵州省施秉农业科技园区	14.60	36	23.81	33	6.67	15	13.33	13
正安县白茶园区	13.90	37	3.14	61	0.00	65	55.00	2
贵州瓮安经济开发区（瓮安工业园区）	13.72	38	3.80	57	2.27	42	3.18	52
贵州黔西经济开发区（黔西县循环经济产业园、毕节试验区黔西承接产业转移基地）	13.64	39	0.00	73	2.94	33	10.29	17
黔西南高新技术产业开发区（顶效轻工业园区）	13.45	40	40.73	19	0.08	64	0.01	73
贵州白云农业科技示范园区	12.91	41	0.00	73	6.67	15	13.33	13
贵州独山经济开发区	12.89	42	3.76	58	0.33	61	1.33	63
册亨县工业园区	12.80	43	0.00	73	0.00	65	0.00	74
贵州纳雍经济开发区（纳雍县产业园区）	12.65	44	6.32	50	0.00	65	14.67	11
都匀市绿茵湖产业园区（贵州都匀装备制造业科技产业化示范基地）	12.43	45	30.84	27	2.56	36	0.00	74
贵州黔东南国家农业科技园区	12.30	46	30.44	28	3.28	31	4.92	40
贵州三穗经济开发区	12.22	47	11.64	42	2.56	36	12.82	15
贵州和平经济开发区（遵义市和平工业园区）	12.03	48	9.18	45	4.55	22	4.55	42
贵州昌明经济开发区（贵定县城北工业园区、昌明工业园区）	11.57	49	6.95	49	1.38	50	3.23	50
贵州遵义烟草农业科技园区	10.96	50	220.05	6	0.00	65	0.00	74

续表

产业园区名称	创新产出		万名从业人员发明专利拥有量		高新技术企业数占企业总数比重		拥有省级以上知名品牌或著名商标的企业数占园区总企业数比重	
	指数/%	位次	指标值/项	位次	指标值/%	位次	指标值/%	位次
贵州台江经济开发区（台江工业园区）	10.91	51	7.88	48	10.71	12	0.00	74
贵州丹寨金钟经济开发区（丹寨金钟工业园区）	10.79	52	37.98	24	2.48	39	1.65	60
罗甸县工业园区	10.60	53	2.35	66	4.62	21	1.54	61
遵义市红花岗区健康医药产业化基地	9.92	54	0.00	73	20.00	6	0.00	74
贵州麻江蓝莓农业科技示范园区	9.71	55	285.71	5	0.00	65	4.17	46
贵州岑巩经济开发区（岑巩工业园区）	9.68	56	3.81	56	3.41	29	2.27	57
松桃经济开发区（松桃工业园区）	9.37	57	2.18	67	0.83	56	2.90	55
黔东南国家农业科技园区岑巩杂交水稻制种产业核心区	9.28	58	0.00	73	18.18	7	0.00	74
关岭产业园区	9.28	58	0.00	73	6.06	17	0.00	74
贵州余庆经济开发区（余庆龙溪工业园区、余庆县工业园区）	9.24	60	0.00	73	2.38	41	4.76	41
水城经济开发区（董地工业园区）	9.16	61	11.60	43	1.90	44	0.00	74
贵州江口果蔬农业科技示范园区	8.80	62	0.00	73	0.00	65	21.43	7
贵州丹寨铁皮石斛农业科技示范园区	8.64	63	952.38	2	0.00	65	0.00	74
贵州黎平经济开发区（黎平工业园区）	8.22	64	2.57	64	0.60	58	4.17	46
余庆县现代高效观光农业科技示范园	8.20	65	2.76	63	0.00	65	33.33	3
贵州天柱油茶农业科技示范园区	8.16	66	2500.00	1	0.00	65	0.00	74
毕节高新技术产业开发区	7.89	67	0.00	73	3.33	30	0.00	74
贵州仁怀黔北麻羊农业科技示范园区	7.49	68	166.67	8	0.00	65	0.00	74
贵州习水县黔北麻羊农业科技园区	7.16	69	157.48	9	0.00	65	0.00	74
镇宁自治县产业园区（辖镇宁县轻工产业园和安顺红星精细化工产业园）	7.04	70	0.00	73	4.00	25	0.00	74
贵州印江食用菌农业科技示范园区	5.97	71	22.73	35	0.00	65	100.00	1
贵州务川县白山羊产业农业科技园区	5.60	72	0.00	73	0.00	65	25.00	5
贵州习水经济开发区	5.34	73	3.57	59	1.06	53	1.06	66
六盘水水月产业园区	5.31	74	28.17	30	1.54	49	0.00	74
铜仁高新技术产业开发区	5.31	75	34.40	25	0.46	60	0.00	74
黄平工业园区	4.85	76	0.00	73	2.63	35	0.00	74
贵州道真特色中药材农业科技示范园区	4.80	77	0.00	73	0.00	65	20.00	8
石阡县苔茶农业科技示范园区	4.61	78	29.41	29	0.00	65	7.69	30
紫云果蔬农业科技示范园区	4.52	79	100.00	13	0.00	65	0.00	74

续表

产业园区名称	创新产出		万名从业人员发明专利拥有量		高新技术企业数占企业总数比重		拥有省级以上知名品牌或著名商标的企业数占园区总企业数比重	
	指数/%	位次	指标值/项	位次	指标值/%	位次	指标值/%	位次
贵州镇远经济开发区	4.51	80	32.15	26	0.13	63	0.00	74
贵州从江香猪农业科技示范园区	4.22	81	0.00	73	0.00	65	9.09	21
罗甸县农业科技示范园区	4.12	82	90.91	14	0.00	65	0.00	74
遵义市务正道煤电铝循环经济工业园区	4.10	83	5.94	51	0.00	65	6.00	35
贵州赫章幼龄核桃—半夏套种科技示范园区	3.66	84	0.00	73	0.00	65	14.29	12
贵州三都葡萄农业科技示范园区	3.42	85	0.00	73	0.00	65	9.09	21
石阡县工业园区	3.31	86	8.44	47	0.00	65	5.88	36
贵州万山生态农业科技示范园区	3.30	87	0.00	73	0.00	65	12.50	16
紫云自治县产业园区	2.75	88	0.00	73	1.32	51	0.00	74
贵州荔波樟江精品水果农业科技示范园区	2.58	89	0.83	70	0.00	65	8.33	25
贵州洛贯经济开发区（从江洛贯工业园区、从江洛贯产业承接区）	2.52	90	19.05	36		65	3.57	49
贵州锦屏经济开发区	2.45	91	0.00	73	0.00	65	4.26	45
贵州都匀毛尖茶农业科技示范园区	2.43	92	27.78	31	0.00	65	0.00	74
修文县猕猴桃农业科技示范园区	2.07	93	0.68	72	0.00	65	1.39	62
钟山果蔬农业科技园区	2.00	94	4.73	53	0.00	65	4.55	42
贵州都匀经济开发区	1.92	95	0.00	73	0.00	65	0.00	74
荔波工业园区	1.54	96	0.00	73	0.00	65	3.70	48
贵州织金经济开发区（织金新型能源化工基地）	1.45	97	0.00	73	0.00	65	3.23	50
贵州正安经济开发区（正安瑞濠工业园区）	1.03	98	0.00	73	0.00	65	1.14	64
独山麻尾工业园区（独山高新技术产业园区）	0.46	99	4.88	52	0.00	65	0.00	74
贞丰县工业园区	0.00	100	0.00	73	0.00	65	0.00	74
赫章县产业园区	0.00	100	0.00	73	0.00	65	0.00	74
水城县发耳煤电化产业园区	0.00	100	0.00	73	0.00	65	0.00	74
普安县工业园区	0.00	100	0.00	73	0.00	65	0.00	74
江口县凯德特色产业园区	0.00	100	0.00	73	0.00	65	0.00	74
贵州长顺高钙苹果科技示范园区	0.00	100	0.00	73	0.00	65	0.00	74
剑河工业园区	0.00	100	0.00	73	0.00	65	0.00	74
贵州普定经济开发区［普定循环经济工业基地（含幺铺—黄桶物流园）］	0.00	100	0.00	73	0.00	65	0.00	74
天柱工业园区	0.00	100	0.00	73	0.00	65	0.00	74

产业园区创新绩效指数排位如表 5-5 所示。

表 5-5 产业园区创新绩效指数排位

产业园区名称	创新绩效指数/%	位次	高新技术产业产值占园区总产值比重 指标值/%	位次	园区人均工业增加值 指标值/万元	位次	园区进出口总额占园区总产值比重 指标值/%	位次	每平方公里园区产值 指标值/万元	位次	园区利税总额占园区总产值的比例 指标值/%	位次
贵阳国家级高新技术开发区（麦架—沙文高新技术产业园）	94.20	1	41.26	17	54.75	9	1.79	21	205 348.80	5	5.04	77
黔南高新技术产业开发区	93.37	2	42.21	15	23.37	21	3.89	13	174 392.40	7	6.41	68
遵义国家经济技术开发区（汇川机电制造工业园区，贵州遵义骨气装备高新技术产业化基地）	90.57	3	41.51	16	21.61	25	1.14	27	56 360.11	27	43.65	9
贵阳国家高新技术开发区[国家军民结合（装备制造）高新技术产业化基地、小河—孟关装备制造业生态工业基地]	88.69	4	90.00	4	15.59	42	1.12	28	48 393.44	29	4.63	82
贵州安顺西秀经济开发区（西秀产业园区）	87.00	5	24.04	28	12.85	49	5.84	9	211 890.00	4	3.09	89
安顺高新区（黎阳高新技术产业园区）	86.87	6	47.00	12	9.45	54	1.51	24	28 604.83	42	10.27	56
贵州航天高新技术产业开发区（顶效经工业园区）	83.04	7	100.00	1	21.08	28	8.14	6	753 134.30	2	12.13	48
黔西南高新技术开发区	77.48	8	39.31	20	12.45	51	0.03	57	119 458.10	13	24.39	24
安顺经济技术开发区（安顺民用航空产业国家高技术产业基地）	75.40	9	54.39	9	15.03	45	2.11	18	29 112.37	41	12.43	46
六盘水高新技术产业开发区	71.98	10	48.61	11	18.93	33	0.53	38	24 373.11	49	3.56	87
贵州仁怀经济开发区（遵义市仁怀名酒工业园区）	68.61	11	0.10	66	136.54	3	4.26	11	183 043.40	6	37.26	11
贵州开阳经济开发区（开阳磷煤化工生态工业示范基地）	67.95	12	73.07	6	15.65	40	1.08	29	22 640.88	50	2.58	94
贵州昌明经济开发区（贵定县城北工业园区、昌明工业园区）	63.07	13	22.70	31	28.73	18	1.19	26	27 616.03	44	29.54	18
贵州碧江经济开发区（铜仁市碧江区循环经济工业园区）	62.32	14	29.88	24	11.50	52	0.20	47	22 604.86	51	29.73	17
贵州黔南国家农业科技园区	58.69	15	8.62	46	15.39	43	0.11	50	18 561.23	55	11.51	51

第五部分 产业园区科技创新评价报告

续表

产业园区名称	创新绩效		高新技术产业产值占园区总产值比重		园区人均工业增加值		园区进出口总额占园区总产值比重		每平方公里园区产值		园区利税总额占园区总产值的比例	
	指数/%	位次	指标值/%	位次	指标值/万元	位次	指标值/%	位次	指标值/万元	位次	指标值/%	位次
贵州惠水经济开发区[惠水县长田园区、惠水(长田)创新企业科技产业示范基地]	57.93	16	9.00	45	19.22	32	0.08	56	30 719.30	40	11.49	52
贵州苟江经济开发区(遵义市苟江冶金工业园区)	57.82	17	3.38	55	91.38	6	0.00	62	59 756.71	24	5.81	71
六盘水水月产业园区	57.60	18	0.58	65	254.15	2	4.15	12	0.00	107	4.60	83
贵州习水经济开发区	56.33	19	16.40	37	52.48	11	1.07	31	38 072.61	35	18.26	31
赤水经济开发区(赤水竹业工业园区)	50.27	20	40.60	18	17.83	35	1.60	23	113 611.30	15	13.40	42
水城经济开发区(董地工业园区)	48.14	21	0.74	62	15.78	39	12.22	4	157 156.90	10	4.16	84
铜仁高新技术产业开发区	48.04	22	50.00	10	25.77	20	3.07	16	127 187.50	12	7.74	64
贵州威宁经济开发区(威宁县产业园区)	47.44	23	18.00	34	13.70	46	0.55	37	54 893.40	28	20.00	28
贵州印江经济开发区(印江自治县工业园区)	46.47	24	9.55	44	19.32	31	2.70	17	115 917.00	14	26.34	22
贵州贵阳国家农业科技示范区	45.82	25	44.56	13	0.91	81	0.28	45	4334.25	72	11.79	50
贵州思南经济开发区(思南工业园区)	44.20	26	10.03	41	23.30	22	0.32	44	76 029.41	19	20.56	27
贵州纳雍经济开发区(纳雍县产业园区)	43.97	27	0.00	67	36.02	16	0.02	58	25 422.54	47	28.10	19
贵州瓮安经济开发区(瓮安工业园区)	43.71	28	8.51	47	4.19	66	1.24	25	18 023.54	56	1.23	98
水城县发耳煤电化产业园	40.79	29	0.00	67	48.79	13	0.00	62	1 624 670.00	1	24.53	23
贵州大方经济开发区	39.53	30	2.02	56	22.42	24	0.43	41	67 269.84	21	18.12	32
贞丰县工业园区	37.51	31	0.00	67	101.36	5	0.11	51	109 697.60	16	66.47	5
贵州黔西经济开发区(黔西县循环经济产业园、毕节试验区黔西承接产业转移基地)	36.59	32	5.58	50	37.63	14	0.12	49	64 887.58	22	10.36	55
花溪产业园区	35.38	33	22.23	32	20.59	29	0.00	62	33 116.68	38	3.97	85
赫章县产业园区	34.75	34	0.00	67	57.42	7	0.08	55	95 873.02	18	16.15	36
贵州省六盘水国家农业科技园区	33.01	35	95.17	2	0.00	89	7.94	7	38.73	101	3.74	86

续表

产业园区名称	创新绩效 指数/%	创新绩效 位次	高新技术产业产值占园区总产值比重 指标值/%	高新技术产业产值占园区总产值比重 位次	园区人均工业增加值 指标值/万元	园区人均工业增加值 位次	园区进出口总额占园区总产值比重 指标值/%	园区进出口总额占园区总产值比重 位次	每平方公里园区产值 指标值/万元	每平方公里园区产值 位次	园区利税总额占园区总产值的比例 指标值/%	园区利税总额占园区总产值的比例 位次
贵州织金经济开发区（织金新型能源化基地）	32.49	36	0.00	67	53.26	10	0.90	32	163 914.30	8	12.93	43
贵州兴仁经济开发区（兴仁县工业园区）	31.37	37	3.55	54	56.03	8	0.69	36	159 120.70	9	5.98	69
贵州合江经济开发区（合江工业园区）	31.04	38	25.79	27	8.55	56	0.85	33	146 208.30	11	13.88	41
贵州绥阳经济开发区（绥阳煤电化循环经济工业园区、绥阳风华工业园区）	29.89	39	22.90	29	20.21	30	0.00	61	39 461.54	34	9.41	60
遵义高新技术产业开发区	29.46	40	3.81	53	6.63	58	1.91	19	98 789.42	17	9.87	57
贵州独山经济开发区	28.55	41	26.90	26	3.52	70	27.58	2	24 792.50	48	9.00	61
贵州普定经济开发区[普定循环经济工业基地（含幺铺—黄桶物流园）]	28.34	42	0.00	67	21.33	26	0.09	53	71 004.19	20	16.60	34
赤水市国家农业科技园区	26.28	43	16.42	36	31.87	17	1.08	30	12 203.02	63	48.61	8
松桃经济开发区（松桃工业园区）	25.17	44	22.81	30	2.84	72	0.45	40	42 718.93	32	5.00	79
都匀市绿茵湖产业园区（贵州都匀装备制造业科技产业化示范基地）	24.91	45	1.82	58	8.62	55	0.22	46	45 248.80	30	5.19	75
普安县工业园区	24.77	46	0.00	67	132.08	4	1.85	20	237 257.50	3	5.90	70
长顺县威远工业园区	24.61	47	9.94	42	36.66	15	0.11	52	13 146.40	61	6.55	67
独山麻尾工业园区（独山高新技术产业示范园区）	22.67	48	1.82	59	15.28	44	3.70	14	1382.53	86	4.69	81
修文县猕猴桃农业科技示范园区	22.42	49	0.00	67	1.09	80	0.00	62	1460.83	84	55.05	7
贵州遵义烟草农业科技园区	21.67	50	0.00	67	0.00	89	0.00	62	526.46	95	84.87	4
遵义市红花岗区健康医药产业化基地	20.62	51	0.00	67	5.10	63	0.00	62	2102.50	80	658.34	1
镇宁自治县产业园区（镇宁县轻工产业园和安顺红星精细化工产业园）	20.19	52	39.88	19	7.96	57	4.74	10	17 510.78	58	12.32	47
贵州和平经济开发区（遵义市和平工业园区）	19.77	53	12.84	39	18.66	34	0.00	62	57 167.86	26	2.73	93
贵州凤冈经济开发区（凤冈有机生态工业园区）	19.37	54	0.00	67	12.54	50	0.08	54	57 794.60	25	3.27	88

第五部分 产业园区科技创新评价报告

续表

产业园区名称	创新绩效		高新技术产业产值占园区总产值比重		园区人均工业增加值		园区进出口总额占园区总产值比重		每平方公里园区产值		园区利税总额占园区总产值的比例	
	指数/%	位次	指标值/%	位次	指标值/万元	位次	指标值/%	位次	指标值/万元	位次	指标值/%	位次
贵州炉碧经济开发区（麻江碧波工业园区、凯里炉山工业园区、炉山—碧波工业园区）	18.41	55	1.88	57	21.21	27	3.15	15	35 607.48	37	5.15	76
贵州都匀经济开发区	17.86	56	20.47	33	2.80	73	0.00	62	2981.44	75	20.88	25
贵州三穗经济开发区	15.82	57	14.53	38	4.64	64	31.11	1	14 233.33	60	36.77	12
贵州娄山关高新技术产业开发区（贵州娄山关经济开发区、遵义市桐梓煤电化工业园区）	15.20	58	30.33	23	5.80	61	0.00	62	21 352.62	53	10.52	54
贵州丹寨金钟经济开发区(丹寨县承接产业转移产业化基地)	14.79	59	58.00	7	2.85	71	0.01	59	4338.16	71	32.50	15
贵州玉屏经济开发区（玉屏县新材料高新技术产业园区）	14.34	60	9.62	43	4.62	65	0.53	39	21 418.72	52	9.74	58
关岭产业园区	14.25	61	3.85	52	6.42	59	0.00	62	8063.30	68	36.30	13
贵州镇远经济开发区	13.12	62	29.41	25	0.00	89	0.00	62	1700.00	83	100.00	2
贵州岑巩经济开发区（岑巩工业园区）	13.08	63	5.40	51	27.13	19	1.74	22	41 696.59	33	2.85	92
贵州正安经济开发区（正安瑞豪工业园区）	12.97	64	0.00	67	16.77	37	0.34	42	62 354.53	23	2.45	95
贵州遵义辣椒农业科技园区	12.58	65	0.00	67	0.03	87	0.00	62	12 441.63	62	12.00	49
贵州余庆经济开发区（余庆龙溪工业园区、余庆县工业园区）	11.65	66	94.19	3	13.27	47	10.00	5	3000.00	74	0.01	100
贵州黎平经济开发区（黎平工业园区）	11.61	67	0.58	64	6.17	60	0.00	62	26 524.76	46	5.43	73
黄平工业园区	10.99	68	38.18	21	2.69	74	6.12	8	832.09	90	14.06	40
册亨县工业园区	10.41	69	0.00	67	260.00	1	0.00	62	0.00	107	0.00	101
贵州镇远妩阳红猕猴桃农业科技示范园区	10.30	70	74.07	5	0.00	89	0.00	62	750.00	93	100.00	2
罗甸县工业园区	10.22	71	0.00	67	16.91	36	0.12	48	27 748.81	43	8.54	63
天柱工业园区	9.88	72	0.00	67	3.94	68	0.00	62	9937.34	65	61.35	6

续表

产业园区名称	创新绩效		高新技术产业产值占园区总产值比重		园区人均工业增加值		园区进出口总额占园区总产值比重		每平方公里园区产值		园区利税总额占园区总产值的比例	
	指数/%	位次	指标值/%	位次	指标值/万元	位次	指标值/%	位次	指标值/万元	位次	指标值/%	位次
石阡县工业园区	9.43	73	0.00	67	15.94	38	0.00	62	43 096.29	31	12.80	44
贵州江口果蔬农业科技示范园区	9.16	74	0.00	67	0.00	89	0.00	62	786.60	91	12.70	45
贵州洛贵经济开发区（从江洛贵工业园区、从江洛贵产业承接区）	9.08	75	0.00	67	22.58	23	20.62	3	8311.11	67	6.71	66
黔东南国家农业科技园区岑巩杂交水稻制种产业核心区	8.81	76	57.02	8	0.00	89	0.00	62	166.15	98	15.00	39
贵州仁怀黔北麻羊农业科技示范园区	8.77	77	37.94	22	49.33	12	0.80	34	160.43	99	9.73	59
正安县白茶园区	7.96	78	0.00	67	0.11	84	0.00	62	1897.37	81	27.74	20
贵州三都葡萄农业科技示范园区	7.57	79	0.00	67	0.00	89	0.00	62	3294.18	73	16.25	35
贵州黔东南国家农业科技园区	7.36	80	6.19	49	0.76	82	0.00	62	754.77	92	18.57	30
贵州丹寨铁皮石斛农业科技示范园区	6.94	81	44.12	14	1.67	78	0.00	62	226.67	97	4.71	80
贵州锦屏经济开发区	6.71	82	0.00	67	9.90	53	0.00	62	31 910.03	39	15.46	38
贵州万山生态农业科技示范园区	6.67	83	0.00	67	0.00	89	0.00	62	236.40	96	43.37	10
贵州从江香猪农业科技示范园区	6.31	84	0.00	67	0.17	83	0.00	62	19.32	103	31.36	16
遵义市务正道煤电铝循环经济工业园区	6.21	85	0.00	67	3.93	69	0.00	62	2579.65	78	33.94	14
贵州省施秉农业科技园区	5.90	86	7.47	48	0.07	85	0.00	62	1400.00	85	17.43	33
江口县凯德特色产业园区	5.62	87	0.00	67	12.85	48	0.00	62	17 433.63	59	2.88	91
贵州印江食用菌农业科技示范园区	5.40	88	0.00	67	0.00	89	0.00	62	8402.17	66	20.87	26
余庆县现代高效观光农业科技示范园	5.12	89	0.00	67	1.95	75	0.00	62	1160.10	87	26.42	21
紫云自治县产业园区	5.06	90	1.75	60	0.00	89	0.00	62	11 887.28	64	8.83	62
毕节高新技术产业开发区	4.56	91	0.00	67	0.00	89	0.00	62	35 794.52	36	0.00	101
紫云果蔬农业科技示范园区	4.55	92	0.00	67	0.00	89	0.00	62	2802.80	76	20.00	28

续表

产业园区名称	创新绩效		高新技术产业产值占园区总产值比重		园区人均工业增加值		园区进出口总额占园区总产值比重		每平方公里园区产值		园区利税总额占园区总产值的比例	
	指数/%	位次	指标值/%	位次	指标值/万元	位次	指标值/%	位次	指标值/万元	位次	指标值/%	位次
贵州白云农业科技示范园区	4.47	93	0.61	63	0.00	89	0.00	62	27 333.33	45	3.06	90
石阡县苔茶农业科技示范园区	4.11	94	1.00	61	5.15	62	0.00	62	12.26	104	10.77	53
罗甸县农业科技示范园区	4.08	95	17.80	35	0.00	89	0.00	62	2125.00	79	0.91	99
贵州务川县白山羊产业农业科技园区	3.17	96	0.00	67	1.21	79	0.00	62	5452.48	70	15.48	37
贵州德江经济开发区（德江工业园区）	3.10	97	10.70	40	0.00	88	0.70	35	8.77	105	5.26	74
剑河工业园区	2.23	98	0.00	67	4.08	67	0.00	62	17 895.33	57	5.61	72
荔波工业园区	2.19	99	0.00	67	15.62	41	0.00	62	7283.20	69	1.86	96
贵州都匀毛尖茶农业科技示范园区	1.70	100	0.00	67	1.76	77	0.34	43	1840.00	82	1.26	97
贵州荔波樟江精品水果农业科技示范园区	1.47	101	0.00	67	0.00	89	0.00	62	33.48	102	7.00	65
贵州习水县黔北麻羊农业科技园区	1.34	102	0.00	67	0.00	89	0.00	62	634.40	94	5.00	78
贵州道真特色中药材农业科技示范园区	0.62	103	0.00	67	0.00	89	0.00	62	19 000.00	54	0.00	101
贵州长顺高钙苹果农业科技示范园区	0.09	104	0.00	67	0.05	86	0.00	62	1151.52	88	0.00	101
贵州天柱油茶农业科技示范园区	0.04	105	0.00	67	1.88	76	0.00	62	43.75	100	0.00	101
贵州赫章幼龄核桃—半夏套种科技示范园区	0.04	106	0.00	67	0.00	89	0.00	62	1040.00	89	0.00	101
钟山果蔬农业科技园区	-0.77	107	0.00	67	0.00	89	0.00	62	2798.42	77	-6.72	107
贵州麻江蓝莓农业科技示范园区	-36.59	108	0.00	67	0.00	89	0.00	62	2.94	106	-228.57	108

第六部分　重点企业科技创新评价报告

2018年，全省698家重点企业科技创新统计监测评价结果如下。

一、重点企业综合科技创新水平评价

根据综合科技创新水平指数，我们将698家重点企业划分为三类（图6-1）。

第一类：综合科技创新水平指数高于30%的重点企业有26家，占全部重点企业的3.72%；

第二类：综合科技创新水平指数低于30%，但高于平均水平（9.21%）的重点企业有225家，占全部重点企业的32.23%；

第三类：综合科技创新水平指数低于平均水平（9.21%）的重点企业有447家，占全部重点企业的64.04%。

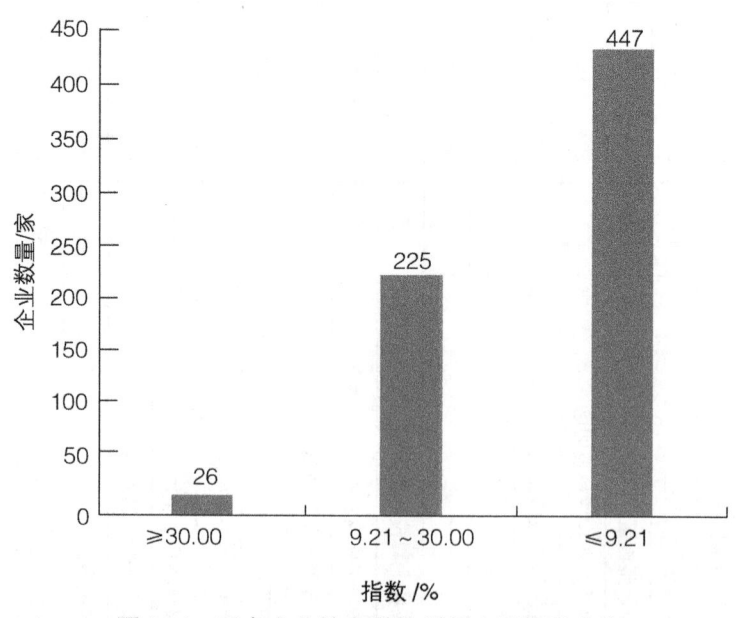

图6-1　重点企业综合科技创新水平指数分布

2018年与2017年监测结果相比，综合科技创新水平指数平均水平比上年降低了4.08个百分点。贵阳德昌祥药业有限公司、贵州省欣紫鸿药用辅料有限公司、遵义市亿易通科技网络有限责任公司、博文软件（贵州）有限公司、贵州力强科技发展有限公司等24家重点企业高于这一降幅；中国电建集团贵州电力设计研究院有限公司、贵州泰永长征技术股份有限公司、贵州省水利水电勘测设计研究院、贵州久联民爆器材发展股份有限公司、贵州省交通规划勘察设计研究院股份有限公司等102家重点企业增幅相对较大。

参照2017年重点企业综合科技创新水平指数排序，贵阳华烽有色铸造有限公司、贵州泰永长征技术股份有限公司、中国水利水电第九工程局有限公司、贵州石博士科技有限公司、贵州华烽汽车零部件有限公司位次上升较快；遵义市利升机械加工有限公司、遵义市亿易通科技网络有限责任公司、遵义汇峰智能系统有限责任公司、贵州省欣紫鸿药用辅料有限公司、贵州杰傲建材有限责任公司位次下降较快。

二、重点企业科技创新一级指标评价

（一）科技创新条件及基础

在科技创新条件及基础指数的分布中，高于30.00%的重点企业有66家，占全部重点企业的9.46%；低于30.00%但高于平均水平（9.97%）的重点企业有145家，占全部重点企业的20.77%；低于平均水平的重点企业有487家，占全部重点企业的69.77%（图6-2）。

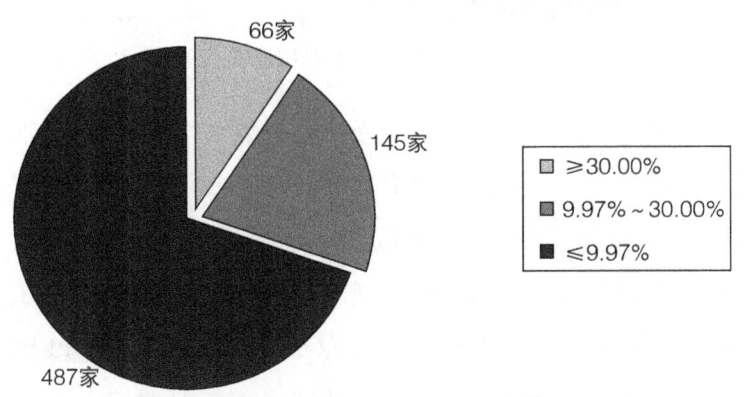

图6-2 重点企业科技创新条件及基础指数分布

2018年与2017年监测结果相比，重点企业科技创新条件及基础指数平均水平比上年降低了7.01个百分点。贵阳德昌祥药业有限公司、贵州神奇药业有限公司、贵州欧瑞欣合环保股份有限公司、贵州杰傲建材有限责任公司、遵义市利升机械加工有限公司等24家重点企业高于这一降幅；中国电建集团贵州电力设计研究院有限公司、贵州省水利水电勘测设计研究院、贵州西南工具（集团）有限公司、贵州华烽汽车零部件有限公司、贵州久联民爆器材发展股份有限公司等68家重点企业增幅相对较大。

参照2017年重点企业科技创新条件及基础指数排序，贵州华烽汽车零部件有限公司、贵州精工利鹏科技有限公司、遵义长征输配电设备有限公司、贵州省交通规划勘察设计研究院股份有限公司、贵州火焰山电器股份有限公司位次上升较快；贵州杰傲建材有限责任公司、遵义市利升机械加工有限公司、贵州耕云科技有限公司、贵州盛昌药业有限公司、贵州铁建工程质量检测咨询有限公司位次下降较快。

（二）创新产出

在创新产出指数的分布中，高于30.00%的重点企业有26家，占全部重点企业的3.72%；低于30.00%但高于平均水平（5.30%）的重点企业有133家，占全部重点企业的19.05%；低于平均水平的重点企业有539家，占全部重点企业的77.22%（图6-3）。

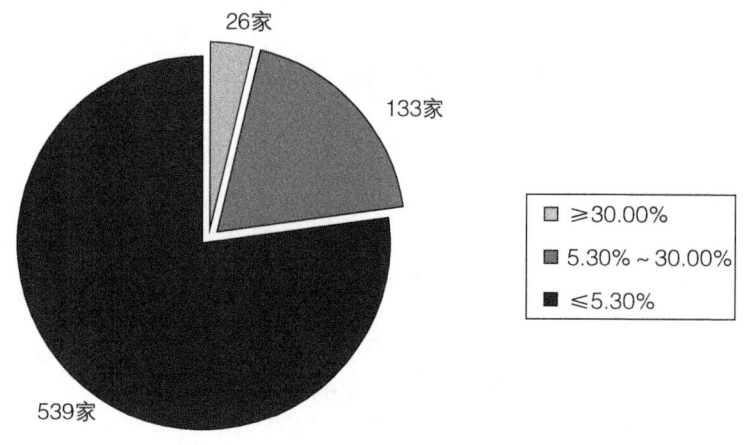

图6-3 重点企业创新产出指数分布

2018年与2017年监测结果相比，重点企业创新产出指数平均水平比上年降低了3.98个百分点。贵州力强科技发展有限公司、际华三五三七制鞋有限责任公司、贵州开磷集团矿肥有限责任公司、博文软件（贵州）有限公司、贵州航天控制技术有限公司等21家重点企业高于这一降幅；中国水利水电第九工程局有限公司、贵阳华烽有色铸造有限公司、贵州泰永长征技术股份有限公司、贵州久联民爆器材发展股份有限公司、贵州新联爆破工程集团有限公司等88家重点企业增幅相对较大。

参照2017年重点企业创新产出指数排序，贵阳华烽有色铸造有限公司、安顺市虹翼特种钢球制造有限公司、贵州泰永长征技术股份有限公司、中国水利水电第九工程局有限公司、贵州华烽汽车零部件有限公司位次上升较快；贵州奥申信息技术发展有限公司、贵州省煤矿设计研究院、贵州力强科技发展有限公司、贵州元能管业有限公司、遵义市利升机械加工有限公司位次下降较快。

（三）创新效益

在创新效益指数的分布中，高于30.00%的重点企业有73家，占全部重点企业的10.46%；低于30.00%但高于平均水平（13.69%）的重点企业有132家，占全部重点企业的18.91%；低于平均水平的重点企业有493家，占全部重点企业的70.63%（图6-4）。

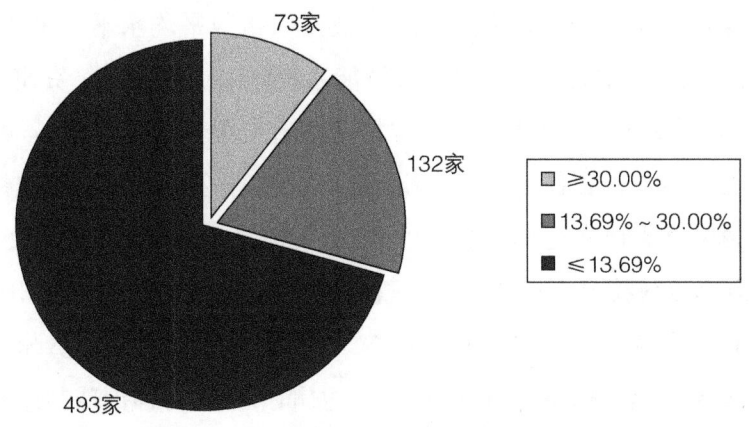

图 6-4 重点企业创新效益指数分布

2018 年与 2017 年监测结果相比，重点企业创新效益指数平均水平比上年降低了 5.15 个百分点。遵义市亿易通科技网络有限责任公司、贵州安凯达实业股份有限公司、贵州东峰锑业股份有限公司、贵州宏宇药业有限公司、贵州伟力达电子有限公司等 22 家重点企业高于这一降幅；贵州数智联云科技有限公司、贵州钢绳股份有限公司、贵州省交通规划勘察设计研究院股份有限公司、首钢贵阳特殊钢有限责任公司、贵州赤天化桐梓化工有限公司等 114 家重点企业增幅相对较大。

参照 2017 年重点企业创新效益指数排序，黔西南州乐呵化工有限责任公司、遵义钛业股份有限公司、贵州钢绳股份有限公司、贵州金玖生物技术有限公司、贵州开阳三环磨料有限公司位次上升较快；贵州伟力达电子有限公司、贵州人和致远数据服务有限责任公司、贵州信方达信息咨询有限公司、遵义市亿易通科技网络有限责任公司、贵州耕云科技有限公司位次下降较快。

（四）科技投入

在科技投入指数的分布中，高于 30.00% 的重点企业有 63 家，占全部重点企业的 9.03%；低于 30.00% 但高于平均水平（9.54%）的重点企业有 107 家，占全部重点企业的 15.33%；低于平均水平的重点企业有 528 家，占全部重点企业的 75.64%（图 6-5）。

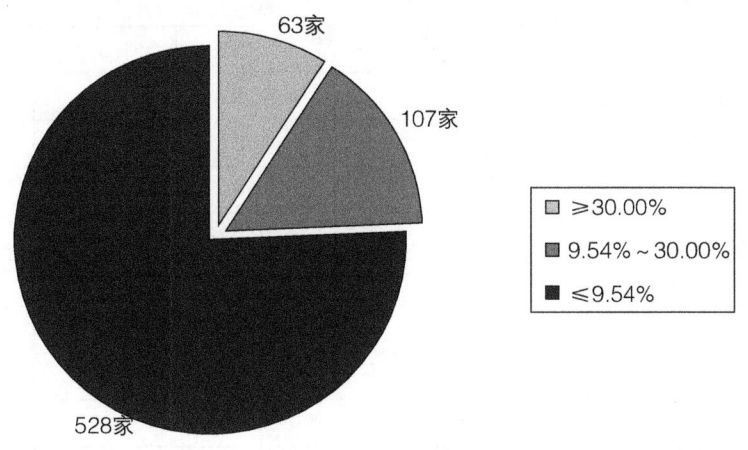

图 6-5 重点企业科技投入指数分布

2018年与2017年监测结果相比,重点企业科技投入指数平均水平比上年降低了0.43个百分点。贵州省欣紫鸿药用辅料有限公司、遵义汇峰智能系统有限责任公司、贵州中航交通科技有限公司、遵义易拓网络服务有限公司、贵州安吉航空精密铸造有限责任公司等64家重点企业高于这一降幅;贵州电子商务云运营有限责任公司、贵州元能管业有限公司、遵义恒佳铝业有限公司、贵州中孚科技有限公司、遵义市大地和电气有限公司等96家重点企业增幅相对较大。

参照2017年重点企业科技投入指数排序,遵义恒佳铝业有限公司、贵州电子商务云运营有限责任公司、遵义市大地和电气有限公司、贵州天逸轩网络科技有限公司、贵州源熙生物研发有限公司位次上升较快;贵州省欣紫鸿药用辅料有限公司、安顺市虹翼特种钢球制造有限公司、贵州省恒力源林业科技有限公司、绥阳县耐环铝业有限公司、贵州金桥药业有限公司位次下降较快。

三、重点企业科技创新统计监测指数排位

(一)重点企业综合科技创新水平指数排位

综合科技创新水平指数是由科技创新条件及基础、创新产出、创新效益和科技投入4个一级指数加权综合而成。

重点企业综合科技创新水平指数排位如表6-1所示。

表6-1 重点企业综合科技创新水平指数排位

企业名称	指数/%	位次	增降幅	
			指数	位次
贵州航天电器股份有限公司	56.87	1	2.19	1
中国电建集团贵阳勘测设计研究院有限公司	56.77	2	2.00	-1
瓮福(集团)有限责任公司	50.74	3	0.68	0
贵州百灵企业集团仁和堂药业有限公司	50.34	4	5.47	3
中国贵州茅台酒厂(集团)有限责任公司	48.61	5	0.50	0
贵州钢绳股份有限公司	45.58	6	9.62	6
贵州新联爆破工程集团有限公司	43.62	7	3.83	3
贵州建工集团有限公司	42.37	8	4.53	3
江南机电设计研究所	41.80	9	1.59	0
贵州益佰制药股份有限公司	40.98	10	-6.96	-4
中国电建集团贵州电力设计研究院有限公司	38.91	11	15.21	28
贵阳朗玛信息技术股份有限公司	38.58	12	5.35	6
贵州航天林泉电机有限公司	37.15	13	4.58	7
贵州凯星液力传动机械有限公司	36.81	14	2.96	1
中航贵州飞机有限责任公司	35.50	15	1.74	1

续表

企业名称	指数/%	位次	增降幅	
			指数	位次
贵州省交通规划勘察设计研究院股份有限公司	35.35	16	10.52	19
中国航发贵州黎阳航空动力有限公司	34.74	17	—	—
贵州安大航空锻造有限责任公司	34.73	18	0.70	−5
贵州航天电子科技有限公司	33.38	19	4.32	8
贵州航天天马机电科技有限公司	33.37	20	0.37	−1
贵州省水利水电勘测设计研究院	33.27	21	11.31	24
贵州航天控制技术有限公司	33.25	22	−0.29	−5
贵州久联民爆器材发展股份有限公司	32.22	23	10.77	24
国药集团同济堂贵州（制药）有限公司	31.67	24	—	—
贵州振华群英电器有限公司（国有第八九一厂）	30.71	25	—	—
贵州航宇科技发展股份有限公司	30.55	26	—	—
贵州安吉航空精密铸造有限责任公司	28.84	27	2.30	4
贵航发动机设计研究所	28.82	28	—	—
贵州全安密灵科技有限公司	28.46	29	—	—
贵州航天新力科技有限公司	28.25	30	—	—
贵州圣济堂医药产业股份有限公司	28.15	31	—	—
中国水利水电第九工程局有限公司	28.13	32	10.18	35
中建四局第三建设有限公司	28.11	33	—	—
际华三五三七制鞋有限责任公司	27.98	34	−5.98	−20
贵州航天风华精密设备有限公司	27.93	35	—	—
中国振华集团云科电子有限公司	27.35	36	—	—
首钢水城钢铁（集团）有限责任公司	27.33	37	−0.17	−9
贵州航天凯山石油仪器有限公司	26.37	38	0.46	−6
贵州西南工具（集团）有限公司	26.10	39	7.53	23
贵州川恒化工股份有限公司	26.07	40	−1.19	−11
贵州丹寨宁航蜡染有限公司	26.02	41	—	—
中铁二局第一工程有限公司	26.00	42	—	—
贵州人和信通科技有限公司	25.80	43	—	—
贵州新安航空机械有限责任公司	25.51	44	—	—
中国航空工业标准件制造有限责任公司	25.49	45	—	—
贵州浩博工程质量检测有限公司	25.02	46	—	—
贵阳航空电机有限公司	24.80	47	—	—
贵州神奇药业有限公司	24.79	48	−6.98	−27
贵州华烽电器有限公司	24.78	49	—	—
贵州锦丰矿业有限公司	24.77	50	—	—

续表

企业名称	指数/%	位次	增降幅 指数	增降幅 位次
贵州红星发展股份有限公司	24.66	51	2.36	−8
遵义钛业股份有限公司	24.63	52	5.61	6
贵州勤邦食品安全科学技术有限公司	24.42	53	—	—
贵州拜特制药有限公司	24.37	54	−0.85	−21
贵州赤天化纸业股份有限公司	24.28	55	3.97	−4
贵阳时代沃顿科技有限公司	24.10	56	0.56	−16
贵州泰永长征技术股份有限公司	23.95	57	11.68	45
贵州开磷集团矿肥有限责任公司	23.69	58	−5.66	−32
贵州成智重工科技有限公司	23.65	59	—	—
贵州源熙生物研发有限公司	23.18	60	1.29	−14
贵州赤天化桐梓化工有限公司	22.88	61	4.61	5
贵州力创科技发展有限公司	22.28	62	2.52	−7
中国振华(集团)新云电子元器件有限责任公司(国营第四三二六厂)	22.05	63	—	—
遵义铝业股份有限公司	21.96	64	1.40	−15
贵州世农肥业有限公司	21.95	65	—	—
贵州虹轴轴承有限公司	21.61	66	—	—
贵州健兴药业有限公司	21.47	67	1.38	−15
贵州贝加尔乐器有限公司	21.30	68	—	—
中国振华集团永光电子有限公司	21.22	69	—	—
贵州矩阵科技有限公司	21.15	70	—	—
贵州凯科特材料有限公司	21.02	71	—	—
中航力源液压股份有限公司	20.86	72	—	—
贵州建工集团第一建筑工程有限责任公司	20.82	73	—	—
贵州詹阳动力重工有限公司	20.41	74	0.54	−20
贵州顺安机电设备有限公司	19.87	75	—	—
贵州航天南海科技有限责任公司	19.61	76	3.01	−4
贵阳新天药业股份有限公司	19.47	77	−0.98	−27
贵州火星探索科技有限公司	19.47	78	—	—
贵州航天特种车有限责任公司	19.37	79	—	—
六盘水康博木塑科技有限公司	18.88	80	—	—
贵州火焰山电器股份有限公司	18.84	81	5.48	15
贵州益华膜科技有限公司	18.75	82	—	—
贵州兴国新动力科技有限公司	18.69	83	0.39	−19
贵州联盛药业有限公司	18.63	84	2.81	−6
贵阳新奇微波工业有限责任公司	18.60	85	—	—

续表

企业名称	指数 /%	位次	增降幅	
			指数	位次
贵州吉丰种业有限责任公司	18.27	86	-0.16	-23
贵阳德昌祥药业有限公司	18.18	87	-12.03	-64
贵州柏强制药有限公司	17.69	88	—	—
中电科大数据研究院有限公司	17.45	89	—	—
遵义市大地和电气有限公司	17.42	90	2.65	-7
贵州航锐航空精密零部件制造有限公司	17.32	91	-0.96	-26
贵州省建筑材料科学研究设计院有限责任公司	17.15	92	—	—
贵州瑞泰实业有限公司	17.13	93	—	—
首钢贵阳特殊钢有限责任公司	17.09	94	6.15	22
贵阳迪乐普科技有限公司	17.04	95	—	—
贵州百灵企业集团和仁堂药业有限公司	16.98	96	—	—
贵州彩阳电暖科技有限公司	16.81	97	3.48	1
贵州群建精密机械有限公司	16.65	98	—	—
贵州森塑宇木塑有限公司	16.59	99	—	—
贵州优联博睿科技有限公司	16.42	100	—	—
贵州省创伟道环境科技有限公司	16.34	101	—	—
贵州华城楼宇科技有限公司	16.17	102	—	—
中铁八局集团第三工程有限公司	16.00	103	—	—
贵州浩诚药业有限公司	15.85	104	—	—
贵州劲嘉新型包装材料有限公司	15.85	105	2.95	-4
贵州凯襄新材料有限公司	15.80	106	—	—
贵州航天计量测试技术研究所	15.78	107	-3.81	-51
贵州鼎盛建材实业有限公司	15.76	108	—	—
遵义群建塑胶制品有限公司	15.57	109	-0.63	-35
贵阳普天物流技术有限公司	15.57	110	-5.48	-62
贵州科伦药业有限公司	15.41	111	3.28	-7
贵州黔驰信息股份有限公司	15.32	112	—	—
贵州远程制药有限责任公司	15.07	113	0.59	-26
贵州宏达环保科技有限公司	15.03	114	—	—
贵阳永青仪电科技有限公司	15.01	115	—	—
贵州万胜药业有限责任公司	14.98	116	—	—
贵州长征电气有限公司	14.81	117	—	—
贵州石博士科技有限公司	14.76	118	7.00	34
贵州三力制药股份有限公司	14.72	119	—	—
瓮安县武江隆塑业有限责任公司	14.67	120	—	—

续表

企业名称	指数/%	位次	增降幅	
			指数	位次
中建四局安装工程有限公司	14.65	121	—	—
中黔电气集团股份有限公司	14.62	122	—	—
贵州汇诚优品科技有限公司	14.58	123	—	—
贵州国宏正电气工程有限公司	14.54	124	—	—
贵州大龙汇成新材料有限公司	14.42	125	—	—
贵州振华华联电子有限公司	14.36	126	1.00	−29
贵州水矿奥瑞安清洁能源有限公司	14.30	127	—	—
贵州万顺堂药业有限公司	14.22	128	−2.33	−55
贵州煌缔科技股份有限公司	14.03	129	—	—
贵州卓越天成软件有限公司	13.97	130	—	—
贵州航太精密制造有限公司	13.94	131	—	—
福泉大北农农业科技有限公司	13.93	132	—	—
贵州绿盾征信大数据有限公司	13.77	133	0.12	−41
贵州云科教服务有限公司	13.72	134	—	—
贵州恒瑞辰科技股份有限公司	13.59	135	—	—
贵州黔龙图视科技有限公司	13.53	136	—	—
贵州千叶药品包装股份有限公司	13.45	137	—	—
贵州中建建筑科研设计院有限公司	13.42	138	2.67	−18
七冶建设有限责任公司	13.40	139	−0.11	−44
贵州中博宇科技有限公司	13.27	140	—	—
贵州久龙科技发展有限公司	13.17	141	—	—
贵州晟博特科技有限公司	13.07	142	—	—
贵州天励恩科技有限公司	13.03	143	—	—
贵州华烽汽车零部件有限公司	12.97	144	7.42	33
贵阳鑫羿向科技有限公司	12.87	145	—	—
贵州雅光电子科技股份有限公司	12.80	146	—	—
贵阳高新兆诚科技有限公司	12.78	147	−0.14	−47
贵州通祥水务环境工程有限公司	12.78	148	—	—
贵州大鸟创新科技有限公司	12.77	149	—	—
贵阳海之力液压有限公司	12.75	150	—	—
贵州蜂能科技发展有限公司	12.72	151	—	—
贵阳世纪恒通科技有限公司	12.63	152	−3.56	−77
江林（贵州）高科发展股份有限公司	12.60	153	—	—
贵州德恒信安防工程有限公司	12.54	154	—	—
贵州卓豪农业科技股份有限公司	12.54	155	—	—

续表

企业名称	指数 /%	位次	增降幅 指数	增降幅 位次
遵义市播州区苟江镇鑫欣源包装材料有限责任公司	12.52	156	—	—
贵州志琦科技有限公司	12.46	157	—	—
遵义智鹏高新铝材有限公司	12.43	158	0.95	−50
贵州省海美斯科技有限公司	12.43	159	—	—
贵州海智科技有限公司	12.40	160	—	—
贵州天逸轩网络科技有限公司	12.40	161	1.13	−50
贵阳联合高温材料有限公司	12.38	162	—	—
安顺德康农牧有限公司	12.38	163	2.53	−32
贵州金桥药业有限公司	12.37	164	−7.55	−111
贵州中科恒运软件科技有限公司	12.32	165	—	—
贵州创天科技有限公司	12.30	166	—	—
六盘水创世纪科贸有限公司	12.30	167	—	—
贵州比特软件有限公司	12.29	168	—	—
贵州华宁科技股份有限公司	12.27	169	—	—
贵州贵航飞机设计研究所	12.26	170	—	—
贵州黔通智联科技产业发展有限公司	12.24	171	—	—
贵州多维视科技有限公司	12.19	172	—	—
贵州英思普瑞信息技术有限公司	12.15	173	—	—
遵义市永胜金属设备有限公司	12.14	174	—	—
贵州天安药业股份有限公司	12.10	175	1.29	−56
博文软件(贵州)有限公司	11.94	176	−10.04	−132
贵州奥斯科尔科技实业有限公司	11.93	177	—	—
贵州永吉印务股份有限公司	11.89	178	—	—
贵州溪山科技有限公司	11.89	179	−7.04	−120
贵州紫金矿业股份有限公司	11.86	180	—	—
贵州中联信科技有限公司	11.81	181	—	—
贵州兰诚硕测绘有限责任公司	11.79	182	—	—
贵州精立航太科技有限公司	11.77	183	2.79	−48
遵义航科机电有限公司	11.76	184	0.88	−66
贵州农沃新能源科技有限公司	11.73	185	—	—
贵州中大方正水务环保有限公司	11.67	186	—	—
中联创展信息技术股份有限公司	11.60	187	—	—
航天云宏技术贵州有限公司	11.51	188	—	—
贵州省煤矿设计研究院	11.50	189	0.90	−68
贵州中航交通科技有限公司	11.49	190	−3.97	−111

续表

企业名称	指数/%	位次	增降幅	
			指数	位次
贵州黔和物流有限公司	11.46	191	—	—
贵州百灵企业集团正鑫药业有限公司	11.37	192	—	—
贵州科服科技集团有限责任公司	11.36	193	—	—
贵州迦太利华信息科技有限公司	11.33	194	—	—
贵阳中电高新数据科技有限公司	11.31	195	—	—
遵义市聚源建材有限公司	11.30	196	—	—
贵州双木农机有限公司	11.25	197	0.35	−80
贵阳语玩科技有限公司	11.22	198	—	—
贵州金玖生物技术有限公司	11.20	199	5.56	−23
瓮安县日升新型环保建材有限责任公司	11.18	200	−0.61	−94
贵州正合博莱金属有限公司	11.15	201	—	—
贵州黔力电器制造有限公司	11.01	202	—	—
贵州恒兴凯新型建材有限公司	10.95	203	—	—
贵州安凯达实业股份有限公司	10.91	204	−5.22	−128
贵州威顿晶磷电子材料股份有限公司	10.80	205	—	—
贵阳华烽有色铸造有限公司	10.70	206	9.36	75
贵州信鸽科技有限公司	10.67	207	—	—
大方县九龙天麻开发有限公司	10.65	208	—	—
贵州振华红云电子有限公司	10.65	209	—	—
贵阳新天光电科技有限公司	10.61	210	—	—
遵义市润丰源钢铁铸造有限公司	10.58	211	—	—
遵义长征输配电设备有限公司	10.54	212	6.95	29
贵州广济堂药业有限公司	10.52	213	—	—
贵州大隆药业有限责任公司	10.51	214	—	—
贵州宏宇药业有限公司	10.47	215	−3.13	−122
贵州华康伟创科技有限公司	10.44	216	—	—
贵州伊思特新技术发展有限责任公司	10.38	217	—	—
西南能矿集团股份有限公司	10.32	218	—	—
遵义市飞宇电子有限公司	10.30	219	—	—
贵州恒信工程有限公司	10.29	220	—	—
安软科技集团（贵州）有限公司	10.28	221	—	—
贵州西瑞科技有限公司	10.16	222	—	—
贵州乐诚技术有限公司	10.16	223	—	—
贵州能安机电设备制造有限公司	10.15	224	—	—
贵州黎阳国际制造有限公司	10.13	225	—	—

续表

企业名称	指数 /%	位次	增降幅 指数	增降幅 位次
贵州捷盛钻具股份有限公司	10.12	226	—	—
遵义春华新材料科技有限公司	10.12	227	−1.30	−118
贵州光大远航测绘工程有限公司	10.10	228	—	—
贵州宇鹏科技有限责任公司	10.09	229	—	—
遵义华富生物科技有限公司	10.08	230	0.16	−100
贵州省安顺市智达公共安技术有限责任公司	9.97	231	—	—
贵州伟力达电子有限公司	9.94	232	−1.05	−117
贵州信天游信息技术有限公司	9.93	233	—	—
贵州元能管业有限公司	9.92	234	0.82	−100
贵州楚智建材科技有限公司	9.90	235	—	—
贵州杰轩科技有限责任公司	9.86	236	—	—
贵阳天富长丰网络科技有限公司	9.86	237	—	—
遵义精星航天电器有限责任公司	9.84	238	−0.70	−116
贵州恒盛丝绸科技有限公司	9.80	239	—	—
贵州联洪合成材料有限公司	9.77	240	—	—
贵州智通天下信息技术有限公司	9.76	241	—	—
遵义市倍缘化工有限责任公司	9.73	242	—	—
贵州翰瑞电子有限公司	9.71	243	—	—
贵州秒银信诚科技有限公司	9.68	244	—	—
贵州振华天通设备有限公司	9.65	245	—	—
遵义宏港机械有限公司	9.44	246	—	—
贵州三超科技信息系统有限公司	9.40	247	—	—
贵州盘江煤层气开发利用有限责任公司	9.40	248	—	—
遵义长征汽车零部件有限公司	9.30	249	−5.38	−165
贵州小伙人信息技术有限公司	9.27	250	—	—
贵州鲸品汇电子商务有限公司	9.26	251	—	—
贵州惠沣众一机械制造有限公司	9.19	252	—	—
贵州优好停车设备有限公司	9.19	253	—	—
贵州省瓮安县瓮福黄磷有限公司	9.13	254	—	—
贵州详务节能建材有限公司	9.11	255	—	—
贵州电子商务云运营有限责任公司	9.05	256	4.79	−36
贵州三泓药业股份有限公司	8.98	257	−2.04	−143
习水县蓝岛电脑科技有限公司	8.97	258	—	—
贵州荣清工具有限公司	8.89	259	0.72	−115
贵阳力泉液压技术有限公司	8.89	260	—	—

续表

企业名称	指数/%	位次	增降幅 指数	增降幅 位次
遵义市信欧建材有限公司	8.86	261	—	—
黔山良农有限公司	8.84	262	—	—
贵州省煤层气页岩气工程技术研究中心	8.82	263	—	—
贵州联建土木工程质量检测监控中心有限公司	8.74	264	—	—
贵阳富源饲料有限公司	8.62	265	−0.13	−126
遵义市文杰机电有限责任公司	8.57	266	—	—
贵阳新希望农业科技有限公司	8.57	267	0.11	−126
贵州诚安建设有限公司	8.54	268	—	—
贵州精博高科科技有限公司	8.52	269	—	—
贵州云峰药业有限公司	8.48	270	—	—
贵州数据宝网络科技有限公司	8.48	271	—	—
贵州创奇环保科技股份有限公司	8.47	272	—	—
贵州天马环卫设备有限公司	8.45	273	—	—
国药集团贵州血液制品有限公司	8.44	274	—	—
黔西南州乐呵化工有限责任公司	8.41	275	6.12	−4
贵州东冠科技有限公司	8.34	276	—	—
贵州志成恩予科技有限公司	8.30	277	—	—
贵州大兴旺新材料科技有限公司	8.26	278	—	—
贵州友擘机械制造有限公司	8.25	279	—	—
埃柯赛环境科技（贵州）股份有限公司	8.22	280	—	—
遵义市金鼎农业科技有限公司	8.20	281	1.18	−119
贵州良济药业有限公司	8.19	282	—	—
贵州水矿控股集团有限责任公司	8.18	283	—	—
通号建设集团贵州工程有限公司	8.06	284	3.10	−87
贵州力登科技发展有限公司	8.01	285	—	—
贵州华阳汽车零部件有限公司	8.01	286	1.37	−118
贵州智能加数字科技有限公司	7.91	287	—	—
贵阳电气控制设备有限公司	7.87	288	—	—
贵州新锦竹木制品有限公司	7.86	289	−0.43	−146
贵州天威建材科技有限责任公司	7.78	290	3.00	−82
贵州森阳科技有限公司	7.68	291	—	—
贵州长通线缆有限公司	7.61	292	—	—
遵义市龙驰生物科技有限公司	7.60	293	—	—
贵州苗药药业有限公司	7.59	294	—	—
贵州思索电子有限公司	7.55	295	—	—

续表

企业名称	指数 /%	位次	增降幅	
			指数	位次
贵州遵义驰宇精密机电制造有限公司	7.52	296	—	—
贵州东峰锑业股份有限公司	7.50	297	−4.43	−192
贵州同成环境科技有限公司	7.45	298	—	—
贵州六合门业有限公司	7.45	299	—	—
贵州全世通精密机械科技有限公司	7.42	300	2.35	−109
贵州航天风华实业有限公司	7.41	301	—	—
遵义汇航机电有限公司	7.40	302	—	—
贵州长泰源节能建材股份有限公司	7.38	303	—	—
贵州万恒科技发展有限公司	7.36	304	—	—
贵州新华羲玻璃有限责任公司	7.28	305	—	—
中国航发贵州航空发动机维修有限责任公司	7.25	306	—	—
遵义双河生物燃料科技有限公司	7.24	307	—	—
贵州智诚科技有限公司	7.19	308	—	—
贵州凯里经济开发区中昊电子有限公司	7.17	309	−0.01	−150
遵义市精科信检测有限公司	7.09	310	—	—
贵州德鑫源电气有限公司	7.09	311	—	—
贵州守望领域数据智能有限公司	7.08	312	—	—
贵州温商信息技术有限公司	7.06	313	—	—
贵州鸣腾科技有限公司	6.99	314	—	—
遵义强大博信知识产权服务有限公司	6.94	315	—	—
六盘水中联工贸实业有限公司	6.94	316	—	—
贵州润生制药有限公司	6.93	317	2.04	−114
贵州锐新科技有限公司	6.90	318	—	—
贵州政立矿业有限公司	6.85	319	—	—
贵州自由客网络技术有限公司	6.78	320	—	—
贵州普济生物技术有限公司	6.77	321	—	—
遵义新利特金属材料科技有限公司	6.73	322	−0.52	−165
贵州华云汽车饰件制造有限公司	6.71	323	2.47	−101
贵州苗药生物技术有限公司	6.68	324	—	—
贵州新气象科技有限责任公司	6.67	325	—	—
贵州亿垒科技有限公司	6.67	326	—	—
中国建材检验认证集团贵州有限公司	6.53	327	0.85	−152
贵州特派克生物防治技术有限公司	6.50	328	—	—
贵州东方世纪科技股份有限公司	6.49	329	−2.35	−192
贵州恒源科创资源再生开发有限公司	6.46	330	—	—

续表

企业名称	指数 /%	位次	增降幅	
			指数	位次
贵阳玉塑包装有限公司	6.44	331	—	—
贵州天保生态股份有限公司	6.44	332	—	—
贵州精工利鹏科技有限公司	6.39	333	3.07	−83
贵州华美达科技有限公司	6.36	334	1.38	−138
贵州恒和制药有限公司	6.36	335	—	—
贵州欧瑞欣合环保股份有限公司	6.33	336	−8.75	−255
贵州车秘科技有限公司	6.32	337	—	—
贵州西南管业有限公司	6.24	338	−1.88	−193
贵州西西洋教育科技有限公司	6.20	339	—	—
贵州安吉华元科技发展有限公司	6.19	340	0.83	−159
安顺新金秋科技股份有限公司	6.14	341	−0.08	−170
贵州瑞普科技有限公司	6.14	342	—	—
贵州天地药业有限责任公司	6.12	343	—	—
贵州兴泰科技有限公司	6.09	344	—	—
遵义恒佳铝业有限公司	6.09	345	3.77	−76
康命源（贵州）科技发展有限公司	6.05	346	—	—
贵阳锐泰电力科技有限公司	6.02	347	−1.08	−187
力源液压系统（贵阳）有限公司	6.02	348	−2.74	−210
遵义拓特铸锻有限公司	5.98	349	—	—
贵州航天朝阳科技有限责任公司	5.91	350	—	—
绿地环保科技股份有限公司	5.88	351	—	—
绥阳县华丰电器有限公司	5.88	352	−4.26	−225
贵阳方舟科技股份有限公司	5.87	353	—	—
贵州铁建恒发新材料科技股份有限公司	5.80	354	—	—
贵州恒力源林业科技有限公司	5.73	355	—	—
遵义市恒新化工有限公司	5.69	356	0.43	−171
贵州卡布婴童用品有限责任公司	5.67	357	—	—
贵州铁建工程质量检测咨询有限公司	5.67	358	−1.59	−202
贵州丽基新材料有限公司	5.63	359	—	—
贵州唯捷众品信息技术有限公司	5.59	360	—	—
贵州力强科技发展有限公司	5.59	361	−9.01	−275
贵州兴达兴建材股份有限公司	5.58	362	−1.23	−197
贵州智慧共治信息科技有限公司	5.58	363	—	—
遵义粒满丰肥业有限责任公司	5.56	364	−2.39	−215
贵州林都园林工程有限公司	5.56	365	—	—

续表

企业名称	指数 /%	位次	增降幅	
			指数	位次
贵州黔峰管业有限公司	5.50	366	—	—
贵州黄平富城实业有限公司	5.49	367	−2.82	−225
贵州长通集团智造有限公司	5.49	368	—	—
贵州金田新材料科技有限公司	5.44	369	—	—
贵阳动视云科技有限公司	5.41	370	—	—
遵义市大鼎正环保建材有限公司	5.40	371	—	—
贵州金域医学检验中心有限公司	5.39	372	—	—
贵州晟扬管道科技有限公司	5.38	373	1.84	−131
贵州云博极讯科技有限责任公司	5.37	374	—	—
贵州长征电器成套有限公司	5.36	375	0.45	−175
贵州天能电力高科技有限公司	5.35	376	—	—
贵州飞云岭药业股份有限公司	5.32	377	—	—
贵州德润电力建设有限公司	5.32	378	—	—
贵州迈锐钻探设备制造有限公司	5.32	379	—	—
贵州安易和信科技有限公司	5.30	380	—	—
遵义易拓网络服务有限公司	5.29	381	−6.10	−271
贵州明峰工业废渣综合回收再利用有限公司	5.28	382	−1.53	−218
遵义市贵科科技有限公司	5.26	383	—	—
贵州世纪宏景软件有限公司	5.24	384	—	—
贵州匠人筑造工程咨询有限公司	5.22	385	—	—
贵州莱利斯机械设计制造有限责任公司	5.20	386	—	—
贵州九鼎成科技有限公司	5.19	387	—	—
绥阳县耐环铝业有限公司	5.18	388	−2.82	−241
贵阳块数据城市建设有限公司	5.16	389	—	—
贵州威默电气成套设备有限公司	5.16	390	—	—
贵州省电子证书有限公司	5.16	391	—	—
贵州永恒光科技有限公司	5.16	392	—	—
贵州木弓贵芯微电子有限公司	5.16	393	—	—
贵州中科信达科技有限公司	5.15	394	—	—
遵义同兴源建材有限公司	5.09	395	—	—
贵州亿程交通信息有限公司	5.06	396	—	—
贵州鼎立生物科技香料有限公司	5.04	397	—	—
贵州航飞精密制造有限公司	4.96	398	—	—
贵州百事通建筑安装工程有限公司	4.95	399	—	—
贵州非格斯科技有限公司	4.93	400	—	—

续表

企业名称	指数 /%	位次	增降幅	
			指数	位次
贵阳力波机械传动有限公司	4.92	401	—	—
贵州德良方药业股份有限公司	4.91	402	—	—
贵州中孚科技有限公司	4.91	403	0.64	−184
贵阳四度空间文化传媒有限公司	4.89	404	—	—
遵义航天娄山电器化工有限公司	4.86	405	−1.89	−239
普定县银丰农业科技发展有限公司	4.84	406	—	—
贵州省首为电线电缆有限公司	4.82	407	—	—
贵州安康健科技有限公司	4.80	408	—	—
贵阳精彩数字印刷有限公司	4.80	409	—	—
贵州银亨融通科技发展有限公司	4.78	410	—	—
贵州红星发展大龙锰业有限责任公司	4.76	411	0.56	−188
贵州皓科新型材料有限公司	4.74	412	—	—
贵州坤盾天成科技有限公司	4.61	413	0.95	−174
贵州杰源水务管理技术科技有限公司	4.60	414	—	—
贵州大博金太阳能光电有限公司	4.60	415	0.65	−180
贵州博德恒泰科技有限公司	4.56	416	—	—
贵州维讯光电科技有限公司	4.54	417	—	—
贵州华信创新科技有限公司	4.51	418	—	—
贵州金农科技有限责任公司	4.51	419	1.53	−164
松桃华艺科技有限公司	4.50	420	—	—
遵义市旭辉新型节能建材有限公司	4.46	421	—	—
贵州房易通网络技术有限公司	4.46	422	—	—
贵州中铝彩铝科技有限公司	4.46	423	—	—
黔南热线网络有限责任公司	4.44	424	—	—
贵阳高新益舸电子有限公司	4.42	425	—	—
贵州文博科技有限公司	4.41	426	1.44	−170
贵州鑫轩贵钢结构机械有限公司	4.41	427	−1.99	−257
贵州开阳川东化工有限公司	4.40	428	—	—
贵州省建筑设计研究院有限责任公司	4.39	429	−3.22	−275
贵州千村节能环保科技开发有限公司	4.38	430	—	—
贵阳新洋诚义齿有限公司	4.37	431	0.72	−191
贵州众诚兴业科教设备有限公司	4.36	432	—	—
贵阳德康农牧有限公司	4.35	433	—	—
贵州指趣网络科技有限公司	4.32	434	—	—
贵州佳联兴科技有限公司	4.31	435	—	—

企业名称	指数 /%	位次	增降幅 指数	增降幅 位次
贵州金科成科技服务有限公司	4.30	436	—	—
贵州征诚汇达通信工程有限公司	4.30	437	—	—
贵阳明通炉料有限公司	4.29	438	—	—
贵州优特云科技有限公司	4.29	439	—	—
贵州金义磨料有限公司	4.27	440	—	—
贵州立时恒升通信工程有限公司	4.27	441	—	—
贵州鑫权懿科技发展有限公司	4.22	442	—	—
贵州鑫都嘉汇科技有限责任公司	4.22	443	—	—
安顺市非凡创新科技有限公司	4.21	444	—	—
贵州嘉智信联科技有限公司	4.21	445	—	—
贵州黔元隆安装工程有限公司	4.21	446	—	—
贵州天地科技实业有限公司	4.19	447	−0.76	−249
贵州晨智俊博科技有限公司	4.18	448	—	—
贵州联众云医疗科技有限公司	4.17	449	—	—
贵州鼎成熔鑫科技有限公司	4.16	450	−0.42	−238
贵州丰达轴承有限公司	4.15	451	—	—
贵州太瑞生诺生物医药有限公司	4.14	452	—	—
贵州卓讯软件股份有限公司	4.13	453	−0.78	−252
贵州中电通环境检测有限公司	4.11	454	—	—
贵阳天龙摩擦材料有限公司	4.11	455	−2.52	−286
贵州兆浪科技实业有限公司	4.10	456	—	—
贵州苗仁堂制药有限责任公司	4.08	457	−2.06	−285
贵州百能思信息科技有限公司	4.06	458	—	—
贵州智合时代传媒有限公司	4.05	459	—	—
贵州新致普惠信息技术有限公司	4.05	460	—	—
贵州耕云科技有限公司	4.04	461	−5.44	−329
贵州阿凡提工业信息有限公司	4.04	462	—	—
贵州根树林信息科技有限公司	4.03	463	—	—
贵州黎阳天翔科技有限公司	4.03	464	—	—
贵阳金利沅科技有限公司	4.03	465	—	—
遵义天辉机电有限责任公司	4.03	466	−0.28	−249
安顺文杰科技有限公司	4.02	467	−0.01	−235
贵州环能地质咨询有限责任公司	4.01	468	—	—
贵阳市启沃富科技有限公司	3.99	469	−0.19	−245
贵州英吉尔机械制造有限公司	3.96	470	—	—

续表

企业名称	指数 /%	位次	增降幅 指数	增降幅 位次
贵州祥程佳和机械制造有限公司	3.96	471	—	—
贵州水务运营有限公司	3.96	472	—	—
贵州中软云上数据技术服务有限公司	3.93	473	—	—
贵州烨阳科技发展有限公司	3.90	474	—	—
贵州兴洪波科技有限公司	3.89	475	—	—
贵州亿林建设工程有限公司	3.88	476	—	—
贵州创新睿界科技有限公司	3.88	477	—	—
贵州金马包装材料有限公司	3.87	478	—	—
贵州禹之源生态环保有限公司	3.86	479	—	—
贵州西部农产品交易中心有限公司	3.86	480	0.36	−237
贵金玉科技发展有限公司	3.86	481	—	—
贵州博成科技有限公司	3.86	482	—	—
贵州众蓝科技有限公司	3.84	483	—	—
贵州恩科达医疗科技有限公司	3.83	484	—	—
贵州开阳三环磨料有限公司	3.83	485	1.60	−213
都匀市莘蕊科技有限公司	3.82	486	—	—
贵州响亮电子技术有限公司	3.81	487	—	—
安顺市成威科技有限公司	3.79	488	−1.03	−282
贵州恒科电子科技有限公司	3.78	489	—	—
贵州众和宏远科技有限公司	3.78	490	—	—
贵州黔莱亚科技有限公司	3.77	491	—	—
贵州泽涛科技有限公司	3.76	492	—	—
贵州中星网路科技有限公司	3.76	493	—	—
贵州乐创方舟科技文化有限公司	3.76	494	—	—
贵州聚惠达科技有限公司	3.76	495	—	—
贵州盛昌药业有限公司	3.76	496	−4.18	−346
贵州华森科技实业有限公司	3.75	497	—	—
贵州大成玻璃工程有限责任公司	3.72	498	—	—
贵州开拓未来计算机技术有限公司	3.70	499	—	—
贵州联创天健科技有限公司	3.65	500	—	—
贵阳长治恒丰智能科技有限公司	3.65	501	—	—
贵州鼎慧大数据科技有限公司	3.65	502	—	—
贵州光能科技有限公司	3.64	503	—	—
贞丰县贵耀材料科技有限公司	3.64	504	—	—
贵州源溯科技有限公司	3.62	505	—	—

续表

企业名称	指数/%	位次	增降幅	
			指数	位次
都匀市大隆传动机械有限公司	3.62	506	—	—
贵州天讯信息产业有限公司	3.61	507	—	—
贵州黔力重工有限公司	3.60	508	—	—
龙里县粤盛型材有限公司	3.60	509	—	—
贵州黔云联创网络科技有限公司	3.59	510	—	—
贵州创美鑫韵文化传媒有限公司	3.59	511	—	—
贵州新中盟机电设备有限公司	3.58	512	—	—
贵州联众科创科技工程有限公司	3.56	513	—	—
贵阳鑫恒泰实业有限公司	3.56	514	—	—
贵州数智联云科技有限公司	3.56	515	9.43	−227
贵州垒华成工程试验检测有限责任公司	3.56	516	—	—
贵州银通三联科技有限公司	3.55	517	—	—
贵州政和信息科技有限公司	3.55	518	—	—
贵州忠义柒彩科技开发有限公司	3.54	519	—	—
贵州卓品汇成套设备工程有限公司	3.53	520	—	—
贵州正合伟业科技有限责任公司	3.51	521	—	—
贵州金鑫博睿科技有限公司	3.51	522	—	—
贵州盛方信息科技有限公司	3.48	523	−0.65	−296
贵州秦泰药业有限公司	3.48	524	−1.83	−340
贵州通勤汇嘉科技有限公司	3.47	525	—	—
贵州安泰晟达通信工程有限公司	3.47	526	—	—
贵阳白云中航紧固件有限公司	3.46	527	—	—
贵州汉沙科技有限公司	3.46	528	—	—
贵州玄德生物科技股份有限公司	3.46	529	—	—
贵州联韵智能声学科技有限公司	3.44	530	—	—
贵阳玛莱特液压电磁科技有限公司	3.43	531	—	—
贵州微兄弟信息技术有限公司	3.38	532	—	—
贵阳华森建材有限公司	3.37	533	—	—
贵州黔竹汇君科技有限公司	3.36	534	—	—
贵阳兴意达天诚科技有限公司	3.36	535	0.12	−284
铜仁市海创信息科技有限公司	3.36	536	—	—
安顺虹特滚珠丝杠有限责任公司	3.36	537	—	—
贵州道兴建设工程检测有限责任公司	3.36	538	0.59	−279
贵州良济医疗器械有限公司	3.34	539	—	—
贵州省欣紫鸿药用辅料有限公司	3.34	540	−10.95	−452

续表

企业名称	指数/%	位次	增降幅	
			指数	位次
贵州远东兄弟钻探有限公司	3.34	541	—	—
贵州贵诚管业有限责任公司	3.33	542	—	—
贵州福斯特磨料磨具有限公司	3.33	543	—	—
贵州源隆新型环保墙体建材有限公司	3.33	544	—	—
贵州津惠隆科技有限公司	3.33	545	—	—
贵州省源单新材料科技有限公司	3.32	546	—	—
贵州泰坦电气系统有限公司	3.32	547	−1.76	−357
贵州广毅节能环保科技有限公司	3.31	548	1.44	−274
贵州永兴建设工程质量检测有限公司	3.30	549	−0.20	−305
贵阳联诚欣业科技有限公司	3.30	550	−1.75	−358
贵州联掌慧信息技术有限公司	3.28	551	—	—
贵阳飞丝特科技有限公司	3.28	552	—	—
贵阳富世通科技有限公司	3.27	553	—	—
贵州永成科技有限公司	3.26	554	—	—
贵州信方达信息咨询有限公司	3.25	555	−2.13	−375
贵阳盛通宏业科技有限公司	3.24	556	—	—
贵州人和致远数据服务有限责任公司	3.22	557	−4.76	−409
贵州山顺缆车有限公司	3.21	558	—	—
贵州天地荣科技有限公司	3.21	559	—	—
贵阳创新天健科技有限公司	3.21	560	—	—
贵州杰傲建材有限责任公司	3.20	561	−7.21	−438
贵州天晟伟业科技有限公司	3.19	562	—	—
安顺市虹翼特种钢球制造有限公司	3.18	563	0.32	−305
贵州航图教育科技有限公司	3.18	564	—	—
贵州中节能天融兴德环保科技有限公司	3.16	565	—	—
遵义天力环境工程有限责任公司	3.16	566	0.04	−314
遵义鑫华源电力设备有限公司	3.14	567	—	—
贵州天成中源科技有限公司	3.12	568	—	—
贵州嘉锐恒大科技有限公司	3.12	569	—	—
贵州华龙电子设备有限公司	3.10	570	—	—
贵州华诚天下节能科技有限公司	3.10	571	—	—
贵州智教云教育科技有限公司	3.10	572	—	—
贵州省达济环保科技有限公司	3.09	573	—	—
贵州硕利芮达科技有限公司	3.09	574	—	—
贵阳企易云商科技发展有限公司	3.08	575	—	—

续表

企业名称	指数 /%	位次	增降幅	
			指数	位次
贵州黔聚龙投资有限公司	3.08	576	—	—
贵州鑫桥建设工程有限公司	3.07	577	—	—
贵州省遵义市辉煌种业有限公司	3.06	578	—	—
贵州俊丰源环保科技有限公司	3.03	579	—	—
贵州长圣信息工程有限公司	3.02	580	—	—
贵州英利达科贸有限公司	3.01	581	—	—
贵州省恒力源林业科技有限公司	3.00	582	−1.12	−354
贵州木易精细陶瓷有限责任公司	2.99	583	0.31	−321
贵阳新同舟科技有限公司	2.98	584	—	—
贵州北极光原生态农业开发有限公司	2.97	585	—	—
贵定县恒伟玻璃制品有限公司	2.97	586	−0.09	−332
遵义市汇川区吉美电镀有限责任公司	2.93	587	—	—
贵阳大数据交易所	2.93	588	—	—
贵州瑞恩检测技术有限公司	2.92	589	—	—
贵州智博云网络科技有限公司	2.91	590	—	—
贵州众智恒生态科技有限公司	2.90	591	—	—
贵州惠康盛电气有限公司	2.88	592	—	—
贵州逸飞科技有限公司	2.88	593	—	—
贵州惠智电子技术有限责任公司	2.87	594	—	—
贵阳鑫辰宇办公设备有限公司	2.86	595	—	—
贵州蓝天远泰科技有限公司	2.83	596	—	—
贵州益恒创兴科技有限公司	2.82	597	—	—
贵州辰阳星睿科技有限公司	2.81	598	—	—
黔南州金安电子安防服务有限公司	2.80	599	—	—
贵州云图瞰景地理信息技术有限公司	2.79	600	—	—
贵阳天马测绘技术有限公司	2.77	601	—	—
贵州盛峰药用包装有限公司	2.77	602	—	—
贵州纳雍博润环保科技有限公司	2.76	603	—	—
贵州恒绿源环保有限公司	2.75	604	—	—
贵州贵玻玻璃有限公司	2.74	605	0.36	−338
贵州金瑞渐成电子有限公司	2.71	606	—	—
贵州数易联科技有限公司	2.71	607	—	—
贵州普利英吉科技有限公司	2.71	608	—	—
贵州兆浪科技实业有限公司	2.69	609	—	—
贵州惠波机械制造有限公司	2.68	610	—	—

续表

企业名称	指数 /%	位次	增降幅	
			指数	位次
贵州优行车联科技有限公司	2.67	611	—	—
贵州中盛弘通科技有限公司	2.66	612	—	—
遵义凯发新泉污水处理有限公司	2.66	613	—	—
贵州金山国土勘测工程有限公司	2.64	614	—	—
贵州中消云泰和安科技有限公司	2.61	615	—	—
贵州好百年住宅工业有限公司	2.60	616	—	—
贵州朗科电气有限公司	2.60	617	—	—
贵州美洁环卫工程有限责任公司	2.56	618	—	—
贵州巨凯科技有限公司	2.54	619	—	—
贵州顺健制药有限公司	2.54	620	—	—
贵州科讯达科技有限公司	2.50	621	—	—
贵州加来智能科技有限公司	2.46	622	—	—
贵州海普科技有限公司	2.43	623	—	—
贵州智联云弛软件科技有限公司	2.36	624	—	—
贵州西南制造产业园有限公司	2.34	625	—	—
毕节市斯翔安防科技有限公司	2.34	626	−0.05	−360
贵阳方舟高新技术有限公司	2.33	627	0.76	−350
贵州百胜工程建设咨询有限公司	2.33	628	—	—
贵州云腾志远科技发展有限公司	2.31	629	—	—
贵州佳网科技发展有限公司	2.29	630	—	—
遵义汇峰智能系统有限责任公司	2.28	631	−7.90	−505
贵州云上诚创科技有限公司	2.28	632	—	—
贵定县洪福环保科技有限公司	2.22	633	—	—
贵阳高新泰丰航空航天科技有限公司	2.21	634	−0.11	−364
贵州宏志数码科技工程有限公司	2.19	635	—	—
黔南滑动轴承有限公司	2.16	636	—	—
贵州华良电气有限公司	2.14	637	—	—
贵州长信天鹰信息系统有限公司	2.14	638	—	—
遵义市友联包装实业有限公司	2.12	639	—	—
贵州岑祥资源科技有限责任公司	2.09	640	—	—
贵州源塑实业有限公司	2.09	641	—	—
贵州科库科技有限公司	2.09	642	—	—
遵义长征电器制造有限公司	2.09	643	—	—
贵州弘康药业有限公司	2.08	644	−2.70	−437
贵州元方志擎科技有限公司	2.03	645	—	—

续表

企业名称	指数 /%	位次	增降幅 指数	增降幅 位次
贵州诚致未来科技有限公司	1.95	646	—	—
贵州天虹志远电线电缆有限公司	1.93	647	−0.43	−379
贵州毅博机械设备有限公司	1.93	648	—	—
贵州航火电器有限公司	1.91	649	—	—
贵州华星冶金有限公司	1.90	650	—	—
贵州百科达科技有限公司	1.88	651	—	—
贵州迅达信息产业发展有限公司	1.80	652	−0.27	−379
铜仁市碧江区安智科技有限公司	1.73	653	—	—
贵州海跃模具有限公司	1.72	654	—	—
贵州好住理网络科技有限公司	1.67	655	—	—
遵义朝宇锅炉有限公司	1.67	656	0.13	−378
贵阳鑫泓工程技术有限公司	1.65	657	—	—
贵州长宇电力电气有限公司	1.65	658	—	—
贵州云谷数据有限公司	1.64	659	—	—
贵州省移塑管业有限公司	1.59	660	—	—
贵州万顺豪环卫机械设备有限公司	1.59	661	—	—
贵州省德邦环保化工有限公司	1.50	662	—	—
贵州华峰志远商贸有限公司	1.49	663	—	—
贵州大西南工程检测有限公司	1.47	664	0.08	−384
贵州海誉科技股份有限公司	1.45	665	—	—
贵州科华交通建设工程有限公司	1.43	666	—	—
千景空间科技有限公司	1.42	667	—	—
贵州省瓮安兴农磷化工有限责任公司	1.39	668	−1.07	−403
贵州三佳科技有限公司	1.32	669	—	—
贵州尚品创意网络科技有限公司	1.24	670	—	—
贵州汇龙源电气有限公司	1.15	671	—	—
贵州远诚自控科技有限公司	1.09	672	—	—
铜仁文馨高效节能门窗有限公司	1.07	673	—	—
贵州云图时代信息技术有限公司	1.05	674	—	—
贵州万业包装有限公司	1.04	675	—	—
贵州奥申信息技术发展有限公司	1.01	676	−1.92	−419
贵州康建电力设备有限公司	0.99	677	—	—
遵义市利升机械加工有限公司	0.91	678	−7.11	−532
瓮安鑫源环保建材有限公司	0.81	679	—	—
贵州德瑞软件开发有限责任公司	0.78	680	—	—

续表

企业名称	指数/%	位次	增降幅 指数	增降幅 位次
贵州宏信创达工程检测咨询有限公司	0.76	681	—	—
贵州华立通科技发展有限公司	0.76	682	—	—
中通友源建设有限公司	0.75	683	—	—
普定全成电子有限公司	0.67	684	—	—
贵州云智数据集团有限责任公司	0.67	685	—	—
贵州永美健医疗器械有限公司	0.66	686	—	—
六盘水市钟山区泉辰科技有限责任公司	0.63	687	—	—
路鑫机械有限公司	0.60	688	—	—
贵州楠天新型建材科技开发有限公司	0.23	689	—	—
贵州同成沁溢水务环境有限公司	0.09	690	—	—
黔南州黔程科技有限公司	0.08	691	—	—
贵州德隆水泥有限公司	0.00	692	—	—
贵阳华丰航空科技有限公司	0.00	692	—	—
贵州亿全科技有限公司	0.00	692	—	—
贵州合润铝业新材料科技股份有限公司	−0.22	695	—	—
贵州地道药业有限公司	−0.67	696	—	—
贵州车联邦网络科技有限公司	−0.72	697	—	—
遵义市亿易通科技网络有限责任公司	−4.03	698	−10.75	−531

（二）重点企业科技创新统计监测一级指数排位

重点企业科技创新条件及基础指数排位如表6-2所示。

表6-2 重点企业科技创新条件及基础指数排位

企业名称	科技创新条件及基础 指数/%	科技创新条件及基础 位次	创新平台系数 指标值	创新平台系数 位次	人均发明专利申请量 指标值/项	人均发明专利申请量 位次
中国电建集团贵阳勘测设计研究院有限公司	100.00	1	0.42	3	0.13	36
贵州新联爆破工程集团有限公司	92.28	2	0.37	6	0.05	90
贵州钢绳股份有限公司	87.70	3	0.32	9	0.02	165
中国电建集团贵州电力设计研究院有限公司	85.66	4	0.32	9	0.04	119
贵州凯星液力传动机械有限公司	83.86	5	0.34	8	0.07	65
贵阳朗玛信息技术股份有限公司	79.32	6	0.24	18	0.03	125
中航贵州飞机有限责任公司	75.21	7	0.37	6	0.00	223
贵州航天林泉电机有限公司	74.30	8	0.25	16	0.03	139

续表

企业名称	科技创新条件及基础		创新平台系数		人均发明专利申请量	
	指数/%	位次	指标值	位次	指标值/项	位次
贵州建工集团有限公司	73.90	9	0.47	2	0.00	230
贵州航天新力科技有限公司	73.21	10	0.22	21	0.06	70
贵州振华群英电器有限公司(国有第八九一厂)	72.75	11	0.20	23	0.04	108
贵州省水利水电勘测设计研究院	70.48	12	0.17	29	0.05	91
贵州航天电器股份有限公司	69.94	13	0.19	26	0.03	142
中国航发贵州黎阳航空动力有限公司	69.04	14	0.19	26	0.02	157
贵州航天控制技术有限公司	68.15	15	0.24	18	0.03	134
贵州益华膜科技有限公司	65.35	16	0.29	13	0.20	26
贵州安吉航空精密铸造有限责任公司	65.21	17	0.24	18	0.02	177
贵州百灵企业集团仁和堂药业有限公司	65.07	18	0.41	4	0.01	211
贵阳航空电机有限公司	61.37	19	0.12	47	0.04	101
贵州勤邦食品安全科学技术有限公司	60.75	20	0.17	29	0.21	22
贵州世农肥业有限公司	59.83	21	0.31	11	0.05	86
贵州西南工具(集团)有限公司	59.55	22	0.17	29	0.05	98
瓮福(集团)有限责任公司	58.50	23	0.73	1	0.00	236
贵州航天电子科技有限公司	57.27	24	0.07	64	0.07	60
江南机电设计研究所	54.36	25	0.05	114	0.07	62
中国航空工业标准件制造有限责任公司	53.66	26	0.12	47	0.02	148
中国贵州茅台酒厂(集团)有限责任公司	53.40	27	0.27	15	0.00	247
贵州安大航空锻造有限责任公司	53.25	28	0.07	64	0.05	96
贵州航宇科技发展股份有限公司	52.10	29	0.25	16	0.02	163
贵州益佰制药股份有限公司	51.21	30	0.39	5	0.00	246
贵州新安航空机械有限责任公司	50.97	31	0.07	64	0.05	93
贵州浩博工程质量检测有限公司	50.00	32	0.31	11	0.00	248
贵州虹轴轴承有限公司	48.02	33	0.29	13	0.00	248
贵州航天天马机电科技有限公司	47.90	34	0.07	64	0.03	139
贵州凯科特材料有限公司	47.62	35	0.20	23	0.05	83
贵州全安密灵科技有限公司	45.33	36	0.00	371	0.43	9
贵州航天南海科技有限责任公司	45.23	37	0.08	56	0.04	100
中电科大数据研究院有限公司	44.76	38	0.10	51	0.08	58
贵州航天凯山石油仪器有限公司	44.47	39	0.05	114	0.12	39
贵州贝加尔乐有限公司	42.14	40	0.00	371	0.09	45
贵州久联民爆器材发展股份有限公司	41.49	41	0.22	21	0.00	244
遵义钛业股份有限公司	40.73	42	0.19	26	0.01	191

续表

企业名称	科技创新条件及基础		创新平台系数		人均发明专利申请量	
	指数/%	位次	指标值	位次	指标值/项	位次
贵州成智重工科技有限公司	40.61	43	0.12	47	0.09	42
贵州泰永长征技术股份有限公司	40.43	44	0.17	29	0.02	161
贵州群建精密机械有限公司	38.56	45	0.20	23	0.01	208
中国振华集团云科电子有限公司	37.64	46	0.07	64	0.04	118
贵阳时代沃顿科技有限公司	37.48	47	0.07	64	0.04	105
贵航发动机设计研究所	35.33	48	0.00	371	0.04	109
贵州兴国新动力科技有限公司	34.48	49	0.17	29	0.02	163
贵州航天风华精密设备有限公司	33.70	50	0.07	64	0.02	171
贵州中科恒运软件科技有限公司	33.67	51	0.00	371	0.34	12
贵州凯襄新材料有限公司	32.98	52	0.02	131	0.29	15
遵义市永胜金属设备有限公司	32.98	52	0.02	131	0.31	14
贵阳永青仪电科技有限公司	32.71	54	0.17	29	0.01	215
贵州人和信通科技有限公司	32.50	55	0.00	371	2.14	1
贵州航太精密制造有限公司	32.43	56	0.15	35	0.02	150
中国水利水电第九工程局有限公司	32.30	57	0.07	64	0.00	248
贵州詹阳动力重工有限公司	31.91	58	0.15	35	0.00	225
贵州省交通规划勘察设计研究院股份有限公司	31.71	59	0.14	42	0.01	216
贵州火焰山电器股份有限公司	31.27	60	0.07	64	0.08	56
际华三五三七制鞋有限责任公司	31.10	61	0.07	64	0.02	178
贵州川恒化工股份有限公司	31.06	62	0.15	35	0.01	214
贵州华宁科技股份有限公司	30.65	63	0.02	131	0.23	20
贵州火星探索科技有限公司	30.65	63	0.02	131	0.44	8
贵州万胜药业有限责任公司	30.48	65	0.10	51	0.04	102
国药集团同济堂贵州（制药）有限公司	30.43	66	0.15	35	0.00	235
贵州力创科技发展有限公司	29.79	67	0.15	35	0.01	182
贵州瑞泰实业有限公司	29.70	68	0.02	131	0.05	82
贵州黔驰信息股份有限公司	29.63	69	0.07	64	0.08	49
中铁二局第一工程有限公司	29.61	70	0.05	114	0.01	201
遵义市聚源建材有限公司	29.48	71	0.02	131	0.27	17
贵州大鸟创新科技有限公司	29.48	71	0.02	131	1.43	3
贵阳普天物流技术有限公司	28.65	73	0.14	42	0.01	194
中联创展信息技术股份有限公司	28.32	74	0.02	131	0.18	28
遵义春华新材料科技有限公司	28.32	74	0.02	131	0.53	5
贵州水矿奥瑞安清洁能源有限公司	28.32	74	0.02	131	0.53	5

续表

企业名称	科技创新条件及基础		创新平台系数		人均发明专利申请量	
	指数/%	位次	指标值	位次	指标值/项	位次
贵州航天特种车有限责任公司	27.93	77	0.07	64	0.03	143
贵州振华红云电子有限公司	27.54	78	0.08	56	0.02	159
中国振华集团永光电子有限公司	27.39	79	0.07	64	0.01	180
博文软件（贵州）有限公司	27.30	80	0.07	64	0.08	49
贵州浩诚药业有限公司	27.15	81	0.02	131	0.21	23
贵州楚智建材科技有限公司	26.67	82	0.00	371	0.42	10
遵义市精科信检测有限公司	26.67	82	0.00	371	0.20	25
六盘水康博木塑科技有限公司	26.67	82	0.00	371	0.33	13
中航力源液压股份有限公司	26.38	85	0.07	64	0.01	210
贵州华烽电器有限公司	26.02	86	0.07	64	0.01	187
江林（贵州）高科发展股份有限公司	25.98	87	0.02	131	0.22	21
贵州华烽汽车零部件有限公司	25.93	88	0.02	131	0.08	48
贵州省煤矿设计研究院	25.42	89	0.15	35	0.00	248
贵州赤天化纸业股份有限公司	25.42	89	0.15	35	0.00	248
贵州伟力达电子有限公司	24.82	91	0.02	131	1.20	4
航天云宏技术贵州有限公司	24.82	91	0.02	131	0.13	37
贵州广济堂药业有限公司	24.55	93	0.08	56	0.05	97
遵义长征输配电设备有限公司	24.33	94	0.00	371	0.21	23
贵州劲嘉新型包装材料有限公司	24.13	95	0.07	64	0.03	128
贵阳新天光电科技有限公司	24.05	96	0.14	42	0.00	238
贵州雅光电子科技股份有限公司	23.82	97	0.10	51	0.01	179
贵州安凯达实业股份有限公司	23.79	98	0.02	131	0.05	94
贵州红星发展股份有限公司	23.64	99	0.10	51	0.01	220
贵州中建建筑科研设计院有限公司	23.53	100	0.07	64	0.03	136
贵州捷盛钻具股份有限公司	22.95	101	0.07	64	0.04	111
贵州联盛药业有限公司	22.60	102	0.14	42	0.00	248
首钢贵阳特殊钢有限责任公司	22.60	102	0.14	42	0.00	248
习水县蓝岛电脑科技有限公司	22.48	104	0.02	131	0.27	18
贵州彩阳电暖科技有限公司	22.31	105	0.07	64	0.03	137
遵义航科机电有限公司	22.00	106	0.00	371	0.20	26
贵州省创伟道环境科技有限公司	22.00	106	0.00	371	0.38	11
贵州通祥水务环境工程有限公司	22.00	106	0.00	371	2.00	2
贵州航天计量测试技术研究所	21.59	109	0.05	114	0.04	110
贵州友擘机械制造有限公司	21.58	110	0.02	131	0.09	46

续表

企业名称	科技创新条件及基础		创新平台系数		人均发明专利申请量	
	指数/%	位次	指标值	位次	指标值/项	位次
贵州宏达环保科技有限公司	21.48	111	0.07	64	0.02	155
遵义市润丰源钢铁铸造有限公司	21.32	112	0.02	131	0.17	30
贵州吉丰种业有限责任公司	21.32	112	0.02	131	0.27	16
贵州黎阳国际制造有限公司	20.94	114	0.07	64	0.02	169
贵州黔和物流有限公司	20.85	115	0.00	371	0.09	42
遵义市龙驰生物科技有限公司	20.83	116	0.00	371	0.17	30
贵州建工集团第一建筑工程有限责任公司	20.62	117	0.07	64	0.01	208
贵州大龙汇成新材料有限公司	20.22	118	0.07	64	0.01	185
贵州源熙生物研发有限公司	20.15	119	0.02	131	0.18	29
贵州金玖生物技术有限公司	20.05	120	0.07	64	0.03	135
贵州石博士科技有限公司	20.05	120	0.02	131	0.07	66
贵州百灵企业集团和仁堂药业有限公司	19.82	122	0.00	371	0.06	76
贵州丹寨宁航蜡染有限公司	19.77	123	0.12	47	0.00	248
贵阳海之力液压有限公司	19.67	124	0.00	371	0.44	7
埃柯赛环境科技（贵州）股份有限公司	19.67	124	0.00	371	0.13	37
贵州华城楼宇科技有限公司	19.66	126	0.05	114	0.04	102
贵州振华华联电子有限公司	19.65	127	0.07	64	0.01	198
遵义精星航天电器有限责任公司	19.56	128	0.07	64	0.02	173
贵阳世纪恒通科技有限公司	19.49	129	0.07	64	0.01	203
贵州省建筑材料科学研究设计院有限责任公司	19.39	130	0.07	64	0.03	131
贵阳语玩科技有限公司	19.19	131	0.02	131	0.06	72
贵州荣清工具有限公司	18.98	132	0.02	131	0.10	40
贵阳力泉液压技术有限公司	18.98	132	0.02	131	0.17	30
贵州惠沣众一机械制造有限公司	18.81	134	0.02	131	0.08	49
安顺德康农牧有限公司	18.76	135	0.00	371	0.09	46
贵州神奇药业有限公司	18.32	136	0.07	64	0.01	203
贵州圣济堂医药产业股份有限公司	18.25	137	0.10	51	0.00	242
贵州大隆药业有限责任公司	17.98	138	0.00	371	0.07	59
中国振华（集团）新云电子元器件有限责任公司（国营第四三二六厂）	17.84	139	0.07	64	0.00	223
贵州大兴旺新材料科技有限公司	17.57	140	0.00	371	0.09	41
贵州威顿晶磷电子材料股份有限公司	17.48	141	0.05	114	0.03	132
遵义双河生物燃料科技有限公司	17.33	142	0.00	371	0.17	30
贵州天马环卫设备有限公司	17.33	142	0.00	371	0.14	34

续表

企业名称	科技创新条件及基础		创新平台系数		人均发明专利申请量	
	指数/%	位次	指标值	位次	指标值/项	位次
贵州同成环境科技有限公司	17.33	142	0.00	371	0.25	19
遵义华富生物科技有限公司	17.15	145	0.02	131	0.08	55
贵州精立航太科技有限公司	17.08	146	0.02	131	0.06	80
中建四局第三建设有限公司	16.93	147	0.05	114	0.00	237
遵义群建塑胶制品有限公司	16.71	148	0.07	64	0.01	186
贵阳玉塑包装有限公司	16.48	149	0.02	131	0.08	49
贵州普济生物技术有限公司	16.48	149	0.02	131	0.08	49
贵州全世通精密机械科技有限公司	16.30	151	0.02	131	0.05	85
贵州黔龙图视科技有限公司	16.19	152	0.03	128	0.06	72
贵州精博高科科技有限公司	16.17	153	0.00	371	0.14	34
遵义市金鼎农业科技有限公司	16.10	154	0.02	131	0.07	69
首钢水城钢铁（集团）有限责任公司	16.04	155	0.07	64	0.00	245
贵州三泓药业股份有限公司	15.89	156	0.02	131	0.06	71
贵州精工利鹏科技有限公司	15.84	157	0.00	371	0.07	67
贵州新华羲玻璃有限责任公司	15.66	158	0.02	131	0.03	126
贵州车秘科技有限公司	15.57	159	0.00	371	0.07	61
贵州赤天化桐梓化工有限公司	15.49	160	0.08	56	0.00	240
贵州中大方正水务环保有限公司	15.32	161	0.02	131	0.06	77
中铁八局集团第三工程有限公司	15.24	162	0.07	64	0.00	233
贵州智通天下信息技术有限公司	15.18	163	0.02	131	0.05	84
贵州航锐航空精密零部件制造有限公司	14.86	164	0.07	64	0.01	202
贵州宇鹏科技有限责任公司	14.80	165	0.00	371	0.09	44
贵州力登科技发展有限公司	14.69	166	0.02	131	0.07	63
贵州永恒光科技有限公司	14.53	167	0.02	131	0.06	72
贵阳富源饲料有限公司	14.32	168	0.00	371	0.05	89
贵州拜特制药有限公司	14.23	169	0.07	64	0.00	229
贵州思索电子有限公司	14.12	170	0.08	56	0.00	248
贵州苗药药业有限公司	14.12	170	0.08	56	0.00	248
贵州科伦药业有限公司	14.12	170	0.08	56	0.00	248
贵州煌缔科技股份有限公司	14.12	170	0.08	56	0.00	248
中黔电气集团股份有限公司	13.89	174	0.07	64	0.01	193
贵州天威建材科技有限责任公司	13.80	175	0.02	131	0.04	106
贵州六合门业有限公司	13.66	176	0.00	371	0.08	49
康命源（贵州）科技发展有限公司	13.65	177	0.02	131	0.03	121

续表

企业名称	科技创新条件及基础		创新平台系数		人均发明专利申请量	
	指数 /%	位次	指标值	位次	指标值 / 项	位次
贵州万恒科技发展有限公司	12.80	178	0.02	131	0.06	78
贵州鸣腾科技有限公司	12.70	179	0.00	371	0.08	57
贵州远程制药有限责任公司	12.65	180	0.07	64	0.00	241
遵义市飞宇电子有限公司	12.54	181	0.02	131	0.03	141
遵义粒满丰肥业有限责任公司	12.34	182	0.00	371	0.07	67
贵州数据宝网络科技有限公司	12.18	183	0.02	131	0.02	149
贵州云峰药业有限公司	12.16	184	0.02	131	0.03	126
贵州黔力电器制造有限公司	12.13	185	0.02	131	0.05	94
贵州杰源水务管理技术科技有限公司	11.88	186	0.00	371	0.07	63
中建四局安装工程有限公司	11.57	187	0.00	371	0.01	211
贵阳力波机械传动有限公司	11.48	188	0.02	131	0.05	86
贵州华云汽车饰件制造有限公司	11.43	189	0.02	131	0.03	120
贵州详务节能建材有限公司	11.30	190	0.07	64	0.00	248
西南能矿集团股份有限公司	11.30	190	0.07	64	0.00	248
遵义市贵科科技有限公司	11.30	190	0.07	64	0.00	248
贵州润生制药有限公司	11.30	190	0.07	64	0.00	248
贵州省煤层气页岩气工程技术研究中心	11.30	190	0.07	64	0.00	248
中国航发贵州航空发动机维修有限责任公司	11.30	190	0.07	64	0.00	248
贵州凯里经济开发区中昊电子有限公司	11.30	190	0.07	64	0.00	248
贵州世纪宏景软件有限公司	11.30	190	0.07	64	0.00	248
贵州蜂能科技发展有限公司	11.30	190	0.07	64	0.00	248
遵义长征汽车零部件有限公司	11.30	190	0.07	64	0.00	248
贵州振华天通设备有限公司	11.30	190	0.07	64	0.00	248
贵阳新天药业股份有限公司	11.30	190	0.07	64	0.00	248
贵州新锦竹木制品有限公司	11.21	202	0.02	131	0.03	124
贵州百事通建筑安装工程有限公司	11.12	203	0.02	131	0.05	92
贵州欧瑞欣合环保股份有限公司	10.95	204	0.02	131	0.03	129
遵义市亿易通科技网络有限责任公司	10.90	205	0.00	371	0.06	79
贵州铁建恒发新材料科技股份有限公司	10.70	206	0.02	131	0.04	115
绥阳县华丰电器有限公司	10.64	207	0.02	131	0.03	133
贵州国宏正电气工程有限公司	10.54	208	0.00	371	0.06	72
贵州恒源科创资源再生开发有限公司	10.51	209	0.02	131	0.04	102
贵州奥斯科尔科技实业有限公司	10.24	210	0.02	131	0.04	107
贵州恒和制药有限公司	10.22	211	0.00	371	0.04	99

续表

企业名称	科技创新条件及基础		创新平台系数		人均发明专利申请量	
	指数 /%	位次	指标值	位次	指标值 / 项	位次
贵州遵义驰宇精密机电制造有限公司	9.92	212	0.02	131	0.02	146
贵州黔力重工有限公司	9.83	213	0.00	371	0.05	86
贵州安吉华元科技发展有限公司	9.77	214	0.02	131	0.03	130
贵阳锐泰电力科技有限公司	9.76	215	0.02	131	0.04	112
贵州华阳汽车零部件有限公司	9.53	216	0.02	131	0.02	152
贵州数智联云科技有限公司	9.51	217	0.00	371	0.06	81
贵州锦丰矿业有限公司	9.40	218	0.02	131	0.01	222
贵州开磷集团矿肥有限责任公司	9.27	219	0.02	131	0.00	228
六盘水中联工贸实业有限公司	9.18	220	0.02	131	0.02	160
贵州长征电器成套有限公司	9.13	221	0.00	371	0.04	114
贵州西南管业有限公司	8.99	222	0.00	371	0.04	117
贵州鼎盛建材实业有限公司	8.98	223	0.02	131	0.03	121
贵州航天风华实业有限公司	8.47	224	0.05	114	0.00	248
七冶建设有限责任公司	8.47	224	0.05	114	0.00	248
贵阳德昌祥药业有限公司	8.47	224	0.05	114	0.00	248
贵州天能电力高科技有限公司	8.47	224	0.05	114	0.00	248
贵州天安药业股份有限公司	8.47	224	0.05	114	0.00	248
贵州合润铝业新材料科技股份有限公司	8.47	224	0.05	114	0.00	248
贵州苗药生物技术有限公司	8.47	224	0.05	114	0.00	248
贵州黔峰管业有限公司	8.35	231	0.02	131	0.02	153
贵州双木农机有限公司	7.93	232	0.02	131	0.02	162
贵阳新奇微波工业有限责任公司	7.73	233	0.02	131	0.03	144
贵州金域医学检验中心有限公司	7.70	234	0.02	131	0.01	194
贵州皓科新型材料有限公司	7.33	235	0.00	371	0.03	121
贵州天保生态股份有限公司	7.21	236	0.02	131	0.01	181
力源液压系统（贵阳）有限公司	7.18	237	0.02	131	0.02	153
贵州恒力源林业科技有限公司	7.07	238	0.00	371	0.02	147
贵州贵航飞机设计研究所	7.02	239	0.00	371	0.02	175
贵州迈锐钻探设备制造有限公司	6.94	240	0.00	371	0.04	112
贵州兆浪科技实业有限公司	6.92	241	0.02	131	0.02	158
遵义汇航机电有限公司	6.72	242	0.00	371	0.04	115
遵义恒佳铝业有限公司	6.67	243	0.00	371	0.02	156
贵州金桥药业有限公司	6.49	244	0.02	131	0.01	199
贵州金义磨料有限公司	6.32	245	0.02	131	0.02	176

续表

企业名称	科技创新条件及基础		创新平台系数		人均发明专利申请量	
	指数 /%	位次	指标值	位次	指标值/项	位次
贵州天地药业有限责任公司	6.03	246	0.00	371	0.01	196
瓮安县日升新型环保建材有限责任公司	5.96	247	0.02	131	0.01	184
贵州力强科技发展有限公司	5.86	248	0.02	131	0.01	188
贵州岑祥资源科技有限责任公司	5.83	249	0.00	371	0.00	248
贵州鑫轩贵钢结构机械有限公司	5.69	250	0.02	131	0.01	189
贵州紫金矿业股份有限公司	5.69	251	0.02	131	0.00	231
贵州新致普惠信息技术有限公司	5.65	252	0.03	128	0.00	248
贵州东冠科技有限公司	5.65	252	0.03	128	0.00	248
贵州恒科电子科技有限公司	5.63	254	0.00	371	0.02	151
黔西南州乐呵化工有限责任公司	5.42	255	0.02	131	0.01	192
贵州维讯光电科技有限公司	5.35	256	0.02	131	0.01	196
贵州宏宇药业有限公司	5.32	257	0.02	131	0.01	199
贵州卡布婴童用品有限责任公司	5.29	258	0.02	131	0.00	242
贵州大博金太阳能光电有限公司	5.17	259	0.02	131	0.01	203
贵州德良方药业股份有限公司	5.15	260	0.02	131	0.01	206
贵州金田新材料科技有限公司	5.15	260	0.02	131	0.01	206
贵州远东兄弟钻探有限公司	5.11	262	0.00	371	0.03	138
贵州顺安机电设备有限公司	5.02	263	0.00	371	0.02	166
贵州政立矿业有限公司	5.00	264	0.02	131	0.01	213
贵州智诚科技有限公司	4.99	265	0.00	371	0.02	168
贵阳精彩数字印刷有限公司	4.92	266	0.00	371	0.03	144
贵州东方世纪科技股份有限公司	4.87	267	0.02	131	0.01	218
绿地环保科技股份有限公司	4.85	268	0.02	131	0.01	219
国药集团贵州血液制品有限公司	4.81	269	0.02	131	0.01	221
贵州永吉印务股份有限公司	4.36	270	0.02	131	0.00	234
贵州长征电气有限公司	4.27	271	0.02	131	0.00	238
贵州盘江煤层气开发利用有限责任公司	4.04	272	0.00	371	0.01	189
贵州信鸽科技有限公司	3.85	273	0.00	371	0.02	166
贵州汇龙源电气有限公司	3.79	274	0.00	371	0.02	170
遵义航天娄山电器化工有限公司	3.63	275	0.00	371	0.02	172
贵州省欣紫鸿药用辅料有限公司	3.55	276	0.00	371	0.02	174
安顺市虹翼特种钢球制造有限公司	3.50	277	0.00	371	0.00	248
贵阳高新益舸电子有限公司	3.16	278	0.00	371	0.01	183
贵州卓豪农业科技股份有限公司	2.82	279	0.02	131	0.00	248

续表

企业名称	科技创新条件及基础		创新平台系数		人均发明专利申请量	
	指数/%	位次	指标值	位次	指标值/项	位次
贵州飞云岭药业股份有限公司	2.82	279	0.02	131	0.00	248
贵州华信创新科技有限公司	2.82	279	0.02	131	0.00	248
贵州中联信科技有限公司	2.82	279	0.02	131	0.00	248
贵州银亨融通科技发展有限公司	2.82	279	0.02	131	0.00	248
贵州聚惠达科技有限公司	2.82	279	0.02	131	0.00	248
贵州黔云联创网络科技有限公司	2.82	279	0.02	131	0.00	248
贵州智博云网络科技有限公司	2.82	279	0.02	131	0.00	248
贵州创奇环保科技股份有限公司	2.82	279	0.02	131	0.00	248
贵州晟博特科技有限公司	2.82	279	0.02	131	0.00	248
贵州黔元隆安装工程有限公司	2.82	279	0.02	131	0.00	248
贵州百胜工程建设咨询有限公司	2.82	279	0.02	131	0.00	248
贵州明峰工业废渣综合回收再利用有限公司	2.82	279	0.02	131	0.00	248
贵州英思普瑞信息技术有限公司	2.82	279	0.02	131	0.00	248
贵州能安机电设备制造有限公司	2.82	279	0.02	131	0.00	248
贵州玄德生物科技股份有限公司	2.82	279	0.02	131	0.00	248
安顺市非凡创新科技有限公司	2.82	279	0.02	131	0.00	248
贵阳新洋诚义齿有限公司	2.82	279	0.02	131	0.00	248
贵州福斯特磨料磨具有限公司	2.82	279	0.02	131	0.00	248
贵州锐新科技有限公司	2.82	279	0.02	131	0.00	248
贵州指趣网络科技有限公司	2.82	279	0.02	131	0.00	248
贵州柏强制药有限公司	2.82	279	0.02	131	0.00	248
贵州森塑宇木塑有限公司	2.82	279	0.02	131	0.00	248
绥阳县耐环铝业有限公司	2.82	279	0.02	131	0.00	248
贵阳联合高温材料有限公司	2.82	279	0.02	131	0.00	248
贵州省首为电线电缆有限公司	2.82	279	0.02	131	0.00	248
大方县九龙天麻开发有限公司	2.82	279	0.02	131	0.00	248
贵阳高新兆诚科技有限公司	2.82	279	0.02	131	0.00	248
遵义市信欧建材有限公司	2.82	279	0.02	131	0.00	248
遵义市旭辉新型节能建材有限公司	2.82	279	0.02	131	0.00	248
贵州开阳川东化工有限公司	2.82	279	0.02	131	0.00	248
贵州众诚兴业科教设备有限公司	2.82	279	0.02	131	0.00	248
遵义宏港机械有限公司	2.82	279	0.02	131	0.00	248
贵州晟扬管道科技有限公司	2.82	279	0.02	131	0.00	248
贵州元能管业有限公司	2.82	279	0.02	131	0.00	248

续表

企业名称	科技创新条件及基础		创新平台系数		人均发明专利申请量	
	指数 /%	位次	指标值	位次	指标值 / 项	位次
遵义拓特铸锻有限公司	2.82	279	0.02	131	0.00	248
贵州苗仁堂制药有限责任公司	2.82	279	0.02	131	0.00	248
贵州毅博机械设备有限公司	2.82	279	0.02	131	0.00	248
贵州水务运营有限公司	2.82	279	0.02	131	0.00	248
贵州联众云医疗科技有限公司	2.82	279	0.02	131	0.00	248
贵州汇诚优品科技有限公司	2.82	279	0.02	131	0.00	248
遵义天辉机电有限责任公司	2.82	279	0.02	131	0.00	248
贵州西西洋教育科技有限公司	2.82	279	0.02	131	0.00	248
遵义强大博信知识产权服务有限公司	2.82	279	0.02	131	0.00	248
贵金玉科技发展有限公司	2.82	279	0.02	131	0.00	248
贵州坤盾天成科技有限公司	2.82	279	0.02	131	0.00	248
遵义市大地和电气有限公司	2.82	279	0.02	131	0.00	248
贵州丽基新材料有限公司	2.82	279	0.02	131	0.00	248
黔山良农有限公司	2.82	279	0.02	131	0.00	248
贵州九鼎成科技有限公司	2.82	279	0.02	131	0.00	248
贵州非格斯科技有限公司	2.82	279	0.02	131	0.00	248
贵州久龙科技发展有限公司	2.82	279	0.02	131	0.00	248
遵义铝业股份有限公司	2.82	279	0.02	131	0.00	248
贵州自由客网络技术有限公司	2.82	279	0.02	131	0.00	248
贵州万顺堂药业有限公司	2.82	279	0.02	131	0.00	248
贵阳电气控制设备有限公司	2.82	279	0.02	131	0.00	248
贵州农沃新能源科技有限公司	2.82	279	0.02	131	0.00	248
黔南热线网络有限责任公司	2.82	279	0.02	131	0.00	248
遵义市汇川区吉美电镀有限责任公司	2.82	279	0.02	131	0.00	248
遵义市倍缘化工有限责任公司	2.82	279	0.02	131	0.00	248
贵州长通线缆有限公司	2.82	279	0.02	131	0.00	248
贵州正合博莱金属有限公司	2.82	279	0.02	131	0.00	248
贵州鑫都嘉汇科技有限责任公司	2.82	279	0.02	131	0.00	248
贵州兴达兴建材股份有限公司	2.82	279	0.02	131	0.00	248
都匀市大隆传动机械有限公司	2.82	279	0.02	131	0.00	248
安顺市成威科技有限公司	2.82	279	0.02	131	0.00	248
安顺文杰科技有限公司	2.82	279	0.02	131	0.00	248
贵州泽涛科技有限公司	2.82	279	0.02	131	0.00	248
贵州恒信工程有限公司	2.82	279	0.02	131	0.00	248

续表

企业名称	科技创新条件及基础		创新平台系数		人均发明专利申请量	
	指数/%	位次	指标值	位次	指标值/项	位次
贵州创美鑫韵文化传媒有限公司	2.82	279	0.02	131	0.00	248
中国建材检验认证集团贵州有限公司	2.82	279	0.02	131	0.00	248
贵州云博极讯科技有限责任公司	2.82	279	0.02	131	0.00	248
贵州匠人筑造工程咨询有限公司	2.82	279	0.02	131	0.00	248
贵州恒瑞辰科技股份有限公司	2.82	279	0.02	131	0.00	248
贵州智慧共治信息科技有限公司	2.82	279	0.02	131	0.00	248
贵州通勤汇嘉科技有限公司	2.82	279	0.02	131	0.00	248
贵州祥程佳和机械制造有限公司	2.82	279	0.02	131	0.00	248
贵州科服科技集团有限责任公司	2.82	279	0.02	131	0.00	248
贵州鼎慧大数据科技有限公司	2.82	279	0.02	131	0.00	248
遵义市恒新化工有限公司	2.82	279	0.02	131	0.00	248
贵州黔竹汇君科技有限公司	2.82	279	0.02	131	0.00	248
贵州联韵智能声学科技有限公司	2.82	279	0.02	131	0.00	248
贵州电子商务云运营有限责任公司	2.82	279	0.02	131	0.00	248
贵州惠波机械制造有限公司	2.82	279	0.02	131	0.00	248
贵州黔通智联科技产业发展有限公司	2.82	279	0.02	131	0.00	248
贵州威默电气成套设备有限公司	2.82	279	0.02	131	0.00	248
贵州志琦科技有限公司	2.82	279	0.02	131	0.00	248
贵阳天龙摩擦材料有限公司	2.82	279	0.02	131	0.00	248
贵州省瓮安县瓮福黄磷有限公司	2.82	279	0.02	131	0.00	248
贵州华美达科技有限公司	2.82	279	0.02	131	0.00	248
贵州秦泰药业有限公司	2.82	279	0.02	131	0.00	248
贵州兴洪波科技有限公司	2.82	279	0.02	131	0.00	248
贵州多维视科技有限公司	2.82	279	0.02	131	0.00	248
六盘水创世纪科贸有限公司	2.82	279	0.02	131	0.00	248
贵州黄平富城实业有限公司	2.82	279	0.02	131	0.00	248
贵州云谷数据有限公司	2.82	279	0.02	131	0.00	248
贵州鑫权懿科技发展有限公司	2.82	279	0.02	131	0.00	248
贵州德润电力建设有限公司	2.82	279	0.02	131	0.00	248
贵州中航交通科技有限公司	2.82	279	0.02	131	0.00	248
贵州禹之源生态环保有限公司	2.82	279	0.02	131	0.00	248
贵阳华森建材有限公司	2.82	279	0.02	131	0.00	248
贵州大成玻璃工程有限责任公司	2.82	279	0.02	131	0.00	248
贵州人和致远数据服务有限责任公司	2.82	279	0.02	131	0.00	248

续表

企业名称	科技创新条件及基础		创新平台系数		人均发明专利申请量	
	指数/%	位次	指标值	位次	指标值/项	位次
贵阳高新泰丰航空航天科技有限公司	2.82	279	0.02	131	0.00	248
贵州东峰锑业股份有限公司	2.82	279	0.02	131	0.00	248
贵州兰诚硕测绘有限责任公司	2.82	279	0.02	131	0.00	248
贵州恒兴凯新型建材有限公司	2.82	279	0.02	131	0.00	248
贵州广毅节能环保科技有限公司	2.82	279	0.02	131	0.00	248
贵阳方舟科技股份有限公司	2.82	279	0.02	131	0.00	248
遵义市大鼎正环保建材有限公司	2.82	279	0.02	131	0.00	248
遵义新利特金属材料科技有限公司	2.82	279	0.02	131	0.00	248
贵州航图教育科技有限公司	2.82	279	0.02	131	0.00	248
贞丰县贵耀材料科技有限公司	2.82	279	0.02	131	0.00	248
瓮安县武江隆塑业有限责任公司	2.82	279	0.02	131	0.00	248
贵州环能地质咨询有限责任公司	2.82	279	0.02	131	0.00	248
贵州优好停车设备有限公司	2.82	279	0.02	131	0.00	248
贵州联洪合成材料有限公司	2.82	279	0.02	131	0.00	248
贵州云科教服务有限公司	2.82	279	0.02	131	0.00	248
贵州响亮电子技术有限公司	2.82	279	0.02	131	0.00	248
遵义市播州区苟江镇鑫欣源包装材料有限责任公司	2.82	279	0.02	131	0.00	248
贵州乐诚技术有限公司	2.82	279	0.02	131	0.00	248
龙里县粤盛型材有限公司	2.82	279	0.02	131	0.00	248
安顺新金秋科技股份有限公司	2.82	279	0.02	131	0.00	248
贵州道兴建设工程检测有限责任公司	2.82	279	0.02	131	0.00	248
贵州健兴药业有限公司	2.82	279	0.02	131	0.00	248
贵阳鑫恒泰实业有限公司	2.82	279	0.02	131	0.00	248
贵阳金利沅科技有限公司	2.82	279	0.02	131	0.00	248
贵州山顺缆车有限公司	2.82	279	0.02	131	0.00	248
贵州佳联兴科技有限公司	2.82	279	0.02	131	0.00	248
遵义智鹏高新铝材有限公司	2.82	279	0.02	131	0.00	248
都匀市莘蕊科技有限公司	2.82	279	0.02	131	0.00	248
贵州惠康盛电气有限公司	2.82	279	0.02	131	0.00	248
贵州智合时代传媒有限公司	2.82	279	0.02	131	0.00	248
贵州华森科技实业有限公司	2.82	279	0.02	131	0.00	248
贵州矩阵科技有限公司	2.82	279	0.02	131	0.00	248
贵州金科成科技服务有限公司	2.82	279	0.02	131	0.00	248

续表

企业名称	科技创新条件及基础		创新平台系数		人均发明专利申请量	
	指数/%	位次	指标值	位次	指标值/项	位次
贵州天地科技实业有限公司	2.82	279	0.02	131	0.00	248
贵州永兴建设工程质量检测有限公司	2.82	279	0.02	131	0.00	248
贵州众和宏远科技有限公司	2.82	279	0.02	131	0.00	248
贵州金农科技有限责任公司	2.82	279	0.02	131	0.00	248
贵州溪山科技有限公司	2.82	279	0.02	131	0.00	248
毕节市斯翔安防科技有限公司	2.82	279	0.02	131	0.00	248
贵州恒盛丝绸科技有限公司	2.82	279	0.02	131	0.00	248
贵阳市启沃富科技有限公司	2.82	279	0.02	131	0.00	248
贵州创天科技有限公司	2.82	279	0.02	131	0.00	248
贵阳方舟高新技术有限公司	2.82	279	0.02	131	0.00	248
贵州省安顺市智达公共安技术有限责任公司	2.82	279	0.02	131	0.00	248
贵州贵诚管业有限责任公司	2.82	279	0.02	131	0.00	248
贵州省达济环保科技有限公司	2.82	279	0.02	131	0.00	248
贵州中博宇科技有限公司	2.82	279	0.02	131	0.00	248
贵州阿凡提工业信息有限公司	2.82	279	0.02	131	0.00	248
贵州秒银信诚科技有限公司	2.82	279	0.02	131	0.00	248
贵州航飞精密制造有限公司	2.07	431	0.00	371	0.01	217
贵州千叶药品包装股份有限公司	1.83	432	0.00	371	0.00	225
贵阳白云中航紧固件有限公司	1.80	433	0.00	371	0.00	227
通号建设集团贵州工程有限公司	1.69	434	0.00	371	0.00	232
贵州优联博睿科技有限公司	0.00	435	0.00	371	0.00	248
贵州蓝天远泰科技有限公司	0.00	435	0.00	371	0.00	248
黔南滑动轴承有限公司	0.00	435	0.00	371	0.00	248
贵阳中电高新数据科技有限公司	0.00	435	0.00	371	0.00	248
贵州天逸轩网络科技有限公司	0.00	435	0.00	371	0.00	248
贵州好百年住宅工业有限公司	0.00	435	0.00	371	0.00	248
贵州海智科技有限公司	0.00	435	0.00	371	0.00	248
贵州联掌慧信息技术有限公司	0.00	435	0.00	371	0.00	248
贵州太瑞生诺生物医药有限公司	0.00	435	0.00	371	0.00	248
贵州晨智俊博科技有限公司	0.00	435	0.00	371	0.00	248
贵州守望领域数据智能有限公司	0.00	435	0.00	371	0.00	248
贵州源溯科技有限公司	0.00	435	0.00	371	0.00	248
贵州根树林信息科技有限公司	0.00	435	0.00	371	0.00	248
贵州林都园林工程有限公司	0.00	435	0.00	371	0.00	248

续表

企业名称	科技创新条件及基础		创新平台系数		人均发明专利申请量	
	指数/%	位次	指标值	位次	指标值/项	位次
普定全成电子有限公司	0.00	435	0.00	371	0.00	248
贵州开拓未来计算机技术有限公司	0.00	435	0.00	371	0.00	248
贵州政和信息科技有限公司	0.00	435	0.00	371	0.00	248
贵州金山国土勘测工程有限公司	0.00	435	0.00	371	0.00	248
贵州银通三联科技有限公司	0.00	435	0.00	371	0.00	248
贵州华峰志远商贸有限公司	0.00	435	0.00	371	0.00	248
贵州亿程交通信息有限公司	0.00	435	0.00	371	0.00	248
贵阳大数据交易所	0.00	435	0.00	371	0.00	248
贵州黔莱亚科技有限公司	0.00	435	0.00	371	0.00	248
贵州中科信达科技有限公司	0.00	435	0.00	371	0.00	248
贵州航天朝阳科技有限责任公司	0.00	435	0.00	371	0.00	248
贵州光大远航测绘工程有限公司	0.00	435	0.00	371	0.00	248
贵州北极光原生态农业开发有限公司	0.00	435	0.00	371	0.00	248
遵义汇峰智能系统有限责任公司	0.00	435	0.00	371	0.00	248
贵阳飞丝特科技有限公司	0.00	435	0.00	371	0.00	248
贵州恒绿源环保有限公司	0.00	435	0.00	371	0.00	248
贵州文博科技有限公司	0.00	435	0.00	371	0.00	248
贵州联众科创科技工程有限公司	0.00	435	0.00	371	0.00	248
贵州数易联科技有限公司	0.00	435	0.00	371	0.00	248
贵阳企易云商科技发展有限公司	0.00	435	0.00	371	0.00	248
贵阳明通炉料有限公司	0.00	435	0.00	371	0.00	248
贵州兆浪科技实业有限公司	0.00	435	0.00	371	0.00	248
贵州贵玻玻璃有限公司	0.00	435	0.00	371	0.00	248
贵阳玛莱特液压电磁科技有限公司	0.00	435	0.00	371	0.00	248
黔南州黔程科技有限公司	0.00	435	0.00	371	0.00	248
路鑫机械有限公司	0.00	435	0.00	371	0.00	248
贵州恩科达医疗科技有限公司	0.00	435	0.00	371	0.00	248
瓮安鑫源环保建材有限公司	0.00	435	0.00	371	0.00	248
贵州安易和信科技有限公司	0.00	435	0.00	371	0.00	248
贵州天虹志远电线电缆有限公司	0.00	435	0.00	371	0.00	248
贵州英利达商贸有限公司	0.00	435	0.00	371	0.00	248
贵州开阳三环磨料有限公司	0.00	435	0.00	371	0.00	248
贵州车联邦网络科技有限公司	0.00	435	0.00	371	0.00	248
贵州宏信创达工程检测咨询有限公司	0.00	435	0.00	371	0.00	248

续表

企业名称	科技创新条件及基础		创新平台系数		人均发明专利申请量	
	指数 /%	位次	指标值	位次	指标值 / 项	位次
贵州长泰源节能建材股份有限公司	0.00	435	0.00	371	0.00	248
贵州迦太利华信息科技有限公司	0.00	435	0.00	371	0.00	248
贵州良济医疗器械有限公司	0.00	435	0.00	371	0.00	248
贵州纳雍博润环保科技有限公司	0.00	435	0.00	371	0.00	248
贵州省移塑管业有限公司	0.00	435	0.00	371	0.00	248
贵州千村节能环保科技开发有限公司	0.00	435	0.00	371	0.00	248
贵州嘉智信联科技有限公司	0.00	435	0.00	371	0.00	248
贵州天晟伟业科技有限公司	0.00	435	0.00	371	0.00	248
贵州智教云教育科技有限公司	0.00	435	0.00	371	0.00	248
贵州迅达信息产业发展有限公司	0.00	435	0.00	371	0.00	248
贵州省电子证书有限公司	0.00	435	0.00	371	0.00	248
贵州惠智电子技术有限责任公司	0.00	435	0.00	371	0.00	248
贵州航火电器有限公司	0.00	435	0.00	371	0.00	248
贵州津惠隆科技有限公司	0.00	435	0.00	371	0.00	248
贵州兴泰科技有限公司	0.00	435	0.00	371	0.00	248
贵州三力制药股份有限公司	0.00	435	0.00	371	0.00	248
贵州永成科技有限公司	0.00	435	0.00	371	0.00	248
贵州众蓝科技有限公司	0.00	435	0.00	371	0.00	248
贵州盛峰药用包装有限公司	0.00	435	0.00	371	0.00	248
遵义市利升机械加工有限公司	0.00	435	0.00	371	0.00	248
贵州海誉科技股份有限公司	0.00	435	0.00	371	0.00	248
贵州海跃模具有限公司	0.00	435	0.00	371	0.00	248
贵州源塑实业有限公司	0.00	435	0.00	371	0.00	248
贵州优行车联科技有限公司	0.00	435	0.00	371	0.00	248
贵州鲸品汇电子商务有限公司	0.00	435	0.00	371	0.00	248
贵州德恒信安防工程有限公司	0.00	435	0.00	371	0.00	248
贵州亿林建设工程有限公司	0.00	435	0.00	371	0.00	248
贵州温商信息技术有限公司	0.00	435	0.00	371	0.00	248
贵州光能科技有限公司	0.00	435	0.00	371	0.00	248
贵州云智数据集团有限责任公司	0.00	435	0.00	371	0.00	248
贵州天讯信息产业有限公司	0.00	435	0.00	371	0.00	248
贵阳兴意达天诚科技有限公司	0.00	435	0.00	371	0.00	248
贵州楠天新型建材科技开发有限公司	0.00	435	0.00	371	0.00	248
贵阳天马测绘技术有限公司	0.00	435	0.00	371	0.00	248

续表

企业名称	科技创新条件及基础		创新平台系数		人均发明专利申请量	
	指数 /%	位次	指标值	位次	指标值 / 项	位次
贵阳新同舟科技有限公司	0.00	435	0.00	371	0.00	248
贵州卓越天成软件有限公司	0.00	435	0.00	371	0.00	248
贵州中电通环境检测有限公司	0.00	435	0.00	371	0.00	248
贵州小伙人信息技术有限公司	0.00	435	0.00	371	0.00	248
贵州康建电力设备有限公司	0.00	435	0.00	371	0.00	248
贵州逸飞科技有限公司	0.00	435	0.00	371	0.00	248
贵州杰轩科技有限责任公司	0.00	435	0.00	371	0.00	248
贵州华立通科技发展有限公司	0.00	435	0.00	371	0.00	248
贵州金瑞渐成电子有限公司	0.00	435	0.00	371	0.00	248
贵州众智恒生态科技有限公司	0.00	435	0.00	371	0.00	248
贵州天成中源科技有限公司	0.00	435	0.00	371	0.00	248
安顺虹特滚珠丝杠有限责任公司	0.00	435	0.00	371	0.00	248
贵阳华烽有色铸造有限公司	0.00	435	0.00	371	0.00	248
贵州红星发展大龙锰业有限责任公司	0.00	435	0.00	371	0.00	248
松桃华艺科技有限公司	0.00	435	0.00	371	0.00	248
贵州绿盾征信大数据有限公司	0.00	435	0.00	371	0.00	248
贵州华康伟创科技有限公司	0.00	435	0.00	371	0.00	248
贵州地道药业有限公司	0.00	435	0.00	371	0.00	248
贵州烨阳科技发展有限公司	0.00	435	0.00	371	0.00	248
贵州德瑞软件开发有限责任公司	0.00	435	0.00	371	0.00	248
贵州莱利斯机械设计制造有限责任公司	0.00	435	0.00	371	0.00	248
贵州远诚自控科技有限公司	0.00	435	0.00	371	0.00	248
贵阳迪乐普科技有限公司	0.00	435	0.00	371	0.00	248
贵州杰傲建材有限责任公司	0.00	435	0.00	371	0.00	248
贵州乐创方舟科技文化有限公司	0.00	435	0.00	371	0.00	248
遵义鑫华源电力设备有限公司	0.00	435	0.00	371	0.00	248
贵州亿全科技有限公司	0.00	435	0.00	371	0.00	248
贵州唯捷众品信息技术有限公司	0.00	435	0.00	371	0.00	248
贵阳天富长丰网络科技有限公司	0.00	435	0.00	371	0.00	248
贵州云上诚创科技有限公司	0.00	435	0.00	371	0.00	248
贵州万顺豪环卫机械设备有限公司	0.00	435	0.00	371	0.00	248
贵州新气象科技有限责任公司	0.00	435	0.00	371	0.00	248
贵州垦华成工程试验检测有限责任公司	0.00	435	0.00	371	0.00	248
贵州泰坦电气系统有限公司	0.00	435	0.00	371	0.00	248

续表

企业名称	科技创新条件及基础		创新平台系数		人均发明专利申请量	
	指数/%	位次	指标值	位次	指标值/项	位次
贵州华龙电子设备有限公司	0.00	435	0.00	371	0.00	248
贵州嘉锐恒大科技有限公司	0.00	435	0.00	371	0.00	248
贵州瑞普科技有限公司	0.00	435	0.00	371	0.00	248
贵阳联诚欣业科技有限公司	0.00	435	0.00	371	0.00	248
贵州加来智能科技有限公司	0.00	435	0.00	371	0.00	248
贵州安泰晟达通信工程有限公司	0.00	435	0.00	371	0.00	248
贵阳华丰航空科技有限公司	0.00	435	0.00	371	0.00	248
贵州云腾志远科技发展有限公司	0.00	435	0.00	371	0.00	248
贵州创新睿界科技有限公司	0.00	435	0.00	371	0.00	248
贵州普利英吉科技有限公司	0.00	435	0.00	371	0.00	248
贵州木易精细陶瓷有限责任公司	0.00	435	0.00	371	0.00	248
贵阳鑫辰宇办公设备有限公司	0.00	435	0.00	371	0.00	248
贵州中节能天融兴德环保科技有限公司	0.00	435	0.00	371	0.00	248
贵州省建筑设计研究院有限责任公司	0.00	435	0.00	371	0.00	248
贵州元方志擎科技有限公司	0.00	435	0.00	371	0.00	248
贵州信方达信息咨询有限公司	0.00	435	0.00	371	0.00	248
贵州云图时代信息技术有限公司	0.00	435	0.00	371	0.00	248
贵州天地荣科技有限公司	0.00	435	0.00	371	0.00	248
贵阳动视云科技有限公司	0.00	435	0.00	371	0.00	248
贵州三超科技信息系统有限公司	0.00	435	0.00	371	0.00	248
贵州华星冶金有限公司	0.00	435	0.00	371	0.00	248
贵定县恒伟玻璃制品有限公司	0.00	435	0.00	371	0.00	248
贵州省瓮安兴农磷化工有限责任公司	0.00	435	0.00	371	0.00	248
贵州省恒力源林业科技有限公司	0.00	435	0.00	371	0.00	248
遵义市友联包装实业有限公司	0.00	435	0.00	371	0.00	248
贵州森阳科技有限公司	0.00	435	0.00	371	0.00	248
贵州志成恩予科技有限公司	0.00	435	0.00	371	0.00	248
贵州卓品汇成套设备工程有限公司	0.00	435	0.00	371	0.00	248
贵州百能思信息科技有限公司	0.00	435	0.00	371	0.00	248
贵阳德康农牧有限公司	0.00	435	0.00	371	0.00	248
贵州同成沁溢水务环境有限公司	0.00	435	0.00	371	0.00	248
贵阳鑫羿向科技有限公司	0.00	435	0.00	371	0.00	248
贵州省海美斯科技有限公司	0.00	435	0.00	371	0.00	248
贵阳四度空间文化传媒有限公司	0.00	435	0.00	371	0.00	248

续表

企业名称	科技创新条件及基础		创新平台系数		人均发明专利申请量	
	指数/%	位次	指标值	位次	指标值/项	位次
贵州佳网科技发展有限公司	0.00	435	0.00	371	0.00	248
千景空间科技有限公司	0.00	435	0.00	371	0.00	248
贵州中盛弘通科技有限公司	0.00	435	0.00	371	0.00	248
遵义市文杰机电有限责任公司	0.00	435	0.00	371	0.00	248
安软科技集团（贵州）有限公司	0.00	435	0.00	371	0.00	248
贵州华诚天下节能科技有限公司	0.00	435	0.00	371	0.00	248
贵州正合伟业科技有限责任公司	0.00	435	0.00	371	0.00	248
贵州好住理网络科技有限公司	0.00	435	0.00	371	0.00	248
贵州科库科技有限公司	0.00	435	0.00	371	0.00	248
福泉大北农农业科技有限公司	0.00	435	0.00	371	0.00	248
贵州长通集团智造有限公司	0.00	435	0.00	371	0.00	248
贵州信天游信息技术有限公司	0.00	435	0.00	371	0.00	248
贵州亿垒科技有限公司	0.00	435	0.00	371	0.00	248
贵州鼎成熔鑫科技有限公司	0.00	435	0.00	371	0.00	248
遵义长征电器制造有限公司	0.00	435	0.00	371	0.00	248
贵州博德恒泰科技有限公司	0.00	435	0.00	371	0.00	248
贵州智联云弛软件科技有限公司	0.00	435	0.00	371	0.00	248
贵州微兄弟信息技术有限公司	0.00	435	0.00	371	0.00	248
遵义天力环境工程有限责任公司	0.00	435	0.00	371	0.00	248
黔南州金安电子安防服务有限公司	0.00	435	0.00	371	0.00	248
贵州长圣信息工程有限公司	0.00	435	0.00	371	0.00	248
贵州房易通网络技术有限公司	0.00	435	0.00	371	0.00	248
铜仁市碧江区安智科技有限公司	0.00	435	0.00	371	0.00	248
贵州盛方信息科技有限公司	0.00	435	0.00	371	0.00	248
贵阳创新天健科技有限公司	0.00	435	0.00	371	0.00	248
贵州德隆水泥有限公司	0.00	435	0.00	371	0.00	248
贵州西部农产品交易中心有限公司	0.00	435	0.00	371	0.00	248
遵义易拓网络服务有限公司	0.00	435	0.00	371	0.00	248
贵州顺健制药有限公司	0.00	435	0.00	371	0.00	248
贵州三佳科技有限公司	0.00	435	0.00	371	0.00	248
贵州省德邦环保化工有限公司	0.00	435	0.00	371	0.00	248
贵州中星网路科技有限公司	0.00	435	0.00	371	0.00	248
贵州尚品创意网络科技有限公司	0.00	435	0.00	371	0.00	248
贵州汉沙科技有限公司	0.00	435	0.00	371	0.00	248

续表

企业名称	科技创新条件及基础		创新平台系数		人均发明专利申请量	
	指数/%	位次	指标值	位次	指标值/项	位次
贵州优特云科技有限公司	0.00	435	0.00	371	0.00	248
贵州宏志数码科技工程有限公司	0.00	435	0.00	371	0.00	248
贵州科华交通建设工程有限公司	0.00	435	0.00	371	0.00	248
贵州源隆新型环保墙体建材有限公司	0.00	435	0.00	371	0.00	248
贵州立时恒升通信工程有限公司	0.00	435	0.00	371	0.00	248
普定县银丰农业科技发展有限公司	0.00	435	0.00	371	0.00	248
贵州鑫桥建设工程有限公司	0.00	435	0.00	371	0.00	248
贵州西瑞科技有限公司	0.00	435	0.00	371	0.00	248
贵州黔聚龙投资有限公司	0.00	435	0.00	371	0.00	248
贵州鼎立生物科技香料有限公司	0.00	435	0.00	371	0.00	248
贵州铁建工程质量检测咨询有限公司	0.00	435	0.00	371	0.00	248
贵州中消云泰和安科技有限公司	0.00	435	0.00	371	0.00	248
贵州辰阳星睿科技有限公司	0.00	435	0.00	371	0.00	248
贵州忠义柒彩科技开发有限公司	0.00	435	0.00	371	0.00	248
中通友源建设有限公司	0.00	435	0.00	371	0.00	248
贵阳新希望农业科技有限公司	0.00	435	0.00	371	0.00	248
贵州木弓贵芯微电子有限公司	0.00	435	0.00	371	0.00	248
贵州省源单新材料科技有限公司	0.00	435	0.00	371	0.00	248
贵州黎阳天翔科技有限公司	0.00	435	0.00	371	0.00	248
贵州耕云科技有限公司	0.00	435	0.00	371	0.00	248
贵州瑞恩检测技术有限公司	0.00	435	0.00	371	0.00	248
贵州中孚科技有限公司	0.00	435	0.00	371	0.00	248
贵州水矿控股集团有限责任公司	0.00	435	0.00	371	0.00	248
贵州百科达科技有限公司	0.00	435	0.00	371	0.00	248
贵州丰达轴承有限公司	0.00	435	0.00	371	0.00	248
贵州硕利芮达科技有限公司	0.00	435	0.00	371	0.00	248
贵州安康健科技有限公司	0.00	435	0.00	371	0.00	248
贵州良济药业有限公司	0.00	435	0.00	371	0.00	248
贵州俊丰源环保科技有限公司	0.00	435	0.00	371	0.00	248
贵州诚致未来科技有限公司	0.00	435	0.00	371	0.00	248
遵义同兴源建材有限公司	0.00	435	0.00	371	0.00	248
贵定县洪福环保科技有限公司	0.00	435	0.00	371	0.00	248
贵阳盛通宏业科技有限公司	0.00	435	0.00	371	0.00	248
贵州诚安建设有限公司	0.00	435	0.00	371	0.00	248

续表

企业名称	科技创新条件及基础		创新平台系数		人均发明专利申请量	
	指数/%	位次	指标值	位次	指标值/项	位次
贵阳鑫泓工程技术有限公司	0.00	435	0.00	371	0.00	248
贵州益恒创兴科技有限公司	0.00	435	0.00	371	0.00	248
贵阳长治恒丰智能科技有限公司	0.00	435	0.00	371	0.00	248
贵州联创天健科技有限公司	0.00	435	0.00	371	0.00	248
贵州中软云上数据技术服务有限公司	0.00	435	0.00	371	0.00	248
贵州天励恩科技有限公司	0.00	435	0.00	371	0.00	248
贵州百灵企业集团正鑫药业有限公司	0.00	435	0.00	371	0.00	248
贵州万业包装有限公司	0.00	435	0.00	371	0.00	248
贵州德鑫源电气有限公司	0.00	435	0.00	371	0.00	248
贵州弘康药业有限公司	0.00	435	0.00	371	0.00	248
贵州特派克生物防治技术有限公司	0.00	435	0.00	371	0.00	248
贵州云图瞰景地理信息技术有限公司	0.00	435	0.00	371	0.00	248
六盘水市钟山区泉辰科技有限责任公司	0.00	435	0.00	371	0.00	248
贵州博成科技有限公司	0.00	435	0.00	371	0.00	248
贵州朗科电气有限公司	0.00	435	0.00	371	0.00	248
贵州卓讯软件股份有限公司	0.00	435	0.00	371	0.00	248
铜仁市海创信息科技有限公司	0.00	435	0.00	371	0.00	248
贵州新中盟机电设备有限公司	0.00	435	0.00	371	0.00	248
贵州智能加数字科技有限公司	0.00	435	0.00	371	0.00	248
贵州金鑫博睿科技有限公司	0.00	435	0.00	371	0.00	248
贵州伊思特新技术发展有限责任公司	0.00	435	0.00	371	0.00	248
贵州长信天鹰信息系统有限公司	0.00	435	0.00	371	0.00	248
贵州比特软件有限公司	0.00	435	0.00	371	0.00	248
遵义朝宇锅炉有限公司	0.00	435	0.00	371	0.00	248
贵州美洁环卫工程有限责任公司	0.00	435	0.00	371	0.00	248
遵义凯发新泉污水处理有限公司	0.00	435	0.00	371	0.00	248
贵阳块数据城市建设有限公司	0.00	435	0.00	371	0.00	248
贵州大西南工程检测有限公司	0.00	435	0.00	371	0.00	248
贵州盛昌药业有限公司	0.00	435	0.00	371	0.00	248
贵州永美健医疗器械有限公司	0.00	435	0.00	371	0.00	248
贵州巨凯科技有限公司	0.00	435	0.00	371	0.00	248
贵州英吉尔机械制造有限公司	0.00	435	0.00	371	0.00	248
铜仁文馨高效节能门窗有限公司	0.00	435	0.00	371	0.00	248
贵州金马包装材料有限公司	0.00	435	0.00	371	0.00	248

续表

企业名称	科技创新条件及基础		创新平台系数		人均发明专利申请量	
	指数/%	位次	指标值	位次	指标值/项	位次
贵州奥申信息技术发展有限公司	0.00	435	0.00	371	0.00	248
贵州海普科技有限公司	0.00	435	0.00	371	0.00	248
贵州长宇电力电气有限公司	0.00	435	0.00	371	0.00	248
贵阳富世通科技有限公司	0.00	435	0.00	371	0.00	248
贵州联建土木工程质量检测监控中心有限公司	0.00	435	0.00	371	0.00	248
贵州科讯达科技有限公司	0.00	435	0.00	371	0.00	248
贵州征诚汇达通信工程有限公司	0.00	435	0.00	371	0.00	248
贵州华良电气有限公司	0.00	435	0.00	371	0.00	248
贵州省遵义市辉煌种业有限公司	0.00	435	0.00	371	0.00	248
贵州中铝彩铝科技有限公司	0.00	435	0.00	371	0.00	248
贵州西南制造产业园有限公司	0.00	435	0.00	371	0.00	248
贵州翰瑞电子有限公司	0.00	435	0.00	371	0.00	248

重点企业创新产出指数排位如表 6-3 所示。

表 6-3 重点企业创新产出指数排位

企业名称	创新产出		知识产权系数		人均发明专利拥有量		科技成果（奖励）系数		品牌建设系数	
	指数/%	位次	指标值	位次	指标值/项	位次	指标值	位次	指标值/项当量	位次
贵州航天电器股份有限公司	64.05	1	16.41	2	0.05	138	0.06	19	0.57	13
瓮福（集团）有限责任公司	58.29	2	2.49	41	0.08	106	0.20	10	0.57	13
贵州神奇药业有限公司	51.56	3	6.96	4	0.07	112	0.00	28	0.57	11
贵州百灵企业集团仁和堂药业有限公司	48.87	4	1.20	111	0.04	172	0.06	19	0.58	9
贵州丹寨宁航蜡染有限公司	48.00	5	0.00	570	1.06	10	0.29	7	0.00	138
贵州华烽电器有限公司	46.33	6	1.11	125	0.04	171	0.46	4	0.00	138
贵州益佰制药股份有限公司	46.31	7	1.08	132	0.03	178	0.00	28	1.15	7
中国电建集团贵阳勘测设计研究院有限公司	45.81	8	41.11	1	0.11	73	0.00	28	0.00	94
国药集团同济堂贵州（制药）有限公司	44.35	9	0.45	347	0.02	223	0.00	28	1.72	4
中国贵州茅台酒厂（集团）有限责任公司	40.47	10	1.09	127	0.00	304	0.00	28	3.74	2
贵州千叶药品包装股份有限公司	39.85	11	0.04	561	0.08	99	0.86	1	0.00	138
贵州钢绳股份有限公司	38.72	12	3.37	21	0.01	282	0.00	28	0.57	19

续表

企业名称	创新产出		知识产权系数		人均发明专利拥有量		科技成果（奖励）系数		品牌建设系数	
	指数/%	位次	指标值	位次	指标值/项	位次	指标值	位次	指标值/项当量	位次
贵州久联民爆器材发展股份有限公司	37.71	13	1.11	125	0.01	283	0.23	8	0.00	94
贵航发动机设计研究所	37.33	14	14.41	3	0.06	129	0.00	28	0.00	138
中国振华（集团）新云电子元器件有限责任公司（国营第四三二六厂）	36.72	15	1.68	70	0.06	127	0.17	11	0.00	61
贵州航天电子科技有限公司	36.64	16	3.11	23	0.08	105	0.14	12	0.00	138
中国水利水电第九工程局有限公司	34.39	17	2.64	33	0.00	308	0.66	2	0.00	94
贵州航天风华精密设备有限公司	34.02	18	3.88	15	0.05	145	0.09	16	0.00	138
中国振华集团云科电子有限公司	33.67	19	4.59	10	0.08	108	0.09	16	0.00	61
贵州成智重工科技有限公司	33.02	20	1.01	138	1.58	6	0.00	28	0.00	94
贵州贝加尔乐器有限公司	32.45	21	1.93	57	0.09	91	0.00	28	0.43	23
贵阳德昌祥药业有限公司	31.67	22	5.76	6	0.04	162	0.00	28	1.00	8
贵州航宇科技发展股份有限公司	31.43	23	0.69	237	0.13	64	0.09	16	0.00	138
中国航发贵州黎阳航空动力有限公司	31.23	24	5.97	5	0.04	170	0.00	28	0.00	138
贵阳新奇微波工业有限责任公司	30.76	25	0.36	408	0.95	11	0.00	28	0.00	138
贵州航天天马机电科技有限公司	30.02	26	4.40	11	0.09	90	0.00	28	0.00	138
贵州航天凯山石油仪器有限公司	29.74	27	2.59	38	0.31	34	0.00	28	0.00	138
贵州省建筑材料科学研究设计院有限责任公司	29.48	28	0.55	301	0.56	19	0.00	28	0.00	138
贵州锦丰矿业有限公司	29.47	29	0.84	178	0.00	303	0.66	2	0.00	138
贵州航天林泉电机有限公司	28.85	30	4.15	12	0.04	169	0.06	19	0.00	138
贵阳朗玛信息技术股份有限公司	28.83	31	4.79	9	0.03	191	0.00	28	0.00	26
贵州安大航空锻造有限责任公司	28.73	32	3.07	24	0.09	87	0.00	28	0.00	138
贵州圣济堂医药产业股份有限公司	28.56	33	1.16	117	0.01	261	0.00	28	0.58	10
江南机电设计研究所	28.25	34	2.20	45	0.15	55	0.00	28	0.00	138
中黔电气集团股份有限公司	28.20	35	0.27	449	0.42	26	0.00	28	0.00	138
贵州凯星液力传动机械有限公司	28.19	36	1.79	67	0.20	47	0.00	28	0.00	61
贵阳华烽有色铸造有限公司	28.10	37	0.00	570	0.80	17	0.00	28	0.00	138
贵州新联爆破工程集团有限公司	27.96	38	5.00	7	0.02	221	0.23	8	0.00	138
贵州航锐航空精密零部件制造有限公司	27.15	39	0.64	253	0.22	45	0.00	28	0.00	138

续表

企业名称	创新产出		知识产权系数		人均发明专利拥有量		科技成果（奖励）系数		品牌建设系数	
	指数/%	位次	指标值	位次	指标值/项	位次	指标值	位次	指标值/项当量	位次
贵州泰永长征技术股份有限公司	27.11	40	1.36	91	0.11	77	0.00	28	0.00	138
际华三五三七制鞋有限责任公司	26.97	41	1.61	75	0.05	144	0.00	28	0.00	42
中航力源液压股份有限公司	26.66	42	1.49	80	0.02	211	0.00	28	0.00	138
贵州省交通规划勘察设计研究院股份有限公司	26.62	43	2.20	45	0.02	214	0.14	12	0.00	138
贵州省创伟道环境科技有限公司	26.43	44	1.12	121	0.31	33	0.00	28	2.14	3
贵阳时代沃顿科技有限公司	26.09	45	1.68	70	0.09	86	0.00	28	0.00	94
贵州红星发展股份有限公司	25.68	46	0.20	486	0.07	113	0.00	28	0.00	138
遵义钛业股份有限公司	25.47	47	1.32	93	0.01	259	0.00	28	0.57	13
西南能矿集团股份有限公司	25.00	48	0.00	570	0.00	308	0.00	28	0.00	138
中铁二局第一工程有限公司	24.67	49	1.99	54	0.02	241	0.06	19	0.00	138
贵州奥斯科尔科技实业有限公司	24.28	50	0.39	395	1.13	9	0.00	28	0.00	42
贵州全安密灵科技有限公司	24.18	51	4.95	8	0.43	25	0.00	28	0.00	138
贵州远程制药有限责任公司	24.16	52	0.04	561	0.01	269	0.00	28	0.57	17
贵州恒盛丝绸科技有限公司	24.00	53	0.00	570	0.00	308	0.43	5	0.00	138
贵州中大方正水务环保有限公司	23.97	54	1.85	62	0.08	99	0.00	28	0.57	17
贵州川恒化工股份有限公司	23.90	55	0.32	420	0.06	128	0.00	28	0.00	33
大方县九龙天麻开发有限公司	23.62	56	0.45	347	0.10	85	0.00	28	5.14	1
贵州安吉航空精密铸造有限责任公司	23.55	57	1.48	83	0.03	197	0.00	28	0.00	138
遵义市倍缘化工有限责任公司	23.53	58	0.28	446	1.13	8	0.00	28	0.00	138
贵州西南工具（集团）有限公司	23.05	59	3.83	17	0.06	120	0.00	28	0.00	40
贵州顺安机电设备有限公司	22.95	60	0.27	449	0.29	36	0.00	28	0.00	138
贵阳新天药业股份有限公司	22.46	61	0.37	398	0.03	204	0.00	28	0.00	30
贵州火焰山电器股份有限公司	21.81	62	0.64	253	0.03	175	0.00	28	0.57	16
贵州彩阳电暖科技有限公司	21.59	63	0.55	301	0.01	251	0.00	28	0.57	12
贵州鼎盛建材实业有限公司	21.14	64	0.28	446	0.03	176	0.00	28	1.29	5
贵州源熙生物研发有限公司	21.05	65	0.29	442	2.00	2	0.00	28	0.00	61
贵州浩诚药业有限公司	20.98	66	0.32	420	0.05	140	0.00	28	0.57	21
贵州赤天化桐梓化工有限公司	20.97	67	0.65	252	0.00	299	0.00	28	0.57	19
贵州新安航空机械有限责任公司	20.87	68	3.68	19	0.05	153	0.00	28	0.00	138
贵州振华群英电器有限公司（国有第八九一厂）	20.66	69	4.12	13	0.03	185	0.06	19	0.00	138
遵义智鹏高新铝材有限公司	20.56	70	1.52	78	0.00	308	0.00	28	0.57	22

续表

企业名称	创新产出		知识产权系数		人均发明专利拥有量		科技成果（奖励）系数		品牌建设系数	
	指数/%	位次	指标值	位次	指标值/项	位次	指标值	位次	指标值/项当量	位次
瓮安县武江隆塑业有限责任公司	20.33	71	0.83	184	1.67	4	0.00	28	0.00	138
瓮安县日升新型环保建材有限责任公司	20.20	72	0.20	486	0.00	308	0.00	28	1.29	5
贵州矩阵科技有限公司	19.94	73	0.73	227	0.00	308	0.34	6	0.00	138
贵州煌缔科技股份有限公司	19.31	74	0.24	468	0.13	63	0.00	28	0.00	94
贵州宏达环保科技有限公司	19.15	75	0.96	149	0.10	83	0.00	28	0.00	138
首钢水城钢铁（集团）有限责任公司	19.13	76	2.21	43	0.00	297	0.00	28	0.00	39
贵州人和信通科技有限公司	18.98	77	2.60	35	2.14	1	0.00	28	0.00	138
中国航空工业标准件制造有限责任公司	18.59	78	2.80	29	0.02	217	0.00	28	0.00	61
贵阳普天物流技术有限公司	17.01	79	1.63	73	0.06	136	0.00	28	0.00	138
中建四局第三建设有限公司	16.92	80	3.69	18	0.00	289	0.06	19	0.00	138
贵阳航空电机有限公司	16.90	81	3.20	22	0.01	262	0.14	12	0.00	138
贵州建工集团有限公司	16.77	82	2.99	26	0.00	290	0.00	28	0.00	138
贵州贵航飞机设计研究所	16.58	83	0.27	449	0.10	84	0.00	28	0.00	138
中国振华集团永光电子有限公司	16.43	84	1.23	107	0.03	195	0.00	28	0.00	61
贵州航天新力科技有限公司	16.35	85	1.52	78	0.06	121	0.00	28	0.00	61
中航贵州飞机有限责任公司	16.34	86	1.93	57	0.01	285	0.00	28	0.00	138
贵州航天计量测试技术研究所	16.34	87	2.21	43	0.14	57	0.00	28	0.00	138
贵州中航交通科技有限公司	16.30	88	1.09	127	0.83	16	0.00	28	0.00	138
贵州黔龙图视科技有限公司	16.06	89	0.12	513	0.94	12	0.00	28	0.00	94
贵州勤邦食品安全科学技术有限公司	15.33	90	0.83	184	0.29	39	0.00	28	0.00	138
贵州航天南海科技有限责任公司	15.13	91	2.97	27	0.04	163	0.00	28	0.00	138
贵州虹轴轴承有限公司	15.13	92	0.00	570	1.63	5	0.00	28	0.00	138
贵州詹阳动力重工有限公司	15.11	93	1.21	109	0.02	231	0.00	28	0.00	46
贵州航天特种车有限责任公司	14.94	94	2.12	49	0.05	151	0.00	28	0.00	138
贵州振华华联电子有限公司	14.74	95	2.67	32	0.03	194	0.00	28	0.00	138
贵州长通线缆有限公司	14.66	96	0.37	398	0.00	308	0.00	28	0.43	24
贵州森塑宇木塑有限公司	13.96	97	0.00	570	0.92	13	0.00	28	0.00	138
中国电建集团贵州电力设计研究院有限公司	13.36	98	3.84	16	0.02	227	0.00	28	0.00	138
安顺德康农牧有限公司	13.28	99	0.60	279	0.29	37	0.00	28	0.00	138

续表

企业名称	创新产出		知识产权系数		人均发明专利拥有量		科技成果（奖励）系数		品牌建设系数	
	指数/%	位次	指标值	位次	指标值/项	位次	指标值	位次	指标值/项当量	位次
贵州开磷集团矿肥有限责任公司	13.09	100	3.00	25	0.01	254	0.00	28	0.00	138
贵州通祥水务环境工程有限公司	12.14	101	1.39	89	2.00	2	0.00	28	0.00	138
贵州省水利水电勘测设计研究院	11.84	102	3.57	20	0.02	230	0.00	28	0.00	138
贵州雅光电子科技股份有限公司	11.82	103	0.75	218	0.06	125	0.00	28	0.00	42
贵州兴泰科技有限公司	11.47	104	0.32	420	0.61	18	0.00	28	0.00	138
贵州伟力达电子有限公司	11.47	105	0.72	228	1.20	7	0.00	28	0.00	138
中电科大数据研究院有限公司	11.40	106	2.11	51	0.08	104	0.00	28	0.00	94
贵州航天控制技术有限公司	11.39	107	1.88	60	0.02	231	0.00	28	0.00	138
贵州宏宇药业有限公司	11.11	108	0.08	533	0.14	57	0.00	28	0.00	35
贵州凯科特材料有限公司	11.07	109	2.68	30	0.13	66	0.00	28	0.00	61
贵州黔驰信息股份有限公司	11.07	110	3.92	14	0.02	236	0.11	15	0.00	61
贵州优好停车设备有限公司	10.71	111	0.21	478	0.88	14	0.00	28	0.00	138
贵州金桥药业有限公司	10.58	112	2.05	52	0.06	130	0.00	28	0.00	138
贵州锐新科技有限公司	10.24	113	0.29	442	0.26	43	0.00	28	0.00	138
贵州数据宝网络科技有限公司	10.21	114	1.00	142	0.07	119	0.00	28	0.00	138
贵州柏强制药有限公司	10.21	115	0.08	533	0.10	78	0.00	28	0.00	42
贵州大龙汇成新材料有限公司	10.08	116	0.48	331	0.03	179	0.00	28	0.00	138
贵州威顿晶磷电子材料股份有限公司	9.95	117	0.48	331	0.10	80	0.00	28	0.00	61
贵州水矿奥瑞安清洁能源有限公司	9.90	118	0.57	293	0.53	22	0.00	28	0.00	138
遵义宏港机械有限公司	9.83	119	0.08	533	0.86	15	0.00	28	0.00	138
贵阳迪乐普科技有限公司	9.64	120	0.91	158	0.53	21	0.00	28	0.00	138
贵州黔和物流有限公司	9.34	121	1.28	99	0.17	53	0.00	28	0.00	138
贵州恒瑞辰科技股份有限公司	9.09	122	0.08	533	0.31	35	0.00	28	0.00	138
贵州良济药业有限公司	9.01	123	2.29	42	0.07	118	0.00	28	0.00	61
贵州鼎立生物科技香料有限公司	8.81	124	0.56	295	0.38	30	0.00	28	0.00	138
贵州详务节能建材有限公司	8.77	125	0.67	248	0.25	44	0.06	19	0.00	35
贵州长征电气有限公司	8.72	126	0.41	385	0.03	207	0.00	28	0.00	138
贵州中建建筑科研设计院有限公司	8.64	127	2.12	49	0.04	165	0.00	28	0.00	138
遵义市飞宇电子有限公司	8.55	128	2.60	35	0.05	149	0.00	28	0.00	138
贵州群建精密机械有限公司	8.55	129	0.83	184	0.03	187	0.00	28	0.00	94
贵州中科信达科技有限公司	8.49	130	0.00	570	0.41	29	0.00	28	0.00	138

续表

企业名称	创新产出		知识产权系数		人均发明专利拥有量		科技成果（奖励）系数		品牌建设系数	
	指数/%	位次	指标值	位次	指标值/项	位次	指标值	位次	指标值/项当量	位次
遵义市润丰源钢铁铸造有限公司	8.46	131	0.35	414	0.44	24	0.00	28	0.00	138
贵州安凯达实业股份有限公司	8.41	132	2.53	40	0.03	174	0.00	28	0.00	61
普定县银丰农业科技发展有限公司	8.11	133	0.05	551	0.35	31	0.00	28	0.00	94
贵州华烽汽车零部件有限公司	7.98	134	1.08	132	0.09	88	0.00	28	0.00	138
贵州优联博睿科技有限公司	7.94	135	0.37	398	0.55	20	0.00	28	0.00	138
贵州联盛药业有限公司	7.89	136	0.51	327	0.06	122	0.00	28	0.00	27
贵州百灵企业集团和仁堂药业有限公司	7.70	137	1.64	72	0.06	126	0.00	28	0.00	138
贵州万恒科技发展有限公司	7.55	138	0.29	442	0.41	28	0.00	28	0.00	138
贵州苗药生物技术有限公司	7.44	139	1.01	138	0.29	38	0.00	28	0.00	61
绥阳县耐环铝业有限公司	7.03	140	0.00	570	0.20	47	0.00	28	0.00	138
贵州智通天下信息技术有限公司	6.86	141	0.43	359	0.12	72	0.00	28	0.00	94
贵州精立航太科技有限公司	6.85	142	0.52	323	0.10	81	0.00	28	0.00	138
贵州万胜药业有限责任公司	6.69	143	1.28	99	0.06	130	0.00	28	0.00	94
贵州振华天通设备有限公司	6.54	144	0.07	548	0.21	46	0.00	28	0.00	138
贵州正合博莱金属有限公司	6.47	145	0.67	248	0.02	209	0.00	28	0.00	61
遵义市信欧建材有限公司	6.46	146	0.41	385	0.42	27	0.00	28	0.00	138
安顺市虹翼特种钢球制造有限公司	6.37	147	0.12	513	0.00	308	0.00	28	0.00	138
贵州同成环境科技有限公司	6.08	148	0.08	533	0.50	23	0.00	28	0.00	138
贵州三力制药股份有限公司	6.01	149	0.16	495	0.03	189	0.00	28	0.00	46
贵州新华羲玻璃有限责任公司	5.99	150	1.40	87	0.03	181	0.00	28	0.00	138
贵州吉丰种业有限责任公司	5.96	151	2.17	48	0.27	41	0.00	28	0.00	138
遵义航科机电有限公司	5.88	152	0.72	228	0.20	47	0.00	28	0.00	61
首钢贵阳特殊钢有限责任公司	5.86	153	0.20	486	0.01	286	0.00	28	0.00	94
贵州航飞精密制造有限公司	5.85	154	0.52	323	0.05	146	0.00	28	0.00	138
贵州红星发展大龙锰业有限责任公司	5.85	155	0.17	492	0.01	278	0.00	28	0.00	138
贵州三泓药业股份有限公司	5.54	156	0.12	513	0.15	56	0.00	28	0.00	61
贵州顺健制药有限公司	5.54	157	0.00	570	0.08	106	0.00	28	0.00	94
贵州遵义驰宇精密机电制造有限公司	5.51	158	0.75	218	0.06	133	0.00	28	0.00	138
绿地环保科技股份有限公司	5.35	159	2.68	30	0.02	216	0.00	28	0.00	61
贵州劲嘉新型包装材料有限公司	5.30	160	0.71	235	0.03	183	0.00	28	0.00	138

续表

企业名称	创新产出		知识产权系数		人均发明专利拥有量		科技成果（奖励）系数		品牌建设系数	
	指数/%	位次	指标值	位次	指标值/项	位次	指标值	位次	指标值/项当量	位次
博文软件（贵州）有限公司	5.26	161	1.99	54	0.11	74	0.00	28	0.00	138
贵州健兴药业有限公司	5.25	162	1.36	91	0.02	228	0.00	28	0.00	138
贵州东方世纪科技股份有限公司	5.18	163	1.19	114	0.04	172	0.00	28	0.00	138
贵州友擘机械制造有限公司	5.13	164	1.40	87	0.09	92	0.00	28	0.00	138
遵义市金鼎农业科技有限公司	5.10	165	0.44	350	0.13	65	0.00	28	0.00	138
贵阳永青仪电科技有限公司	4.94	166	1.73	68	0.01	263	0.00	28	0.00	54
贵州航太精密制造有限公司	4.91	167	1.48	83	0.04	164	0.00	28	0.00	33
贵州建工集团第一建筑工程有限责任公司	4.87	168	0.44	350	0.01	277	0.00	28	0.00	138
贵州力登科技发展有限公司	4.65	169	0.15	507	0.29	39	0.00	28	0.00	138
贵阳语玩科技有限公司	4.64	170	1.84	63	0.04	156	0.00	28	0.00	61
贵阳海之力液压有限公司	4.63	171	0.43	359	0.33	32	0.00	28	0.00	138
贵州兴国新动力科技有限公司	4.58	172	2.57	39	0.02	234	0.00	28	0.00	94
遵义精星航天电器有限责任公司	4.52	173	1.28	99	0.02	239	0.00	28	0.00	138
江林（贵州）高科发展股份有限公司	4.48	174	0.44	350	0.03	181	0.06	19	0.00	138
中联创展信息技术股份有限公司	4.43	175	2.88	28	0.04	161	0.00	28	0.00	54
贵阳新天光电科技有限公司	4.40	176	1.20	111	0.01	267	0.00	28	0.00	61
贵州博成科技有限公司	4.40	177	0.61	275	0.27	41	0.00	28	0.00	138
六盘水中联工贸实业有限公司	4.38	178	0.36	408	0.04	167	0.00	28	0.00	138
贵州伊思特新技术发展有限责任公司	4.31	179	0.45	347	0.10	79	0.00	28	0.00	94
贵州新锦竹木制品有限公司	4.19	180	0.68	244	0.05	137	0.00	28	0.00	61
贵州卓豪农业科技股份有限公司	4.18	181	0.97	146	0.00	308	0.06	19	0.00	46
贵州凯里经济开发区中昊电子有限公司	4.11	182	0.00	570	0.05	141	0.00	28	0.00	138
贵州捷盛钻具股份有限公司	3.88	183	1.16	117	0.03	184	0.00	28	0.00	94
埃柯赛环境科技（贵州）股份有限公司	3.86	184	0.48	331	0.13	67	0.00	28	0.00	138
贵州凯襄新材料有限公司	3.84	185	1.49	80	0.07	114	0.00	28	0.00	138
贵州科伦药业有限公司	3.82	186	0.00	570	0.01	266	0.00	28	0.00	94
贵阳新希望农业科技有限公司	3.71	187	0.40	387	0.03	203	0.00	28	0.00	138
贵阳明通炉料有限公司	3.62	188	0.00	570	0.16	54	0.00	28	0.00	138
贵州润生制药有限公司	3.52	189	1.44	86	0.02	209	0.00	28	0.00	30

续表

企业名称	创新产出		知识产权系数		人均发明专利拥有量		科技成果（奖励）系数		品牌建设系数	
	指数/%	位次	指标值	位次	指标值/项	位次	指标值	位次	指标值/项当量	位次
贵州联建土木工程质量检测监控中心有限公司	3.47	190	0.43	359	0.08	102	0.00	28	0.00	138
六盘水康博木塑科技有限公司	3.46	191	2.60	35	0.03	176	0.00	28	0.00	61
贵州万顺堂药业有限公司	3.43	192	0.00	570	0.04	156	0.00	28	0.00	54
遵义市文杰机电有限责任公司	3.39	193	0.32	420	0.08	98	0.00	28	0.00	138
遵义汇航机电有限公司	3.28	194	0.63	270	0.11	74	0.00	28	0.00	138
贵州金玖生物技术有限公司	3.25	195	0.56	295	0.03	197	0.00	28	0.00	94
贵州石博士科技有限公司	3.19	196	0.37	398	0.05	152	0.00	28	0.00	138
贵州振华红云电子有限公司	3.16	197	0.60	279	0.01	273	0.00	28	0.00	138
贵州全世通精密机械科技有限公司	3.13	198	1.04	137	0.03	190	0.00	28	0.00	138
贵州西部农产品交易中心有限公司	3.11	199	1.55	76	0.04	154	0.00	28	0.00	94
遵义市恒新化工有限公司	3.08	200	0.00	570	0.08	93	0.00	28	0.00	138
贵州鼎成熔鑫科技有限公司	3.00	201	0.00	570	0.07	109	0.00	28	0.00	138
贵州千村节能环保科技开发有限公司	3.00	202	0.75	218	0.14	57	0.00	28	0.00	138
贵州世农肥业有限公司	2.99	203	1.39	89	0.05	142	0.00	28	0.00	138
贵州坤盾天成科技有限公司	2.95	204	0.05	551	0.06	132	0.00	28	0.00	138
贵州华阳汽车零部件有限公司	2.93	205	0.23	476	0.03	193	0.00	28	0.00	138
贵州益华膜科技有限公司	2.90	206	0.25	467	0.20	47	0.00	28	0.00	138
贵州黎阳天翔科技有限公司	2.81	207	0.77	214	0.02	219	0.00	28	0.00	138
遵义恒佳铝业有限公司	2.78	208	0.76	216	0.02	225	0.00	28	0.00	138
贵州金域医学检验中心有限公司	2.78	209	0.84	178	0.01	270	0.00	28	0.00	138
贵阳锐泰电力科技有限公司	2.77	210	1.88	60	0.04	166	0.00	28	0.00	138
贵州惠沣众一机械制造有限公司	2.76	211	0.31	440	0.08	93	0.00	28	0.00	138
贵州荣清工具有限公司	2.72	212	0.07	548	0.20	47	0.00	28	0.00	138
贵州欧瑞欣合环保股份有限公司	2.71	213	0.61	275	0.03	185	0.00	28	0.00	94
贵州天安药业股份有限公司	2.70	214	0.05	551	0.02	231	0.00	28	0.00	46
贵州拜特制药有限公司	2.70	215	0.13	510	0.01	275	0.00	28	0.00	54
贵州云峰药业有限公司	2.67	216	0.61	275	0.02	214	0.00	28	0.00	40
康命源（贵州）科技发展有限公司	2.67	217	1.32	93	0.01	251	0.00	28	0.00	94
遵义拓特铸锻有限公司	2.66	218	0.00	570	0.02	213	0.00	28	0.00	138
遵义市亿易通科技网络有限责任公司	2.64	219	2.64	33	0.00	308	0.00	28	0.00	138

续表

企业名称	创新产出		知识产权系数		人均发明专利拥有量		科技成果（奖励）系数		品牌建设系数	
	指数/%	位次	指标值	位次	指标值/项	位次	指标值	位次	指标值/项当量	位次
贵州泰坦电气系统有限公司	2.62	220	0.91	158	0.07	114	0.00	28	0.00	138
贵州杰源水务管理技术科技有限公司	2.61	221	0.36	408	0.14	57	0.00	28	0.00	138
贵州广济堂药业有限公司	2.56	222	1.83	64	0.02	247	0.00	28	0.00	94
贵州赤天化纸业股份有限公司	2.55	223	0.64	253	0.01	284	0.00	28	0.00	138
贵州航天风华实业有限公司	2.55	224	0.48	331	0.03	196	0.00	28	0.00	138
贵阳世纪恒通科技有限公司	2.54	225	0.63	270	0.00	293	0.00	28	0.00	54
安顺虹特滚珠丝杠有限责任公司	2.54	226	0.01	568	0.18	52	0.00	28	0.00	138
遵义航天娄山电器化工有限公司	2.51	227	0.28	446	0.05	143	0.00	28	0.00	46
贵州铁建恒发新材料科技股份有限公司	2.50	228	0.24	468	0.06	134	0.00	28	0.00	138
中国航发贵州航空发动机维修有限责任公司	2.47	229	0.53	304	0.01	271	0.00	28	0.00	138
贵州楚智建材科技有限公司	2.47	230	1.55	76	0.04	156	0.00	28	0.00	61
贵州大隆药业有限责任公司	2.45	231	1.73	68	0.01	257	0.00	28	0.00	94
遵义市贵科技有限公司	2.45	232	0.32	420	0.13	67	0.00	28	0.00	138
力源液压系统（贵阳）有限公司	2.44	233	0.12	513	0.06	123	0.00	28	0.00	138
中铁八局集团第三工程有限公司	2.42	234	1.16	117	0.00	302	0.00	28	0.00	138
贵州华云汽车饰件制造有限公司	2.37	235	0.96	149	0.02	217	0.00	28	0.00	138
遵义鑫华源电力设备有限公司	2.36	236	0.16	495	0.05	150	0.00	28	0.00	138
贵州天威建材科技有限责任公司	2.34	237	0.24	468	0.03	180	0.00	28	0.00	138
贵州国宏正电气工程有限公司	2.33	238	0.20	486	0.13	67	0.00	28	0.00	138
贵州西南制造产业园有限公司	2.32	239	0.00	570	0.06	123	0.00	28	0.00	138
贵州大鸟创新科技有限公司	2.32	240	0.69	237	0.14	57	0.00	28	0.00	138
贵州精博高科科技有限公司	2.31	241	0.68	244	0.14	57	0.00	28	0.00	138
七冶建设有限责任公司	2.31	242	0.43	359	0.00	306	0.00	28	0.00	138
贵州华宁科技股份有限公司	2.30	243	0.76	216	0.04	156	0.00	28	0.00	138
贵州盛昌药业有限公司	2.25	244	0.12	513	0.13	67	0.00	28	0.00	94
贵州黔峰管业有限公司	2.20	245	0.80	189	0.02	224	0.00	28	0.00	94
绥阳县华丰电器有限公司	2.20	246	0.12	513	0.03	192	0.00	28	0.00	138
贵州中科恒运软件科技有限公司	2.19	247	2.19	47	0.00	308	0.00	28	0.00	138
贵州六合门业有限公司	2.18	248	0.97	146	0.08	93	0.00	28	0.00	138
贵州鸣腾科技有限公司	2.16	249	1.00	142	0.08	102	0.00	28	0.00	138
贵州瑞泰实业有限公司	2.12	250	1.47	85	0.00	296	0.00	28	0.00	138

续表

企业名称	创新产出		知识产权系数		人均发明专利拥有量		科技成果（奖励）系数		品牌建设系数	
	指数/%	位次	指标值	位次	指标值/项	位次	指标值	位次	指标值/项当量	位次
贵州岑祥资源科技有限责任公司	2.09	251	0.84	178	0.00	308	0.00	28	0.00	138
贵州德良方药业股份有限公司	2.08	252	0.72	228	0.02	244	0.00	28	0.00	94
遵义市龙驰生物科技有限公司	2.08	253	0.36	408	0.07	114	0.00	28	0.00	138
贵州黔通智联科技产业发展有限公司	2.04	254	1.31	95	0.01	258	0.00	28	0.00	35
贵州特派克生物防治技术有限公司	2.00	255	0.60	279	0.11	74	0.00	28	0.00	138
贵州金农科技有限责任公司	2.00	256	2.00	53	0.00	308	0.00	28	0.00	138
贵州思索电子有限公司	1.97	257	1.97	56	0.00	308	0.00	28	0.00	138
贵州东峰锑业股份有限公司	1.97	258	0.00	570	0.01	250	0.00	28	0.00	138
贵州恒力源林业科技有限公司	1.95	259	1.27	104	0.01	276	0.00	28	0.00	61
贵州省煤层气页岩气工程技术研究中心	1.93	260	0.35	414	0.05	146	0.00	28	0.00	138
通号建设集团贵州工程有限公司	1.93	261	0.63	270	0.01	279	0.00	28	0.00	138
贵州杰傲建材有限责任公司	1.91	262	0.16	495	0.07	109	0.00	28	0.00	138
航天云宏技术贵州有限公司	1.89	263	1.89	59	0.00	308	0.00	28	0.00	138
遵义粒满丰肥业有限责任公司	1.89	264	0.17	492	0.07	114	0.00	28	0.00	138
遵义华富生物科技有限公司	1.89	265	0.08	533	0.08	99	0.00	28	0.00	138
贵州久龙科技发展有限公司	1.89	266	0.56	295	0.10	82	0.00	28	0.00	138
遵义市聚源建材有限公司	1.88	267	1.07	134	0.03	199	0.00	28	0.00	138
贵州紫金矿业股份有限公司	1.84	268	0.56	295	0.00	295	0.00	28	0.00	138
贵州华城楼宇科技有限公司	1.83	269	0.43	359	0.02	222	0.00	28	0.00	138
贵州天地药业有限公司	1.82	270	0.53	304	0.00	288	0.00	28	0.00	61
贵阳金利沅科技有限公司	1.82	271	1.09	127	0.01	249	0.00	28	0.00	138
贵州盘江煤层气开发利用有限责任公司	1.81	272	1.81	65	0.00	308	0.00	28	0.00	138
贵州火星探索科技有限公司	1.81	272	1.81	65	0.00	308	0.00	28	0.00	138
贵州大博金太阳能光电有限公司	1.80	274	0.44	350	0.02	243	0.00	28	0.00	138
贵州恒源科创资源再生开发有限公司	1.77	275	0.84	178	0.04	155	0.00	28	0.00	138
贵州普济生物技术有限公司	1.76	276	0.55	301	0.08	93	0.00	28	0.00	94
贵州天马环卫设备有限公司	1.71	277	0.59	283	0.07	109	0.00	28	0.00	138
贵阳精彩数字印刷有限公司	1.69	278	0.89	164	0.03	208	0.00	28	0.00	138
贵州苗仁堂制药有限责任公司	1.68	279	0.08	533	0.04	168	0.00	28	0.00	25

续表

企业名称	创新产出		知识产权系数		人均发明专利拥有量		科技成果（奖励）系数		品牌建设系数	
	指数/%	位次	指标值	位次	指标值/项	位次	指标值	位次	指标值/项当量	位次
贵州力创科技发展有限公司	1.63	280	1.63	73	0.00	308	0.00	28	0.00	138
贵州政立矿业有限公司	1.62	281	0.95	153	0.01	281	0.00	28	0.00	138
贵州水矿控股集团有限责任公司	1.61	282	0.99	144	0.00	307	0.00	28	0.00	138
贵州中铝彩铝科技有限公司	1.58	283	0.77	214	0.03	202	0.00	28	0.00	138
贵阳白云中航紧固件有限公司	1.57	284	0.92	156	0.00	290	0.00	28	0.00	138
贵州贵玻玻璃有限公司	1.55	285	0.08	533	0.03	187	0.00	28	0.00	138
贵州省首为电线电缆有限公司	1.54	286	0.04	561	0.13	67	0.00	28	0.00	138
遵义市大地和电气有限公司	1.52	287	0.24	468	0.00	294	0.00	28	0.00	138
贵州黎阳国际制造有限公司	1.51	288	0.87	172	0.00	298	0.00	28	0.00	138
遵义长征汽车零部件有限公司	1.50	289	0.16	495	0.01	255	0.00	28	0.00	138
遵义群建塑胶制品有限公司	1.49	290	0.84	178	0.00	290	0.00	28	0.00	138
贵州中博宇科技有限公司	1.49	291	1.49	80	0.00	308	0.00	28	0.00	138
贵阳高新益舸电子有限公司	1.48	292	0.04	561	0.03	201	0.00	28	0.00	138
贵州创奇环保科技股份有限公司	1.44	293	0.01	568	0.03	204	0.00	28	0.00	138
贵阳鑫泓工程技术有限公司	1.42	294	0.16	495	0.09	89	0.00	28	0.00	138
安顺市成威科技有限公司	1.42	295	0.05	551	0.02	240	0.00	28	0.00	138
贵州百灵企业集团正鑫药业有限公司	1.41	296	0.00	570	0.02	220	0.00	28	0.00	94
贵州华星冶金有限公司	1.39	297	0.00	570	0.02	229	0.00	28	0.00	138
贵州飞云岭药业股份有限公司	1.36	298	0.00	570	0.02	246	0.00	28	0.00	94
贵州恒兴凯新型建材有限公司	1.36	299	0.35	414	0.06	134	0.00	28	0.00	138
贵州乐诚技术有限公司	1.36	299	0.63	270	0.02	244	0.00	28	0.00	138
贵州黄平富城实业有限公司	1.34	301	0.00	570	0.01	253	0.00	28	0.00	138
贵州森阳科技有限公司	1.34	302	0.13	510	0.08	93	0.00	28	0.00	138
贵州百事通建筑安装工程有限公司	1.32	303	0.36	408	0.05	146	0.00	28	0.00	138
贵阳富源饲料有限公司	1.31	304	1.31	95	0.00	308	0.00	28	0.00	94
贵州木弓贵芯微电子有限公司	1.31	305	1.31	95	0.00	308	0.00	28	0.00	138
安顺新金秋科技股份有限公司	1.31	306	1.29	98	0.00	308	0.00	28	0.00	46
贵州皓科新型材料有限公司	1.31	307	0.56	295	0.02	236	0.00	28	0.00	94
贵州长征电器成套有限公司	1.29	308	0.57	293	0.01	256	0.00	28	0.00	61
贵阳鑫辰宇办公设备有限公司	1.28	309	1.28	99	0.00	308	0.00	28	0.00	138
贵阳块数据城市建设有限公司	1.28	309	1.28	99	0.00	308	0.00	28	0.00	138
贵州卡布婴童用品有限责任公司	1.27	311	1.21	109	0.00	308	0.00	28	0.00	28

续表

企业名称	创新产出		知识产权系数		人均发明专利拥有量		科技成果（奖励）系数		品牌建设系数	
	指数/%	位次	指标值	位次	指标值/项	位次	指标值	位次	指标值/项当量	位次
贵州金马包装材料有限公司	1.26	312	0.56	295	0.01	259	0.00	28	0.00	138
贵州比特软件有限公司	1.25	313	1.25	105	0.00	308	0.00	28	0.00	138
贵州智诚科技有限公司	1.25	313	1.25	105	0.00	308	0.00	28	0.00	138
贵州海誉科技股份有限公司	1.23	315	1.23	107	0.00	308	0.00	28	0.00	138
遵义长征输配电设备有限公司	1.20	316	0.40	387	0.03	204	0.00	28	0.00	138
贵州加来智能科技有限公司	1.20	317	1.20	111	0.00	308	0.00	28	0.00	138
安顺市非凡创新科技有限公司	1.17	318	1.17	115	0.00	308	0.00	28	0.00	138
贵州天地荣科技有限公司	1.17	318	1.17	115	0.00	308	0.00	28	0.00	138
贵州电子商务云运营有限责任公司	1.16	320	1.12	121	0.00	308	0.00	28	0.00	30
黔西南州乐呵化工有限责任公司	1.15	321	1.15	120	0.00	308	0.00	28	0.00	138
遵义新利特金属材料科技有限公司	1.12	322	1.12	121	0.00	308	0.00	28	0.00	138
贵州三超科技信息系统有限公司	1.12	322	1.12	121	0.00	308	0.00	28	0.00	138
贵州省海美斯科技有限公司	1.12	324	0.48	331	0.00	301	0.00	28	0.00	138
贵州翰瑞电子有限公司	1.09	325	1.09	127	0.00	308	0.00	28	0.00	138
贵州永恒光科技有限公司	1.09	325	1.09	127	0.00	308	0.00	28	0.00	138
贵州丽基新材料有限公司	1.08	327	0.16	495	0.04	156	0.00	28	0.00	138
贵州银通三联科技有限公司	1.07	328	1.07	134	0.00	308	0.00	28	0.00	138
遵义强大博信知识产权服务有限公司	1.07	328	1.07	134	0.00	308	0.00	28	0.00	138
贵州联众云医疗科技有限公司	1.05	330	0.05	551	0.05	139	0.00	28	0.00	138
贵阳电气控制设备有限公司	1.04	331	0.35	414	0.01	272	0.00	28	0.00	61
贵州永吉印务股份有限公司	1.03	332	0.39	395	0.00	300	0.00	28	0.00	138
贵州丰达轴承有限公司	1.01	333	1.01	138	0.00	308	0.00	28	0.00	138
贵州秒银信诚科技有限公司	1.01	333	1.01	138	0.00	308	0.00	28	0.00	138
贵州鑫桥建设工程有限公司	1.01	335	0.24	468	0.02	226	0.00	28	0.00	138
贵州天逸轩网络科技有限公司	0.99	336	0.99	144	0.00	308	0.00	28	0.00	138
贵州恒和制药有限公司	0.98	337	0.97	146	0.00	308	0.00	28	0.00	94
贵州省安顺市智达公共安技术有限责任公司	0.97	338	0.96	149	0.00	308	0.00	28	0.00	61
贵阳新洋诚义齿有限公司	0.96	339	0.27	449	0.01	264	0.00	28	0.00	138
贵州巨凯科技有限公司	0.96	340	0.96	149	0.00	308	0.00	28	0.00	138
贵州苗药药业有限公司	0.94	341	0.27	449	0.00	287	0.00	28	0.00	46

续表

企业名称	创新产出		知识产权系数		人均发明专利拥有量		科技成果（奖励）系数		品牌建设系数	
	指数/%	位次	指标值	位次	指标值/项	位次	指标值	位次	指标值/项当量	位次
贵州英思普瑞信息技术有限公司	0.93	342	0.93	154	0.00	308	0.00	28	0.00	138
贵阳方舟科技股份有限公司	0.93	342	0.93	154	0.00	308	0.00	28	0.00	138
贵州好百年住宅工业有限公司	0.92	344	0.92	156	0.00	308	0.00	28	0.00	138
贵州鼎慧大数据科技有限公司	0.91	345	0.91	158	0.00	308	0.00	28	0.00	138
贵州光能科技有限公司	0.91	345	0.91	158	0.00	308	0.00	28	0.00	138
贵州天成中源科技有限公司	0.91	345	0.91	158	0.00	308	0.00	28	0.00	138
贵州响亮电子技术有限公司	0.91	345	0.91	158	0.00	308	0.00	28	0.00	138
贵州长泰源节能建材股份有限公司	0.90	349	0.16	495	0.02	241	0.00	28	0.00	94
贵州双木农机有限公司	0.89	350	0.88	165	0.00	308	0.00	28	0.00	61
贵州人和致远数据服务有限责任公司	0.88	351	0.88	165	0.00	308	0.00	28	0.00	94
贵州华美达科技有限公司	0.88	352	0.88	165	0.00	308	0.00	28	0.00	138
贵州中电通环境检测有限公司	0.88	352	0.88	165	0.00	308	0.00	28	0.00	138
贵州瑞普科技有限公司	0.88	352	0.88	165	0.00	308	0.00	28	0.00	138
贵州海智科技有限公司	0.88	352	0.88	165	0.00	308	0.00	28	0.00	138
贵州天保生态股份有限公司	0.88	352	0.88	165	0.00	308	0.00	28	0.00	138
贵州海跃模具有限公司	0.87	357	0.05	551	0.03	199	0.00	28	0.00	138
中建四局安装工程有限公司	0.87	358	0.87	172	0.00	308	0.00	28	0.00	138
贵州智合时代传媒有限公司	0.85	359	0.85	174	0.00	308	0.00	28	0.00	138
贵州恒信工程有限公司	0.85	359	0.85	174	0.00	308	0.00	28	0.00	138
贵州云上诚创科技有限公司	0.85	359	0.85	174	0.00	308	0.00	28	0.00	138
贵州溪山科技有限公司	0.85	359	0.85	174	0.00	308	0.00	28	0.00	138
贵州航天朝阳科技有限责任公司	0.85	363	0.11	520	0.02	236	0.00	28	0.00	138
遵义汇峰智能系统有限责任公司	0.84	364	0.05	551	0.02	212	0.00	28	0.00	138
贵州省建筑设计研究院有限责任公司	0.84	365	0.21	478	0.00	305	0.00	28	0.00	138
贵州精工利鹏科技有限公司	0.84	366	0.84	178	0.00	308	0.00	28	0.00	138
贵州银亨融通科技发展有限公司	0.83	367	0.83	184	0.00	308	0.00	28	0.00	138
贵州玄德生物科技股份有限公司	0.82	368	0.07	548	0.02	235	0.00	28	0.00	54
贵州维讯光电科技有限公司	0.81	369	0.81	188	0.00	308	0.00	28	0.00	138
贵阳天龙摩擦材料有限公司	0.81	370	0.08	533	0.02	247	0.00	28	0.00	138
贵州长圣信息工程有限公司	0.80	371	0.80	189	0.00	308	0.00	28	0.00	138
贵州自由客网络技术有限公司	0.80	371	0.80	189	0.00	308	0.00	28	0.00	138

续表

企业名称	创新产出		知识产权系数		人均发明专利拥有量		科技成果（奖励）系数		品牌建设系数	
	指数/%	位次	指标值	位次	指标值/项	位次	指标值	位次	指标值/项当量	位次
贵州佳联兴科技有限公司	0.80	371	0.80	189	0.00	308	0.00	28	0.00	138
贵阳鑫羿向科技有限公司	0.80	371	0.80	189	0.00	308	0.00	28	0.00	138
贵州环能地质咨询有限责任公司	0.80	371	0.80	189	0.00	308	0.00	28	0.00	138
铜仁市海创信息科技有限公司	0.80	371	0.80	189	0.00	308	0.00	28	0.00	138
贵州安泰晟达通信工程有限公司	0.80	371	0.80	189	0.00	308	0.00	28	0.00	138
贵州百科达科技有限公司	0.80	371	0.80	189	0.00	308	0.00	28	0.00	138
贵州杰轩科技有限责任公司	0.80	371	0.80	189	0.00	308	0.00	28	0.00	138
黔南热线网络有限责任公司	0.80	371	0.80	189	0.00	308	0.00	28	0.00	138
贵州泽涛科技有限公司	0.80	371	0.80	189	0.00	308	0.00	28	0.00	138
贵州中星网路科技有限公司	0.80	371	0.80	189	0.00	308	0.00	28	0.00	138
贵阳盛通宏业科技有限公司	0.80	371	0.80	189	0.00	308	0.00	28	0.00	138
贵州烨阳科技发展有限公司	0.80	371	0.80	189	0.00	308	0.00	28	0.00	138
贵阳天富长丰网络科技有限公司	0.80	371	0.80	189	0.00	308	0.00	28	0.00	138
贵州天地科技实业有限公司	0.80	371	0.80	189	0.00	308	0.00	28	0.00	138
松桃华艺科技有限公司	0.80	371	0.80	189	0.00	308	0.00	28	0.00	138
铜仁市碧江区安智科技有限公司	0.80	371	0.80	189	0.00	308	0.00	28	0.00	138
贵州科服科技集团有限责任公司	0.80	371	0.80	189	0.00	308	0.00	28	0.00	138
贵州新中盟机电设备有限公司	0.80	371	0.80	189	0.00	308	0.00	28	0.00	138
贵州博德恒泰科技有限公司	0.80	371	0.80	189	0.00	308	0.00	28	0.00	138
贵州微兄弟信息技术有限公司	0.80	371	0.80	189	0.00	308	0.00	28	0.00	138
贵州嘉智信联科技有限公司	0.80	371	0.80	189	0.00	308	0.00	28	0.00	138
贵州优行车联科技有限公司	0.80	371	0.80	189	0.00	308	0.00	28	0.00	138
贵州源隆新型环保墙体建材有限公司	0.80	395	0.09	531	0.01	265	0.00	28	0.00	54
贵州铁建工程质量检测咨询有限公司	0.78	396	0.11	520	0.01	280	0.00	28	0.00	138
贵阳四度空间文化传媒有限公司	0.75	397	0.75	218	0.00	308	0.00	28	0.00	138
贵州元方志擎科技有限公司	0.75	397	0.75	218	0.00	308	0.00	28	0.00	138
贵州永美健医疗器械有限公司	0.75	397	0.75	218	0.00	308	0.00	28	0.00	138
贵州正合伟业科技有限责任公司	0.75	397	0.75	218	0.00	308	0.00	28	0.00	138
贵州华峰志远商贸有限公司	0.75	397	0.75	218	0.00	308	0.00	28	0.00	138
贵州创美鑫韵文化传媒有限公司	0.75	397	0.75	218	0.00	308	0.00	28	0.00	138
遵义易拓网络服务有限公司	0.72	403	0.72	228	0.00	308	0.00	28	0.00	94
贵州能安机电设备制造有限公司	0.72	404	0.72	228	0.00	308	0.00	28	0.00	138

续表

企业名称	创新产出		知识产权系数		人均发明专利拥有量		科技成果（奖励）系数		品牌建设系数	
	指数/%	位次	指标值	位次	指标值/项	位次	指标值	位次	指标值/项当量	位次
贵州亿垒科技有限公司	0.72	404	0.72	228	0.00	308	0.00	28	0.00	138
贵州恒科电子科技有限公司	0.72	404	0.72	228	0.00	308	0.00	28	0.00	138
贵州车秘科技有限公司	0.71	407	0.71	235	0.00	308	0.00	28	0.00	138
贵州世纪宏景软件有限公司	0.70	408	0.64	253	0.00	308	0.00	28	0.00	28
贵州中盛弘通科技有限公司	0.69	409	0.69	237	0.00	308	0.00	28	0.00	138
贵州指趣网络科技有限公司	0.69	409	0.69	237	0.00	308	0.00	28	0.00	138
贵阳天马测绘技术有限公司	0.69	409	0.69	237	0.00	308	0.00	28	0.00	138
贵州硕利芮达科技有限公司	0.69	409	0.69	237	0.00	308	0.00	28	0.00	138
贵州逸飞科技有限公司	0.69	409	0.69	237	0.00	308	0.00	28	0.00	138
贵州省瓮安县瓮福黄磷有限公司	0.69	414	0.00	570	0.01	268	0.00	28	0.00	138
贵州长通集团智造有限公司	0.68	415	0.00	570	0.01	274	0.00	28	0.00	138
遵义春华新材料科技有限公司	0.68	416	0.68	244	0.00	308	0.00	28	0.00	138
贵州宇鹏科技有限责任公司	0.68	416	0.68	244	0.00	308	0.00	28	0.00	138
贵州天晟伟业科技有限公司	0.67	418	0.67	248	0.00	308	0.00	28	0.00	138
贵州朗科电气有限公司	0.67	418	0.67	248	0.00	308	0.00	28	0.00	138
黔山良农有限公司	0.65	420	0.63	270	0.00	308	0.00	28	0.00	35
贵阳长治恒丰智能科技有限公司	0.64	421	0.64	253	0.00	308	0.00	28	0.00	94
贵州创新睿界科技有限公司	0.64	422	0.64	253	0.00	308	0.00	28	0.00	138
贵阳兴意达天诚科技有限公司	0.64	422	0.64	253	0.00	308	0.00	28	0.00	138
贵州宏信创达工程检测咨询有限公司	0.64	422	0.64	253	0.00	308	0.00	28	0.00	138
黔南州金安电子安防服务有限公司	0.64	422	0.64	253	0.00	308	0.00	28	0.00	138
贵州众诚兴业科教设备有限公司	0.64	422	0.64	253	0.00	308	0.00	28	0.00	138
遵义市旭辉新型节能建材有限公司	0.64	422	0.64	253	0.00	308	0.00	28	0.00	138
贵阳飞丝特科技有限公司	0.64	422	0.64	253	0.00	308	0.00	28	0.00	138
贵阳创新天健科技有限公司	0.64	422	0.64	253	0.00	308	0.00	28	0.00	138
贵州西西洋教育科技有限公司	0.64	422	0.64	253	0.00	308	0.00	28	0.00	138
贵州政和信息科技有限公司	0.64	422	0.64	253	0.00	308	0.00	28	0.00	138
贵州百胜工程建设咨询有限公司	0.64	422	0.64	253	0.00	308	0.00	28	0.00	138
贵州优特云科技有限公司	0.64	422	0.64	253	0.00	308	0.00	28	0.00	138
贵州金义磨料有限公司	0.61	434	0.61	275	0.00	308	0.00	28	0.00	138
贵州信鸽科技有限公司	0.60	435	0.60	279	0.00	308	0.00	28	0.00	138

续表

企业名称	创新产出		知识产权系数		人均发明专利拥有量		科技成果（奖励）系数		品牌建设系数	
	指数/%	位次	指标值	位次	指标值/项	位次	指标值	位次	指标值/项当量	位次
贵阳动视云科技有限公司	0.59	436	0.59	283	0.00	308	0.00	28	0.00	61
贵州恩科达医疗科技有限公司	0.59	437	0.59	283	0.00	308	0.00	28	0.00	138
贵州天讯信息产业有限公司	0.59	437	0.59	283	0.00	308	0.00	28	0.00	138
贵州水务运营有限公司	0.59	437	0.59	283	0.00	308	0.00	28	0.00	138
贵阳新同舟科技有限公司	0.59	437	0.59	283	0.00	308	0.00	28	0.00	138
贵州卓越天成软件有限公司	0.59	437	0.59	283	0.00	308	0.00	28	0.00	138
贵州耕云科技有限公司	0.59	437	0.59	283	0.00	308	0.00	28	0.00	138
遵义市永胜金属设备有限公司	0.59	437	0.59	283	0.00	308	0.00	28	0.00	138
贵州车联邦网络科技有限公司	0.59	437	0.59	283	0.00	308	0.00	28	0.00	138
贵州晨智俊博科技有限公司	0.53	445	0.53	304	0.00	308	0.00	28	0.00	138
贵州科华交通建设工程有限公司	0.53	445	0.53	304	0.00	308	0.00	28	0.00	138
贵州津惠隆科技有限公司	0.53	445	0.53	304	0.00	308	0.00	28	0.00	138
贵州鑫权懿科技发展有限公司	0.53	445	0.53	304	0.00	308	0.00	28	0.00	138
贵州云谷数据有限公司	0.53	445	0.53	304	0.00	308	0.00	28	0.00	138
贵州永成科技有限公司	0.53	445	0.53	304	0.00	308	0.00	28	0.00	138
贵州德恒信安防工程有限公司	0.53	445	0.53	304	0.00	308	0.00	28	0.00	138
六盘水创世纪科贸有限公司	0.53	445	0.53	304	0.00	308	0.00	28	0.00	138
贵州华康伟创科技有限公司	0.53	445	0.53	304	0.00	308	0.00	28	0.00	138
贵州黔莱亚科技有限公司	0.53	445	0.53	304	0.00	308	0.00	28	0.00	138
贵州云图时代信息技术有限公司	0.53	445	0.53	304	0.00	308	0.00	28	0.00	138
贵州迅达信息产业发展有限公司	0.53	445	0.53	304	0.00	308	0.00	28	0.00	138
都匀市莘蕊科技有限公司	0.53	445	0.53	304	0.00	308	0.00	28	0.00	138
贵州汇诚优品科技有限公司	0.53	445	0.53	304	0.00	308	0.00	28	0.00	138
贵州中联信科技有限公司	0.53	445	0.53	304	0.00	308	0.00	28	0.00	138
贵州光大远航测绘工程有限公司	0.53	445	0.53	304	0.00	308	0.00	28	0.00	138
贵州智教云教育科技有限公司	0.53	445	0.53	304	0.00	308	0.00	28	0.00	138
贵州明峰工业废渣综合回收再利用有限公司	0.52	462	0.52	323	0.00	308	0.00	28	0.00	138
贵州汇龙源电气有限公司	0.52	462	0.52	323	0.00	308	0.00	28	0.00	138
贵州开阳川东化工有限公司	0.51	464	0.51	327	0.00	308	0.00	28	0.00	138
贵州永兴建设工程质量检测有限公司	0.51	464	0.51	327	0.00	308	0.00	28	0.00	138
贵州兴达兴建材股份有限公司	0.49	466	0.48	331	0.00	308	0.00	28	0.00	46
遵义市精科信检测有限公司	0.49	466	0.49	330	0.00	308	0.00	28	0.00	138

续表

企业名称	创新产出		知识产权系数		人均发明专利拥有量		科技成果（奖励）系数		品牌建设系数	
	指数/%	位次	指标值	位次	指标值/项	位次	指标值	位次	指标值/项当量	位次
六盘水市钟山区泉辰科技有限责任公司	0.48	468	0.48	331	0.00	308	0.00	28	0.00	138
贵州晟博特科技有限公司	0.48	468	0.48	331	0.00	308	0.00	28	0.00	138
遵义双河生物燃料科技有限公司	0.48	468	0.48	331	0.00	308	0.00	28	0.00	138
福泉大北农农业科技有限公司	0.48	468	0.48	331	0.00	308	0.00	28	0.00	138
习水县蓝岛电脑科技有限公司	0.48	468	0.48	331	0.00	308	0.00	28	0.00	138
贵阳市启沃富科技有限公司	0.48	468	0.48	331	0.00	308	0.00	28	0.00	138
贵州信方达信息咨询有限公司	0.48	468	0.48	331	0.00	308	0.00	28	0.00	138
贵州开拓未来计算机技术有限公司	0.48	468	0.48	331	0.00	308	0.00	28	0.00	138
贵州联掌慧信息技术有限公司	0.48	468	0.48	331	0.00	308	0.00	28	0.00	138
贵州安易和信科技有限公司	0.48	468	0.48	331	0.00	308	0.00	28	0.00	138
贵州鑫轩贵钢结构机械有限公司	0.44	478	0.44	350	0.00	308	0.00	28	0.00	138
贵州西南管业有限公司	0.44	478	0.44	350	0.00	308	0.00	28	0.00	138
贵州省电子证书有限公司	0.44	478	0.44	350	0.00	308	0.00	28	0.00	138
贵州迈锐钻探设备制造有限公司	0.44	478	0.44	350	0.00	308	0.00	28	0.00	138
贵州大兴旺新材料科技有限公司	0.44	478	0.44	350	0.00	308	0.00	28	0.00	138
贵阳鑫恒泰实业有限公司	0.43	483	0.43	359	0.00	308	0.00	28	0.00	138
贵州众和宏远科技有限公司	0.43	483	0.43	359	0.00	308	0.00	28	0.00	138
贵州安康健科技有限公司	0.43	483	0.43	359	0.00	308	0.00	28	0.00	138
贵州诚安建设有限公司	0.43	483	0.43	359	0.00	308	0.00	28	0.00	138
贵州天励恩科技有限公司	0.43	483	0.43	359	0.00	308	0.00	28	0.00	138
贵州弘康药业有限公司	0.43	483	0.43	359	0.00	308	0.00	28	0.00	138
贵州兴洪波科技有限公司	0.43	483	0.43	359	0.00	308	0.00	28	0.00	138
安软科技集团（贵州）有限公司	0.43	483	0.43	359	0.00	308	0.00	28	0.00	138
贵州华立通科技发展有限公司	0.43	483	0.43	359	0.00	308	0.00	28	0.00	138
贵州数易联科技有限公司	0.43	483	0.43	359	0.00	308	0.00	28	0.00	138
遵义同兴源建材有限公司	0.43	483	0.43	359	0.00	308	0.00	28	0.00	138
贵州德润电力建设有限公司	0.43	483	0.43	359	0.00	308	0.00	28	0.00	138
贵州唯捷众品信息技术有限公司	0.43	483	0.43	359	0.00	308	0.00	28	0.00	138
贵州黔元隆安装工程有限公司	0.43	483	0.43	359	0.00	308	0.00	28	0.00	138
贵州亿程交通信息有限公司	0.43	483	0.43	359	0.00	308	0.00	28	0.00	138
贵州新致普惠信息技术有限公司	0.43	483	0.43	359	0.00	308	0.00	28	0.00	138

续表

企业名称	创新产出		知识产权系数		人均发明专利拥有量		科技成果（奖励）系数		品牌建设系数	
	指数/%	位次	指标值	位次	指标值/项	位次	指标值	位次	指标值/项当量	位次
贵州匠人筑造工程咨询有限公司	0.43	483	0.43	359	0.00	308	0.00	28	0.00	138
贵州云智数据集团有限责任公司	0.43	483	0.43	359	0.00	308	0.00	28	0.00	138
贵州联众科创科技工程有限公司	0.43	483	0.43	359	0.00	308	0.00	28	0.00	138
贵州房易通网络技术有限公司	0.43	483	0.43	359	0.00	308	0.00	28	0.00	138
黔南滑动轴承有限公司	0.43	483	0.43	359	0.00	308	0.00	28	0.00	138
贵州莱利斯机械设计制造有限责任公司	0.41	504	0.40	387	0.00	308	0.00	28	0.00	61
贵州东冠科技有限公司	0.40	505	0.40	387	0.00	308	0.00	28	0.00	94
贵州威默电气成套设备有限公司	0.40	506	0.40	387	0.00	308	0.00	28	0.00	138
贵州惠波机械制造有限公司	0.40	506	0.40	387	0.00	308	0.00	28	0.00	138
贵州远诚自控科技有限公司	0.40	506	0.40	387	0.00	308	0.00	28	0.00	138
贵州黔力电器制造有限公司	0.40	506	0.40	387	0.00	308	0.00	28	0.00	138
贵州省达济环保科技有限公司	0.39	510	0.39	395	0.00	308	0.00	28	0.00	138
贵州地道药业有限公司	0.38	511	0.37	398	0.00	308	0.00	28	0.00	61
贵州中孚科技有限公司	0.37	512	0.37	398	0.00	308	0.00	28	0.00	138
遵义凯发新泉污水处理有限公司	0.37	512	0.37	398	0.00	308	0.00	28	0.00	138
贵州金山国土勘测工程有限公司	0.37	512	0.37	398	0.00	308	0.00	28	0.00	138
贵阳玛莱特液压电磁科技有限公司	0.37	512	0.37	398	0.00	308	0.00	28	0.00	138
贵州联洪合成材料有限公司	0.37	512	0.37	398	0.00	308	0.00	28	0.00	138
贵州力强科技发展有限公司	0.36	517	0.36	408	0.00	308	0.00	28	0.00	138
贵州良济医疗器械有限公司	0.35	518	0.35	414	0.00	308	0.00	28	0.00	138
遵义市大鼎正环保建材有限公司	0.35	518	0.35	414	0.00	308	0.00	28	0.00	138
贵州贵诚管业有限责任公司	0.32	520	0.32	420	0.00	308	0.00	28	0.00	138
贵州瑞恩检测技术有限公司	0.32	520	0.32	420	0.00	308	0.00	28	0.00	138
贵州智慧共治信息科技有限公司	0.32	520	0.32	420	0.00	308	0.00	28	0.00	138
贵州惠康盛电气有限公司	0.32	520	0.32	420	0.00	308	0.00	28	0.00	138
遵义市播州区苟江镇鑫欣源包装材料有限责任公司	0.32	520	0.32	420	0.00	308	0.00	28	0.00	138
普定全成电子有限公司	0.32	520	0.32	420	0.00	308	0.00	28	0.00	138
都匀市大隆传动机械有限公司	0.32	520	0.32	420	0.00	308	0.00	28	0.00	138
贵金玉科技发展有限公司	0.32	520	0.32	420	0.00	308	0.00	28	0.00	138
遵义天辉机电有限责任公司	0.32	520	0.32	420	0.00	308	0.00	28	0.00	138

续表

企业名称	创新产出		知识产权系数		人均发明专利拥有量		科技成果（奖励）系数		品牌建设系数	
	指数/%	位次	指标值	位次	指标值/项	位次	指标值	位次	指标值/项当量	位次
贵州卓品汇成套设备工程有限公司	0.32	520	0.32	420	0.00	308	0.00	28	0.00	138
贵州北极光原生态农业开发有限公司	0.32	520	0.32	420	0.00	308	0.00	28	0.00	138
毕节市斯翔安防科技有限公司	0.32	520	0.32	420	0.00	308	0.00	28	0.00	138
贵州华信创新科技有限公司	0.32	520	0.32	420	0.00	308	0.00	28	0.00	138
贵州云博极讯科技有限责任公司	0.32	520	0.32	420	0.00	308	0.00	28	0.00	138
贵州美洁环卫工程有限责任公司	0.32	520	0.32	420	0.00	308	0.00	28	0.00	138
贵州数智联云科技有限公司	0.31	535	0.31	440	0.00	308	0.00	28	0.00	94
贵州晟扬管道科技有限公司	0.29	536	0.29	442	0.00	308	0.00	28	0.00	138
贵州黔力重工有限公司	0.27	537	0.27	449	0.00	308	0.00	28	0.00	94
贵州多维视科技有限公司	0.27	538	0.27	449	0.00	308	0.00	28	0.00	138
贵州科讯达科技有限公司	0.27	538	0.27	449	0.00	308	0.00	28	0.00	138
贵州志琦科技有限公司	0.27	538	0.27	449	0.00	308	0.00	28	0.00	138
贵州通勤汇嘉科技有限公司	0.27	538	0.27	449	0.00	308	0.00	28	0.00	138
贵州西瑞科技有限公司	0.27	538	0.27	449	0.00	308	0.00	28	0.00	138
贵州守望领域数据智能有限公司	0.27	538	0.27	449	0.00	308	0.00	28	0.00	138
贵州金科成科技服务有限公司	0.27	538	0.27	449	0.00	308	0.00	28	0.00	138
贵州长信天鹰信息系统有限公司	0.27	538	0.27	449	0.00	308	0.00	28	0.00	138
贵州迦太利华信息科技有限公司	0.27	538	0.27	449	0.00	308	0.00	28	0.00	138
贵州新气象科技有限责任公司	0.27	538	0.27	449	0.00	308	0.00	28	0.00	138
贵阳力泉液压技术有限公司	0.27	538	0.27	449	0.00	308	0.00	28	0.00	138
贵州中软云上数据技术服务有限公司	0.27	538	0.27	449	0.00	308	0.00	28	0.00	138
遵义朝宇锅炉有限公司	0.24	550	0.24	468	0.00	308	0.00	28	0.00	138
贵州安吉华元科技发展有限公司	0.24	550	0.24	468	0.00	308	0.00	28	0.00	138
遵义长征电器制造有限公司	0.24	550	0.24	468	0.00	308	0.00	28	0.00	138
贵州纳雍博润环保科技有限公司	0.23	553	0.23	476	0.00	308	0.00	28	0.00	138
贵州联韵智能声学科技有限公司	0.21	554	0.21	478	0.00	308	0.00	28	0.00	138
贵州省移塑管业有限公司	0.21	554	0.21	478	0.00	308	0.00	28	0.00	138
贵州云腾志远科技发展有限公司	0.21	554	0.21	478	0.00	308	0.00	28	0.00	138
贵州兆浪科技实业有限公司	0.21	554	0.21	478	0.00	308	0.00	28	0.00	138
贵州非格斯科技有限公司	0.21	554	0.21	478	0.00	308	0.00	28	0.00	138
贵州盛方信息科技有限公司	0.21	554	0.21	478	0.00	308	0.00	28	0.00	138

续表

企业名称	创新产出		知识产权系数		人均发明专利拥有量		科技成果（奖励）系数		品牌建设系数	
	指数/%	位次	指标值	位次	指标值/项	位次	指标值	位次	指标值/项当量	位次
贵阳力波机械传动有限公司	0.20	560	0.20	486	0.00	308	0.00	28	0.00	138
中国建材检验认证集团贵州有限公司	0.19	561	0.19	491	0.00	308	0.00	28	0.00	138
国药集团贵州血液制品有限公司	0.17	562	0.17	492	0.00	308	0.00	28	0.00	138
贵州英吉尔机械制造有限公司	0.16	563	0.16	495	0.00	308	0.00	28	0.00	138
贵阳方舟高新技术有限公司	0.16	563	0.16	495	0.00	308	0.00	28	0.00	138
贵州汉沙科技有限公司	0.16	563	0.16	495	0.00	308	0.00	28	0.00	138
贵定县恒伟玻璃制品有限公司	0.16	563	0.16	495	0.00	308	0.00	28	0.00	138
贵州毅博机械设备有限公司	0.16	563	0.16	495	0.00	308	0.00	28	0.00	138
贵州兆浪科技实业有限公司	0.15	568	0.15	507	0.00	308	0.00	28	0.00	94
贵阳玉塑包装有限公司	0.15	569	0.15	507	0.00	308	0.00	28	0.00	138
贵州禹之源生态环保有限公司	0.14	570	0.13	510	0.00	308	0.00	28	0.00	94
贵州远东兄弟钻探有限公司	0.12	571	0.12	513	0.00	308	0.00	28	0.00	138
龙里县粤盛型材有限公司	0.11	572	0.11	520	0.00	308	0.00	28	0.00	94
贵州蜂能科技发展有限公司	0.11	572	0.11	520	0.00	308	0.00	28	0.00	94
贵州山顺缆车有限公司	0.11	574	0.11	520	0.00	308	0.00	28	0.00	138
贵州航图教育科技有限公司	0.11	574	0.11	520	0.00	308	0.00	28	0.00	138
贵州黔云联创网络科技有限公司	0.11	574	0.11	520	0.00	308	0.00	28	0.00	138
贵州黔聚龙投资有限公司	0.11	574	0.11	520	0.00	308	0.00	28	0.00	138
贵州卓讯软件股份有限公司	0.11	574	0.11	520	0.00	308	0.00	28	0.00	138
贵州源溯科技有限公司	0.11	574	0.11	520	0.00	308	0.00	28	0.00	138
贵州创天科技有限公司	0.11	574	0.11	520	0.00	308	0.00	28	0.00	138
贵州省欣紫鸿药用辅料有限公司	0.09	581	0.09	531	0.00	308	0.00	28	0.00	138
遵义铝业股份有限公司	0.09	582	0.08	533	0.00	308	0.00	28	0.00	61
贵州大西南工程检测有限公司	0.08	583	0.08	533	0.00	308	0.00	28	0.00	138
遵义天力环境工程有限责任公司	0.08	583	0.08	533	0.00	308	0.00	28	0.00	138
贵州天虹志远电线电缆有限公司	0.08	583	0.08	533	0.00	308	0.00	28	0.00	138
贞丰县贵耀材料科技有限公司	0.08	583	0.08	533	0.00	308	0.00	28	0.00	138
贵州祥程佳和机械制造有限公司	0.08	583	0.08	533	0.00	308	0.00	28	0.00	138
贵州忠义柒彩科技开发有限公司	0.05	588	0.05	551	0.00	308	0.00	28	0.00	138
贵州众蓝科技有限公司	0.05	588	0.05	551	0.00	308	0.00	28	0.00	138
贵州省瓮安兴农磷化工有限责任公司	0.05	588	0.05	551	0.00	308	0.00	28	0.00	138
贵州金田新材料科技有限公司	0.04	591	0.04	561	0.00	308	0.00	28	0.00	138

续表

企业名称	创新产出		知识产权系数		人均发明专利拥有量		科技成果（奖励）系数		品牌建设系数	
	指数/%	位次	指标值	位次	指标值/项	位次	指标值	位次	指标值/项当量	位次
贵州天能电力高科技有限公司	0.04	591	0.04	561	0.00	308	0.00	28	0.00	138
贵州万顺豪环卫机械设备有限公司	0.04	591	0.04	561	0.00	308	0.00	28	0.00	138
贵州省遵义市辉煌种业有限公司	0.01	594	0.00	570	0.00	308	0.00	28	0.00	61
贵阳企易云商科技发展有限公司	0.00	595	0.00	570	0.00	308	0.00	28	0.00	138
贵州百能思信息科技有限公司	0.00	595	0.00	570	0.00	308	0.00	28	0.00	138
贵州合润铝业新材料科技股份有限公司	0.00	595	0.00	570	0.00	308	0.00	28	0.00	138
贵州科库科技有限公司	0.00	595	0.00	570	0.00	308	0.00	28	0.00	138
贵州奥申信息技术发展有限公司	0.00	595	0.00	570	0.00	308	0.00	28	0.00	138
贵阳大数据交易所	0.00	595	0.00	570	0.00	308	0.00	28	0.00	138
贵州太瑞生诺生物医药有限公司	0.00	595	0.00	570	0.00	308	0.00	28	0.00	138
贵州黔竹汇君科技有限公司	0.00	595	0.00	570	0.00	308	0.00	28	0.00	138
贵州楠天新型建材科技开发有限公司	0.00	595	0.00	570	0.00	308	0.00	28	0.00	138
铜仁文馨高效节能门窗有限公司	0.00	595	0.00	570	0.00	308	0.00	28	0.00	138
贵州温商信息技术有限公司	0.00	595	0.00	570	0.00	308	0.00	28	0.00	138
路鑫机械有限公司	0.00	595	0.00	570	0.00	308	0.00	28	0.00	138
贵定县洪福环保科技有限公司	0.00	595	0.00	570	0.00	308	0.00	28	0.00	138
贵州诚致未来科技有限公司	0.00	595	0.00	570	0.00	308	0.00	28	0.00	138
贵州佳网科技发展有限公司	0.00	595	0.00	570	0.00	308	0.00	28	0.00	138
贵州华龙电子设备有限公司	0.00	595	0.00	570	0.00	308	0.00	28	0.00	138
贵阳华森建材有限公司	0.00	595	0.00	570	0.00	308	0.00	28	0.00	138
贵州智能加数字科技有限公司	0.00	595	0.00	570	0.00	308	0.00	28	0.00	138
贵州华诚天下节能科技有限公司	0.00	595	0.00	570	0.00	308	0.00	28	0.00	138
贵阳华丰航空科技有限公司	0.00	595	0.00	570	0.00	308	0.00	28	0.00	138
贵州云图瞰景地理信息技术有限公司	0.00	595	0.00	570	0.00	308	0.00	28	0.00	138
贵州源塑实业有限公司	0.00	595	0.00	570	0.00	308	0.00	28	0.00	138
贵州辰阳星睿科技有限公司	0.00	595	0.00	570	0.00	308	0.00	28	0.00	138
贵州盛峰药用包装有限公司	0.00	595	0.00	570	0.00	308	0.00	28	0.00	138
贵州小伙人信息技术有限公司	0.00	595	0.00	570	0.00	308	0.00	28	0.00	138
贵阳联诚欣业科技有限公司	0.00	595	0.00	570	0.00	308	0.00	28	0.00	138
贵州三佳科技有限公司	0.00	595	0.00	570	0.00	308	0.00	28	0.00	138

续表

企业名称	创新产出		知识产权系数		人均发明专利拥有量		科技成果（奖励）系数		品牌建设系数	
	指数/%	位次	指标值	位次	指标值/项	位次	指标值	位次	指标值/项当量	位次
贵州万业包装有限公司	0.00	595	0.00	570	0.00	308	0.00	28	0.00	138
贵州益恒创兴科技有限公司	0.00	595	0.00	570	0.00	308	0.00	28	0.00	138
贵州恒绿源环保有限公司	0.00	595	0.00	570	0.00	308	0.00	28	0.00	138
贵州航火电器有限公司	0.00	595	0.00	570	0.00	308	0.00	28	0.00	138
贵州元能管业有限公司	0.00	595	0.00	570	0.00	308	0.00	28	0.00	138
贵州智联云弛软件科技有限公司	0.00	595	0.00	570	0.00	308	0.00	28	0.00	138
贵州联创天健科技有限公司	0.00	595	0.00	570	0.00	308	0.00	28	0.00	138
贵州蓝天远泰科技有限公司	0.00	595	0.00	570	0.00	308	0.00	28	0.00	138
遵义市汇川区吉美电镀有限责任公司	0.00	595	0.00	570	0.00	308	0.00	28	0.00	138
贵州同成沁溢水务环境有限公司	0.00	595	0.00	570	0.00	308	0.00	28	0.00	138
贵州省源单新材料科技有限公司	0.00	595	0.00	570	0.00	308	0.00	28	0.00	138
贵州秦泰药业有限公司	0.00	595	0.00	570	0.00	308	0.00	28	0.00	138
贵州农沃新能源科技有限公司	0.00	595	0.00	570	0.00	308	0.00	28	0.00	138
贵州长宇电力电气有限公司	0.00	595	0.00	570	0.00	308	0.00	28	0.00	138
瓮安鑫源环保建材有限公司	0.00	595	0.00	570	0.00	308	0.00	28	0.00	138
贵州亿全科技有限公司	0.00	595	0.00	570	0.00	308	0.00	28	0.00	138
贵州鑫都嘉汇科技有限责任公司	0.00	595	0.00	570	0.00	308	0.00	28	0.00	138
贵州大成玻璃工程有限责任公司	0.00	595	0.00	570	0.00	308	0.00	28	0.00	138
贵州智博云网络科技有限公司	0.00	595	0.00	570	0.00	308	0.00	28	0.00	138
贵州德隆水泥有限公司	0.00	595	0.00	570	0.00	308	0.00	28	0.00	138
安顺文杰科技有限公司	0.00	595	0.00	570	0.00	308	0.00	28	0.00	138
贵州志成恩予科技有限公司	0.00	595	0.00	570	0.00	308	0.00	28	0.00	138
贵州信天游信息技术有限公司	0.00	595	0.00	570	0.00	308	0.00	28	0.00	138
贵州众智恒生态科技有限公司	0.00	595	0.00	570	0.00	308	0.00	28	0.00	138
贵州德瑞软件开发有限公司	0.00	595	0.00	570	0.00	308	0.00	28	0.00	138
贵州绿盾征信大数据有限公司	0.00	595	0.00	570	0.00	308	0.00	28	0.00	138
贵州文博科技有限公司	0.00	595	0.00	570	0.00	308	0.00	28	0.00	138
贵州华良电气有限公司	0.00	595	0.00	570	0.00	308	0.00	28	0.00	138
贵州九鼎成科技有限公司	0.00	595	0.00	570	0.00	308	0.00	28	0.00	138
贵州俊丰源环保科技有限公司	0.00	595	0.00	570	0.00	308	0.00	28	0.00	138
贵州开阳三环磨料有限公司	0.00	595	0.00	570	0.00	308	0.00	28	0.00	138
贵州垒华成工程试验检测有限责任公司	0.00	595	0.00	570	0.00	308	0.00	28	0.00	138

续表

企业名称	创新产出		知识产权系数		人均发明专利拥有量		科技成果（奖励）系数		品牌建设系数	
	指数/%	位次	指标值	位次	指标值/项	位次	指标值	位次	指标值/项当量	位次
贵州中节能天融兴德环保科技有限公司	0.00	595	0.00	570	0.00	308	0.00	28	0.00	138
贵州浩博工程质量检测有限公司	0.00	595	0.00	570	0.00	308	0.00	28	0.00	138
贵州乐创方舟科技文化有限公司	0.00	595	0.00	570	0.00	308	0.00	28	0.00	138
遵义市友联包装实业有限公司	0.00	595	0.00	570	0.00	308	0.00	28	0.00	138
千景空间科技有限公司	0.00	595	0.00	570	0.00	308	0.00	28	0.00	138
中通友源建设有限公司	0.00	595	0.00	570	0.00	308	0.00	28	0.00	138
黔南州黔程科技有限公司	0.00	595	0.00	570	0.00	308	0.00	28	0.00	138
贵州兰诚硕测绘有限责任公司	0.00	595	0.00	570	0.00	308	0.00	28	0.00	138
贵阳高新兆诚科技有限公司	0.00	595	0.00	570	0.00	308	0.00	28	0.00	138
贵州金瑞渐成电子有限公司	0.00	595	0.00	570	0.00	308	0.00	28	0.00	138
贵州德鑫源电气有限公司	0.00	595	0.00	570	0.00	308	0.00	28	0.00	138
遵义市利升机械加工有限公司	0.00	595	0.00	570	0.00	308	0.00	28	0.00	138
贵州道兴建设工程检测有限责任公司	0.00	595	0.00	570	0.00	308	0.00	28	0.00	138
贵州海普科技有限公司	0.00	595	0.00	570	0.00	308	0.00	28	0.00	138
贵州阿凡提工业信息有限公司	0.00	595	0.00	570	0.00	308	0.00	28	0.00	138
贵州根树林信息科技有限公司	0.00	595	0.00	570	0.00	308	0.00	28	0.00	138
贵州木易精细陶瓷有限责任公司	0.00	595	0.00	570	0.00	308	0.00	28	0.00	138
贵州尚品创意网络科技有限公司	0.00	595	0.00	570	0.00	308	0.00	28	0.00	138
贵阳高新泰丰航空航天科技有限公司	0.00	595	0.00	570	0.00	308	0.00	28	0.00	138
贵州广毅节能环保科技有限公司	0.00	595	0.00	570	0.00	308	0.00	28	0.00	138
贵州宏志数码科技工程有限公司	0.00	595	0.00	570	0.00	308	0.00	28	0.00	138
贵阳中电高新数据科技有限公司	0.00	595	0.00	570	0.00	308	0.00	28	0.00	138
贵州福斯特磨料磨具有限公司	0.00	595	0.00	570	0.00	308	0.00	28	0.00	138
贵州英利达科贸有限公司	0.00	595	0.00	570	0.00	308	0.00	28	0.00	138
贵州省恒力源林业科技有限公司	0.00	595	0.00	570	0.00	308	0.00	28	0.00	138
贵州云科教服务有限公司	0.00	595	0.00	570	0.00	308	0.00	28	0.00	138
贵州征诚汇达通信工程有限公司	0.00	595	0.00	570	0.00	308	0.00	28	0.00	138
贵州好住理网络科技有限公司	0.00	595	0.00	570	0.00	308	0.00	28	0.00	138
贵州聚惠达科技有限公司	0.00	595	0.00	570	0.00	308	0.00	28	0.00	138
贵州省煤矿设计研究院	0.00	595	0.00	570	0.00	308	0.00	28	0.00	138
贵州省德邦环保化工有限公司	0.00	595	0.00	570	0.00	308	0.00	28	0.00	138

续表

企业名称	创新产出		知识产权系数		人均发明专利拥有量		科技成果（奖励）系数		品牌建设系数	
	指数/%	位次	指标值	位次	指标值/项	位次	指标值	位次	指标值/项当量	位次
贵阳富世通科技有限公司	0.00	595	0.00	570	0.00	308	0.00	28	0.00	138
贵州金鑫博睿科技有限公司	0.00	595	0.00	570	0.00	308	0.00	28	0.00	138
贵州嘉锐恒大科技有限公司	0.00	595	0.00	570	0.00	308	0.00	28	0.00	138
贵州中消云泰和安科技有限公司	0.00	595	0.00	570	0.00	308	0.00	28	0.00	138
贵州亿林建设工程有限公司	0.00	595	0.00	570	0.00	308	0.00	28	0.00	138
贵州立时恒升通信工程有限公司	0.00	595	0.00	570	0.00	308	0.00	28	0.00	138
贵州鲸品汇电子商务有限公司	0.00	595	0.00	570	0.00	308	0.00	28	0.00	138
贵州惠智电子技术有限责任公司	0.00	595	0.00	570	0.00	308	0.00	28	0.00	138
贵州普利英吉科技有限公司	0.00	595	0.00	570	0.00	308	0.00	28	0.00	138
贵州华森科技实业有限公司	0.00	595	0.00	570	0.00	308	0.00	28	0.00	138
贵阳联合高温材料有限公司	0.00	595	0.00	570	0.00	308	0.00	28	0.00	138
贵州康建电力设备有限公司	0.00	595	0.00	570	0.00	308	0.00	28	0.00	138
贵州林都园林工程有限公司	0.00	595	0.00	570	0.00	308	0.00	28	0.00	138
贵阳德康农牧有限公司	0.00	595	0.00	570	0.00	308	0.00	28	0.00	138

重点企业创新效益指数排位如表6-4所示。

表6-4 重点企业创新效益指数排位

企业名称	创新效益		利税总额占主营业务收入比重		高新技术产品销售收入占主营业务收入的比重		全员劳动生产率	
	指数/%	位次	指标值/%	位次	指标值/%	位次	指标值/（万元/人）	位次
贵州拜特制药有限公司	95.97	1	97.38	5	100.00	10	146.19	8
遵义铝业股份有限公司	87.95	2	9.00	186	65.00	451	153.29	5
贵州健兴药业有限公司	87.34	3	21.31	77	97.71	170	135.73	9
贵州省交通规划勘察设计研究院股份有限公司	85.74	4	32.31	43	79.99	321	92.86	14
贵州开磷集团矿肥有限责任公司	81.90	5	9.86	170	65.50	443	84.78	16
贵州百灵企业集团仁和堂药业有限公司	78.40	6	22.06	70	87.95	258	61.14	29
贵州赤天化纸业股份有限公司	77.26	7	13.47	126	76.64	348	146.54	7
瓮福（集团）有限责任公司	70.60	8	7.49	207	73.57	378	43.75	48
贵州圣济堂医药产业股份有限公司	67.58	9	9.69	173	89.98	243	67.34	25
中国电建集团贵阳勘测设计研究院有限公司	65.69	10	7.09	217	60.08	507	59.26	30

续表

企业名称	创新效益		利税总额占主营业务收入比重		高新技术产品销售收入占主营业务收入的比重		全员劳动生产率	
	指数/%	位次	指标值/%	位次	指标值/%	位次	指标值/(万元/人)	位次
贵州柏强制药有限公司	64.75	11	15.54	114	100.00	10	149.69	6
中国贵州茅台酒厂（集团）有限责任公司	64.36	12	90.87	6	0.00	575	223.67	3
贵州航天电器股份有限公司	64.19	13	18.04	94	84.16	286	26.96	95
贵州锦丰矿业有限公司	62.52	14	40.28	24	100.00	10	40.19	56
首钢水城钢铁（集团）有限责任公司	59.81	15	5.19	257	11.99	563	21.75	132
贵州三力制药股份有限公司	59.06	16	0.00	484	95.89	187	80.29	18
贵州赤天化桐梓化工有限公司	57.65	17	3.42	322	95.54	191	58.49	34
贵州益佰制药股份有限公司	56.57	18	18.91	89	96.07	183	22.92	122
贵州安大航空锻造有限责任公司	55.65	19	16.14	111	63.74	465	38.73	60
中国电建集团贵州电力设计研究院有限公司	54.93	20	8.52	194	72.19	390	50.20	46
中建四局第三建设有限公司	52.87	21	2.26	365	65.06	449	22.74	124
贵州省水利水电勘测设计研究院	51.46	22	6.05	232	69.51	421	58.61	32
贵州建工集团第一建筑工程有限责任公司	50.07	23	2.22	368	66.50	439	35.71	70
贵州科伦药业有限公司	49.81	24	44.58	19	99.74	150	41.39	50
贵州航天控制技术有限公司	49.63	25	12.48	137	100.00	10	30.98	79
贵州永吉印务股份有限公司	48.99	26	33.25	42	97.66	171	59.04	31
贵州新联爆破工程集团有限公司	48.67	27	3.41	323	62.19	482	35.84	69
贵州黔通智联科技产业发展有限公司	48.67	28	21.66	74	98.22	169	93.64	13
贵州建工集团有限公司	48.65	29	4.66	276	0.00	575	72.34	23
贵州百灵企业集团和仁堂药业有限公司	48.60	30	39.13	27	86.96	265	83.79	17
贵阳中电高新数据科技有限公司	48.15	31	58.85	10	95.00	199	227.26	2
贵州川恒化工股份有限公司	48.07	32	8.12	198	100.00	10	30.62	80
贵州百灵企业集团正鑫药业有限公司	47.84	33	51.50	13	60.24	504	95.00	12
国药集团同济堂贵州（制药）有限公司	47.83	34	30.01	47	61.67	485	29.40	84
贵州航天天马机电科技有限公司	46.84	35	10.04	167	70.91	397	24.65	109
贵州红星发展股份有限公司	46.47	36	27.21	55	82.80	295	34.47	72
中铁八局集团第三工程有限公司	46.43	37	2.16	371	69.20	424	32.44	74
中建四局安装工程有限公司	46.07	38	4.08	298	65.37	444	25.93	102
贵州迦太利华信息科技有限公司	45.72	39	10.54	161	70.31	409	74.34	20
江南机电设计研究所	45.45	40	1.18	413	91.35	221	28.77	88
贵州华城楼宇科技有限公司	45.04	41	2.05	376	65.14	446	160.24	4
贵阳新天药业股份有限公司	44.48	42	16.93	99	99.92	146	21.54	134

续表

企业名称	创新效益		利税总额占主营业务收入比重		高新技术产品销售收入占主营业务收入的比重		全员劳动生产率	
	指数/%	位次	指标值/%	位次	指标值/%	位次	指标值/(万元/人)	位次
安软科技集团（贵州）有限公司	41.91	43	98.96	4	100.00	10	77.88	19
贵州天安药业股份有限公司	41.73	44	37.89	28	76.68	347	58.56	33
中航贵州飞机有限责任公司	41.50	45	2.15	373	91.26	222	12.30	245
首钢贵阳特殊钢有限责任公司	41.16	46	3.91	307	85.34	281	14.60	199
贵州钢绳股份有限公司	41.11	47	5.57	246	61.48	487	11.39	263
中铁二局第一工程有限公司	40.38	48	0.32	468	64.71	456	20.80	143
贵州久联民爆器材发展股份有限公司	40.27	49	11.41	149	5.67	571	23.72	115
贵州恒瑞辰科技股份有限公司	39.87	50	-1.42	634	60.35	501	108.54	10
贵阳天富长丰网络科技有限公司	39.45	51	3.93	305	79.99	319	87.75	15
贵阳朗玛信息技术股份有限公司	39.45	52	31.78	44	100.00	10	24.59	110
贵州诚安建设有限公司	38.75	53	0.01	483	100.00	10	10.68	280
贵州紫金矿业股份有限公司	38.71	54	-3.80	646	100.00	10	17.18	169
贵州水矿控股集团有限责任公司	38.50	55	0.76	440	36.15	545	16.22	179
贵州劲嘉新型包装材料有限公司	37.73	56	37.62	29	93.63	206	51.69	45
贵州航天风华精密设备有限公司	37.73	57	0.89	430	100.00	10	6.08	435
七冶建设有限责任公司	37.28	58	4.13	294	0.00	575	39.98	57
贵州石博士科技有限公司	37.25	59	13.03	130	94.42	202	57.63	35
贵州盘江煤层气开发利用有限责任公司	36.14	60	34.45	40	100.00	10	54.19	38
贵州正合博莱金属有限公司	35.76	61	0.02	482	90.07	238	4.14	512
中国振华集团永光电子有限公司	35.53	62	22.06	69	96.73	180	29.63	83
贵州守望领域数据智能有限公司	35.00	63	0.00	484	0.00	575	4097.60	1
贵州省瓮安县瓮福黄磷有限公司	34.94	64	0.87	434	101.14	8	13.65	218
贵州翰瑞电子有限公司	34.26	65	0.00	484	95.31	194	-1.18	684
贵州金桥药业有限公司	34.21	66	35.39	34	99.72	153	38.79	59
贵州联建土木工程质量检测监控中心有限公司	33.97	67	0.00	484	0.00	575	97.06	11
中国水利水电第九工程局有限公司	33.64	68	0.55	454	60.96	497	0.00	660
贵州詹阳动力重工有限公司	33.42	69	3.90	308	80.21	311	15.23	187
贵阳新希望农业科技有限公司	33.06	70	5.20	255	80.66	307	32.13	75
国药集团贵州血液制品有限公司	31.43	71	4.13	294	100.00	10	53.87	40
通号建设集团贵州工程有限公司	31.23	72	5.31	253	0.00	575	73.11	22
贵阳电气控制设备有限公司	30.38	73	19.57	85	61.79	483	54.04	39
贵州航天林泉电机有限公司	29.62	74	4.48	281	61.38	488	22.32	128

续表

企业名称	创新效益		利税总额占主营业务收入比重		高新技术产品销售收入占主营业务收入的比重		全员劳动生产率	
	指数/%	位次	指标值/%	位次	指标值/%	位次	指标值/(万元/人)	位次
贵阳德昌祥药业有限公司	29.36	75	39.32	26	0.00	575	68.12	24
中国振华集团云科电子有限公司	28.87	76	31.53	45	12.33	562	54.77	36
际华三五三七制鞋有限责任公司	28.58	77	22.12	68	65.00	451	17.96	168
贵州大龙汇成新材料有限公司	28.57	78	21.00	79	98.23	168	19.22	158
贵州航宇科技发展股份有限公司	28.13	79	12.43	138	91.03	226	24.86	106
贵州森阳科技有限公司	27.94	80	12.17	139	100.00	10	52.83	41
贵阳时代沃顿科技有限公司	27.31	81	28.86	51	0.00	575	52.81	42
贵州航天电子科技有限公司	26.45	82	7.34	210	81.56	303	21.38	136
贵州东峰锑业股份有限公司	26.39	83	47.81	17	100.00	10	28.21	90
中航力源液压股份有限公司	26.37	84	-0.21	629	100.00	10	10.34	291
贵州凯襄新材料有限公司	26.35	85	4.20	292	85.75	275	44.60	47
黔西南州乐呵化工有限责任公司	26.18	86	33.90	41	0.00	575	62.54	27
瓮安县武江隆塑业有限责任公司	25.94	87	0.00	484	46.98	529	62.81	26
贵州振华群英电器有限公司（国有第八九一厂）	25.17	88	19.41	86	92.89	213	21.61	133
贵州新气象科技有限责任公司	25.07	89	46.45	18	97.49	172	38.62	61
遵义智鹏高新铝材有限公司	25.07	90	0.02	481	60.00	512	10.49	287
遵义钛业股份有限公司	24.96	91	-13.63	665	95.23	195	10.48	288
贵州泰永长征技术股份有限公司	24.94	92	28.91	50	88.18	257	22.33	127
贵州鼎盛建材实业有限公司	24.41	93	42.91	21	84.68	285	40.87	53
贵州宏宇药业有限公司	24.18	94	16.41	105	81.61	302	38.54	62
遵义长征汽车零部件有限公司	24.09	95	35.07	37	98.68	162	28.10	91
遵义市大地和电气有限公司	24.03	96	-4.42	647	100.00	10	4.09	515
贵阳世纪恒通科技有限公司	23.97	97	16.15	110	73.29	379	19.85	150
贵州汇诚优品科技有限公司	23.94	98	0.00	484	80.06	313	51.69	44
贵州长通集团智造有限公司	23.72	99	7.31	211	78.56	330	35.87	68
中国航空工业标准件制造有限责任公司	23.27	100	6.73	223	95.91	186	9.27	323
贵州联盛药业有限公司	23.27	101	16.01	112	57.23	517	40.74	54
贵州晟扬管道科技有限公司	22.95	102	0.00	484	95.85	188	39.00	58
贵州政立矿业有限公司	22.66	103	30.93	46	77.09	344	28.98	86
贵州新安航空机械有限责任公司	22.64	104	4.86	269	92.11	215	28.07	92
贵州航天凯山石油仪器有限公司	22.62	105	10.50	162	99.97	143	26.53	99
贵州世农肥业有限公司	22.15	106	20.00	82	80.00	315	41.25	51

续表

企业名称	创新效益		利税总额占主营业务收入比重		高新技术产品销售收入占主营业务收入的比重		全员劳动生产率	
	指数/%	位次	指标值/%	位次	指标值/%	位次	指标值/(万元/人)	位次
贵州特派克生物防治技术有限公司	21.90	107	20.28	81	33.17	547	51.75	43
贵州航锐航空精密零部件制造有限公司	21.83	108	50.82	15	62.28	480	29.22	85
贵州大隆药业有限责任公司	21.75	109	15.86	113	100.00	10	27.13	94
贵州力创科技发展有限公司	21.58	110	11.46	148	100.00	10	24.46	111
遵义宏港机械有限公司	21.41	111	21.40	76	10.65	565	54.42	37
贵州航天特种车有限责任公司	20.93	112	0.15	476	75.51	363	11.39	262
贵州万胜药业有限责任公司	20.66	113	16.22	108	97.38	173	21.86	131
贵州长征电气有限公司	20.56	114	5.38	249	89.77	246	13.16	229
贵州亿程交通信息有限公司	20.56	115	9.46	177	70.64	400	30.43	81
中国振华（集团）新云电子元器件有限责任公司（国营第四三二六厂）	20.43	116	28.12	54	0.00	575	36.95	65
贵州自由客网络技术有限公司	20.17	117	0.20	474	100.00	10	11.75	256
贵州良济药业有限公司	19.70	118	17.01	97	90.10	237	21.22	138
遵义拓特铸锻有限公司	19.68	119	8.88	189	79.75	323	33.89	73
贵州凯科特材料有限公司	19.53	120	10.97	156	100.00	10	18.96	161
贵阳海之力液压有限公司	19.42	121	50.34	16	90.90	229	26.74	97
贵州远程制药有限责任公司	19.41	122	19.60	84	91.08	225	13.79	214
贵州煌缔科技股份有限公司	19.34	123	0.00	484	89.00	253	25.69	103
贵州振华华联电子有限公司	19.34	124	13.19	128	91.87	216	16.06	180
贵州航天新力科技有限公司	19.29	125	8.37	195	60.69	498	23.15	120
贵州兴达兴建材股份有限公司	19.24	126	12.58	135	80.28	310	21.88	130
贵州安吉航空精密铸造有限公司	19.18	127	0.29	470	85.17	282	2.89	559
贵州西西洋教育科技有限公司	19.16	128	0.00	484	70.13	410	35.88	67
贵州林都园林工程有限公司	18.93	129	21.72	73	62.26	481	26.85	96
贵州铁建工程质量检测咨询有限公司	18.92	130	17.49	96	99.94	144	24.81	107
贵州中建建筑科研设计院有限公司	18.87	131	0.00	484	70.59	404	24.75	108
贵州华阳汽车零部件有限公司	18.65	132	19.26	88	69.90	417	26.12	101
贵州航天风华实业有限公司	18.60	133	0.65	447	72.69	384	10.20	295
贵州金玖生物技术有限公司	18.58	134	17.70	95	100.00	10	20.60	146
贵州黄平富城实业有限公司	18.57	135	9.82	171	63.41	468	27.96	93
贵州明峰工业废渣综合回收再利用有限公司	18.48	136	0.71	443	100.00	10	20.78	145
贵阳富源饲料有限公司	18.30	137	1.48	398	76.00	353	11.94	252

续表

企业名称	创新效益		利税总额占主营业务收入比重		高新技术产品销售收入占主营业务收入的比重		全员劳动生产率	
	指数/%	位次	指标值/%	位次	指标值/%	位次	指标值/(万元/人)	位次
遵义强大博信知识产权服务有限公司	18.29	138	64.86	7	100.00	10	18.69	163
贵州神奇药业有限公司	18.25	139	11.68	145	78.62	329	11.01	274
贵州天保生态股份有限公司	18.21	140	0.00	484	100.00	10	24.17	114
贵州云峰药业有限公司	18.20	141	25.04	61	99.27	158	19.71	153
贵州群建精密机械有限公司	18.20	142	10.36	164	78.89	328	16.87	173
贵州优好停车设备有限公司	18.12	143	−2.65	642	100.00	10	31.31	78
贵州省电子证书有限公司	18.08	144	43.89	20	100.00	10	19.66	154
遵义华富生物科技有限公司	18.03	145	41.43	23	100.00	10	22.62	125
贵州全安密灵科技有限公司	17.89	146	14.06	122	94.23	204	22.85	123
遵义同兴源建材有限公司	17.84	147	0.00	484	100.00	10	25.68	104
遵义群建塑胶制品有限公司	17.83	148	6.11	230	72.50	387	16.70	174
贵州金田新材料科技有限公司	17.77	149	0.94	427	65.36	445	16.59	175
贵州凯星液力传动机械有限公司	17.66	150	1.80	383	133.49	4	9.74	310
贵阳德康农牧有限公司	17.60	151	5.84	237	100.00	10	24.19	113
贵州航天计量测试技术研究所	17.31	152	7.47	208	83.53	290	12.81	239
贵州省建筑设计研究院有限责任公司	17.14	153	25.60	59	0.00	575	28.93	87
贵州虹轴轴承有限公司	17.10	154	−66.67	686	0.00	575	62.50	28
贵州彩阳电暖科技有限公司	16.98	155	54.57	12	91.50	218	7.51	386
安顺新金秋科技股份有限公司	16.91	156	11.21	153	95.16	197	24.31	112
贵州天地药业有限责任公司	16.79	157	0.00	484	118.43	5	11.17	270
贵州火焰山电器股份有限公司	16.78	158	10.69	160	99.21	159	18.24	166
贵州飞云岭药业股份有限公司	16.75	159	26.18	58	68.11	431	22.49	126
贵州省建筑材料科学研究设计院有限责任公司	16.74	160	0.00	484	43.14	535	38.19	63
贵州乐诚技术有限公司	16.72	161	13.32	127	40.22	539	35.42	71
贵阳永青仪电科技有限公司	16.70	162	12.59	134	65.00	453	14.67	196
贵阳方舟科技股份有限公司	16.35	163	0.00	484	64.00	462	26.43	100
遵义市永胜金属设备有限公司	16.26	164	25.60	60	82.55	297	23.22	118
贵州苗药药业有限公司	16.23	165	12.93	131	100.00	10	14.13	209
贵州开阳三环磨料有限公司	16.22	166	−2.53	640	100.00	10	2.25	588
贵州国宏正电气工程有限公司	16.21	167	100.65	2	100.65	9	4.81	488
贵州省煤矿设计研究院	16.16	168	14.82	117	0.00	575	40.48	55
贵州矩阵科技有限公司	16.01	169	21.60	75	400.90	1	21.20	139

续表

企业名称	创新效益		利税总额占主营业务收入比重		高新技术产品销售收入占主营业务收入的比重		全员劳动生产率	
	指数/%	位次	指标值/%	位次	指标值/%	位次	指标值/(万元/人)	位次
贵州详务节能建材有限公司	15.91	170	100.00	3	100.00	10	5.26	469
遵义市旭辉新型节能建材有限公司	15.91	171	0.00	484	100.00	10	18.96	162
贵州宇鹏科技有限责任公司	15.84	172	269.05	1	100.00	10	5.23	470
贵州恒力源林业科技有限公司	15.68	173	5.20	256	100.00	10	13.25	228
贵州瑞普科技有限公司	15.66	174	35.17	36	0.00	575	37.54	64
贵阳块数据城市建设有限公司	15.65	175	64.71	8	0.00	575	30.09	82
贵州卓豪农业科技股份有限公司	15.64	176	5.90	234	62.76	475	18.65	164
贵阳动视云科技有限公司	15.59	177	12.54	136	99.34	157	19.74	152
福泉大北农农业科技有限公司	15.53	178	1.10	417	100.00	10	12.86	237
贵阳精彩数字印刷有限公司	15.29	179	11.30	151	0.00	575	41.20	52
中国建材检验认证集团贵州有限公司	15.23	180	14.70	119	100.00	10	20.18	148
贵州中航交通科技有限公司	15.15	181	7.25	213	47.28	528	32.00	76
贵州金马包装材料有限公司	15.10	182	6.81	222	100.00	10	14.75	194
贵州航太精密制造有限公司	15.03	183	16.70	101	65.08	447	23.30	117
贵州省恒力源林业科技有限公司	14.99	184	0.00	484	99.91	148	12.90	236
贵阳大数据交易所	14.64	185	0.00	484	0.00	575	41.84	49
贵州唯捷众品信息技术有限公司	14.56	186	0.00	484	100.00	10	21.09	140
遵义市恒新化工有限公司	14.48	187	12.63	133	100.00	10	14.25	205
贵阳新洋诚义齿有限公司	14.32	188	40.20	25	100.00	10	10.68	282
贵州力强科技发展有限公司	14.29	189	5.54	247	79.99	322	13.95	211
贵州威顿晶磷电子材料股份有限公司	14.27	190	0.00	484	98.38	164	16.49	177
贵州智诚科技有限公司	14.23	191	7.17	216	98.29	165	13.37	226
遵义长征输配电设备有限公司	14.19	192	8.96	188	96.21	182	14.46	201
贵州水矿奥瑞安清洁能源有限公司	14.14	193	11.31	150	80.53	308	21.29	137
贵州德润电力建设有限公司	14.14	194	0.00	484	100.00	10	14.63	197
贵州西南工具（集团）有限公司	14.14	195	7.50	206	95.95	185	8.08	360
贵州贵航飞机设计研究所	14.06	196	2.86	348	90.21	236	16.23	178
贵州万顺堂药业有限公司	14.03	197	23.33	65	89.98	242	12.85	238
中国航发贵州航空发动机维修有限责任公司	14.01	198	0.46	459	87.11	263	11.78	255
贵州瑞泰实业有限公司	13.93	199	21.92	72	48.42	526	16.54	176
瓮安县日升新型环保建材有限责任公司	13.91	200	9.31	181	100.00	10	13.74	216
贵阳语玩科技有限公司	13.82	201	4.93	266	100.00	10	14.22	206

续表

企业名称	创新效益		利税总额占主营业务收入比重		高新技术产品销售收入占主营业务收入的比重		全员劳动生产率	
	指数/%	位次	指标值/%	位次	指标值/%	位次	指标值/(万元/人)	位次
贵州威默电气成套设备有限公司	13.81	202	1.28	408	98.83	161	11.95	251
贵州卡布婴童用品有限责任公司	13.80	203	−5.86	653	72.96	381	−0.88	682
贵州英吉尔机械制造有限公司	13.78	204	2.24	366	100.00	10	15.01	192
安顺市非凡创新科技有限公司	13.71	205	0.00	484	100.00	10	3.20	550
贵阳联合高温材料有限公司	13.67	206	23.66	64	100.00	10	13.15	230
贵州惠沣众一机械制造有限公司	13.67	207	29.54	49	80.00	314	15.35	186
贵州智通天下信息技术有限公司	13.65	208	−19.96	670	96.86	179	21.97	129
贵州宏达环保科技有限公司	13.60	209	13.50	125	76.85	346	2.46	582
贵州根树林信息科技有限公司	13.43	210	16.59	103	85.71	276	16.97	171
贵州华烽电器有限公司	13.31	211	0.75	442	9.16	566	10.50	286
贵州莱利斯机械设计制造有限责任公司	13.23	212	0.00	484	77.71	337	19.04	160
遵义市聚源建材有限公司	13.22	213	0.49	458	100.00	10	14.19	207
贵州优特云科技有限公司	13.19	214	0.00	484	99.35	156	15.70	184
贵州天马环卫设备有限公司	13.11	215	5.07	261	59.97	514	23.47	116
贵阳新奇微波工业有限责任公司	13.08	216	22.77	66	100.00	10	11.75	256
贵州黔元隆安装工程有限公司	13.05	217	1.05	422	100.00	10	10.60	284
贵州安康健科技有限公司	13.04	218	0.00	484	77.78	336	20.80	142
贵阳新天光电科技有限公司	13.02	219	14.19	121	93.32	209	7.62	380
贵州黔驰信息股份有限公司	12.96	220	0.00	484	75.97	357	19.84	151
贵州捷盛钻具股份有限公司	12.92	221	19.91	83	65.07	448	11.45	260
贵阳航空电机有限公司	12.87	222	−4.73	649	5.38	572	36.54	66
贵州省海美斯科技有限公司	12.85	223	3.95	303	100.00	10	6.06	436
六盘水中联工贸实业有限公司	12.80	224	3.22	329	99.97	142	9.12	325
贵州九鼎成科技有限公司	12.78	225	56.51	11	100.00	10	5.12	477
遵义精星航天电器有限责任公司	12.71	226	1.51	396	72.00	391	12.55	243
贵州黔和物流有限公司	12.70	227	5.87	236	100.00	10	0.00	660
贵州联洪合成材料有限公司	12.67	228	21.17	78	62.54	477	15.07	191
贵州卓讯软件股份有限公司	12.56	229	19.29	87	83.96	288	14.62	198
贵州指趣网络科技有限公司	12.50	230	4.88	267	100.00	10	9.46	316
贵州迈锐钻探设备制造有限公司	12.46	231	3.92	306	80.75	306	15.99	181
贵州精博高科科技有限公司	12.46	232	12.04	141	100.00	10	13.04	234
贵阳高新益舸电子有限公司	12.44	233	15.13	116	97.37	174	10.75	279
贵州水务运营有限公司	12.42	234	0.00	484	104.13	7	13.69	217

续表

企业名称	创新效益		利税总额占主营业务收入比重		高新技术产品销售收入占主营业务收入的比重		全员劳动生产率	
	指数/%	位次	指标值/%	位次	指标值/%	位次	指标值/(万元/人)	位次
贵州遵义驰宇精密机电制造有限公司	12.38	235	8.13	197	91.09	224	8.67	337
贵州非格斯科技有限公司	12.32	236	41.82	22	95.00	198	7.65	378
贵州良济医疗器械有限公司	12.19	237	-7.49	656	70.86	398	21.46	135
贵州华烽汽车零部件有限公司	12.17	238	2.70	352	89.00	252	10.35	290
贵州黔龙图视科技有限公司	12.09	239	8.04	200	95.44	193	13.41	225
贵阳力泉液压技术有限公司	12.07	240	4.13	296	90.01	239	14.40	202
贵定县恒伟玻璃制品有限公司	12.04	241	0.00	484	85.00	283	7.87	367
贵州东方世纪科技股份有限公司	12.03	242	9.61	174	77.27	342	12.11	249
贵州润生制药有限公司	12.01	243	1.73	386	100.00	10	8.01	361
贵州源隆新型环保墙体建材有限公司	11.99	244	3.27	326	99.77	149	8.46	345
贵州银亨融通科技发展有限公司	11.95	245	-3.40	645	70.77	399	19.32	157
贵州凯里经济开发区中昊电子有限公司	11.95	246	11.20	154	100.00	10	8.39	348
贵州中博宇科技有限公司	11.95	247	0.00	484	91.00	228	15.79	183
贵州大鸟创新科技有限公司	11.93	248	27.00	56	95.73	189	9.39	320
贵州中铝彩铝科技有限公司	11.91	249	11.76	144	100.00	10	10.18	296
贵州航天南海科技有限责任公司	11.91	250	0.00	484	29.13	549	14.33	204
贵州成智重工科技有限公司	11.89	251	4.21	290	100.00	10	9.80	307
贵州华宁科技股份有限公司	11.86	252	2.06	375	70.42	407	16.92	172
贵州锐新科技有限公司	11.85	253	6.89	220	100.00	10	11.20	269
贵州浩博工程质量检测有限公司	11.77	254	4.87	268	100.00	10	11.50	259
贵阳天龙摩擦材料有限公司	11.72	255	16.34	106	97.18	177	8.75	334
贵州华森科技实业有限公司	11.70	256	0.58	451	100.00	10	11.22	268
贵州亿林建设工程有限公司	11.69	257	0.58	450	81.89	301	10.67	283
贵州云博极讯科技有限责任公司	11.69	258	26.76	57	100.00	10	7.97	365
贵州西南管业有限公司	11.64	259	7.73	203	100.00	10	8.44	347
贵州顺安机电设备有限公司	11.61	260	1.40	402	97.25	175	6.54	416
贵州烨阳科技发展有限公司	11.57	261	7.76	202	89.76	247	12.14	248
绿地环保科技股份有限公司	11.54	262	7.27	212	72.67	385	11.08	272
贵州吉丰种业有限责任公司	11.44	263	4.33	286	80.00	318	15.15	189
贵州丽基新材料有限公司	11.43	264	3.37	324	100.00	10	11.04	273
贵州佳网科技发展有限公司	11.43	265	0.00	484	93.60	207	13.55	223
贵州云科教服务有限公司	11.42	266	50.89	14	100.00	10	2.07	598
贵州鸣腾科技有限公司	11.42	267	8.16	196	100.00	10	10.46	289

续表

企业名称	创新效益		利税总额占主营业务收入比重		高新技术产品销售收入占主营业务收入的比重		全员劳动生产率	
	指数/%	位次	指标值/%	位次	指标值/%	位次	指标值/(万元/人)	位次
贵州中软云上数据技术服务有限公司	11.39	268	3.72	317	86.60	268	13.15	231
贵州长通线缆有限公司	11.38	269	0.00	484	15.15	558	28.25	89
贵州中节能天融兴德环保科技有限公司	11.34	270	10.38	163	75.00	372	13.84	213
贵州雅光电子科技股份有限公司	11.33	271	0.00	484	56.23	518	15.16	188
贵州德鑫源电气有限公司	11.32	272	1.75	384	100.00	10	11.40	261
遵义市大鼎正环保建材有限公司	11.31	273	2.61	360	100.00	10	8.66	338
贵州省煤层气页岩气工程技术研究中心	11.26	274	0.00	484	99.73	151	11.60	258
贵州百能思信息科技有限公司	11.21	275	2.04	378	88.29	256	11.25	265
贵阳高新兆诚科技有限公司	11.17	276	10.85	159	82.76	296	12.56	242
贵州恒和制药有限公司	11.15	277	22.73	67	72.48	388	11.24	267
安顺德康农牧有限公司	11.14	278	-1.03	632	100.00	10	6.18	429
贵州鼎成熔鑫科技有限公司	11.12	279	3.94	304	99.73	152	8.73	335
贵州大博金太阳能光电有限公司	11.09	280	9.71	172	87.71	261	6.10	434
贵州新锦竹木制品有限公司	11.08	281	3.96	302	40.54	538	20.87	141
贵州省遵义市辉煌种业有限公司	11.08	282	0.00	484	100.00	10	11.17	271
贵州长泰源节能建材股份有限公司	11.08	283	0.00	484	0.00	575	31.65	77
贵州金义磨料有限公司	10.99	284	4.35	285	95.18	196	8.84	331
贵州黔峰管业有限公司	10.99	285	0.00	484	69.84	418	5.00	481
贵州精立航太科技有限公司	10.95	286	18.19	93	77.65	338	10.68	281
贵州中孚科技有限公司	10.92	287	14.28	120	100.00	10	8.19	355
贵阳四度空间文化传媒有限公司	10.90	288	0.86	435	100.00	10	10.92	277
遵义市飞宇电子有限公司	10.89	289	18.20	92	90.00	240	5.80	446
贵州振华天通设备有限公司	10.89	290	3.08	337	99.10	160	10.17	297
贵州天能电力高科技有限公司	10.88	291	2.64	356	71.73	393	12.93	235
贵州航天朝阳科技有限责任公司	10.86	292	0.00	484	77.59	339	12.18	247
力源液压系统（贵阳）有限公司	10.75	293	6.07	231	68.06	432	14.39	203
贵州联众云医疗科技有限公司	10.75	294	0.39	464	100.00	10	9.63	312
贵阳迪乐普科技有限公司	10.74	295	59.52	9	80.93	305	2.56	579
遵义市信欧建材有限公司	10.68	296	3.88	309	100.00	10	9.40	319
贵州英思普瑞信息技术有限公司	10.66	297	0.99	424	90.00	241	10.28	293
贵州鑫轩贵钢结构机械有限公司	10.65	298	2.98	342	75.99	356	7.82	370
贵州红星发展大龙锰业有限责任公司	10.60	299	7.76	201	12.71	561	13.87	212
贵州思索电子有限公司	10.59	300	7.20	215	71.89	392	9.82	306

续表

企业名称	创新效益		利税总额占主营业务收入比重		高新技术产品销售收入占主营业务收入的比重		全员劳动生产率	
	指数/%	位次	指标值/%	位次	指标值/%	位次	指标值/(万元/人)	位次
遵义凯发新泉污水处理有限公司	10.54	301	14.05	123	0.00	575	26.61	98
贵阳金利沅科技有限公司	10.54	302	3.44	321	66.28	441	7.78	373
贵州房易通网络技术有限公司	10.48	303	24.56	63	63.49	467	11.26	264
遵义市播州区苟江镇鑫欣源包装材料有限责任公司	10.46	304	0.00	484	100.00	10	3.83	525
贵州维讯光电科技有限公司	10.46	305	1.74	385	89.21	251	6.99	400
贵州黎阳天翔科技有限公司	10.44	306	18.37	91	0.00	575	23.16	119
贵州新致普惠信息技术有限公司	10.44	307	0.83	437	100.00	10	4.80	489
贵州华良电气有限公司	10.43	308	3.50	320	100.00	10	8.30	353
贵州欧瑞欣合环保股份有限公司	10.38	309	11.53	146	51.44	522	14.06	210
贵州福斯特磨料磨具有限公司	10.38	310	0.75	441	39.99	540	19.88	149
贵州纳雍博润环保科技有限公司	10.33	311	6.54	224	100.00	10	6.94	402
绥阳县华丰电器有限公司	10.30	312	5.74	239	80.00	315	8.36	350
贵州长征电器成套有限公司	10.29	313	4.67	274	82.81	294	8.79	332
贵州联韵智能声学科技有限公司	10.29	314	0.00	484	70.39	408	8.32	351
贵州大兴旺新材料科技有限公司	10.29	315	3.96	301	98.23	167	7.72	375
贵州皓科新型材料有限公司	10.28	316	0.61	448	100.00	10	7.60	382
贵阳鑫恒泰实业有限公司	10.25	317	0.18	475	79.99	320	6.15	432
贵州华美达科技有限公司	10.25	318	4.66	275	69.98	416	12.09	250
贵州众蓝科技有限公司	10.24	319	9.14	185	100.00	10	7.02	399
贵州木弓贵芯微电子有限公司	10.22	320	9.88	169	94.37	203	7.87	366
贵州广济堂药业有限公司	10.21	321	15.49	115	75.95	358	8.54	343
贵州天威建材科技有限责任公司	10.18	322	0.00	484	50.49	523	9.40	317
贵州安易和信科技有限公司	10.16	323	16.65	102	66.63	437	11.88	254
贵州天地荣科技有限公司	10.16	324	0.00	484	90.35	233	10.05	300
贵州振华红云电子有限公司	10.15	325	8.06	199	64.63	457	8.46	344
贵州兆浪科技实业有限公司	10.14	326	6.17	228	100.00	10	7.18	394
贵州英利达科贸有限公司	10.09	327	11.14	155	100.00	10	6.15	431
贵州优联博睿科技有限公司	10.06	328	5.60	244	100.00	10	7.55	384
贵阳华森建材有限公司	10.05	329	0.58	451	100.00	10	6.50	418
贵阳白云中航紧固件有限公司	10.03	330	14.79	118	91.36	220	3.21	549
贵州联创天健科技有限公司	10.02	331	1.42	401	95.49	192	7.70	376
安顺市成威科技有限公司	9.94	332	4.77	273	100.00	10	3.22	548

续表

企业名称	创新效益		利税总额占主营业务收入比重		高新技术产品销售收入占主营业务收入的比重		全员劳动生产率	
	指数/%	位次	指标值/%	位次	指标值/%	位次	指标值/(万元/人)	位次
贵州太瑞生诺生物医药有限公司	9.89	333	0.00	484	99.60	154	8.12	357
贵州比特软件有限公司	9.85	334	3.21	330	87.82	260	9.80	307
贵州蓝天远泰科技有限公司	9.85	335	2.01	380	61.64	486	14.71	195
贵州东冠科技有限公司	9.82	336	8.75	191	68.12	430	9.40	318
贵州航飞精密制造有限公司	9.82	336	35.34	35	0.00	575	19.34	156
贵阳普天物流技术有限公司	9.80	338	-6.37	654	82.11	298	-2.54	690
龙里县粤盛型材有限公司	9.79	339	1.28	407	100.00	10	6.79	406
贵州久龙科技发展有限公司	9.76	340	7.22	214	91.37	219	7.61	381
航天云宏技术贵州有限公司	9.73	341	0.00	484	100.00	10	6.73	411
贵航发动机设计研究所	9.66	342	4.22	289	0.00	575	25.51	105
贵州坤盾天成科技有限公司	9.62	343	1.31	406	70.00	413	9.94	302
贵州云图瞰景地理信息技术有限公司	9.62	344	7.07	218	62.58	476	13.07	233
贵州安吉华元科技发展有限公司	9.61	345	9.38	180	70.61	402	8.84	330
贵州木易精细陶瓷有限责任公司	9.56	346	5.65	242	95.58	190	6.35	424
贵州省首为电线电缆有限公司	9.46	347	5.75	238	100.00	10	5.63	457
贵州盛峰药用包装有限公司	9.40	348	0.00	484	62.31	479	12.25	246
贵州兰诚硕测绘有限责任公司	9.40	349	0.00	484	90.89	230	8.11	359
黔南热线网络有限责任公司	9.35	350	0.00	484	99.92	147	6.50	418
贵州大成玻璃工程有限责任公司	9.35	351	0.00	484	100.00	10	5.22	472
贵州黎阳国际制造有限公司	9.34	352	5.33	251	9.04	567	19.45	155
贵州华龙电子设备有限公司	9.21	353	1.56	392	90.29	234	7.68	377
贵州省欣紫鸿药用辅料有限公司	9.18	354	4.39	284	71.48	394	9.18	324
贵州光能科技有限公司	9.17	355	0.00	484	60.00	510	13.29	227
贵州中联信科技有限公司	9.17	356	5.97	233	84.11	287	7.29	390
贵州杰傲建材有限责任公司	9.17	356	11.26	152	76.08	352	7.20	393
贵州贵诚管业有限责任公司	9.15	358	-0.19	628	91.18	223	5.04	479
贵州瑞恩检测技术有限公司	9.14	359	0.00	484	100.00	10	5.69	452
贵州智慧共治信息科技有限公司	9.11	360	-8.76	658	100.00	10	7.34	388
贵州禹之源生态环保有限公司	9.11	361	0.77	439	100.00	10	5.44	461
贵州三超科技信息系统有限公司	9.10	362	1.06	421	61.31	489	10.99	276
贵州华云汽车饰件制造有限公司	9.10	363	7.04	219	82.00	299	6.64	414
贵州数据宝网络科技有限公司	9.06	364	0.00	484	100.00	10	1.79	607
贵州贵玻玻璃有限公司	9.06	365	2.65	355	60.25	503	10.22	294

续表

企业名称	创新效益		利税总额占主营业务收入比重		高新技术产品销售收入占主营业务收入的比重		全员劳动生产率	
	指数/%	位次	指标值/%	位次	指标值/%	位次	指标值/(万元/人)	位次
贵州元方志擎科技有限公司	9.04	366	6.38	225	64.96	455	11.00	275
贵州鑫都嘉汇科技有限责任公司	9.03	367	-1.72	635	73.08	380	11.25	266
六盘水创世纪科贸有限公司	9.03	368	0.00	484	87.01	264	6.62	415
贵州天讯信息产业有限公司	8.93	369	0.00	484	77.41	340	9.05	328
贵州金域医学检验中心有限公司	8.92	370	16.55	104	0.00	575	19.12	159
贵州源溯科技有限公司	8.87	371	12.63	132	100.00	10	2.61	574
贵州广毅节能环保科技有限公司	8.87	372	9.46	178	100.00	10	2.34	585
绥阳县耐环铝业有限公司	8.86	373	2.98	344	80.00	315	7.25	391
贵州黔聚龙投资有限公司	8.86	374	6.88	221	67.33	436	9.28	322
贵州苗仁堂制药有限责任公司	8.82	375	0.00	484	83.00	293	7.64	379
贵州伊思特新技术发展有限责任公司	8.81	376	-2.64	641	100.00	10	5.16	475
遵义双河生物燃料科技有限公司	8.75	377	1.45	399	100.00	10	4.50	501
贵州绿盾征信大数据有限公司	8.75	378	4.82	270	100.00	10	3.89	522
贵州西瑞科技有限公司	8.72	379	5.32	252	67.68	434	9.79	309
贵州玄德生物科技股份有限公司	8.72	380	4.51	280	44.88	532	13.57	221
贵阳富世通科技有限公司	8.71	381	0.00	484	100.00	10	3.55	536
贵州卓越天成软件有限公司	8.69	382	0.00	484	100.00	10	4.68	492
贵州兴国新动力科技有限公司	8.67	383	-5.05	651	67.83	433	8.39	349
贵阳明通炉料有限公司	8.65	384	9.17	184	61.69	484	9.84	305
贵州盛方信息科技有限公司	8.64	385	3.08	338	100.00	10	3.53	539
贵州恒源科创资源再生开发有限公司	8.60	386	1.08	419	100.00	10	3.87	523
贵州众诚兴业科教设备有限公司	8.56	387	0.89	431	85.60	279	6.11	433
贵州全世通精密机械科技有限公司	8.54	388	-8.94	659	100.00	10	1.94	603
贵州佳联兴科技有限公司	8.54	389	0.69	445	87.91	259	6.00	437
贵州天晟伟业科技有限公司	8.51	390	2.10	374	69.54	420	6.75	407
贵州天地科技实业有限公司	8.49	391	0.00	484	75.99	355	6.75	408
贵州恒科电子科技有限公司	8.48	392	3.15	333	100.00	10	2.85	562
贵州政和信息科技有限公司	8.48	393	0.00	484	94.94	200	5.17	473
贵州中星网路科技有限公司	8.48	394	5.10	260	89.57	250	3.54	537
都匀市大隆传动机械有限公司	8.45	395	35.90	33	37.60	542	9.29	321
大方县九龙天麻开发有限公司	8.44	396	3.98	300	98.39	163	2.78	564
安顺文杰科技有限公司	8.41	397	3.80	316	100.00	10	3.04	557
遵义市润丰源钢铁铸造有限公司	8.41	398	0.49	457	78.05	333	8.00	362

续表

企业名称	创新效益		利税总额占主营业务收入比重		高新技术产品销售收入占主营业务收入的比重		全员劳动生产率	
	指数/%	位次	指标值/%	位次	指标值/%	位次	指标值/(万元/人)	位次
贵州黔力电器制造有限公司	8.37	399	3.82	313	83.41	291	4.57	497
贵阳玛莱特液压电磁科技有限公司	8.34	400	7.37	209	100.00	10	2.24	589
贵州荣清工具有限公司	8.34	401	11.99	142	77.85	335	5.65	455
贵州正合伟业科技有限责任公司	8.33	402	2.15	372	63.00	472	8.26	354
安顺虹特滚珠丝杠有限责任公司	8.32	403	10.87	157	84.78	284	4.55	499
遵义新利特金属材料科技有限公司	8.31	404	−2.21	637	80.29	309	7.46	387
遵义航天娄山电器化工有限公司	8.29	405	12.06	140	85.45	280	3.72	530
贵州新中盟机电设备有限公司	8.25	406	0.00	484	100.00	10	3.28	545
贵州联众科创科技工程有限公司	8.23	407	3.25	327	64.99	454	8.00	363
贵州华康伟创科技有限公司	8.23	408	0.97	425	76.59	349	7.87	368
贵州道兴建设工程检测有限责任公司	8.22	409	11.80	143	0.00	575	20.78	144
习水县蓝岛电脑科技有限公司	8.22	410	4.79	271	92.99	211	3.69	532
贵州响亮电子技术有限公司	8.22	411	1.54	394	77.23	343	6.23	428
中黔电气集团股份有限公司	8.20	412	4.58	279	74.75	374	5.65	454
贵州环能地质咨询有限责任公司	8.18	413	8.73	192	69.99	415	7.24	392
贵州山顺缆车有限公司	8.17	414	1.16	414	95.95	184	3.71	531
贵州弘康药业有限公司	8.15	415	0.00	484	100.00	10	0.53	647
贵州垒华成工程试验检测有限责任公司	8.15	416	−23.30	674	100.00	10	7.86	369
贵州好百年住宅工业有限公司	8.15	417	0.00	484	100.00	10	2.35	583
贵阳市启沃富科技有限公司	8.13	418	3.32	325	100.00	10	2.53	580
贵州乐创方舟科技文化有限公司	8.10	419	3.07	339	90.66	231	4.28	507
贵州通祥水务环境工程有限公司	8.05	420	1.10	416	90.40	232	4.33	506
遵义市金鼎农业科技有限公司	8.04	421	0.85	436	64.60	459	6.90	404
黔南州金安电子安防服务有限公司	8.04	422	0.00	484	0.00	575	22.97	121
贵州溪山科技有限公司	7.99	423	0.00	484	100.00	10	2.77	566
遵义春华新材料科技有限公司	7.99	424	−2.25	638	85.63	277	5.73	450
贵州火星探索科技有限公司	7.98	425	0.00	484	87.37	262	3.67	533
贵州盛昌药业有限公司	7.98	426	2.45	361	100.00	10	2.13	596
贵州金鑫博睿科技有限公司	7.97	427	5.87	235	100.00	10	1.29	619
贵州兴泰科技有限公司	7.95	428	6.15	229	58.36	516	9.59	313
贵阳锐泰电力科技有限公司	7.93	429	3.19	331	64.12	460	8.12	358
遵义天力环境工程有限责任公司	7.92	430	0.00	484	72.27	389	8.00	363
贵州千村节能环保科技开发有限公司	7.91	431	0.00	484	93.68	205	3.74	529

续表

企业名称	创新效益		利税总额占主营业务收入比重		高新技术产品销售收入占主营业务收入的比重		全员劳动生产率	
	指数/%	位次	指标值/%	位次	指标值/%	位次	指标值/(万元/人)	位次
贵州多维视科技有限公司	7.89	432	2.72	349	92.97	212	3.11	554
贵州鑫权懿科技发展有限公司	7.86	433	3.19	332	86.21	270	4.48	502
贵州安凯达实业股份有限公司	7.85	434	−20.25	671	91.02	227	1.97	600
贵州阿凡提工业信息有限公司	7.85	435	4.61	277	77.00	345	5.31	466
博文软件（贵州）有限公司	7.80	436	36.03	32	0.00	575	14.58	200
贵州信天游信息技术有限公司	7.80	437	0.00	484	68.48	428	8.55	342
遵义天辉机电有限责任公司	7.79	438	3.85	310	89.87	245	2.84	563
贵州丹寨宁航蜡染有限公司	7.74	439	37.25	30	63.29	469	1.95	602
贵阳兴意达天诚科技有限公司	7.74	440	2.72	350	64.00	463	8.16	356
贵州秦泰药业有限公司	7.73	441	0.00	484	63.14	470	8.45	346
贵州津惠隆科技有限公司	7.71	442	0.00	484	100.00	10	1.71	611
贵州永兴建设工程质量检测有限公司	7.69	443	4.96	265	63.02	471	6.47	421
遵义长征电器制造有限公司	7.68	444	0.00	484	75.36	367	5.65	456
贵州森塑宇木塑有限公司	7.67	445	−17.87	668	100.00	10	5.39	464
贵州众智恒生态科技有限公司	7.65	446	0.21	473	78.51	332	4.26	508
贵州精工利鹏科技有限公司	7.64	447	0.00	484	60.00	511	8.77	333
贵州双木农机有限公司	7.62	448	5.13	259	75.04	371	4.81	487
贵州博德恒泰科技有限公司	7.61	449	−3.02	643	88.57	255	4.59	495
松桃华艺科技有限公司	7.55	450	0.39	463	75.32	368	6.32	427
贵州美洁环卫工程有限责任公司	7.53	451	0.00	484	96.90	178	1.74	610
遵义市文杰机电有限责任公司	7.53	452	16.18	109	60.17	506	5.86	442
贵州德恒信安防工程有限公司	7.52	453	0.00	484	100.00	10	1.38	615
贵州祥程佳和机械制造有限公司	7.50	454	0.00	484	99.35	155	1.25	621
贵州金科成科技服务有限公司	7.50	455	3.04	340	100.00	10	0.75	639
贵州晟博特科技有限公司	7.48	456	1.08	420	69.35	423	7.10	396
贵州安泰晟达通信工程有限公司	7.46	457	1.08	418	94.43	201	1.75	609
中联创展信息技术股份有限公司	7.44	458	3.99	299	71.33	395	4.35	505
贵州金山国土勘测工程有限公司	7.40	459	0.00	484	99.93	145	0.00	660
黔山良农有限公司	7.32	460	−19.69	669	100.00	10	4.56	498
贵州金农科技有限责任公司	7.32	461	0.00	484	72.52	386	5.17	473
贵州晨智俊博科技有限公司	7.30	462	0.87	432	100.00	10	0.66	642
贵州智合时代传媒有限公司	7.30	463	0.52	456	81.99	300	4.04	517
贵阳玉塑包装有限公司	7.29	464	0.93	428	96.22	181	1.14	628

续表

企业名称	创新效益		利税总额占主营业务收入比重		高新技术产品销售收入占主营业务收入的比重		全员劳动生产率	
	指数/%	位次	指标值/%	位次	指标值/%	位次	指标值/(万元/人)	位次
贵阳鑫羿向科技有限公司	7.26	465	0.00	484	187.57	3	0.68	640
贵州鑫桥建设工程有限公司	7.25	466	0.00	484	85.82	274	−1.24	685
贵州三泓药业股份有限公司	7.25	467	2.40	362	63.57	466	5.40	463
贵州农沃新能源科技有限公司	7.24	468	−0.01	625	85.62	278	2.75	567
贵州科服科技集团有限责任公司	7.21	469	5.17	258	71.00	396	5.29	467
贵阳飞丝特科技有限公司	7.21	470	2.64	357	60.34	502	7.03	398
贵州银通三联科技有限公司	7.19	471	0.22	472	76.53	350	5.03	480
贵州铁建恒发新材料科技股份有限公司	7.19	471	−14.41	666	100.00	10	−1.00	683
贵州恩科达医疗科技有限公司	7.18	473	0.00	484	100.00	10	0.45	651
中国航发贵州黎阳航空动力有限公司	7.17	474	0.00	484	0.00	575	20.50	147
遵义鑫华源电力设备有限公司	7.16	475	2.62	358	70.00	412	1.18	624
贵州嘉智信联科技有限公司	7.16	476	4.59	278	92.63	214	0.95	637
遵义市友联包装实业有限公司	7.12	477	0.00	484	69.99	414	1.30	618
贵州六合门业有限公司	7.12	478	3.09	336	69.07	425	5.83	443
千景空间科技有限公司	7.10	479	5.54	248	61.05	492	1.35	617
贵州黔莱亚科技有限公司	7.10	480	0.66	446	79.26	326	4.20	511
贵州海智科技有限公司	7.08	481	2.87	347	81.50	304	3.13	553
贵州能安机电设备制造有限公司	7.04	482	0.06	479	69.47	422	5.77	448
贵州文博科技有限公司	6.98	483	13.07	129	38.04	541	9.68	311
贵州创天科技有限公司	6.98	484	3.82	312	88.71	254	1.38	616
贵州恒兴凯新型建材有限公司	6.98	485	0.82	438	78.00	334	3.96	520
贵州恒信工程有限公司	6.96	486	10.00	168	23.33	553	13.13	232
贵州卓品汇成套设备工程有限公司	6.95	487	−11.89	662	97.20	176	2.67	571
贵阳创新天健科技有限公司	6.86	488	2.22	367	61.09	491	6.33	425
贵州志琦科技有限公司	6.86	489	−0.09	626	89.73	248	1.51	614
贵州微兄弟信息技术有限公司	6.85	490	0.41	461	86.23	269	2.17	593
贵州华信创新科技有限公司	6.84	491	8.97	187	60.60	499	5.37	465
贵州匠人筑造工程咨询有限公司	6.82	492	−12.21	664	86.02	273	4.67	494
贵州联掌慧信息技术有限公司	6.78	493	0.00	484	89.93	244	1.23	622
贵州加来智能科技有限公司	6.77	494	3.02	341	74.04	376	3.18	551
贵州开拓未来计算机技术有限公司	6.76	495	16.90	100	14.99	559	12.61	241
贵州中消云泰和安科技有限公司	6.76	496	1.58	391	72.94	382	3.91	521
贵州泰坦电气系统有限公司	6.75	497	10.23	165	61.00	493	4.24	509
贵州众和宏远科技有限公司	6.72	498	1.14	415	75.69	360	3.64	534

续表

企业名称	创新效益		利税总额占主营业务收入比重		高新技术产品销售收入占主营业务收入的比重		全员劳动生产率	
	指数/%	位次	指标值/%	位次	指标值/%	位次	指标值/(万元/人)	位次
贵州航火电器有限公司	6.71	499	5.64	243	66.56	438	3.85	524
贵阳鑫辰宇办公设备有限公司	6.69	500	2.40	363	43.10	536	8.71	336
贵州兆浪科技实业有限公司	6.68	501	0.00	484	100.00	10	−1.43	687
贵阳联诚欣业科技有限公司	6.68	502	2.62	359	61.00	494	5.94	441
贵州恒盛丝绸科技有限公司	6.64	503	−35.79	680	108.92	6	4.57	496
贵州西部农产品交易中心有限公司	6.64	504	4.10	297	0.00	575	18.10	167
贵州鼎立生物科技香料有限公司	6.63	505	4.27	288	75.68	361	1.91	604
贵州云上诚创科技有限公司	6.62	506	0.00	484	62.93	473	6.17	430
贵州三佳科技有限公司	6.62	507	1.21	411	46.72	530	7.54	385
贵阳天马测绘技术有限公司	6.59	508	1.88	382	86.06	272	0.97	635
贵州万顺豪环卫机械设备有限公司	6.56	509	30.00	48	0.00	575	12.40	244
贵州兴洪波科技有限公司	6.52	510	0.00	484	79.52	325	2.68	570
贵州北极光原生态农业开发有限公司	6.52	511	11.48	147	75.30	369	1.08	632
贵阳华烽有色铸造有限公司	6.51	512	−4.94	650	60.50	500	7.12	395
普定县银丰农业科技发展有限公司	6.49	513	−67.11	687	100.00	10	11.94	253
贵州同成环境科技有限公司	6.49	514	0.00	484	0.00	575	18.54	165
贵州力登科技发展有限公司	6.47	515	9.18	183	44.64	534	7.32	389
贵州创美鑫韵文化传媒有限公司	6.46	516	1.28	409	79.05	327	2.30	587
贵阳新同舟科技有限公司	6.44	517	1.25	410	54.89	519	5.83	445
贵定县洪福环保科技有限公司	6.44	518	0.39	462	83.27	292	1.12	630
贵州创奇环保科技股份有限公司	6.42	519	−0.60	630	60.96	496	4.21	510
都匀市莘蕊科技有限公司	6.42	520	0.28	471	80.19	312	2.16	594
黔南滑动轴承有限公司	6.42	521	0.00	484	70.11	411	4.07	516
贵州丰达轴承有限公司	6.42	522	0.00	484	65.52	442	4.86	486
贵州天逸轩网络科技有限公司	6.38	523	−12.04	663	86.67	267	3.24	546
贵州中电通环境检测有限公司	6.37	524	36.42	31	0.00	575	10.87	278
贵州逸飞科技有限公司	6.36	525	0.43	460	70.60	403	3.43	541
贵州益恒创兴科技有限公司	6.35	526	1.43	400	86.17	271	0.46	650
贵州征诚汇达通信工程有限公司	6.33	527	−5.58	652	93.32	209	0.39	652
贵州天励恩科技有限公司	6.31	528	0.00	484	75.00	372	3.00	558
贵州聚惠达科技有限公司	6.29	529	3.13	334	70.51	405	3.17	552
贵州长信天鹰信息系统有限公司	6.28	530	1.20	412	70.46	406	2.58	577
贵州光大远航测绘工程有限公司	6.27	531	3.82	314	69.56	419	2.86	561

续表

企业名称	创新效益		利税总额占主营业务收入比重		高新技术产品销售收入占主营业务收入的比重		全员劳动生产率	
	指数/%	位次	指标值/%	位次	指标值/%	位次	指标值/(万元/人)	位次
铜仁市海创信息科技有限公司	6.26	532	4.17	293	75.50	366	1.86	605
贵州立时恒升通信工程有限公司	6.26	533	−10.85	660	100.00	10	0.03	657
贵阳企易云商科技发展有限公司	6.22	534	−1.06	633	89.62	249	−0.08	679
贵州尚品创意网络科技有限公司	6.21	535	20.54	80	0.00	575	13.59	220
贵州创新睿界科技有限公司	6.18	536	1.94	381	72.89	383	2.66	572
贵州勤邦食品安全科学技术有限公司	6.17	537	6.19	227	75.50	365	0.52	648
遵义恒佳铝业有限公司	6.15	538	0.34	466	0.00	575	16.98	170
遵义粒满丰肥业有限责任公司	6.08	539	2.98	345	60.03	508	4.37	504
贵州省安顺市智达公共安技术有限责任公司	6.06	540	0.52	455	76.00	354	1.77	608
贵州长圣信息工程有限公司	6.06	541	3.52	318	67.60	435	2.89	560
贵州智教云教育科技有限公司	6.01	542	0.00	484	60.03	509	4.95	485
遵义市贵科科技有限公司	6.00	543	9.56	175	61.19	490	2.63	573
贵州永恒光科技有限公司	5.99	544	−2.18	636	70.63	401	3.31	544
贵阳盛通宏业科技有限公司	5.97	545	0.00	484	75.69	359	1.86	606
贵州源塑实业有限公司	5.94	546	−0.19	627	86.87	266	−0.70	681
贵金玉科技发展有限公司	5.92	547	7.54	205	63.82	464	2.21	591
遵义市汇川区吉美电镀有限责任公司	5.89	548	1.66	389	68.13	429	2.33	586
贵州辰阳星睿科技有限公司	5.87	549	0.00	484	69.05	426	2.59	576
贵州华诚天下节能科技有限公司	5.84	550	13.51	124	42.87	537	5.27	468
贵州泽涛科技有限公司	5.78	551	0.00	484	76.27	351	1.17	627
贵州通勤汇嘉科技有限公司	5.75	552	0.00	484	75.60	362	0.00	660
贵州惠波机械制造有限公司	5.70	553	5.68	240	54.05	521	4.13	513
贵州恒绿源环保有限公司	5.68	554	2.16	370	0.00	575	15.80	182
贵阳长治恒丰智能科技有限公司	5.68	555	1.38	403	60.20	505	3.79	528
贵州省创伟道环境科技有限公司	5.66	556	34.73	38	0.00	575	9.11	326
贵州杰轩科技有限责任公司	5.66	557	0.11	478	75.27	370	0.97	636
遵义航科机电有限公司	5.62	558	0.00	484	48.60	525	5.96	438
贵州省达济环保科技有限公司	5.61	559	0.70	444	77.38	341	0.02	658
贵州朗科电气有限公司	5.61	560	0.00	484	73.67	377	1.06	633
贵州嘉锐恒大科技有限公司	5.58	561	0.89	429	64.10	461	2.70	568
六盘水康博木塑科技有限公司	5.53	562	8.77	190	98.25	166	−6.22	695
贵州黔云联创网络科技有限公司	5.52	563	4.78	272	0.00	575	14.79	193
贵州省源单新材料科技有限公司	5.51	564	10.85	158	0.00	575	13.56	222

续表

企业名称	创新效益		利税总额占主营业务收入比重		高新技术产品销售收入占主营业务收入的比重		全员劳动生产率	
	指数/%	位次	指标值/%	位次	指标值/%	位次	指标值/(万元/人)	位次
贵州科华交通建设工程有限公司	5.47	565	0.00	484	65.01	450	1.53	613
贵州浩诚药业有限公司	5.47	566	9.54	176	0.00	575	13.54	224
贵州天虹志远电线电缆有限公司	5.46	567	2.39	364	0.00	575	14.13	208
贵州楚智建材科技有限公司	5.31	568	-24.25	675	100.00	10	-0.19	680
贵州远东兄弟钻探有限公司	5.30	569	4.48	282	21.92	554	9.56	314
贵州金瑞渐成电子有限公司	5.29	570	0.00	484	62.42	478	2.15	595
贵州普利英吉科技有限公司	5.29	571	0.00	484	0.00	575	15.11	190
贵州开阳川东化工有限公司	5.24	572	1.63	390	19.70	556	5.08	478
贵州人和信通科技有限公司	5.20	573	-6.93	655	74.57	375	1.21	623
贵州百事通建筑安装工程有限公司	5.12	574	2.20	369	50.07	524	3.81	526
贵州元能管业有限公司	5.10	575	5.00	263	33.33	546	6.67	412
康命源（贵州）科技发展有限公司	5.08	576	21.97	71	0.00	575	7.08	397
遵义朝宇锅炉有限公司	5.07	577	1.55	393	44.89	531	4.73	491
贵州电子商务云运营有限责任公司	5.04	578	2.92	346	0.00	575	13.64	219
贵州志成恩予科技有限公司	4.98	579	0.00	484	59.98	513	2.21	590
贵州秒银信诚科技有限公司	4.89	580	0.00	484	66.29	440	0.66	641
贵州鲸品汇电子商务有限公司	4.84	581	0.00	484	69.00	427	0.00	660
贵阳高新泰丰航空航天科技有限公司	4.81	582	0.00	484	0.00	575	13.74	215
贵州俊丰源环保科技有限公司	4.80	583	34.73	39	0.00	575	6.75	409
贵州小伙人信息技术有限公司	4.78	584	0.00	484	54.85	520	2.69	569
贵州硕利芮达科技有限公司	4.76	585	4.41	283	0.00	575	12.68	240
遵义汇峰智能系统有限责任公司	4.69	586	1.37	404	59.96	515	0.05	656
遵义易拓网络服务有限公司	4.69	587	3.24	328	47.76	527	3.08	555
贵州耕云科技有限公司	4.68	588	-83.07	692	100.00	10	9.93	303
贵州中盛弘通科技有限公司	4.61	589	1.50	397	62.85	474	0.00	678
贵州车秘科技有限公司	4.59	590	0.00	484	79.57	324	-2.82	691
贵州亿垄科技有限公司	4.58	591	0.14	477	44.77	533	4.04	518
贵州普济生物技术有限公司	4.55	592	-17.48	667	75.50	364	1.29	620
遵义市倍缘化工有限责任公司	4.41	593	-22.04	672	78.52	331	1.00	634
贵州中科信达科技有限公司	4.33	594	2.70	351	24.74	551	6.41	423
贵州博成科技有限公司	4.31	595	0.00	484	36.96	543	4.80	490
贵州杰源水务管理技术科技有限公司	4.25	596	10.11	166	0.00	575	10.05	299
贵州天成中源科技有限公司	4.16	597	8.66	193	0.00	575	10.08	298

续表

企业名称	创新效益		利税总额占主营业务收入比重		高新技术产品销售收入占主营业务收入的比重		全员劳动生产率	
	指数/%	位次	指标值/%	位次	指标值/%	位次	指标值/(万元/人)	位次
贵州百胜工程建设咨询有限公司	4.14	598	7.70	204	0.00	575	9.97	301
贵州优行车联科技有限公司	4.08	599	5.35	250	0.00	575	10.57	285
贵阳力波机械传动有限公司	3.85	600	5.59	245	30.00	548	3.80	527
贞丰县贵耀材料科技有限公司	3.64	601	3.51	319	0.00	575	9.10	327
贵州源熙生物研发有限公司	3.63	602	4.29	287	0.00	575	9.49	315
贵州苗药生物技术有限公司	3.62	603	0.97	426	20.01	555	5.83	443
贵州惠智电子技术有限责任公司	3.58	604	9.22	182	14.71	560	4.99	482
贵州科库科技有限公司	3.58	605	−28.28	678	91.64	217	−2.49	688
江林（贵州）高科发展股份有限公司	3.49	606	0.36	465	23.62	552	4.67	493
贵州省移塑管业有限公司	3.49	607	24.74	62	0.00	575	4.97	483
贵州友擘机械制造有限公司	3.46	608	0.00	484	0.00	575	9.90	304
贵州航图教育科技有限公司	3.21	609	−0.70	631	36.62	544	1.97	601
贵州宏志数码科技工程有限公司	3.20	610	2.69	353	0.00	575	8.30	352
贵州奥斯科尔科技实业有限公司	3.19	611	−26.34	676	64.62	458	1.18	626
贵州万业包装有限公司	3.18	612	0.33	467	0.00	575	9.00	329
贵州华立通科技发展有限公司	3.14	613	1.73	387	0.00	575	8.61	340
路鑫机械有限公司	3.00	614	0.00	484	0.00	575	8.58	341
贵州万恒科技发展有限公司	2.81	615	4.98	264	6.22	570	5.74	449
贵州长宇电力电气有限公司	2.74	616	0.00	484	0.00	575	7.82	371
贵州忠义柒彩科技开发有限公司	2.74	617	0.00	484	0.00	575	7.82	372
贵州云智数据集团有限责任公司	2.72	618	0.00	484	0.00	575	7.76	374
贵州海跃模具有限公司	2.68	619	9.41	179	0.00	575	5.73	451
贵州汉沙科技有限公司	2.66	620	0.00	484	0.00	575	7.60	383
贵州西南制造产业园有限公司	2.56	621	1.70	388	0.00	575	6.89	405
贵州省德邦环保化工有限公司	2.44	622	0.00	484	0.00	575	6.96	401
贵州数易联科技有限公司	2.43	623	3.12	335	0.00	575	6.32	426
六盘水市钟山区泉辰科技有限责任公司	2.43	624	0.00	484	0.00	575	6.93	403
贵州信方达信息咨询有限公司	2.41	625	−48.14	681	100.00	10	−3.52	692
贵州温商信息技术有限公司	2.40	626	6.19	226	0.00	575	5.56	459
贵州永成科技有限公司	2.36	627	0.00	484	0.00	575	6.74	410
贵州奥申信息技术发展有限公司	2.33	628	0.00	484	0.00	575	6.66	413
贵州智博云网络科技有限公司	2.28	629	0.00	484	0.00	575	6.50	418

续表

企业名称	创新效益		利税总额占主营业务收入比重		高新技术产品销售收入占主营业务收入的比重		全员劳动生产率	
	指数/%	位次	指标值/%	位次	指标值/%	位次	指标值/(万元/人)	位次
贵州云腾志远科技发展有限公司	2.26	630	0.00	484	0.00	575	6.45	422
埃柯赛环境科技（贵州）股份有限公司	2.23	631	28.70	52	0.00	575	0.61	645
贵州巨凯科技有限公司	2.13	632	2.98	343	5.03	573	4.38	503
贵州诚致未来科技有限公司	2.11	633	0.30	469	0.00	575	5.95	439
贵州世纪宏景软件有限公司	2.10	634	3.81	315	10.89	564	3.05	556
贵州海普科技有限公司	2.09	635	18.63	90	0.00	575	2.20	592
贵州科讯达科技有限公司	2.08	636	0.00	484	0.00	575	5.95	440
贵州康建电力设备有限公司	2.04	637	2.65	354	0.00	575	5.22	471
贵州华峰志远商贸有限公司	2.03	638	0.60	449	0.00	575	5.67	453
贵州智能加数字科技有限公司	2.02	639	0.00	484	0.00	575	5.77	447
安顺市虹翼特种钢球制造有限公司	1.99	640	28.28	53	0.00	575	0.00	660
贵州好住理网络科技有限公司	1.97	641	0.05	480	0.00	575	5.61	458
铜仁文馨高效节能门窗有限公司	1.90	642	0.00	484	0.00	575	5.43	462
毕节市斯翔安防科技有限公司	1.88	643	2.04	377	0.00	575	4.97	484
贵州黔竹汇君科技有限公司	1.83	644	0.58	453	6.94	568	3.57	535
贵州省瓮安兴农磷化工有限责任公司	1.83	645	−2.44	639	28.46	550	0.00	660
贵阳方舟高新技术有限公司	1.83	646	5.27	254	0.00	575	4.00	519
贵阳鑫泓工程技术有限公司	1.79	647	−61.85	685	100.00	10	−2.54	689
贵州智联云弛软件科技有限公司	1.73	648	−3.09	644	0.00	575	5.56	460
贵州华星冶金有限公司	1.70	649	2.01	379	0.00	575	4.12	514
贵州德良方药业股份有限公司	1.63	650	−80.98	691	100.00	10	0.58	646
贵州惠康盛电气有限公司	1.59	651	0.00	484	0.00	575	4.54	500
贵州大西南工程检测有限公司	1.58	652	5.02	262	0.00	575	3.45	540
遵义市利升机械加工有限公司	1.47	653	1.04	423	2.87	574	3.38	543
贵州千叶药品包装股份有限公司	1.42	654	−11.35	661	16.20	557	2.47	581
中电科大数据研究院有限公司	1.35	655	−27.52	677	0.00	575	10.33	292
贵州云图时代信息技术有限公司	1.30	656	4.21	291	0.00	575	2.60	575
贵州贝加尔乐器有限公司	1.30	657	16.97	98	0.00	575	0.01	659
贵州信鸽科技有限公司	1.28	658	1.35	405	0.00	575	3.39	542
遵义市龙驰生物科技有限公司	1.24	659	0.00	484	0.00	575	3.53	538
贵州楠天新型建材科技开发有限公司	1.15	660	16.26	107	0.00	575	0.00	660
贵州中大方正水务环保有限公司	1.10	661	−22.46	673	0.00	575	8.63	339

续表

企业名称	创新效益		利税总额占主营业务收入比重		高新技术产品销售收入占主营业务收入的比重		全员劳动生产率	
	指数/%	位次	指标值/%	位次	指标值/%	位次	指标值/(万元/人)	位次
贵州迅达信息产业发展有限公司	1.07	662	5.66	241	0.00	575	1.57	612
贵州云谷数据有限公司	0.90	663	0.00	484	0.00	575	2.58	578
贵州新华羲玻璃有限责任公司	0.80	664	3.84	311	0.00	575	1.10	631
铜仁市碧江区安智科技有限公司	0.77	665	0.00	484	0.00	575	2.09	597
贵州中科恒运软件科技有限公司	0.72	666	0.00	484	0.00	575	2.05	599
中通友源建设有限公司	0.52	667	0.87	433	0.00	575	0.90	638
贵州同成沁溢水务环境有限公司	0.46	668	0.00	484	6.43	569	0.00	660
黔南州黔程科技有限公司	0.41	669	0.00	484	0.00	575	1.18	625
贵州毅博机械设备有限公司	0.29	670	−7.52	657	0.00	575	2.35	584
贵州汇龙源电气有限公司	0.22	671	0.00	484	0.00	575	0.63	643
贵州百科达科技有限公司	0.16	672	1.54	395	0.00	575	0.15	655
贵州永美健医疗器械有限公司	0.13	673	0.00	484	0.00	575	0.37	653
贵州益华膜科技有限公司	0.09	674	0.00	484	0.00	575	0.28	654
西南能矿集团股份有限公司	0.00	675	0.00	484	0.00	575	0.00	660
贵州德隆水泥有限公司	0.00	675	0.00	484	0.00	575	0.00	660
普定全成电子有限公司	0.00	675	0.00	484	0.00	575	0.00	660
贵州宏信创达工程检测咨询有限公司	0.00	675	0.00	484	0.00	575	0.00	660
贵州岑祥资源科技有限责任公司	0.00	675	0.00	484	0.00	575	0.00	660
贵州德瑞软件开发有限责任公司	0.00	675	0.00	484	0.00	575	0.00	660
贵州远诚自控科技有限公司	0.00	675	0.00	484	0.00	575	0.00	660
贵阳华丰航空科技有限公司	0.00	675	0.00	484	0.00	575	0.00	660
贵州亿全科技有限公司	0.00	675	0.00	484	0.00	575	0.00	660
贵州顺健制药有限公司	−0.03	684	−73.73	688	0.00	575	15.60	185
瓮安鑫源环保建材有限公司	−0.10	685	−4.48	648	0.00	575	0.62	644
贵州黔力重工有限公司	−0.86	686	−56.03	684	93.32	208	−10.20	696
贵州鼎慧大数据科技有限公司	−1.82	687	−115.09	694	83.63	289	1.12	629
遵义市精科信检测有限公司	−2.56	688	−49.71	682	0.00	575	2.78	565
贵州人和致远数据服务有限责任公司	−3.06	689	−109.71	693	90.29	235	−4.65	694
贵州蜂能科技发展有限公司	−3.66	690	−54.01	683	0.00	575	0.48	649
贵州海誉科技股份有限公司	−4.08	691	0.00	484	0.00	575	−11.67	697
贵州车联邦网络科技有限公司	−4.46	692	−79.18	690	0.00	575	3.23	547
贵州数智联云科技有限公司	−6.97	693	−77.65	689	0.00	575	−4.22	693

续表

企业名称	创新效益		利税总额占主营业务收入比重		高新技术产品销售收入占主营业务收入的比重		全员劳动生产率	
	指数/%	位次	指标值/%	位次	指标值/%	位次	指标值/(万元/人)	位次
贵州伟力达电子有限公司	-7.51	694	-239.09	696	100.00	10	6.52	417
遵义汇航机电有限公司	-9.50	695	-219.67	695	60.98	495	5.15	476
贵州合润铝业新材料科技股份有限公司	-11.67	696	-522.53	697	0.00	575	73.25	21
贵州地道药业有限公司	-12.56	697	-32.08	679	0.00	575	-29.22	698
遵义市亿易通科技网络有限责任公司	-49.71	698	-802.88	698	291.83	2	-1.33	686

重点企业科技投入指数排位如表 6-5 所示。

表 6-5 重点企业科技投入指数排位

企业名称	科技投入		企业 R&D 投入占企业主营业务收入的比重		研发人员占企业年末从业人员数比重		技术成果引进、转化金额占企业主营业务收入比重	
	指数/%	位次	指标值/%	位次	指标值/%	位次	指标值/%	位次
贵州卓越天成软件有限公司	48.23	1	126.62	9	100.00	12	100.00	10
贵州优联博睿科技有限公司	48.11	2	149.42	7	72.73	85	200.00	1
贵州绿盾征信大数据有限公司	48.10	3	74.45	18	55.56	139	100.00	10
贵阳迪乐普科技有限公司	48.00	4	59.18	28	60.00	124	100.00	10
贵州天励恩科技有限公司	46.54	5	45.00	43	66.67	97	112.50	6
遵义市大地和电气有限公司	45.82	6	23.78	80	6.69	650	123.78	5
贵州矩阵科技有限公司	45.07	7	29.00	63	86.96	52	165.10	4
贵阳鑫羿向科技有限公司	44.72	8	26.73	72	55.56	139	187.57	2
贵州源熙生物研发有限公司	44.42	9	52.24	34	72.73	85	91.84	25
贵州人和信通科技有限公司	43.78	10	17.26	111	71.43	88	108.81	7
贵州德恒信安防工程有限公司	43.50	11	13.99	141	80.00	66	100.00	10
贵州天逸轩网络科技有限公司	43.31	12	60.19	26	58.82	129	86.67	35
贵州云科教服务有限公司	42.91	13	8.62	248	50.00	164	100.00	10
贵州海智科技有限公司	42.90	14	8.38	260	60.00	124	100.00	10
贵州晟博特科技有限公司	42.89	15	8.34	262	60.00	124	100.00	10
福泉大北农农业科技有限公司	42.72	16	5.04	442	47.06	198	100.00	10
江南机电设计研究所	42.59	17	0.70	619	83.37	60	91.35	27
贵州蜂能科技发展有限公司	42.39	18	55.70	32	28.57	348	92.41	24
贵州志琦科技有限公司	41.22	19	5.62	387	38.46	249	179.46	3
中国贵州茅台酒厂（集团）有限责任公司	41.00	20	0.45	622	5.82	655	0.00	171

续表

企业名称	科技投入		企业R&D投入占企业主营业务收入的比重		研发人员占企业年末从业人员数比重		技术成果引进、转化金额占企业主营业务收入比重	
	指数/%	位次	指标值/%	位次	指标值/%	位次	指标值/%	位次
贵州创天科技有限公司	40.69	21	61.18	25	50.00	164	79.54	43
贵州浩博工程质量检测有限公司	40.67	22	12.56	156	26.79	372	100.00	10
贵州森塑宇木塑有限公司	40.66	23	0.00	628	38.46	249	100.00	10
六盘水康博木塑科技有限公司	40.26	24	7.89	284	33.33	291	98.25	22
贵州力创科技发展有限公司	40.12	25	4.59	474	25.17	392	100.00	10
贵州久龙科技发展有限公司	39.81	26	8.37	261	60.00	124	91.37	26
贵州比特软件有限公司	39.78	27	20.51	93	80.00	66	87.82	32
贵阳高新兆诚科技有限公司	39.37	28	32.33	56	121.74	7	82.76	39
贵州多维视科技有限公司	39.30	29	9.55	216	55.56	139	89.68	31
贵州中博宇科技有限公司	38.91	30	11.00	179	41.67	230	91.00	28
贵州万顺堂药业有限公司	38.70	31	4.41	485	20.83	452	98.52	21
贵州火星探索科技有限公司	38.66	32	9.44	219	80.00	66	87.37	33
六盘水创世纪科贸有限公司	38.53	33	9.99	205	150.00	3	87.01	34
遵义市播州区苟江镇鑫欣源包装材料有限责任公司	38.51	34	0.74	618	18.81	478	100.00	9
贵州农沃新能源科技有限公司	38.32	35	12.04	159	100.00	12	85.83	37
贵州省海美斯科技有限公司	38.09	36	5.16	428	8.16	646	103.17	8
贵州顺安机电设备有限公司	37.64	37	7.29	293	12.50	586	97.25	23
贵州溪山科技有限公司	37.32	38	21.02	90	71.43	88	80.80	40
贵州信鸽科技有限公司	37.07	39	172.47	5	100.00	12	67.83	61
贵州兰诚硕测绘有限责任公司	36.84	40	7.20	298	27.78	359	90.89	29
贵州建工集团有限公司	36.55	41	3.17	574	15.17	539	0.00	171
贵州中联信科技有限公司	36.44	42	8.06	271	43.75	218	84.11	38
贵州英思普瑞信息技术有限公司	36.13	43	5.08	435	25.81	389	90.00	30
贵州科服科技集团有限责任公司	35.88	44	46.32	41	46.67	199	71.00	52
贵阳联合高温材料有限公司	35.79	45	10.11	197	30.77	326	86.02	36
贵州汇诚优品科技有限公司	35.70	46	7.26	294	87.50	50	80.06	41
贵州吉丰种业有限责任公司	35.46	47	5.99	360	81.82	63	79.91	42
贵州光大远航测绘工程有限公司	34.75	48	32.64	55	75.86	76	69.56	55
贵州华康伟创科技有限公司	34.54	49	8.03	276	100.00	12	76.59	45
贵州杰轩科技有限责任公司	33.96	50	7.91	283	133.33	5	75.27	47
贵州恒兴凯新型建材有限公司	33.77	51	9.50	218	38.89	246	78.00	44
贵州信天游信息技术有限公司	33.47	52	27.67	68	100.00	12	68.48	59

续表

企业名称	科技投入		企业R&D投入占企业主营业务收入的比重		研发人员占企业年末从业人员数比重		技术成果引进、转化金额占企业主营业务收入比重	
	指数/%	位次	指标值/%	位次	指标值/%	位次	指标值/%	位次
贵州西瑞科技有限公司	33.36	53	26.84	71	104.00	11	67.68	62
贵州小伙人信息技术有限公司	33.27	54	20.20	97	100.00	12	70.00	53
贵州鲸品汇电子商务有限公司	33.16	55	22.56	83	100.00	12	69.00	58
中建四局第三建设有限公司	32.89	56	3.10	582	20.20	459	0.00	171
贵州元能管业有限公司	32.80	57	16.67	116	33.33	291	75.00	49
贵州国宏正电气工程有限公司	31.86	58	6.80	320	68.75	96	69.62	54
贵州恒信工程有限公司	31.74	59	16.67	116	75.00	77	66.67	63
贵州能安机电设备制造有限公司	31.27	60	0.00	628	366.67	1	69.47	56
贵州省安顺市智达公共安技术有限责任公司	31.06	61	11.00	178	20.93	450	76.00	46
贵州秒银信诚科技有限公司	30.79	62	8.53	252	100.00	12	66.29	64
贵州智能加数字科技有限公司	30.03	63	18.82	108	87.50	50	61.35	69
贵州双木农机有限公司	29.90	64	6.99	311	16.67	509	75.04	48
贵州卓豪农业科技股份有限公司	29.80	65	4.55	476	49.06	193	62.76	67
遵义群建塑胶制品有限公司	29.51	66	3.60	542	18.57	484	72.50	51
贵州航天电器股份有限公司	29.32	67	10.64	187	24.51	407	0.00	171
贵州伊思特新技术发展有限责任公司	29.29	68	3.52	545	16.67	509	74.61	50
贵州志成恩予科技有限公司	29.20	69	15.54	127	100.00	12	59.98	75
贵州三超科技信息系统有限公司	28.98	70	6.25	341	62.07	117	61.31	70
贵州长征电气有限公司	28.09	71	3.41	551	14.40	555	69.16	57
贵州电子商务云运营有限责任公司	27.94	72	14.64	135	33.12	307	60.00	74
贵州兴国新动力科技有限公司	27.83	73	4.36	491	21.21	446	67.83	60
贵航发动机设计研究所	27.42	74	74.07	19	86.68	53	0.00	171
中国航发贵州黎阳航空动力有限公司	26.72	75	15.80	125	14.10	563	0.00	171
遵义汇航机电有限公司	26.56	76	11.48	168	18.52	486	64.26	66
贵州温商信息技术有限公司	26.31	77	6.96	312	17.65	501	65.00	65
黔山良农有限公司	25.90	78	31.87	58	25.00	394	54.40	80
贵州联洪合成材料有限公司	25.67	79	8.01	278	16.20	522	62.54	68
际华三五三七制鞋有限责任公司	25.59	80	4.00	523	12.26	594	60.00	73
贵州全安密灵科技有限公司	25.19	81	6.14	346	36.07	273	55.19	78
贵州瑞泰实业有限公司	25.14	82	6.19	344	22.95	426	57.76	76
贵州黔力电器制造有限公司	24.74	83	6.56	331	34.88	284	54.73	79
贵州创奇环保科技股份有限公司	24.20	84	5.30	410	12.82	583	60.96	71
遵义市文杰机电有限责任公司	24.19	85	4.98	453	16.33	520	60.17	72

续表

企业名称	科技投入		企业R&D投入占企业主营业务收入的比重		研发人员占企业年末从业人员数比重		技术成果引进、转化金额占企业主营业务收入比重	
	指数/%	位次	指标值/%	位次	指标值/%	位次	指标值/%	位次
贵州联盛药业有限公司	23.84	86	4.85	461	18.71	480	56.80	77
贵州乐诚技术有限公司	22.83	87	19.64	102	48.44	195	40.22	85
首钢水城钢铁（集团）有限责任公司	22.47	88	1.41	608	11.95	597	3.19	140
贵州亿垒科技有限公司	22.15	89	29.79	61	25.00	394	44.77	82
贵州丹寨宁航蜡染有限公司	20.51	90	32.28	57	10.64	620	44.30	83
贵州长泰源节能建材股份有限公司	19.60	91	4.57	475	15.87	531	47.19	81
中国电建集团贵阳勘测设计研究院有限公司	19.57	92	3.74	538	37.29	262	0.00	171
贵州东冠科技有限公司	19.37	93	6.70	325	55.88	138	34.00	87
贵州德鑫源电气有限公司	19.29	94	52.54	33	0.00	662	38.53	86
贵阳新奇微波工业有限责任公司	19.28	95	9.08	231	30.00	337	40.64	84
瓮福（集团）有限责任公司	18.04	96	3.05	586	12.93	582	0.00	171
贵州建工集团第一建筑工程有限责任公司	16.74	97	3.86	531	21.86	439	0.00	171
遵义易拓网络服务有限公司	16.54	98	5.94	364	66.67	97	27.52	90
遵义市信欧建材有限公司	16.35	99	8.41	258	50.00	164	26.23	92
江林（贵州）高科发展股份有限公司	16.25	100	6.09	349	43.75	218	28.34	89
遵义新利特金属材料科技有限公司	16.13	101	11.46	170	53.57	156	24.46	94
贵州航天林泉电机有限公司	15.99	102	10.11	196	36.42	268	10.40	108
贵州凯星液力传动机械有限公司	15.41	103	51.49	37	32.28	312	3.68	133
贵州钢绳股份有限公司	15.27	104	3.87	530	23.82	411	0.00	171
贵州百灵企业集团仁和堂药业有限公司	14.94	105	5.68	381	23.53	416	0.93	159
贵州航天特种车有限责任公司	14.89	106	4.06	519	17.93	494	29.73	88
遵义铝业股份有限公司	14.57	107	3.02	588	16.62	514	0.00	171
中航贵州飞机有限责任公司	13.97	108	4.41	486	11.72	602	0.00	171
贵州航天朝阳科技有限责任公司	13.94	109	70.41	22	51.67	163	0.00	171
贵州勤邦食品安全科学技术有限公司	13.59	110	88.82	14	42.86	224	4.82	129
遵义航科机电有限公司	13.50	111	1.91	599	30.00	337	26.74	91
贵州华美达科技有限公司	13.36	112	69.98	23	100.00	12	0.00	171
贵州精立航太科技有限公司	13.02	113	8.47	256	25.84	388	24.51	93
贵州省煤层气页岩气工程技术研究中心	12.64	114	99.73	10	85.71	54	0.00	171
七冶建设有限责任公司	12.53	115	0.03	627	21.81	440	0.00	171
贵州安易和信科技有限公司	12.50	116	93.85	11	88.46	49	0.00	171
中铁二局第一工程有限公司	12.50	117	3.20	572	14.37	557	0.00	171
贵州中科恒运软件科技有限公司	12.42	118	242.56	4	82.98	62	0.00	171

续表

企业名称	科技投入		企业R&D投入占企业主营业务收入的比重		研发人员占企业年末从业人员数比重		技术成果引进、转化金额占企业主营业务收入比重	
	指数/%	位次	指标值/%	位次	指标值/%	位次	指标值/%	位次
贵州鼎慧大数据科技有限公司	12.14	119	160.89	6	100.00	12	0.00	171
贵州征诚汇达通信工程有限公司	12.13	120	93.32	12	50.00	164	0.00	171
贵州航天天马机电科技有限公司	12.09	121	5.62	389	38.05	255	0.00	171
贵州匠人筑造工程咨询有限公司	12.08	122	73.25	20	50.00	164	0.00	171
贵州宇鹏科技有限责任公司	12.08	123	491.67	2	63.64	113	0.00	171
贵州文博科技有限公司	12.06	124	59.84	27	54.55	150	0.00	171
贵州立时恒升通信工程有限公司	12.06	125	89.89	13	55.56	139	0.00	171
中国水利水电第九工程局有限公司	12.04	126	3.33	561	0.00	662	0.00	171
贵州忠义柒彩科技开发有限公司	11.89	127	56.92	30	60.87	122	0.00	171
贵州益佰制药股份有限公司	11.87	128	5.87	367	13.22	579	0.00	171
贵州智慧共治信息科技有限公司	11.82	129	55.93	31	66.67	97	0.00	171
贵州耕云科技有限公司	11.73	130	81.20	17	44.68	207	0.00	171
贵州汉沙科技有限公司	11.53	131	9.16	228	33.33	291	18.31	99
贵州中航交通科技有限公司	11.48	132	15.54	126	44.44	208	12.41	102
贵州航天控制技术有限公司	11.47	133	5.72	375	46.29	202	0.00	171
贵州人和致远数据服务有限责任公司	11.43	134	71.86	21	31.91	315	3.00	143
贵州博德恒泰科技有限公司	11.20	135	51.53	36	66.67	97	0.00	171
航天云宏技术贵州有限公司	11.18	136	46.71	40	60.42	123	0.00	171
贵州航天电子科技有限公司	11.12	137	10.10	198	40.91	238	2.46	147
松桃华艺科技有限公司	11.00	138	49.32	38	57.14	133	0.00	171
贵州瑞普科技有限公司	10.96	139	47.26	39	107.14	10	0.00	171
中国建材检验认证集团贵州有限公司	10.90	140	46.23	42	76.67	75	0.00	171
贵州贵航飞机设计研究所	10.89	141	23.98	79	84.31	59	0.00	171
贵州木弓贵芯微电子有限公司	10.88	142	7.12	301	53.85	155	11.39	104
贵州智诚科技有限公司	10.88	143	8.64	245	69.03	95	8.64	110
贵州振华天通设备有限公司	10.72	144	67.18	24	36.84	264	0.00	171
瓮安县武江隆塑业有限责任公司	10.72	145	10.00	201	100.00	12	9.43	109
贵州德良方药业股份有限公司	10.68	146	12.09	158	14.84	544	20.51	95
贵州永成科技有限公司	10.53	147	44.61	44	75.00	77	0.00	171
贵州信方达信息咨询有限公司	10.50	148	44.38	45	55.56	139	0.00	171
贵州中孚科技有限公司	10.46	149	43.07	46	115.38	9	0.00	171
贵州黎阳国际制造有限公司	10.31	150	13.46	145	45.88	204	0.00	171
贵州中电通环境检测有限公司	10.30	151	42.10	47	77.78	73	0.00	171

续表

企业名称	科技投入		企业 R&D 投入占企业主营业务收入的比重		研发人员占企业年末从业人员数比重		技术成果引进、转化金额占企业主营业务收入比重	
	指数/%	位次	指标值/%	位次	指标值/%	位次	指标值/%	位次
中电科大数据研究院有限公司	10.27	152	27.10	70	73.22	83	0.00	171
贵阳海之力液压有限公司	10.24	153	15.99	123	55.56	139	7.15	115
贵州晨智俊博科技有限公司	10.24	154	58.31	29	36.36	269	0.00	171
贵州丰达轴承有限公司	10.23	155	8.62	249	85.71	54	8.62	111
贵州唯捷众品信息技术有限公司	10.20	156	39.68	50	125.00	6	0.00	171
贵州嘉智信联科技有限公司	10.17	157	41.27	48	50.00	164	0.00	171
贵州翰瑞电子有限公司	10.14	158	5.06	437	25.94	385	0.00	171
中国电建集团贵州电力设计研究院有限公司	10.02	159	3.41	553	42.02	228	0.00	171
贵州开阳川东化工有限公司	10.00	160	5.73	374	10.55	624	19.70	97
贵阳四度空间文化传媒有限公司	9.95	161	39.12	51	100.00	12	0.00	171
中国振华（集团）新云电子元器件有限责任公司（国营第四三二六厂）	9.94	162	10.83	184	28.13	357	0.00	171
贵州久联民爆器材发展股份有限公司	9.92	163	0.53	621	14.01	567	0.19	169
贵州数智联云科技有限公司	9.92	164	37.88	52	66.67	97	0.00	171
贵州航宇科技发展股份有限公司	9.91	165	8.50	255	24.55	405	10.79	107
贵州创新睿界科技有限公司	9.81	166	37.23	53	66.67	97	0.00	171
贵州新联爆破工程集团有限公司	9.72	167	4.47	479	14.15	560	0.00	171
贵州莱利斯机械设计制造有限责任公司	9.71	168	9.02	233	77.78	73	6.60	120
遵义市飞宇电子有限公司	9.68	169	8.50	254	10.88	618	20.00	96
遵义市亿易通科技网络有限责任公司	9.57	170	519.23	1	28.57	348	0.00	171
遵义恒佳铝业有限公司	9.42	171	8.42	257	14.08	564	0.00	171
中国振华集团永光电子有限公司	9.37	172	8.58	250	21.71	442	6.91	117
贵州华信创新科技有限公司	9.37	173	5.32	407	50.00	164	7.73	113
遵义市大鼎正环保建材有限公司	9.30	174	6.03	354	15.00	540	18.60	98
贵阳长治恒丰智能科技有限公司	9.29	175	6.89	315	37.50	256	11.22	106
贵州丽基新材料有限公司	9.26	176	6.75	322	62.50	114	6.75	119
贵州大鸟创新科技有限公司	9.26	177	13.44	146	100.00	12	5.13	127
贵州黔竹汇君科技有限公司	9.18	178	5.68	382	50.00	164	6.94	116
贵州鼎盛建材实业有限公司	9.17	179	51.73	35	26.67	375	0.00	171
贵州省交通规划勘察设计研究院股份有限公司	9.15	180	3.84	533	27.49	364	0.00	171
中建四局安装工程有限公司	9.13	181	3.45	548	16.61	515	0.00	171
贵阳语玩科技有限公司	9.05	182	20.32	94	72.92	84	0.00	171

续表

企业名称	科技投入		企业R&D投入占企业主营业务收入的比重		研发人员占企业年末从业人员数比重		技术成果引进、转化金额占企业主营业务收入比重	
	指数/%	位次	指标值/%	位次	指标值/%	位次	指标值/%	位次
遵义强大博信知识产权服务有限公司	9.03	183	28.31	65	78.26	72	0.00	171
贵州黔龙图视科技有限公司	8.97	184	27.97	66	81.25	65	0.00	171
贵州房易通网络技术有限公司	8.94	185	21.66	87	100.00	12	0.00	171
贵州云博极讯科技有限责任公司	8.92	186	28.64	64	83.33	61	0.00	171
贵州恩科达医疗科技有限公司	8.88	187	81.71	16	23.53	416	0.00	171
贵州省源单新材料科技有限公司	8.88	188	141.22	8	22.73	428	0.00	171
贵阳朗玛信息技术股份有限公司	8.86	189	7.95	280	25.12	393	1.17	156
贵州开拓未来计算机技术有限公司	8.83	190	21.83	84	100.00	12	0.00	171
贵阳世纪恒通科技有限公司	8.81	191	6.49	333	25.43	391	6.49	122
贵州黔莱亚科技有限公司	8.74	192	33.55	54	44.44	208	0.00	171
贵州恒瑞辰科技股份有限公司	8.74	193	27.28	69	44.44	208	0.00	171
贞丰县贵耀材料科技有限公司	8.72	194	5.67	383	55.11	148	2.43	148
中铁八局集团第三工程有限公司	8.72	195	3.24	569	18.80	479	0.00	171
贵州太瑞生诺生物医药有限公司	8.65	196	25.22	75	85.71	54	0.00	171
贵州惠智电子技术有限责任公司	8.63	197	19.16	106	56.03	137	0.00	171
贵州紫金矿业股份有限公司	8.60	198	3.28	566	34.55	287	0.11	170
贵州乐创方舟科技文化有限公司	8.56	199	25.07	76	55.56	139	0.00	171
贵阳动视云科技有限公司	8.44	200	19.65	101	62.50	114	0.00	171
贵州迦太利华信息科技有限公司	8.40	201	5.48	399	69.84	94	0.00	171
贵州数易联科技有限公司	8.39	202	23.09	82	72.73	85	0.00	171
中国振华集团云科电子有限公司	8.27	203	5.91	365	31.09	324	3.77	132
贵州俊丰源环保科技有限公司	8.27	204	8.03	275	40.00	241	7.34	114
贵州安康健科技有限公司	8.25	205	20.23	96	60.00	124	0.00	171
贵州卓品汇成套设备工程有限公司	8.16	206	20.98	91	50.00	164	0.00	171
贵州通祥水务环境工程有限公司	8.12	207	8.63	247	100.00	12	3.36	136
贵州航天计量测试技术研究所	8.10	208	4.09	517	81.63	64	0.75	161
贵州天成中源科技有限公司	8.08	209	19.32	104	80.00	66	0.00	171
贵州智联云弛软件科技有限公司	8.08	210	82.59	15	16.67	509	0.00	171
贵州金科成科技服务有限公司	8.07	211	20.15	98	100.00	12	0.00	171
贵州海普科技有限公司	8.06	212	19.61	103	100.00	12	0.00	171
贵阳永青仪电科技有限公司	8.05	213	6.30	340	16.42	518	11.24	105
贵州科讯达科技有限公司	8.02	214	6.00	358	100.00	12	3.32	137
贵州黔驰信息股份有限公司	8.02	215	14.54	136	73.33	81	0.00	171

续表

企业名称	科技投入		企业R&D投入占企业主营业务收入的比重		研发人员占企业年末从业人员数比重		技术成果引进、转化金额占企业主营业务收入比重	
	指数/%	位次	指标值/%	位次	指标值/%	位次	指标值/%	位次
贵州嘉锐恒大科技有限公司	8.00	216	19.20	105	62.50	114	0.00	171
贵州新安航空机械有限责任公司	7.91	217	10.40	190	30.55	331	1.98	151
博文软件（贵州）有限公司	7.89	218	15.81	124	66.67	97	0.00	171
贵阳联诚欣业科技有限公司	7.85	219	17.00	113	52.38	159	0.00	171
贵州六合门业有限公司	7.84	220	27.84	67	41.67	230	0.00	171
贵州九鼎成科技有限公司	7.73	221	16.56	118	100.00	12	0.00	171
贵州华诚天下节能科技有限公司	7.73	222	16.79	114	57.14	133	0.00	171
贵州垒华成工程试验检测有限责任公司	7.71	223	16.25	121	64.29	110	0.00	171
贵州硕利芮达科技有限公司	7.70	224	14.95	132	50.00	164	0.00	171
贵州省煤矿设计研究院	7.66	225	3.07	584	14.02	566	14.13	100
贵州金鑫博睿科技有限公司	7.66	226	30.57	59	37.50	256	0.00	171
贵州海誉科技股份有限公司	7.59	227	11.47	169	66.67	97	0.00	171
贵州千村节能环保科技开发有限公司	7.58	228	15.14	130	50.00	164	0.00	171
贵州三泓药业股份有限公司	7.56	229	21.69	85	40.43	240	0.00	171
贵州凯科特材料有限公司	7.55	230	16.45	119	36.84	264	0.00	171
贵金玉科技发展有限公司	7.51	231	13.07	148	58.82	129	0.00	171
铜仁市海创信息科技有限公司	7.47	232	14.24	139	57.14	133	0.00	171
贵阳企易云商科技发展有限公司	7.37	233	12.75	151	50.00	164	0.00	171
中国航空工业标准件制造有限责任公司	7.36	234	9.13	230	22.29	432	0.00	171
贵州巨凯科技有限公司	7.31	235	5.61	391	38.46	249	5.61	125
贵州中星网路科技有限公司	7.31	236	10.78	185	71.43	88	0.00	171
贵州源溯科技有限公司	7.28	237	11.77	162	61.11	121	0.00	171
贵州百能思信息科技有限公司	7.27	238	10.60	188	50.00	164	0.00	171
遵义钛业股份有限公司	7.26	239	5.21	418	26.17	384	1.41	153
贵阳航空电机有限公司	7.23	240	4.40	488	29.58	345	0.00	171
贵州航天凯山石油仪器有限公司	7.23	241	8.08	269	43.59	221	0.00	171
贵阳盛通宏业科技有限公司	7.23	242	11.89	161	66.67	97	0.00	171
贵州自由客网络技术有限公司	7.22	243	4.40	487	150.00	3	0.00	171
贵州省水利水电勘测设计研究院	7.22	244	3.05	585	30.42	333	0.00	171
贵州航图教育科技有限公司	7.21	245	11.61	165	100.00	12	0.00	171
贵州伟力达电子有限公司	7.19	246	10.93	180	240.00	2	0.00	171
贵州聚惠达科技有限公司	7.19	247	11.50	167	66.67	97	0.00	171
贵州银通三联科技有限公司	7.17	248	11.17	177	100.00	12	0.00	171

续表

企业名称	科技投入		企业R&D投入占企业主营业务收入的比重		研发人员占企业年末从业人员数比重		技术成果引进、转化金额占企业主营业务收入比重	
	指数/%	位次	指标值/%	位次	指标值/%	位次	指标值/%	位次
贵州云腾志远科技发展有限公司	7.16	249	10.20	192	65.00	109	0.00	171
贵州鑫权懿科技发展有限公司	7.15	250	11.22	175	50.00	164	0.00	171
贵州联众科创科技工程有限公司	7.15	251	9.23	225	73.33	81	0.00	171
贵州世纪宏景软件有限公司	7.15	252	10.89	182	66.67	97	0.00	171
贵州联掌慧信息技术有限公司	7.13	253	10.57	189	61.54	119	0.00	171
贵州省创伟道环境科技有限公司	7.10	254	10.15	195	50.00	164	0.00	171
贵州众蓝科技有限公司	7.09	255	9.55	215	71.43	88	0.00	171
贵州林都园林工程有限公司	7.09	256	4.20	503	52.17	161	0.00	171
安软科技集团（贵州）有限公司	7.08	257	9.57	214	64.29	110	0.00	171
贵州微兄弟信息技术有限公司	7.07	258	10.29	191	66.67	97	0.00	171
贵州省首为电线电缆有限公司	7.06	259	9.87	207	100.00	12	0.00	171
贵州惠康盛电气有限公司	7.06	260	10.06	199	50.00	164	0.00	171
贵州阿凡提工业信息有限公司	7.05	261	9.27	222	56.25	136	0.00	171
贵州航天风华精密设备有限公司	7.02	262	3.17	573	19.66	468	0.00	171
贵州红星发展股份有限公司	7.02	263	3.79	535	27.29	366	0.00	171
贵州智博云网络科技有限公司	7.02	264	10.00	202	50.00	164	0.00	171
贵州众诚兴业科教设备有限公司	7.01	265	8.88	236	50.00	164	0.00	171
贵州安吉华元科技发展有限公司	7.01	266	15.28	129	41.54	236	0.00	171
贵州兴洪波科技有限公司	7.00	267	23.40	81	38.46	249	0.00	171
贵州黔云联创网络科技有限公司	6.99	268	9.20	226	54.55	150	0.00	171
贵州中科信达科技有限公司	6.96	269	7.21	297	100.00	12	0.00	171
贵州金农科技有限责任公司	6.96	270	7.79	286	54.17	154	0.00	171
贵州智教云教育科技有限公司	6.94	271	8.76	239	54.55	150	0.00	171
贵州安泰晟达通信工程有限公司	6.94	272	8.73	242	50.00	164	0.00	171
贵州祥程佳和机械制造有限公司	6.93	273	9.39	220	41.67	230	2.59	146
贵州地道药业有限公司	6.92	274	8.03	277	100.00	12	0.00	171
贵阳天富长丰网络科技有限公司	6.91	275	5.49	398	100.00	12	0.00	171
贵州健兴药业有限公司	6.88	276	3.29	565	20.40	458	0.00	171
贵州华烽电器有限公司	6.86	277	1.12	611	27.10	369	0.00	171
贵州鑫都嘉汇科技有限责任公司	6.85	278	8.05	273	75.00	77	0.00	171
贵州赤天化纸业股份有限公司	6.84	279	3.39	554	16.37	519	2.42	149
埃柯赛环境科技（贵州）股份有限公司	6.82	280	303.03	3	6.25	652	0.00	171
中联创展信息技术股份有限公司	6.82	281	5.31	409	55.10	149	0.00	171

续表

企业名称	科技投入		企业R&D投入占企业主营业务收入的比重		研发人员占企业年末从业人员数比重		技术成果引进、转化金额占企业主营业务收入比重	
	指数/%	位次	指标值/%	位次	指标值/%	位次	指标值/%	位次
贵州华城楼宇科技有限公司	6.79	282	1.48	605	61.96	118	0.00	171
贵州非格斯科技有限公司	6.78	283	7.31	292	55.56	139	0.00	171
贵州森阳科技有限公司	6.75	284	5.75	372	50.00	164	0.00	171
贵州新中盟机电设备有限公司	6.74	285	6.85	319	50.00	164	0.00	171
贵州盛方信息科技有限公司	6.74	286	5.61	390	80.00	66	0.00	171
贵阳中电高新数据科技有限公司	6.73	287	5.16	427	57.89	132	0.00	171
贵州浩诚药业有限公司	6.72	288	8.08	270	35.90	276	3.93	131
贵州博成科技有限公司	6.71	289	11.95	160	45.45	205	0.00	171
贵州大兴旺新材料科技有限公司	6.71	290	6.16	345	31.25	319	6.16	123
都匀市莘蕊科技有限公司	6.68	291	16.30	120	41.67	230	0.00	171
遵义天辉机电有限责任公司	6.68	292	5.71	378	39.29	245	3.57	134
贵州安大航空锻造有限责任公司	6.67	293	3.12	579	18.86	477	0.00	171
贵州世农肥业有限公司	6.66	294	4.00	523	12.50	586	13.00	101
贵州泽涛科技有限公司	6.66	295	6.25	342	50.00	164	0.00	171
贵州荣清工具有限公司	6.65	296	5.99	359	50.00	164	0.00	171
贵州德润电力建设有限公司	6.64	297	4.30	495	52.94	158	0.00	171
贵州政和信息科技有限公司	6.64	298	12.66	154	44.44	208	0.00	171
安顺新金秋科技股份有限公司	6.64	299	4.45	481	61.54	119	0.00	171
贵州金瑞渐成电子有限公司	6.62	300	5.45	403	70.00	93	0.00	171
贵州铁建工程质量检测咨询有限公司	6.62	301	8.55	251	18.62	482	8.55	112
贵州力登科技发展有限公司	6.62	302	5.24	416	64.29	110	0.00	171
贵州华烽汽车零部件有限公司	6.62	302	14.08	140	36.45	267	0.00	171
贵州佳联兴科技有限公司	6.62	304	5.60	392	50.00	164	0.00	171
贵州天讯信息产业有限公司	6.61	305	4.95	455	50.00	164	0.00	171
贵州普利英吉科技有限公司	6.61	306	7.07	302	48.00	196	0.00	171
贵阳块数据城市建设有限公司	6.59	307	0.00	628	100.00	12	0.00	171
贵州联创天健科技有限公司	6.59	308	4.16	507	121.43	8	0.00	171
贵州优好停车设备有限公司	6.59	309	4.96	454	100.00	12	0.00	171
贵阳创新天健科技有限公司	6.59	310	5.17	425	55.56	139	0.00	171
贵阳玛莱特液压电磁科技有限公司	6.58	311	29.17	62	30.00	337	0.00	171
贵阳力泉液压技术有限公司	6.58	312	5.19	423	50.00	164	0.00	171
贵阳飞丝特科技有限公司	6.58	313	4.54	478	52.38	159	0.00	171

续表

企业名称	科技投入		企业R&D投入占企业主营业务收入的比重		研发人员占企业年末从业人员数比重		技术成果引进、转化金额占企业主营业务收入比重	
	指数/%	位次	指标值/%	位次	指标值/%	位次	指标值/%	位次
贵州虹轴轴承有限公司	6.58	314	5.00	450	100.00	12	0.00	171
安顺文杰科技有限公司	6.55	315	40.32	49	20.00	460	0.00	171
贵州安吉航空精密铸造有限责任公司	6.54	316	9.96	206	14.66	551	0.00	171
贵州辰阳星睿科技有限公司	6.54	317	4.93	458	50.00	164	0.00	171
贵州智合时代传媒有限公司	6.52	318	4.54	477	58.33	131	0.00	171
黔南热线网络有限责任公司	6.51	319	24.40	77	33.33	291	0.00	171
贵州津惠隆科技有限公司	6.51	320	10.89	181	44.44	208	0.00	171
贵阳兴意达天诚科技有限公司	6.49	321	3.77	536	85.71	54	0.00	171
遵义华富生物科技有限公司	6.48	322	6.06	351	48.00	196	0.00	171
贵州正合伟业科技有限责任公司	6.47	323	3.11	580	52.17	161	0.00	171
贵州恒绿源环保有限公司	6.46	324	4.11	513	100.00	12	0.00	171
贵阳方舟科技股份有限公司	6.45	325	15.00	131	32.00	313	0.00	171
贵州百科达科技有限公司	6.45	326	13.96	142	41.67	230	0.00	171
贵州优行车联科技有限公司	6.44	327	16.79	115	38.89	246	0.00	171
贵州苗药生物技术有限公司	6.43	328	3.10	583	50.00	164	0.00	171
贵州西部农产品交易中心有限公司	6.41	329	5.07	436	31.11	322	5.63	124
贵州众和宏远科技有限公司	6.40	330	8.05	272	46.15	203	0.00	171
贵州中铝彩铝科技有限公司	6.39	331	20.29	95	34.21	290	0.00	171
贵州天威建材科技有限责任公司	6.36	332	4.14	509	43.16	223	0.00	171
贵州新锦竹木制品有限公司	6.35	333	3.58	543	32.61	309	4.89	128
贵州卓讯软件股份有限公司	6.34	334	0.00	628	93.33	47	0.00	171
贵州恒源科创资源再生开发有限公司	6.32	335	10.00	202	43.48	222	0.00	171
贵州新气象科技有限责任公司	6.31	336	5.46	402	46.43	201	0.00	171
贵州广济堂药业有限公司	6.29	337	29.81	60	23.08	422	0.00	171
贵州威默电气成套设备有限公司	6.29	338	0.90	615	48.75	194	0.00	171
贵州中软云上数据技术服务有限公司	6.29	339	0.00	628	85.71	54	0.00	171
贵州北极光原生态农业开发有限公司	6.28	340	9.02	232	44.44	208	0.00	171
贵州长圣信息工程有限公司	6.26	341	19.89	99	34.78	285	0.00	171
习水县蓝岛电脑科技有限公司	6.24	342	5.72	377	46.67	199	0.00	171
遵义天力环境工程有限责任公司	6.21	343	0.00	628	100.00	12	0.00	171
贵州天地科技实业有限公司	6.19	344	0.00	628	75.00	77	0.00	171
贵州华宁科技股份有限公司	6.19	344	0.00	628	50.00	164	0.00	171
贵州益恒创兴科技有限公司	6.19	346	8.11	267	44.44	208	0.00	171

续表

企业名称	科技投入		企业R&D投入占企业主营业务收入的比重		研发人员占企业年末从业人员数比重		技术成果引进、转化金额占企业主营业务收入比重	
	指数/%	位次	指标值/%	位次	指标值/%	位次	指标值/%	位次
贵州宏志数码科技工程有限公司	6.18	347	0.00	628	53.49	157	0.00	171
贵州亿林建设工程有限公司	6.18	348	5.74	373	44.44	208	0.00	171
贵州良济药业有限公司	6.18	349	5.63	386	39.47	244	0.00	171
遵义航天娄山电器化工有限公司	6.16	350	18.09	110	34.43	288	0.00	171
贵州光能科技有限公司	6.15	351	0.00	628	100.00	12	0.00	171
贵州通勤汇嘉科技有限公司	6.14	352	0.00	628	70.83	92	0.00	171
贵州中盛弘通科技有限公司	6.13	353	7.46	291	44.44	208	0.00	171
贵州诚致未来科技有限公司	6.12	354	0.84	616	100.00	12	0.00	171
贵州西南管业有限公司	6.11	355	1.59	603	13.41	573	11.75	103
贵州川恒化工股份有限公司	6.11	356	4.79	463	18.37	487	1.16	157
贵阳富世通科技有限公司	6.10	357	0.00	628	54.55	150	0.00	171
遵义市龙驰生物科技有限公司	6.09	358	4.70	468	26.67	375	6.53	121
贵州益华膜科技有限公司	6.08	359	0.00	628	80.00	66	0.00	171
贵州特派克生物防治技术有限公司	6.07	360	0.00	628	100.00	12	0.00	171
贵阳新同舟科技有限公司	6.06	361	5.02	447	45.45	205	0.00	171
贵阳市启沃富科技有限公司	6.06	362	0.00	628	88.89	48	0.00	171
贵州圣济堂医药产业股份有限公司	6.01	363	3.25	568	5.98	653	0.00	171
遵义宏港机械有限公司	6.01	364	0.96	613	28.57	348	6.83	118
贵州金玖生物技术有限公司	6.00	365	12.56	157	31.97	314	0.00	171
贵州盛昌药业有限公司	5.95	366	21.40	89	31.25	319	0.00	171
贵州西南工具（集团）有限公司	5.90	367	10.17	194	19.61	469	3.25	138
黔西南州乐呵化工有限责任公司	5.90	368	6.02	356	30.77	326	2.37	150
贵阳明通炉料有限公司	5.90	369	5.04	443	44.00	217	0.00	171
贵州西西洋教育科技有限公司	5.89	370	20.70	92	24.19	410	0.00	171
安顺德康农牧有限公司	5.89	371	26.50	73	18.97	474	0.00	171
贵州优特云科技有限公司	5.82	372	18.99	107	30.00	337	0.00	171
首钢贵阳特殊钢有限责任公司	5.78	373	3.99	527	10.26	629	0.00	171
贵州奥斯尔科技实业有限公司	5.78	374	11.52	166	37.50	256	0.00	171
贵州银亨融通科技发展有限公司	5.77	375	7.02	310	40.54	239	0.00	171
贵阳时代沃顿科技有限公司	5.75	376	7.99	279	14.43	554	0.00	171
贵州迅达信息产业发展有限公司	5.71	377	6.46	335	38.81	248	0.00	171
贵州水矿奥瑞安清洁能源有限公司	5.71	378	6.78	321	41.18	237	0.00	171
贵州楚智建材科技有限公司	5.71	378	16.17	122	33.33	291	0.00	171

续表

企业名称	科技投入		企业R&D投入占企业主营业务收入的比重		研发人员占企业年末从业人员数比重		技术成果引进、转化金额占企业主营业务收入比重	
	指数/%	位次	指标值/%	位次	指标值/%	位次	指标值/%	位次
贵州环能地质咨询有限责任公司	5.70	380	5.00	451	42.86	224	0.00	171
贵州省电子证书有限公司	5.64	381	8.05	274	37.50	256	0.00	171
贵州新华羲玻璃有限责任公司	5.61	382	4.77	465	35.27	280	0.00	171
贵州逸飞科技有限公司	5.58	383	11.44	171	36.00	274	0.00	171
遵义同兴源建材有限公司	5.56	384	5.26	413	40.00	241	0.00	171
贵州航天南海科技有限责任公司	5.54	385	5.15	429	23.11	421	0.00	171
贵州百灵企业集团正鑫药业有限公司	5.49	386	4.04	520	37.08	263	0.00	171
贵州科库科技有限公司	5.49	387	9.59	213	37.50	256	0.00	171
贵州众智恒生态科技有限公司	5.48	388	12.57	155	33.33	291	0.00	171
贵州创美鑫韵文化传媒有限公司	5.47	389	10.64	186	36.36	269	0.00	171
贵州彩阳电暖科技有限公司	5.45	390	5.08	433	34.22	289	0.00	171
贵州正合博莱金属有限公司	5.42	391	4.61	472	10.75	619	0.00	171
贵州航太精密制造有限公司	5.40	392	21.68	86	21.09	448	0.00	171
贵州烨阳科技发展有限公司	5.38	393	6.34	339	38.46	249	0.00	171
贵州根树林信息科技有限公司	5.38	394	7.91	282	37.50	256	0.00	171
贵州石博士科技有限公司	5.37	395	3.72	539	35.23	281	0.00	171
贵阳普天物流技术有限公司	5.36	396	5.57	393	26.90	371	0.00	171
力源液压系统（贵阳）有限公司	5.36	397	7.92	281	36.17	272	0.00	171
铜仁市碧江区安智科技有限公司	5.33	398	0.00	628	43.75	218	0.00	171
贵州万恒科技发展有限公司	5.33	399	10.20	193	35.29	279	0.00	171
贵州华云汽车饰件制造有限公司	5.27	400	24.36	78	20.45	456	0.00	171
贵州鑫桥建设工程有限公司	5.27	401	8.67	244	33.33	291	0.00	171
贵州东方世纪科技股份有限公司	5.26	402	13.17	147	26.47	378	0.00	171
贵州思索电子有限公司	5.25	403	5.25	415	36.36	269	0.00	171
贵州车秘科技有限公司	5.20	404	0.00	628	41.82	229	0.00	171
贵州禹之源生态环保有限公司	5.19	405	14.34	137	30.77	326	0.00	171
贵州精博高科科技有限公司	5.17	406	0.00	628	42.86	224	0.00	171
贵州振华群英电器有限公司(国有第八九一厂)	5.16	407	7.15	300	19.88	467	0.00	171
贵州天晟伟业科技有限公司	5.15	408	5.11	432	36.59	266	0.00	171
贵州好住理网络科技有限公司	5.12	409	0.00	628	42.11	227	0.00	171
贵州恒和制药有限公司	5.11	410	9.15	229	32.84	308	0.00	171
贵州朗科电气有限公司	5.09	411	8.21	265	35.00	283	0.00	171
贵州黔聚龙投资有限公司	5.09	412	6.61	330	35.09	282	0.00	171

续表

企业名称	科技投入		企业R&D投入占企业主营业务收入的比重		研发人员占企业年末从业人员数比重		技术成果引进、转化金额占企业主营业务收入比重	
	指数/%	位次	指标值/%	位次	指标值/%	位次	指标值/%	位次
遵义长征输配电设备有限公司	5.05	413	4.98	452	35.90	276	0.00	171
贵州华龙电子设备有限公司	5.04	414	0.00	628	41.67	230	0.00	171
贵州中消云泰和安科技有限公司	5.02	415	6.68	328	35.71	278	0.00	171
贵阳天马测绘技术有限公司	4.99	416	19.88	100	24.24	409	0.00	171
遵义春华新材料科技有限公司	4.94	417	7.86	285	23.53	416	3.55	135
贵州黔力重工有限公司	4.94	418	8.90	235	32.50	310	0.00	171
贵州省瓮安县瓮福黄磷有限公司	4.92	419	3.30	562	26.42	379	0.00	171
贵州秦泰药业有限公司	4.90	420	6.91	314	33.33	291	0.00	171
贵州万胜药业有限责任公司	4.88	421	4.12	512	31.88	317	0.00	171
贵州普济生物技术有限公司	4.87	422	8.33	263	33.33	291	0.00	171
贵阳力波机械传动有限公司	4.86	423	0.00	628	40.00	241	0.00	171
贵州成智重工科技有限公司	4.86	424	6.95	313	32.31	311	0.00	171
贵州卡布婴童用品有限责任公司	4.85	425	3.85	532	11.88	598	0.00	171
贵州詹阳动力重工有限公司	4.84	426	4.33	494	12.30	593	0.00	171
贵阳方舟高新技术有限公司	4.84	427	15.33	128	20.73	454	1.19	155
遵义长征汽车零部件有限公司	4.81	428	5.77	371	29.49	346	0.00	171
贵州宏达环保科技有限公司	4.79	429	5.04	445	25.44	390	0.25	167
贵州响亮电子技术有限公司	4.77	430	5.98	361	33.33	291	0.00	171
国药集团同济堂贵州（制药）有限公司	4.76	431	3.16	576	10.63	622	0.00	171
贵州黔通智联科技产业发展有限公司	4.76	432	5.95	363	28.24	356	0.00	171
贵州航天新力科技有限公司	4.75	433	4.60	473	23.81	412	0.22	168
贵州泰坦电气系统有限公司	4.73	434	2.06	595	23.33	419	4.61	130
贵州赤天化桐梓化工有限公司	4.73	435	3.28	567	6.97	649	0.00	171
贵州智通天下信息技术有限公司	4.70	436	7.23	296	30.77	326	0.00	171
大方县九龙天麻开发有限公司	4.68	437	13.81	143	26.19	383	0.00	171
贵州中建建筑科研设计院有限公司	4.67	438	0.93	614	31.78	318	0.00	171
毕节市斯翔安防科技有限公司	4.66	439	0.00	628	38.46	249	0.00	171
遵义市恒新化工有限公司	4.65	440	6.35	338	31.25	319	0.00	171
贵阳锐泰电力科技有限公司	4.65	441	3.88	528	34.62	286	0.00	171
贵州英吉尔机械制造有限公司	4.63	442	13.70	144	22.83	427	0.00	171
贵州振华华联电子有限公司	4.63	443	9.34	221	16.12	523	0.00	171
贵州力强科技发展有限公司	4.62	444	5.05	438	30.00	337	0.00	171
贵州大成玻璃工程有限责任公司	4.61	445	4.86	460	33.33	291	0.00	171

续表

企业名称	科技投入		企业R&D投入占企业主营业务收入的比重		研发人员占企业年末从业人员数比重		技术成果引进、转化金额占企业主营业务收入比重	
	指数/%	位次	指标值/%	位次	指标值/%	位次	指标值/%	位次
贵州省达济环保科技有限公司	4.60	446	9.25	224	30.00	337	0.00	171
贵州华星冶金有限公司	4.58	447	4.20	502	29.70	344	0.00	171
贵阳鑫辰宇办公设备有限公司	4.54	448	1.28	609	36.00	274	0.00	171
贵州西南制造产业园有限公司	4.54	449	4.76	466	31.91	315	0.00	171
贵州凯襄新材料有限公司	4.53	450	3.83	534	31.11	322	0.00	171
贵州大西南工程检测有限公司	4.51	451	6.24	343	30.91	325	0.00	171
都匀市大隆传动机械有限公司	4.51	452	14.67	134	25.00	394	0.00	171
贵州火焰山电器股份有限公司	4.51	453	4.68	470	30.34	334	0.00	171
贵州毅博机械设备有限公司	4.47	454	4.42	484	33.33	291	0.00	171
贵州三力制药股份有限公司	4.44	455	3.66	541	18.09	493	0.00	171
普定县银丰农业科技发展有限公司	4.44	456	25.40	74	15.38	537	0.00	171
贵州苗仁堂制药有限责任公司	4.44	457	6.45	336	30.19	335	0.00	171
贵州长宇电力电气有限公司	4.41	458	5.66	385	30.56	330	0.00	171
贵州黎阳天翔科技有限公司	4.41	459	2.63	589	30.08	336	0.00	171
贵州坤盾天成科技有限公司	4.40	460	8.23	264	26.76	374	0.00	171
贵州神奇药业有限公司	4.37	461	3.37	556	20.85	451	0.00	171
贵州航锐航空精密零部件制造有限公司	4.35	462	9.25	223	21.22	445	0.00	171
遵义汇峰智能系统有限责任公司	4.35	463	12.83	149	23.81	412	0.00	171
遵义市倍缘化工有限责任公司	4.34	464	6.11	347	30.43	332	0.00	171
贵州锦丰矿业有限公司	4.32	465	3.75	537	11.65	605	0.00	171
贵州木易精细陶瓷有限责任公司	4.30	466	8.74	241	27.50	363	0.00	171
贵州鼎立生物科技香料有限公司	4.29	467	6.87	318	29.17	347	0.00	171
贵州开磷集团矿肥有限责任公司	4.27	468	0.36	623	14.82	545	0.00	171
贵州兴泰科技有限公司	4.23	469	8.40	259	27.78	359	0.00	171
遵义精星航天电器有限责任公司	4.21	470	6.04	352	22.08	435	0.00	171
遵义市汇川区吉美电镀有限责任公司	4.20	471	5.25	414	29.73	343	0.00	171
贵州金山国土勘测工程有限公司	4.19	472	6.71	324	28.00	358	0.00	171
贵州天能电力高科技有限公司	4.18	473	8.09	268	25.93	386	0.00	171
中黔电气集团股份有限公司	4.17	474	9.84	208	23.81	412	0.00	171
遵义市金鼎农业科技有限公司	4.17	475	5.34	405	28.26	355	0.00	171
遵义市润丰源钢铁铸造有限公司	4.14	476	7.55	288	27.78	359	0.00	171
贵州雅光电子科技股份有限公司	4.14	477	11.29	174	16.48	516	0.00	171
贵州鼎成熔鑫科技有限公司	4.13	478	7.05	306	26.79	372	0.00	171

续表

企业名称	科技投入		企业R&D投入占企业主营业务收入的比重		研发人员占企业年末从业人员数比重		技术成果引进、转化金额占企业主营业务收入比重	
	指数/%	位次	指标值/%	位次	指标值/%	位次	指标值/%	位次
贵州华阳汽车零部件有限公司	4.10	479	5.55	394	16.43	517	2.96	144
贵阳新天药业股份有限公司	4.04	480	3.53	544	10.10	637	0.00	171
遵义双河生物燃料科技有限公司	4.03	481	0.00	628	33.33	291	0.00	171
贵州省德邦环保化工有限公司	4.03	481	0.00	628	33.33	291	0.00	171
贵州省瓮安兴农磷化工有限责任公司	4.03	481	0.00	628	33.33	291	0.00	171
贵州道兴建设工程检测有限责任公司	4.03	484	3.67	540	28.41	354	0.00	171
遵义鑫华源电力设备有限公司	4.02	485	6.87	317	24.62	404	0.00	171
黔南州金安电子安防服务有限公司	4.02	486	0.00	628	33.33	291	0.00	171
贵州联众云医疗科技有限公司	3.99	487	7.51	289	26.32	380	0.00	171
贵州云峰药业有限公司	3.99	488	5.51	396	25.00	394	0.00	171
贵州瑞恩检测技术有限公司	3.97	489	8.76	240	25.00	394	0.00	171
中航力源液压股份有限公司	3.97	490	3.87	529	10.28	627	0.00	171
贵州英利达科贸有限公司	3.96	491	5.05	439	28.57	348	0.00	171
贵州兆浪科技实业有限公司	3.95	492	5.33	406	27.45	365	0.00	171
贵阳富源饲料有限公司	3.95	493	3.20	571	14.63	552	3.20	139
贵州天马环卫设备有限公司	3.91	494	4.19	504	28.57	348	0.00	171
贵州宏宇药业有限公司	3.90	495	4.21	500	25.00	394	0.00	171
贵州远诚自控科技有限公司	3.89	496	5.01	449	27.78	359	0.00	171
贵阳华烽有色铸造有限公司	3.89	497	5.69	380	26.67	375	0.00	171
贵州柏强制药有限公司	3.88	498	3.52	546	18.88	476	0.00	171
贵州远东兄弟钻探有限公司	3.85	499	5.80	368	26.32	380	0.00	171
贵州迈锐钻探设备制造有限公司	3.83	500	8.64	246	23.08	422	0.00	171
贵州美洁环卫工程有限责任公司	3.81	501	10.88	183	22.22	433	0.00	171
贵州铁建恒发新材料科技股份有限公司	3.74	502	4.01	522	25.93	386	0.00	171
安顺虹特滚珠丝杠有限责任公司	3.73	503	4.35	492	27.27	367	0.00	171
贵定县洪福环保科技有限公司	3.71	504	6.69	327	24.44	408	0.00	171
贵州惠沣众一机械制造有限公司	3.71	505	5.32	408	16.67	509	3.01	142
贵州大隆药业有限责任公司	3.71	506	6.48	334	17.07	507	1.49	152
贵州东峰锑业股份有限公司	3.71	507	4.22	499	21.96	437	0.00	171
贵州海跃模具有限公司	3.68	508	3.48	547	27.03	370	0.00	171
贵州遵义驰宇精密机电制造有限公司	3.63	509	6.03	355	20.00	460	0.55	164
贵州永兴建设工程质量检测有限公司	3.63	510	6.88	316	21.93	438	0.00	171
龙里县粤盛型材有限公司	3.63	511	5.29	411	25.00	394	0.00	171

续表

企业名称	科技投入		企业R&D投入占企业主营业务收入的比重		研发人员占企业年末从业人员数比重		技术成果引进、转化金额占企业主营业务收入比重	
	指数/%	位次	指标值/%	位次	指标值/%	位次	指标值/%	位次
贵州黔和物流有限公司	3.63	512	4.11	514	23.08	422	0.00	171
贵州联建土木工程质量检测监控中心有限公司	3.63	513	4.34	493	25.00	394	0.00	171
贵州源塑实业有限公司	3.62	514	7.49	290	23.33	419	0.00	171
贵州指趣网络科技有限公司	3.62	515	9.69	210	15.48	536	0.00	171
国药集团贵州血液制品有限公司	3.61	516	4.10	516	21.31	444	0.00	171
贵州中节能天融兴德环保科技有限公司	3.58	517	9.18	227	20.75	453	0.00	171
贵州盛峰药用包装有限公司	3.56	518	7.07	303	21.21	446	0.00	171
贵州红星发展大龙锰业有限责任公司	3.55	519	3.17	575	10.14	635	0.00	171
贵州顺健制药有限公司	3.55	520	17.23	112	13.33	574	0.00	171
中国航发贵州航空发动机维修有限责任公司	3.54	521	7.05	305	16.02	524	0.00	171
贵州兴达兴建材股份有限公司	3.53	522	4.13	511	20.43	457	0.00	171
贵州鸣腾科技有限公司	3.52	523	7.06	304	23.08	422	0.00	171
贵州安凯达实业股份有限公司	3.49	524	5.79	370	18.60	483	0.00	171
贵阳鑫泓工程技术有限公司	3.48	525	12.73	152	18.18	489	0.00	171
贵州云图瞰景地理信息技术有限公司	3.48	526	8.84	237	21.05	449	0.00	171
贵州维讯光电科技有限公司	3.45	527	4.07	518	22.73	428	0.00	171
贵州蓝天远泰科技有限公司	3.44	528	0.00	628	28.57	348	0.00	171
贵州飞云岭药业股份有限公司	3.43	529	11.73	163	13.95	569	0.00	171
贵州华峰志远商贸有限公司	3.43	530	2.06	596	26.32	380	0.00	171
贵州金域医学检验中心有限公司	3.41	531	5.50	397	16.00	525	0.00	171
贵阳新希望农业科技有限公司	3.38	532	2.17	593	18.65	481	0.00	171
瓮安县日升新型环保建材有限责任公司	3.37	533	4.65	471	6.58	651	5.51	126
贵州山顺缆车有限公司	3.37	534	11.41	172	18.18	489	0.00	171
贵州煌缔科技股份有限公司	3.37	535	0.00	628	24.54	406	0.00	171
贵州省遵义市辉煌种业有限公司	3.37	536	3.33	560	25.00	394	0.00	171
贵阳德康农牧有限公司	3.33	537	12.70	153	14.00	568	0.00	171
贵州广毅节能环保科技有限公司	3.32	538	0.00	628	27.27	367	0.00	171
贵州省移塑管业有限公司	3.32	539	9.62	212	19.23	471	0.00	171
瓮安鑫源环保建材有限公司	3.31	540	14.75	133	15.00	540	0.00	171
康命源（贵州）科技发展有限公司	3.31	541	3.41	552	20.67	455	0.00	171
贵州天地荣科技有限公司	3.31	542	5.91	366	22.22	433	0.00	171
贵阳玉塑包装有限公司	3.29	543	0.00	628	25.00	394	0.73	162

续表

企业名称	科技投入		企业R&D投入占企业主营业务收入的比重		研发人员占企业年末从业人员数比重		技术成果引进、转化金额占企业主营业务收入比重	
	指数/%	位次	指标值/%	位次	指标值/%	位次	指标值/%	位次
贵州天安药业股份有限公司	3.29	544	5.11	431	13.66	570	0.00	171
贵州天虹志远电线电缆有限公司	3.27	545	3.04	587	17.19	506	0.00	171
贵州亿程交通信息有限公司	3.27	546	5.43	404	17.65	501	0.00	171
贵阳天龙摩擦材料有限公司	3.26	547	8.92	234	16.92	508	0.45	166
贵州航天风华实业有限公司	3.25	548	2.51	590	19.09	473	0.00	171
通号建设集团贵州工程有限公司	3.25	549	0.00	628	22.73	428	0.00	171
贵州拜特制药有限公司	3.23	550	3.36	559	10.00	638	0.00	171
贵州群建精密机械有限公司	3.21	551	5.01	448	14.40	556	0.00	171
贵州良济医疗器械有限公司	3.21	552	5.17	426	21.62	443	0.00	171
贵州长信天鹰信息系统有限公司	3.20	553	6.64	329	20.00	460	0.00	171
贵州杰傲建材有限责任公司	3.19	554	5.70	379	17.86	496	1.05	158
遵义市精科信检测有限公司	3.14	555	18.47	109	10.20	634	0.00	171
贵州振华红云电子有限公司	3.14	556	4.37	490	9.76	642	2.69	145
贵州远程制药有限责任公司	3.13	557	11.64	164	4.40	658	0.00	171
贵州德瑞软件开发有限责任公司	3.11	558	14.29	138	13.64	571	0.00	171
贵阳电气控制设备有限公司	3.10	559	4.93	457	15.93	529	0.00	171
贵州贝加尔乐器有限公司	3.10	560	21.58	88	5.19	656	0.00	171
六盘水中联工贸实业有限公司	3.08	561	5.21	421	17.83	499	0.00	171
贵州科伦药业有限公司	3.07	562	3.22	570	11.06	614	0.00	171
贵州玄德生物科技股份有限公司	3.06	563	5.67	384	19.30	470	0.00	171
贵州黔元隆安装工程有限公司	3.06	564	4.39	489	20.00	460	0.00	171
绿地环保科技股份有限公司	3.03	565	5.05	440	17.34	504	0.00	171
贵州千叶药品包装股份有限公司	3.03	566	4.29	496	16.00	525	0.00	171
贵州锐新科技有限公司	3.03	567	5.12	430	20.00	460	0.00	171
黔南滑动轴承有限公司	3.01	568	9.51	217	16.67	509	0.00	171
贵州百事通建筑安装工程有限公司	3.00	569	1.03	612	23.81	412	0.00	171
贵州加来智能科技有限公司	2.97	570	4.69	469	20.00	460	0.00	171
贵州天保生态股份有限公司	2.94	571	6.01	357	15.75	533	0.00	171
贵州金桥药业有限公司	2.93	572	2.04	597	17.86	496	0.00	171
贵州明峰工业废渣综合回收再利用有限公司	2.91	573	4.00	526	17.91	495	0.00	171
贵州鑫轩贵钢结构机械有限公司	2.90	574	4.01	521	18.18	489	0.00	171
贵州航飞精密制造有限公司	2.90	575	11.21	176	11.31	609	0.00	171

续表

企业名称	科技投入		企业R&D投入占企业主营业务收入的比重		研发人员占企业年末从业人员数比重		技术成果引进、转化金额占企业主营业务收入比重	
	指数/%	位次	指标值/%	位次	指标值/%	位次	指标值/%	位次
贵州凯里经济开发区中昊电子有限公司	2.90	576	5.04	444	17.80	500	0.00	171
遵义市聚源建材有限公司	2.89	577	4.70	467	18.92	475	0.00	171
贵州泰永长征技术股份有限公司	2.89	578	5.23	417	10.21	633	0.47	165
贵州惠波机械制造有限公司	2.87	579	2.16	594	21.74	441	0.00	171
贵州省建筑设计研究院有限责任公司	2.84	580	1.46	607	8.74	645	0.55	163
贵州天地药业有限责任公司	2.83	581	0.00	628	18.22	488	0.00	171
贵州贵诚管业有限责任公司	2.82	582	8.71	243	14.12	561	0.00	171
贵州华森科技实业有限公司	2.81	583	7.03	308	16.33	520	0.00	171
贵州全世通精密机械科技有限公司	2.81	584	8.77	238	13.27	578	0.00	171
贵州欧瑞欣合环保股份有限公司	2.80	585	3.36	558	18.56	485	0.00	171
贵阳高新益舸电子有限公司	2.80	586	10.02	200	13.33	574	0.00	171
贵州云上诚创科技有限公司	2.79	587	9.65	211	14.81	546	0.00	171
贵州好百年住宅工业有限公司	2.79	588	0.56	620	22.00	436	0.00	171
贵州源隆新型环保墙体建材有限公司	2.78	589	6.72	323	15.00	540	0.00	171
贵州永吉印务股份有限公司	2.77	590	3.10	581	11.56	606	0.00	171
遵义市友联包装实业有限公司	2.77	591	5.54	395	15.79	532	0.00	171
遵义粒满丰肥业有限责任公司	2.77	592	4.28	497	10.00	638	3.06	141
铜仁文馨高效节能门窗有限公司	2.77	593	0.00	628	22.73	428	0.00	171
贵阳德昌祥药业有限公司	2.76	594	4.10	515	14.03	565	0.00	171
贵州劲嘉新型包装材料有限公司	2.73	595	4.80	462	12.00	595	0.00	171
贵阳鑫恒泰实业有限公司	2.72	596	5.03	446	14.71	549	0.00	171
安顺市成威科技有限公司	2.71	597	7.69	287	13.60	572	0.00	171
贵阳新天光电科技有限公司	2.70	598	5.62	388	11.76	599	0.00	171
贵阳金利沅科技有限公司	2.69	599	4.15	508	15.94	528	0.00	171
贵州黄平富城实业有限公司	2.67	600	4.19	505	14.57	553	0.00	171
贵州诚安建设有限公司	2.65	601	0.22	626	19.23	471	0.00	171
贵阳华森建材有限公司	2.63	602	7.03	308	14.81	546	0.00	171
贵州精工利鹏科技有限公司	2.62	603	8.52	253	13.33	574	0.00	171
中通友源建设有限公司	2.60	604	6.04	353	1.36	661	0.00	171
贵州润生制药有限公司	2.58	605	4.45	480	15.32	538	0.00	171
贵州捷盛钻具股份有限公司	2.53	606	5.27	412	13.18	580	0.00	171
贵州云图时代信息技术有限公司	2.52	607	5.46	401	14.12	561	0.00	171

续表

企业名称	科技投入		企业 R&D 投入占企业主营业务收入的比重		研发人员占企业年末从业人员数比重		技术成果引进、转化金额占企业主营业务收入比重	
	指数/%	位次	指标值/%	位次	指标值/%	位次	指标值/%	位次
贵州长征电器成套有限公司	2.52	608	5.20	422	15.00	540	0.00	171
贵州友擘机械制造有限公司	2.51	609	3.29	564	17.24	505	0.00	171
贵州纳雍博润环保科技有限公司	2.50	610	9.76	209	11.76	599	0.00	171
贵州大龙汇成新材料有限公司	2.49	611	3.15	577	10.26	630	0.00	171
遵义市利升机械加工有限公司	2.46	612	0.00	628	20.00	460	0.00	171
贵州盘江煤层气开发利用有限责任公司	2.46	613	4.94	456	11.36	608	0.00	171
贵州联韵智能声学科技有限公司	2.45	614	6.06	350	10.56	623	0.00	171
贵州百胜工程建设咨询有限公司	2.41	615	1.92	598	16.00	525	0.00	171
贵州兆浪科技实业有限公司	2.38	616	1.50	604	18.18	489	0.00	171
贵州水务运营有限公司	2.38	617	7.25	295	12.70	584	0.00	171
贵州威顿晶磷电子材料股份有限公司	2.38	618	11.34	173	7.25	648	0.00	171
贵州云谷数据有限公司	2.38	619	4.17	506	14.71	549	0.00	171
绥阳县耐环铝业有限公司	2.36	620	4.00	525	15.56	534	0.00	171
贵州省欣紫鸿药用辅料有限公司	2.36	621	5.05	441	14.29	558	0.00	171
贵州金田新材料科技有限公司	2.35	622	3.36	557	10.94	615	0.00	171
贵州开阳三环磨料有限公司	2.34	623	3.30	563	10.26	628	0.00	171
遵义朝宇锅炉有限公司	2.33	624	3.44	549	15.91	530	0.00	171
贵州政立矿业有限公司	2.32	625	5.18	424	10.88	617	0.00	171
贵州康建电力设备有限公司	2.32	626	3.38	555	15.56	534	0.00	171
普定全成电子有限公司	2.31	627	8.18	266	11.11	611	0.00	171
贵州宏信创达工程检测咨询有限公司	2.29	628	0.00	628	14.81	546	0.00	171
贵州恒盛丝绸科技有限公司	2.28	629	7.18	299	11.76	599	0.00	171
贵州航火电器有限公司	2.28	630	5.97	362	12.99	581	0.00	171
贵州黔峰管业有限公司	2.24	631	4.42	482	10.64	620	0.00	171
贵州数据宝网络科技有限公司	2.24	632	6.69	326	10.33	626	0.00	171
贵州福斯特磨料磨具有限公司	2.22	633	5.21	420	12.50	586	0.00	171
贵州大博金太阳能光电有限公司	2.20	634	4.14	510	12.60	585	0.00	171
遵义智鹏高新铝材有限公司	2.18	635	0.00	628	17.39	503	0.00	171
贵州奥申信息技术发展有限公司	2.18	636	0.00	628	17.86	496	0.00	171
贵阳高新泰丰航空航天科技有限公司	2.18	637	5.80	369	12.50	586	0.00	171
遵义拓特铸锻有限公司	2.17	638	5.21	418	11.18	610	0.00	171
贵州长通集团智造有限公司	2.16	639	4.42	483	10.00	638	0.00	171
贵阳白云中航紧固件有限公司	2.15	640	6.09	348	10.13	636	0.00	171

续表

企业名称	科技投入		企业R&D投入占企业主营业务收入的比重		研发人员占企业年末从业人员数比重		技术成果引进、转化金额占企业主营业务收入比重	
	指数/%	位次	指标值/%	位次	指标值/%	位次	指标值/%	位次
贵州苗药药业有限公司	2.14	641	4.89	459	10.38	625	0.00	171
贵阳新洋诚义齿有限公司	2.04	642	5.72	376	11.11	611	0.00	171
贵定县恒伟玻璃制品有限公司	2.03	643	4.26	498	9.51	644	0.00	171
遵义市贵科科技有限公司	2.01	644	4.78	464	12.50	586	0.00	171
绥阳县华丰电器有限公司	2.00	645	3.12	578	12.50	586	0.00	171
遵义长征电器制造有限公司	1.91	646	5.08	434	10.91	616	0.00	171
贵州详务节能建材有限公司	1.89	647	12.77	150	5.00	657	0.00	171
贵州金马包装材料有限公司	1.87	648	4.20	501	10.23	631	0.00	171
遵义市永胜金属设备有限公司	1.87	649	6.42	337	9.52	643	0.00	171
贵州贵玻玻璃有限公司	1.86	650	2.50	591	12.31	592	0.00	171
贵州皓科新型材料有限公司	1.83	651	3.42	550	11.67	604	0.00	171
贵州恒科电子科技有限公司	1.83	651	5.48	400	9.89	641	0.00	171
遵义凯发新泉污水处理有限公司	1.75	653	0.00	628	14.29	558	0.00	171
贵州中大方正水务环保有限公司	1.72	654	1.87	600	12.00	595	0.00	171
贵州新致普惠信息技术有限公司	1.67	655	7.03	307	3.90	660	0.00	171
安顺市非凡创新科技有限公司	1.67	656	1.47	606	11.11	611	0.00	171
贵州万业包装有限公司	1.64	657	1.75	602	11.48	607	0.00	171
贵州永美健医疗器械有限公司	1.63	658	0.00	628	13.33	574	0.00	171
遵义市旭辉新型节能建材有限公司	1.54	659	0.35	624	11.70	603	0.00	171
贵州弘康药业有限公司	1.30	660	0.00	628	10.23	631	0.00	171
贵州金义磨料有限公司	1.24	661	2.25	592	7.81	647	0.00	171
贵州万顺豪环卫机械设备有限公司	1.06	662	10.00	202	0.00	662	0.00	171
贵州恒力源林业科技有限公司	0.97	663	0.80	617	3.97	659	0.90	160
贵州长通线缆有限公司	0.93	664	1.23	610	5.88	654	0.00	171
贵州科华交通建设工程有限公司	0.71	665	6.51	332	0.00	662	0.00	171
贵州省建筑材料科学研究设计院有限责任公司	0.47	666	0.00	628	0.00	662	1.29	154
贵州华良电气有限公司	0.20	667	1.87	601	0.00	662	0.00	171
贵州岑祥资源科技有限责任公司	0.04	668	0.27	625	0.00	662	0.00	171
贵州楠天新型建材科技开发有限公司	0.00	669	0.00	628	0.00	662	0.00	171
贵州杰源水务管理技术科技有限公司	0.00	669	0.00	628	0.00	662	0.00	171
六盘水市钟山区泉辰科技有限责任公司	0.00	669	0.00	628	0.00	662	0.00	171

续表

企业名称	科技投入		企业 R&D 投入占企业主营业务收入的比重		研发人员占企业年末从业人员数比重		技术成果引进、转化金额占企业主营业务收入比重	
	指数/%	位次	指标值/%	位次	指标值/%	位次	指标值/%	位次
贵州永恒光科技有限公司	0.00	669	0.00	628	0.00	662	0.00	171
贵州车联邦网络科技有限公司	0.00	669	0.00	628	0.00	662	0.00	171
贵州元方志擎科技有限公司	0.00	669	0.00	628	0.00	662	0.00	171
贵州云智数据集团有限责任公司	0.00	669	0.00	628	0.00	662	0.00	171
贵州晟扬管道科技有限公司	0.00	669	0.00	628	0.00	662	0.00	171
贵州华立通科技发展有限公司	0.00	669	0.00	628	0.00	662	0.00	171
千景空间科技有限公司	0.00	669	0.00	628	0.00	662	0.00	171
黔南州黔程科技有限公司	0.00	669	0.00	628	0.00	662	0.00	171
贵州汇龙源电气有限公司	0.00	669	0.00	628	0.00	662	0.00	171
贵州同成沁溢水务环境有限公司	0.00	669	0.00	628	0.00	662	0.00	171
贵阳华丰航空科技有限公司	0.00	669	0.00	628	0.00	662	0.00	171
西南能矿集团股份有限公司	0.00	669	0.00	628	0.00	662	0.00	171
贵州同成环境科技有限公司	0.00	669	0.00	628	0.00	662	0.00	171
贵州佳网科技发展有限公司	0.00	669	0.00	628	0.00	662	0.00	171
贵州水矿控股集团有限责任公司	0.00	669	0.00	628	0.00	662	0.00	171
安顺市虹翼特种钢球制造有限公司	0.00	669	0.00	628	0.00	662	0.00	171
贵州省恒力源林业科技有限公司	0.00	669	0.00	628	0.00	662	0.00	171
贵阳精彩数字印刷有限公司	0.00	669	0.00	628	0.00	662	0.00	171
贵州百灵企业集团和仁堂药业有限公司	0.00	669	0.00	628	0.00	662	0.00	171
贵州亿全科技有限公司	0.00	669	0.00	628	0.00	662	0.00	171
贵阳大数据交易所	0.00	669	0.00	628	0.00	662	0.00	171
路鑫机械有限公司	0.00	669	0.00	628	0.00	662	0.00	171
贵州尚品创意网络科技有限公司	0.00	669	0.00	628	0.00	662	0.00	171
贵州合润铝业新材料科技股份有限公司	0.00	669	0.00	628	0.00	662	0.00	171
贵州德隆水泥有限公司	0.00	669	0.00	628	0.00	662	0.00	171
贵州守望领域数据智能有限公司	0.00	669	0.00	628	0.00	662	0.00	171
贵州三佳科技有限公司	0.00	669	0.00	628	0.00	662	0.00	171

附录 A 科技创新统计监测指标体系

表 A-1 市（州）科技创新统计监测指标体系

一级指标	二级指标	统计指标	监测指标
科技创新环境和基础	科技意识	科技型企业备案数 / 个	科技型企业备案数 / 个
		发明专利申请量 / 件、年末总人口数 / 人	万人发明专利申请量 / 件
	科技创新条件及载体	市州及以上科研机构数 / 个、工程技术研究中心 / 个、企业技术研究中心 / 个、重点实验室 / 个	万名就业人员拥有的创新机构数 / 个
		就业人员数 / 人	
		规模以上工业企业办科研机构数 / 个	规模以上工业企业办科研机构数占规模以上工业企业数的比重 /%
		规模以上工业企业数 / 个	
		国家（省）级高新技术产业开发区、国家（省）级高新技术产业基地、国家（省）级高技术产业基地、国家（省）级工业园区、国家（省）级经济技术开发区、国家（省）级农业科技园区及科技孵化器个数	创新园区系数
科技投入	人力投入	大专以上学历人数 / 人	万人大专以上学历人数 / 人
		年末总人口数 / 人	
		全社会口径科技活动人员数 / 人	万人 R&D 人员数 / 人
	财力投入	规模以上工业企业 R&D 经费支出 / 万元、规模以上工业企业技术改造经费支出 / 万元	规模以上工业企业 R&D 经费支出和技术改造经费支出占主营业务收入比重 /%
		规模以上工业企业主营业务收入 / 万元	
科技产出	创新成果	获国家科学技术奖数 / 个、获省级科学技术奖数 / 个	获上级部门科技成果（奖励）系数
		发明专利授权量 / 件	万人发明专利授权量 / 件
		发明专利拥有量 / 件	万人发明专利拥有量 / 件
	高新技术产业化	高新技术产业产值 / 万元	高新技术产业产值占工业总产值比重 /%
		规模以上工业企业总产值 / 亿元	
		规模以上工业企业新产品销售收入 / 万元	规模以上工业企业新产品销售收入占主营业务收入比重 /%

续表

一级指标	二级指标	统计指标	监测指标
科技促进经济社会发展	经济发展方式转变	就业人员数/人	全社会劳动生产率/(万元/人)
		能源消费总量/吨标准煤	综合能耗产出率/(万元/吨标准煤)
	环境改善	城市空气环境质量达到二级以上天数/天、二氧化硫去除率/%、化学需氧量去除率/%、氮氧化物去除率/%	环境质量指数/%
		工业二氧化硫去除量/吨、工业二氧化硫排放量/吨、工业烟尘粉尘去除量/吨、工业烟尘粉尘排放量/吨、一般工业固体废物综合利用量/吨、一般工业固体废物处置量/吨、一般工业固体废物产生量/吨	环境污染治理指数/%
	社会生活信息化	电信业务总量/亿元	人均电信业务总量/元
		年末互联网宽带接入用户数/户	万人互联网宽带接入用户数/户
		年末固定电话用户数/户	百人固定电话和移动电话用户数/户

表A-2 县（市、区、特区）科技创新统计监测指标体系

一级指标	统计指标	监测指标
科技投入	规模以上工业企业R&D经费支出/万元	规模以上工业企业R&D经费支出/万元
	规模以上工业企业R&D经费支出/万元、规模以上工业企业主营业务收入/万元	规模以上工业企业R&D经费支出增长率/%
	财政支出中科学技术支出/万元、一般公共预算支出/万元	财政支出中科学技术支出占一般公共预算支出比重/%
	财政支出中科学技术支出/万元、一般公共预算支出/万元	财政支出中科学技术支出占一般公共预算支出比重增长率/%
科技环境和基础	规模以上工业企业R&D人员数/人、年末常住人口/万人	万人规模以上工业企业研究与发展（R&D）人员数/人
	规模以上工业企业R&D人员数/人、年末常住人口/万人	万人规模以上工业企业研究与发展（R&D）人员数增长率/%
	有R&D活动的企业数/家、规模以上工业企业数/家	有R&D活动的企业占比/%
	有R&D活动的企业数/家、规模以上工业企业数/家	有R&D活动的企业占比增长率/%
	专利申请量/件、年末常住人口/万人	万人专利申请量/件
	专利申请量/件、年末常住人口/万人	万人专利申请量增长率/%
科技产出	发明专利拥有量/件、年末常住人口/万人	万人有效发明专利拥有量/件
	发明专利拥有量/件、年末常住人口/万人	万人有效发明专利拥有量增长率/%
	高新技术企业数/家、规模以上工业企业数/家	高新技术企业数占规上企业比例/%
	高新技术企业数/家、规模以上工业企业数/家	高新技术企业数占规上企业比例增长率/%
	技术合同交易额/万元、年末常住人口/万人	万人技术合同交易额/万元

续表

一级指标	统计指标	监测指标
科技产出	技术合同交易额 / 万元、年末常住人口 / 万人	万人技术合同交易额增长率 /%
	高新技术产业产值 / 万元	高新技术产业产值 / 万元
	高新技术产业产值 / 万元	高新技术产业产值增长率 /%

表 A-3 高等院校、科研院所科技创新统计监测指标体系

一级指标	二级指标	统计指标	监测指标
科技创新环境和基础	人力资源	院士 / 人、长江学者 / 人、百人计划入选者 / 人、万人计划入选者 / 人、国家杰出青年科学基金获得者 / 人、百千万人才 / 人、十百千人才 / 人、省核心专家 / 人、省管专家 / 人、国务院津贴 / 人、人才基地 / 人、优秀青年科技人才 / 人	高层次科技人才系数
		硕士以上学位人数 / 人	高学历以上人员占年末从业人员的比例 /%
		年末从业人员 / 人	
		高职称以上人数 / 人	高职称以上人员占年末从业人员的比例 /%
	创新条件及平台	大型科学仪器设备原值 / 万元	人均大型科学仪器设备原值 / 万元
		工程技术研究中心数 / 个、重点实验室数 / 个	省级以上创新平台及载体系数
		重点学科 / 个	学科建设系数
		硕士以上在校生人数 / 人、总在校生人数 / 人	硕士以上在校生人数占总在校生人数的比重 /%
科技投入	人力投入	R&D 人员 / 人	R&D 人员占年末从业人员的比重 /%
		科技创新人才团队 / 个、人才基地 / 个	创新人才团队总量系数
	经费投入	省级以上科技项目经费 / 万元、企业委托项目经费 / 万元	人均科研经费 / 万元
		R&D 经费 / 万元	人均 R&D 经费 / 万元
科技产出	知识产出	发表科技论文数 / 篇	科技论文系数
		专利申请量 / 件、专利授权量 / 件、发明专利拥有量 / 件、形成标准数 / 项、软件著作权数 / 项、集成电路布图设计登记数 / 项、新药证书数 / 项、农作物新品种授予数 / 项、植物新品种权授予数 / 项、科技著作数 / 项	知识产权系数
	科技奖励	国家科学技术奖 / 项、省级科学技术奖 / 项	科技成果系数
	技术成果市场化水平	技术市场成交合同金额 / 万元	人均技术市场成交合同金额 / 万元
	科技合作交流	境外合作项目 / 项、省外合作项目 / 项、省内合作项目 / 项、产学研项目 / 项	项目合作系数
		境外论文论著合作 / 篇、省外论文论著合作 / 篇、省内论文论著合作 / 篇	论文论著合作系数

附录 A
科技创新统计监测指标体系

续表

一级指标	二级指标	统计指标	监测指标
创新绩效	科技服务	科技培训人员/人、科技特派员/人、对外科技咨询项数/项	科技服务系数
	产学研结合	与企业联合建立平台/项、与企业组建产学研战略联盟/项、产学研项目/项	产学研结合系数
	创造效益	知识产权创造的直接效益/万元、技术服务收入/万元、生产性收入/万元	经济效益系数

表 A-4 产业园区科技创新统计监测指标体系

一级指标	统计指标	监测指标
科技创新环境	专利申请量/件	万人从业人员专利申请量/件
	科技企业孵化器/个、众创空间/个、星创天地/个、工程技术研究中心/个、工程研究中心/个、工程实验室/个、重点实验室/个、企业技术中心个数/个	创新创业平台数/个
科技投入	园区R&D投入/万元、园区总产值/万元	园区R&D投入占园区总产值的比重/%
	年末从业人员/人、科技活动人员/人	万人从业人员科技活动人员数/人
创新产出	发明专利拥有量/件	万人从业人员发明专利拥有量/件
	高新技术企业数/个	高新技术企业数占企业总数比重/%
	拥有省级以上知名品牌或著名商标的企业数/个	拥有省级以上知名品牌或著名商标的企业数占园区总企业数比重/%
创新绩效	高新技术产业产值/万元	高新技术产业产值占园区总产值比重/%
	园区工业增加值/万元	园区人均工业增加值/万元
	园区进出口总额/万元	园区进出口总额占园区总产值比重/%
	园区占地面积/平方公里	每平方公里园区产值/万元
	园区利税总额/万元	园区利税总额占园区总产值的比例/%

表 A-5 重点企业科技创新统计监测指标体系

一级指标	统计指标	监测指标
科技创新条件及基础	国家工程技术研究中心/个、省工程技术研究中心/个、国家级工程研究中心/个、国家地方联合工程研究中心/个、省级工程研究中心/个、国家级工程实验室/个、国家地方联合工程实验室/个、省级工程实验室/个、国家重点实验室/个、省重点实验室/个、国家级企业技术中心/个、省级企业技术中心/个、研发机构/个	创新平台系数
	发明专利申请量/件	人均发明专利申请量/件

续表

一级指标	统计指标	监测指标
科技投入	技术成果引进金额/万元、技术成果转化金额/万元、企业主营业务收入/万元	技术成果引进、转化金额占企业主营业务收入比重/%
	研发人员/人、年末从业人员数/人	研发人员占年末从业人员数比重/%
	企业R&D投入/万元、企业主营业务收入/万元	企业R&D投入占企业主营业务收入的比例/%
创新产出	发明专利申请量/件、实用型新专利申请量/件、外观设计专利申请量/项、发明专利授权量/件、实用型新专利授权量/件、外观设计专利授权量/件、形成国家标准数/项、形成行业标准数/项、形成地方标准数/项、形成企业标准数/项、软件著作权数/项、集成电路布图设计登记数/项、新药证书数/项、农作物新品种授予数/项、植物新品种权授予数/项	知识产权系数
	发明专利拥有量/件、年末从业人员数/人	人均发明专利拥有量/件
	有效注册商标数/件、贵州省著名商标数/件、驰名商标数/件、地理标志产品数/件	品牌建设系数
	国家科学技术奖/项、省级科学技术最高奖/项、省级科学技术一等奖/项、省级科学技术二等奖/项、省级科学技术三等奖/项	科技成果（奖励）系数
创新效益	新产品销售收入/万元、企业主营业务收入/万元	新产品销售收入占企业主营业务收入比重/%
	利税总额/万元、企业主营业务收入/万元	利税总额占企业主营业务收入比重/%
	劳动者报酬/万元、生产税净额/万元、固定资产折旧/万元、营业盈余/万元	全员劳动生产率/(万元/人)

附录 B 监测方法

综合评价的方法很多，每种方法都有理论和实际价值，但也存在一定的局限性。课题组经过几种方法的对比研究，结合贵州省的实际情况，采用与《全国科技创新统计监测报告》中同样的方法——综合指数法，对各级指标进行合成。各级监测值均可称为"指数"，计算方法如下。

①将各三级指标除以相应的监测标准，得到三级指标的监测值，即为三级指标相应的指数，计算方法为：

$$d_{ijk} = \frac{X_{ijk}}{X_k} \times 100\%。$$

其中，X_{ijk} 为第 i 个一级指标下、第 j 个二级指标下的第 k 个三级指标；X_k 为第 k 个三级指标相应的标准值；当 $d_{ijk} \geq 100$ 时，取 100 为其上限值。

②二级指标监测值（二级指数）d_{ij} 由三级指标监测值加权综合而成，即

$$d_{ij} = \sum_{k=1}^{n_j} W_{ijk} d_{ijk}。$$

其中，W_{ijk} 为各三级指标监测值相应的权数，n_j 为第 j 个二级指标下设的三级指标的个数。

③一级指标监测值（一级指数）由二级指标监测值加权综合而成，即

$$d_i = \sum_{k=1}^{n_i} W_{ij} d_{ij}。$$

其中，W_{ij} 为各二级指标监测值相应的权数；n_i 为第 i 个一级指标下设的二级指标的个数。

④总监测值（总指数）由一级指标加权综合而成，即

$$d = \sum_{i=1}^{n} W_i d_i。$$

其中，W_i 为各一级指标监测值相应的权数；n 为一级指标的个数。

附录 C 主要指标解释

1. 研发人员：指参与研究与试验发展项目研究、管理和辅助工作的人员，包括项目组（课题）人员，企业科技行政管理人员和直接为项目（课题）活动提供服务的辅助人员。不包括全年从事研究与试验发展活动工作量不到 0.1 年的人员。反映投入从事拥有自主知识产权的研究开发活动的人力规模。

2. 年末从业人员：指从事一定的社会劳动并取得劳动报酬或经营收入的年末实有人员数。包括园内企业在岗职工，再就业的离退休人员，聘用的外籍人员和港、澳、台方人员，领取补贴的兼职人员，直接支付工资的劳务工等，但不包括离开单位后仍保留劳动关系的职工。

3. 科技企业孵化器：是指以促进科技成果转化和产业化，培育科技型中小企业和高新技术人才为宗旨的科技创业服务机构。本指标界定为省级以上科技企业孵化器，由科技部或省科技厅认定并挂牌。

4. 高新技术企业：是指按照《高新技术企业认定管理办法》和《高新技术企业认定管理工作指引》评选，科技部批复认定的企业。

5. 创新型企业：包括国家创新型企业（由科技部、国务院国有资产监督管理委员会和中华全国总工会认定）和省创新型企业（由省科技厅、省经信委、省国资委和省总工会认定）。

6. 科研机构：指有明确的研究方向和任务；有一定水平的学术带头人和一定数量、质量的研究人员；有开展研究工作的基本条件；长期有组织地从事研究与开发活动的机构。

7. 园区 R&D 投入：指统计年度内园区用于基础研究、应用研究和试验发展的经费之和，包括实际用于研究与试验发展活动的人员劳务费、原材料费、固定资产购建费、管理费及其他费用支出。

8. 专利申请量：是指调查单位在报告年度内向专利行政部门提出专利申请并被受理的件数。

9. 专利授权量：指报告期内由专利行政部门授予专利权的件数，是发明、实用新型、外观设计 3 种专利授权数的总和。

10. 高新技术产业产值：指按照省科技厅、省统计局联合制定的《贵州省高新技术产业统计分类目录》确定的产业产值。

11. 新产品产值：指报告年度园区内企业生产的新产品的产值。新产品是指采用新技术原理、新设计构思研制、生产的全新产品或在结构、材质、工艺等某一方面有所突破或较原产品有明显改进，从而显著提高了产品性能或扩大了使用功能，并对提高经济效益具有一定作用的产品，由省经信委认定并在有效期之内的产品。

12. 园区总产值：指园区在一定时期内生产的所有最终商品和劳务的市场价值的总和。

13. 工业总产值：指园区内工业企业在本年度生产的以货币形式表现的工业最终产品和提供工业劳务活动的总价值量。

14. 园区进出口总额：指园内企业实际进出我国国境的货物（包括贸易和非贸易）的价值总和。主要包括对外贸易实际进出口货物，来料加工装配、补偿贸易、进料加工进出口货物，国家间及国际组织无偿援助物资和赠送品，华侨、港澳台同胞和外籍华人捐赠品，租赁期满归承租人所有的租赁货物，边境地方贸易及边境地区小额贸易进出口货物（边民互市贸易除外），中外合资、合作经营企业、外商独资经营企业进出口货物和公用物品，到、离岸价格在规定限额以上的进出口货样和广告品（无商业价值、无使用价值和免费提供出口的除外），从保税仓库提取在中国境内销售的进出口货物，以及其他进出口货物。其汇率参照当年年底国家外汇管理局官方网站公布的当年12月的人民币对美元汇率。

15. 园区工业增加值：是园内工业企业在报告期内以货币形式表现的工业生产活动的最终成果，是企业生产过程中新增加的价值。

16. 园区占地面积：指园区已经完成建设的用地总面积。

17. 利税总额：指园区内企业利润总额与税金总额之和。利润总额：指企业在生产经营过程中各种收入扣除各种耗费后的盈余，反映企业在报告期内实现的亏盈总额，包括营业利润、补贴收入、投资净收益和营业外收支净额。根据会计"利润表"中的对应指标的本期累计数填列。税金总额：是指企业在报告期应上交的各项税金，本年应交增值税大于零时，税金总额＝主营业务税金及附加＋本年应交增值税；本年应交增值税小于零时，税金总额＝主营业务税金及附加。

18. 工程技术研究中心：包括国家工程技术研究中心（由科技部认定）和省工程技术研究中心（由省科技厅认定）。

19. 工程研究中心：包括国家工程研究中心、国家地方联合工程研究中心（由国家发展改革委认定）和省工程研究中心（由省发展改革委认定）。

20. 工程实验室：包括国家工程实验室、国家地方联合工程实验室（由国家发展改革委认定）和省工程实验室（由省发展改革委认定）。

21. 重点实验室：包括国家、省部共建重点实验室（由科技部进行评估）和省重点实验室（由省科技厅进行评估）。

22. 企业技术中心：包括国家级企业技术中心（由国家发展改革委会同科技部、财政部、海关总署、国家税务总局根据《国家认定企业技术中心管理办法》认定）和省级企业技术中心（由省工业和信息化厅牵头挂牌认定）。

23. 研发机构：是指在区内设立的独立或非独立的具有自主研发能力的技术创新组织载体。

24. 主营业务收入：指企业在销售商品、提供劳务等日常活动中所产生的收入总额，根据会计"利润表"中"主营业务收入"项的本年累计数填报。

25. 企业 R&D 投入：指统计年度内企业用于基础研究、应用研究和试验发展的经费之和，包括实际用于研究与试验发展活动的人员劳务费、原材料费、固定资产购建费、管理费及其他费用支出。

26. 技术成果引进金额：指企业在报告期内用于购买国外技术的费用支出，包括产品设计、工艺流程、图纸、配方、专利等技术资料的费用支出，以及购买关键设备、仪器、样机和样件等的费用支出。

27. 技术成果转化金额：指用于技术成果转化的经费。

28. 高新技术产品：指符合国家《高新技术产品参考目录》的产品。

29. 国家科学技术奖：指获得的中华人民共和国颁发的最高科学技术奖、国家自然科学奖、国家科学技术发明奖、国家科学技术进步奖、中华人民共和国国际科学技术合作奖。

30. 省级科学技术奖：指获得的省人民政府颁发的科学技术奖，包括省最高科学技术奖、省科学进步奖、省科学技术成果转化奖、省科学技术合作奖。

31. 有效注册商标数：指商标所有人在商标注册成功后，从核准注册日或续展日开始算起，有效期为 10 年之内的商标注册数。

32. 贵州省著名商标数：根据《贵州省著名商标认定和保护办法》，通过贵州省著名商标评审委员会的评审，并由省工商局发布公告并颁发贵州省著名商标证书且在有效期内的商标数目。

33. 驰名商标：是国家市场监督管理总局根据《商标法》认定的商标。

34. 地理标志产品：根据《地理标志产品保护规定》《商标法》《农产品地理标志管理办法》，由当地县级以上人民政府指定的地理标志产品保护申请机构或人民政府认定的协会和企业提出申请，并经相关部门审查通过、公告的产品。

35. 软件著作权数：指报告年度内调查单位向国家版权局提出登记申请并被受理登记的软件著作权数。

36. 集成电路布图设计登记数：指报告年度内调查单位向知识产权行政部门提出登记申请并受理登记的集成电路布图设计的件数。

37. 新药证书数：指新药经申请、检验、审评、生产现场检查合格后，由国家食品药品监督管理局（SFDA）审核发给的证书数目。

38. 植物新品种权授予数：指报告年度内调查单位向农业、林业行政部门（审批机关）提出申请并被授予植物新品种的项数。

39. 农作物新品种授予数：指通过省或国家农作物品种审定委员会审定通过的品种数。

40. 形成标准数：指报告年度内调查单位在自主研发或自主知识产权基础上形成的国家或行业标准，且经有关部门批准后的数目。

41. 劳动者报酬：指劳动者从事生产活动而获得的各种形式的报酬，包括工资、奖金、福利费、实物报酬、各种补贴、津贴及单位为劳动者缴纳的社会保险费等。个体劳动者通过生产经营获得的纯收入全部视为劳动者报酬，包括个人所得的劳动报酬和经营获得的利润。

42. 生产税净额：生产税净额是生产税减生产补贴后的差额。生产税指政府对生产单位从事生产、销售和经营活动及因从事这些活动使用某些生产要素所征收的各种税、附加费和规费。具体包括销售税金及附加、增值税、营业税、管理费中列支的各种税，应交纳的排污费，教育费附加和水电费附加，烟酒专卖上缴政府的专项收入等。补贴是政府对生产单位在生产经营活动中由于政策性原因而产生的亏损所给予的财政补贴，通常包括国家财政对企业的政策性亏损补贴等。与生产税相反，补贴作为负税处理。

43. 固定资产折旧：指生产单位在核算期内因生产经营活动而损耗的固定资产价值，反映了固定资产在当期生产中的价值转移。

各类企业的固定资产折旧是指从成本费用中实际提取的折旧费，包括对固定资产提取的折旧，也包括按产量提取的更新改造基金、油田维护费、补提折旧等。对不计提折旧的政府机关、学校、医院、部队等非营利性的行政事业单位和居民住房，其固定资产折旧按照一定的折旧率乘以固定资产原值计算得出。原则上，固定资产折旧应以按重置价值估价的固定资产为基础来计算，但是由于我国目前尚不具备对全社会固定资产进行重估价的条件，所以目前固定资产折旧以固定资产原值为基础来确定。

44. 营业盈余：营业盈余是一个平衡项，等于总产出减去中间投入后，再减劳动报酬、固定资产折旧和生产税净额后的余额。实际上，营业盈余等于常住单位所创造的增加值在对劳动者进行分配、上缴国家税收（不包括所得税）、对固定资产进行价值补偿后，所余下的由单位从事增加值创造而应得到的份额。营业盈余相当于企业的营业利润，但是要扣除从利润中支付给劳动者个人的部分。